U0180101

国家出版基金资助项目
"十三五"国家重点图书出版规划项目
湖北省学术著作出版专项资金资助项目
智能制造与机器人理论及技术研究丛书

总主编 丁汉 孙容磊

基于VR/AR的智能制造技术

鲍劲松 武殿梁 杨旭波◎编著

JIYU VR/AR DE ZHINENG ZHIZAO JISHU

华中科技大学出版社
http://www.hustp.com
中国·武汉

内 容 简 介

　　虚拟现实(VR)和增强现实(AR)作为新一代的可视化和人机交互手段,是智能制造技术重要的组成部分,它位于智能制造体系的表示层。本书作为该领域的专业书籍,在内容上涵盖智能制造与 VR/AR 的概念、反映智能制造核心技术的前沿制造技术、贯穿制造过程生命周期的 VR/AR 应用技术等。

　　本书分 10 章,可以分为三大部分:第一部分(第 1～2 章)介绍 VR/AR 的概念,智能制造的概念、关键技术、新的发展热点。第二部分(第 3～7 章)介绍基于 VR/AR 的智能制造技术,包括制造系统建模、全生命周期数据集成、人机交互技术、数字孪生技术、工业大数据等,以及这些技术与 VR/AR 的融合、互操作的研究。第三部分(第 8～10 章)主要通过设计、制造等方面的典型案例来介绍基于 VR/AR 的实现方式,介绍主流的工具集,并给出了案例实现,以便有兴趣的科研人员对照实现;给出了在 AI 技术、5G 技术等新技术的快速发展态势下,基于 VR/AR 的智能制造技术的发展趋势。

　　本书可作为高等院校机械制造、自动化及相关专业的本科生或研究生教材,也可以供对智能制造感兴趣的研究人员和工程技术人员阅读和参考。

图书在版编目(CIP)数据

　　基于 VR/AR 的智能制造技术/鲍劲松,武殿梁,杨旭波编著.—武汉:华中科技大学出版社,2020.8
　　(智能制造与机器人理论及技术研究丛书)
　　ISBN 978-7-5680-6197-1

　　Ⅰ.①基…　Ⅱ.①鲍…　②武…　③杨…　Ⅲ.①智能技术-研究　Ⅳ.①TP18

中国版本图书馆 CIP 数据核字(2020)第 155108 号

基于 VR/AR 的智能制造技术　　　　　　　　鲍劲松　武殿梁　杨旭波　编著
Jiyu VR/AR de Zhineng Zhizao Jishu

策划编辑:万亚军
责任编辑:姚同梅
封面设计:原色设计
责任监印:周治超
出版发行:华中科技大学出版社(中国·武汉)　　　电话:(027)81321913
　　　　　武汉市东湖新技术开发区华工科技园　　　邮编:430223
录　　排:武汉三月禾文化传播有限公司
印　　刷:湖北新华印务有限公司
开　　本:710mm×1000mm
印　　张:33.75
字　　数:548 千字
版　　次:2020 年 8 月第 1 版第 1 次印刷
定　　价:198.00 元

智能制造与机器人理论及技术研究丛书

作者简介

▶ **鲍劲松**　东华大学教授,博士生导师,东华大学智能制造研究所所长,美国南加州大学访问学者。现任中国机电一体化技术应用协会工业大数据分会秘书长,中国机械工程学会机器人分会、工业大数据与智能系统分会第一届委员,上海市图学学会常务理事。长期从事智能制造系统、工业智能技术、VR/AR、数字孪生领域的教学与科研工作。主持国家自然科学基金面上项目2个,主持和参与国家重点研发计划项目各1个,主持和参与工业和信息化部智能制造、工业互联网专项项目共8个。出版专著3部,发表论文60余篇;获得国家发明专利和软件著作权授权近20项;获上海市科技进步三等奖1项。

▶ **武殿梁**　上海交通大学副研究员、博士生导师,中国机械工程学会系统集成分会学术委员会委员,美国密苏里科技大学航空制造技术研究所访问学者。从事数字化制造与智能制造、VR/AR领域的教学和研究工作。主持国家自然科学基金项目2个,主持上海市科委重点项目、军队/国防研究项目,以及国家973项目子课题、工业和信息化部智能制造专项项目子课题多个。出版专著1部,发表论文30余篇,获国家发明专利和软件著作权授权20余项;获上海市科技进步三等奖1项。

▶ **杨旭波**　上海交通大学教授,博士生导师,德国Fraunhofer研究所博士后,美国北卡大学教堂山分校访问学者。现任中国图学学会计算机图学专委会副主任。长期从事VR/AR/MR、计算机图形学与人机交互领域的教学与科研工作。主持国家自然科学基金项目多个,并主持科技部重点研发计划项目子课题多个,发表论文近百篇。

# 总序

近年来，"智能制造＋共融机器人"特别引人瞩目，呈现出"万物感知、万物互联、万物智能"的时代特征。智能制造与共融机器人产业将成为优先发展的战略性新兴产业，也是中国制造 2049 创新驱动发展的巨大引擎。值得注意的是，智能汽车与无人机、水下机器人等一起所形成的规模宏大的共融机器人产业，将是今后 30 年各国争夺的战略高地，并将对世界经济发展、社会进步、战争形态产生重大影响。与之相关的制造科学和机器人学属于综合性学科，是联系和涵盖物质科学、信息科学、生命科学的大科学。与其他工程科学、技术科学一样，制造科学、机器人学也是将认识世界和改造世界融合为一体的大科学。20世纪中叶，*Cybernetics* 与 *Engineering Cybernetics* 等专著的发表开创了工程科学的新纪元。21 世纪以来，制造科学、机器人学和人工智能等领域异常活跃，影响深远，是"智能制造＋共融机器人"原始创新的源泉。

华中科技大学出版社紧跟时代潮流，瞄准智能制造和机器人的科技前沿，组织策划了本套"智能制造与机器人理论及技术研究丛书"。丛书涉及的内容十分广泛。热烈欢迎各位专家从不同的视野、不同的角度、不同的领域著书立说。选题要点包括但不限于：智能制造的各个环节，如研究、开发、设计、加工、成形和装配等；智能制造的各个学科领域，如智能控制、智能感知、智能装备、智能系统、智能物流和智能自动化等；各类机器人，如工业机器人、服务机器人、极端机器人、海陆空机器人、仿生/类生/拟人机器人、软体机器人和微纳机器人等的发展和应用；与机器人学有关的机构学与力学、机动性与操作性、运动规划与运动控制、智能驾驶与智能网联、人机交互与人机共融等；人工智能、认知科学、大数据、云制造、物联网和互联网等。

本套丛书将成为有关领域专家、学者学术交流与合作的平台，青年科学家茁壮成长的园地，科学家展示研究成果的国际舞台。华中科技大学出版社将与

施普林格(Springer)出版集团等国际学术出版机构一起,针对本套丛书进行全球联合出版发行,同时该社也与有关国际学术会议、国际学术期刊建立了密切联系,为提升本套丛书的学术水平和实用价值,扩大丛书的国际影响营造了良好的学术生态环境。

近年来,高校师生、各领域专家和科技工作者等各界人士对智能制造和机器人的热情与日俱增。这套丛书将成为有关领域专家学者、高校师生与工程技术人员之间的纽带,增强作者与读者之间的联系,加快发现知识、传授知识、增长知识和更新知识的进程,为经济建设、社会进步、科技发展做出贡献。

最后,衷心感谢为本套丛书做出贡献的作者和读者,感谢他们为创新驱动发展增添正能量、聚集正能量、发挥正能量。感谢华中科技大学出版社相关人员在组织、策划过程中的辛勤劳动。

华中科技大学教授

中国科学院院士

2017 年 9 月

前言

当前,计算机、人工智能、新一代通信与传感器等方面技术迅猛发展,加快了制造业数字化、智能化、网络化水平提升的速度,从根本上加强了工业知识产生和利用的效果。作为新一代的人机交互界面技术,虚拟现实(VR)和增强现实(AR)技术已成为先进的制造技术工具,像机器人技术、3D打印技术和物联网VR/AR技术一样,正以创新的方式被使用,并已成为智能制造重要的使能技术。

智能制造是跨学科的、系统级的技术。本书提及的制造,既包括狭义制造(指产品的机械工艺/加工过程,也称为"小制造"),又包括广义制造(涵盖包括市场需求、产品设计、计划控制、生产工艺过程、装配检验、销售服务等环节的产品整个生命周期的全过程,也称为"大制造")。智能制造源于机械、自动化和信息等学科的交叉与融合,而VR/AR发端并植根于计算机科学领域,涉及多通道感知、计算机图形学等领域知识。本书从VR/AR的可视化和人机交互特点展开,重点探讨智能制造的集成体系、建模方法、信息融合技术和实际应用。

本书共分10章,以智能制造为核心,以数字主线下的制造上下文信息的流动研究为脉络,主要介绍了VR/AR的可视化技术、人机交互界面技术,同时介绍了主流的工具集,并给出了其案例实现,以便有兴趣的科研人员参考。

本书在内容上尽可能涵盖当前VR/AR的主要应用技术。但作为新兴的技术,智能制造和VR/AR正处在快速发展阶段,基于VR/AR的智能制造关键技术、实现手段、表达方式等日新月异。很多重要、前沿的实现方式本书都没有涉及,尤其是新一代的图形学技术本身,本书仍然采用了较为经典的实现方式。

本书采用了一些主流研究机构的原型/源码,供读者参考。

随着智能制造技术的快速发展,VR/AR 技术的发展也呈现出突飞猛进的态势。这是多种跨学科技术交叉与融合的结果,而目前尚缺乏相应书籍来介绍这些跨学科技术的融合。作者才疏学浅,对各个领域的理解也比较肤浅,对理论研究的深入程度还远远不够,书中难免有错误和不妥之处,恳请读者批评指正。

鲍劲松　武殿梁　杨旭波

2019 年 3 月于沪上

目录

第 1 章
虚拟现实/增强现实技术基础

沉浸式体验技术在娱乐领域应用广泛。沉浸式体验既包括人的感官体验，又包括人的认知体验，主要的实现技术是虚拟现实（VR）与增强现实（AR）等技术。VR/AR 技术面世已逾 50 年，但直到最近 5 年才有突飞猛进的发展。VR/AR 技术对制造业而言也是新的推动力。本章将介绍 VR/AR 技术的发展历程、基本原理和技术基础，并介绍目前该技术在制造业中的典型应用。

1.1 VR/AR 的概念与发展历程

图 1-1 所示为世界著名咨询战略公司 Gartner 2018 年发布的前沿和颠覆性的科技发展成熟度曲线（hype cycle）[1]，该曲线描述了各种前沿技术目前所处的阶段。在这些前沿技术中，与用户体验相关的技术主要是沉浸式体验技术，包括 VR、AR 和混合现实（mixed reality，MR）技术等。

最近 5 年沉浸式体验技术发展速度非常快，由 2018 年的 Gartner 科技发展成熟度曲线可以看出：AR 技术已经过了期望膨胀的巅峰，正在艰难通过第三阶段——泡沫破裂低谷期；MR 技术正在第三阶段的下降坡上。同时，作为人机界面接口技术（VR/AR/MR 技术）的应用和使能技术，虚拟助理（virtual assistants）技术、数字孪生（digital twin）技术、立体显示（volumetric displays）技术等正处在期望膨胀期或技术萌芽期。而 VR 技术已经进入稳定发展阶段。将来沉浸式技术会发展到哪种程度还很难确定，可以确定的是：人机交互界面技术研究一定会长期处在技术前沿。

作为数字化世界的先进人机接口技术，VR、AR 和 MR 到底是什么？Milgram 等人[2]给出了图 1-2 所示的简图，表达了虚拟环境与现实环境的界限。

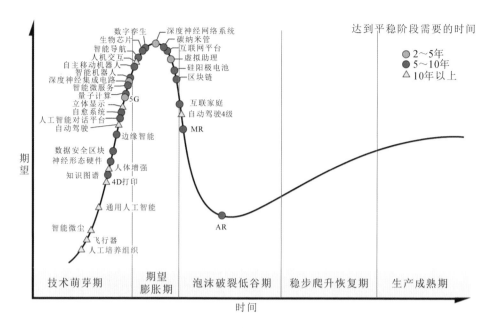

图 1-1　Gartner 公司 2018 年发布的科技发展成熟度曲线

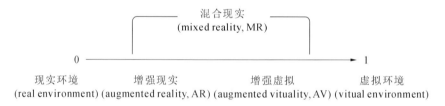

图 1-2　虚拟环境与现实环境的界限①

用一条数轴来表示,1 代表虚拟环境,0 代表现实环境,越靠近 1,虚拟成分越多,真实成分越少,反之相反。VR、AR、MR 距离虚拟环境和现实环境的远近不同。

(1) VR:可以让用户沉浸其中的由计算机生成的三维虚拟环境,与现实环境相隔绝。

(2) AR:在真实环境中增添或者移除由计算机实时生成的可以交互的虚拟物体或信息而构成的环境。

(3) MR:通过全息图,将现实环境与虚拟环境相互混合而构成的环境,也

———————————

① 笔者从人机交互界面技术的角度,在本书中将 AR、MR 统一称为 AR,弱化了两种技术的细微不同,而突出了其通用的增强技术。

可以看成 VR 与 AR 的混合。

需要注意的是,增强技术根据其接近虚拟环境和现实环境的程度,可以分为增强虚拟(augmented virtuality,AV)和增强现实。增强虚拟一般较少提及。

从图 1-3 可以看出,由 VR 技术体验到的一切都是虚拟的,都是数字化技术营造的假象。VR 系统是一种可以创建和体验虚拟世界的计算机仿真技术,VR 环境是利用计算机生成的一种模拟环境,是一种通过多源信息融合而生成的交互式三维动态视景和实体行为的仿真环境,能使用户沉浸其中。AR/MR 都是将虚拟信息加入实际生活场景而形成的,也就是将现实扩大了,如汽车平视显示(HUD)系统将车速、导航信息等投影(或反射)在挡风玻璃上,就是典型的 AR 应用。

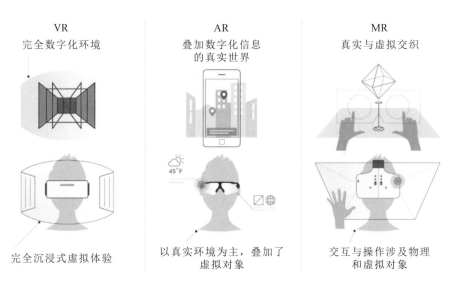

图 1-3　VR/AR/MR 概念图

AR、MR 都是将虚拟世界与真实世界混合在一起而产生的全新可视化环境,用户眼睛所见到的环境同时包含了现实的物理实体与虚拟信息,且可以实时呈现。MR 与 AR 十分接近,但两者有着些许不同,如图 1-4 所示:Google Glass 属于 AR 产品,它通过投影的方式在使用者眼前呈现天气面板,当使用者头部转动时,这个天气面板就会随之移动,且其与眼睛之间的相对位置不变。HoloLens 是 MR 产品,当 HoloLens 在空间的墙上投影出天气面板时,无论使用者头部如何转动,天气面板都处在墙上的固定位置。

(a) Google Glass   (b) HoloLens

图 1-4 　 Google Glass 与 HoloLens 比较

1.1.1 　 VR/AR 的特点

1. VR 的特点

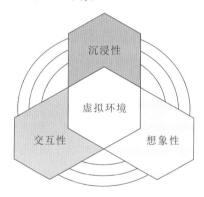

图 1-5 　 虚拟现实三大特性(3I)

VR 系统强调沉浸感、逼真性,既要求有较强的真实感、自然的交互方式,又要满足实时性的交互要求。VR 主要有如下三个特性(即"3I"特性,见图 1-5)。

(1) 沉浸(immersion)性:沉浸性是指 VR 技术可使操作者感觉到自己完全置身于虚拟环境中,被虚拟世界所包围,是虚拟世界中的一部分,从而使操作者由被动的观察者变成主动的参与者,沉浸于虚拟世界之中,参与虚拟世界的各种活动。"沉浸"包括身体沉浸和精神沉浸两方面的含义。由 VR 获得的沉浸感来源于对虚拟世界的多重感知,包括视觉、听觉、触觉感知,以及运动感知、味觉感知、力觉感知、嗅觉感知、身体感知等。

(2) 交互(interaction)性:交互性是指 VR 系统的操作者能与虚拟世界中的各种对象交互。在传统的多媒体技术中,人机之间主要通过键盘与鼠标进行一维、二维的交互,而 VR 系统中人与虚拟世界之间以自然的方式进行交互,人借助特殊的 VR 硬件设备,以自然的方式,与虚拟世界进行交互,实时产生与在现实世界中一样的感受。如用户可以用手直接抓取虚拟世界中的物体,并可以感知物体的重量、软硬等。

(3) 想象(imagination)性:想象是虚拟世界的起点,VR 为人类更深入地认识世界提供了一种全新的方法和手段,使人类可以突破时间与空间的限制,去体验世界上早已发生或尚未发生的事情,可以进入宏观或微观世界进行研究和探索,也可以去完成某些因为条件限制而难以完成的事情。

2.AR 的特点

AR 不仅要实现 3I 特性,还要实现虚实结合、实时交互和三维注册功能。

(1)虚实结合:可以将显示器屏幕扩展到真实环境,使计算机窗口与图标叠映于现实对象上,通过手势等交互方式进行操作。

(2)实时交互:实时交互是为了使交互从精确的位置扩展到整个环境,从简单的人面对屏幕交流发展到操作者将自己融入周围的空间与对象,运用信息系统的操作不再是自觉而有意的独立行动,而是和人们的当前活动自然而然地成为一体。

(3)三维注册:根据用户在三维空间的运动调整计算机产生的增强信息。

1.1.2 VR/AR 的内涵与发展

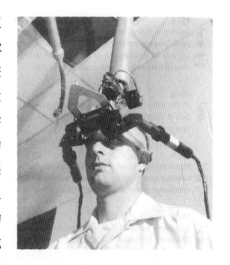

VR 与 AR 的起源甚至可以追溯至现代计算机技术的诞生时。第一个 VR 原型机是著名计算机科学家、图灵奖获得者伊万·萨瑟兰(Ivan Sutherland)发明的头戴式显示器。1968 年,哈佛大学电气工程副教授萨瑟兰在美国旧金山的 Fall Joint Computing 会议(FJCC)上展出了名为"达摩克利斯之剑"的头戴式显示设备。其显示设备安装在用户头顶的天花板上,并通过机械连接结构与头戴式设备固定在一起,实现了简单三维线框图的 3D 效果,如图 1-6 所示。

图 1-6 "达摩克利斯之剑"头戴式显示器

随着近年来计算机三维处理能力的增强和低成本传感显示元件的出现,VR 技术得到了快速发展,特别是产生了越来越多的相关结合技术,从虚拟和现实两个角度推动了 VR 技术的发展。1961 年,美国空军阿姆斯特朗实验室的 Louis Rosenberg 开发出了虚拟夹具(virtual fixtures)系统(见图 1-7(a)),其功

能是实现对机器的远程操作。1990 年波音公司的研究员 Tom Caudell 提出
"augmented reality"概念。1992 年美国空军研发了虚拟辅助系统,同年哥伦比
亚大学开发出打印机维修辅助系统——基于知识的增强现实维护助手(KAR-
MA)系统(见图 1-7(b))。

(a) 虚拟夹具系统　　　　　　　　　　　　(b) KARMA系统

图 1-7　AR 设备

1998 年 AR 技术首次应用于实时直播,在橄榄球比赛实况直播中实现了
"第一次进攻"黄色线在电视屏幕上的可视化,如图 1-8 所示。

图 1-8　AR 技术在实况直播中的应用

1999 年日本人 Kato Hirokazu 主导开发了 ARToolkit 系统,推动了 AR 的
进一步发展。ARToolkit 系统利用计算机跟踪技术,对标记(marker)进行识
别,实现虚拟物体跟着现实物体的同步运动,如图 1-9(a)所示。

(a) ARToolkit　　　　　　　　　　　　(b) ARQuake

图 1-9　ARToolkit 系统和 ARQuake 系统

2000 年南澳大利亚大学的 Bruce Thomas 等人开发了名为 ARQuake 的游戏系统,如图 1-9(b)所示。该系统首次实现了虚拟物体与室外真实场景的融合,在真实的环境中会跑出小怪物,由玩家来攻击。

VR 与 AR 技术的发展离不开低成本设备的普及。图 1-10(a)所示为 Oculus VR,该设备可以带来高水准的消费级 VR 体验。2012 年 6 月,Google 公司推出 Google Glass(见图 1-10(b)),使得 AR 技术备受关注。这种 AR 的头戴式现实设备能将智能手机的信息投射到用户眼前;通过该设备用户也可直接进行通信。图 1-10(c)所示为微软公司于 2015 年成功开发的 MR 眼镜 HoloLens,在 AR 和 MR 领域风靡全球。

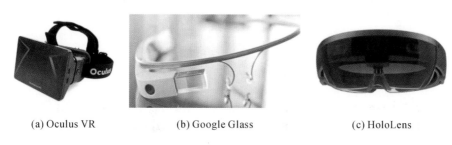

(a) Oculus VR　　　　(b) Google Glass　　　　(c) HoloLens

图 1-10　Oculus VR、Google Glass 与 HoloLens

1.2　VR/AR 的基本原理

1.2.1　VR/AR 的计算机图形学基础

VR/AR 应用的核心是构建虚拟三维场景,其场景形成过程涉及数字图像处理、计算机图形学、多媒体技术、传感与测量技术、仿真与人工智能等多学科,其中计算机图形学是建立逼真的、虚拟的交互式场景的基础。

1.2.1.1　虚拟场景几何建模

1.三维建模概述

计算机中表示三维形体的模型,按照几何特点进行分类,大体上可以分为三种:线框模型、表面模型和实体模型。实体模型基本上可以分为边界表示(B-Rep)模型、构造表示(CSG)模型和混合表示(B-Rep+CSG)模型三大类。

B-Rep 模型的典型代表是翼边结构,被表示为许多曲面(例如样条曲面)连接起来而形成封闭的空间区域。CSG 模型是将一个物体表示为一系列简单的基本形体(如立方体、圆柱体、圆锥体等)的布尔操作的结果,数据结构为树状结构。叶子为基本体素或变换矩阵,节点为运算,最上面的节点对应着被建模的物体。

三种实体模型对比如表 1-1 所示。

表 1-1　三种实体模型对比

实体模型	优点	缺点
B-Rep 模型	① 有较多的关于面、边、点及其相互关系的信息。 ② 有利于生成和绘制线框图、投影图,有利于计算几何特性,易于同二维绘图软件衔接和同曲面建模软件相关联	数据结构复杂,需要大量的存储空间,程序实现难度大。B-Rep 模型不一定对应一个有效的实体,不适合工具路径生成之类的应用程序
CSG 模型	① 构建方法简洁,生成速度快,处理方便,无冗余信息,而且能够详细地记录构成实体的原始特征参数,甚至在必要时可修改体素参数或附加体素,进行重新拼合。 ② 数据结构比较简单,数据量较小,修改比较容易,而且可以方便地转换成边界表示(B-Rep)模型	由于信息简单,这种数据结构无法存储物体最终的详细信息,例如边界、顶点的信息等。由于受体素的种类和对体素操作的种类的限制,CSG 模型用于表示形体的覆盖域有较大的局限性,而且不易实现对形体的局部操作(例如倒角等),显示形体需要的时间也比较长
混合表示模型	建立在 B-Rep 法与 CSG 法的基础上,在同一系统中,将两者结合起来,共同表示实体	算法复杂性较大

B-Rep 法、CSG 法和混合表示法是传统的实体建模方法,当前三维计算机辅助设计(CAD)软件系统就是利用这些建模方法进行建模的。而 VR/AR 虚拟场景是首先利用三维建模工具建立模型,然后处理并在虚拟环境中组装而成的。虚拟场景中采用的多是多边形网格(polygons mesh)模型,其由多个面构成,常称为面片模型,如图 1-11 所示。

2. 模型的面片化

实体建模不能直接应用在 VR/AR 环境中,VR/AR 场景中的模型是通过传统三维 CAD 转换而来的、基于三角形面片集合的模型。需要说明的是,基于面片集合的模型不等同于表面模型。

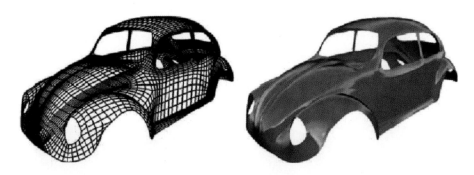

图 1-11　多边形网格模型

对三维模型的网格细化是基于网格离散曲面的一种表示方法,它可以由任意拓扑网格构造光滑曲面。细化方法的基本思想是:定义一个网格序列的极限,采用一定的细分规则(一般是加权平均),在给定的初始网格中插入新的顶点,从而不断细化出新的网格,重复运用细分规则至达到极限,该网格即收敛于一个光滑的曲线或者曲面。

网格细分是将细分规则作用在初始网格上得到的。细分规则可以分为两个部分:一个是拓扑分裂规则,主要用来描述网格每次细分之后所有顶点之间的连接关系,该过程也称为分裂;另一个是几何规则,用来计算新顶点的几何位置信息,这一过程也称为平均。

通常有两种基本的分裂方法,即顶点分裂和面分裂(见图 1-12),其区别主要在于所作用的基本几何体元。

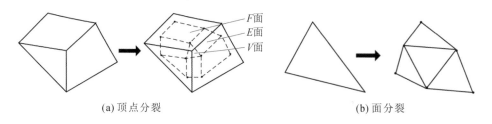

(a) 顶点分裂　　　　　　　　　　　　　　　　(b) 面分裂

图 1-12　两种分裂方法

(1)顶点分裂:对于给定度为 n 的顶点 i(顶点的度表示顶点所关联的边的个数),将其分裂成 n 个新顶点,每个顶点对应着它的一个邻面。这样的细分方法称为对偶型细分方法。如果 i 为内部顶点,则把这些复制顶点依次相连,形成一个新的 n 边形,称此 n 边形为新网格的 V 面;将由内部边两个端点分裂构成的新网格称为 E 面;旧网格多边形每个顶点分裂构成的新网格面称为 F 面,其与原来的网格面具有相同的拓扑结构。

（2）面分裂：在网格边和面上插入新的顶点，然后对每个面进行剖分，从而得到新的网格。这样的细分方法称为基本型细分方法。

图 1-13 所示为 CAD 实体模型的网格化。

 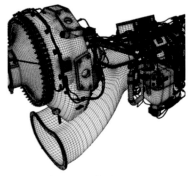

(a) 网格化前　　　　　　　　　　　　　(b) 网格化后

图 1-13　CAD 实体模型的网格化

1.2.1.2　面片模型的数据结构

在不同的软件或者开发包里，网格数据结构的实现是有差异的，主要体现在网格连接关系的记录结构上，比如顶点是否记录邻域点、边、面信息，边是否记录邻域面信息等。记录的信息越多，查询的时候越方便，但是冗余的信息也越多，而且如果网格连接关系有变动，维护的信息也越多。没有最好的数据结构，只有最适合当前算法的数据结构。面片的主要数据结构有以下几类。

1. 基于面的数据结构

在面集合（face set）模型中，基于面的数据结构最为普遍。面集合由一系列三角形组成，分别存储在集合 Triangles 中，如图 1-14（a）所示。对该集合进行范式分解，得到两个集合 Vertices 和 Triangles，如图 1-14（b）所示。Triangles 集合中存储了三个顶点索引号，通过该顶点索引号，可以方便地获取存储在 Vertices 中的所有顶点值。

目前主流的中间格式数据模型如 OBJ、OFF、STL 模型等就是采用了该数据结构，然而由于几何要素之间没有连接关系信息，要付出昂贵的代价来搜索面的相关性，有时候甚至很难对这种模型进行再利用。

Triangles		
$x_{11}\ y_{11}\ z_{11}$	$x_{12}\ y_{12}\ z_{12}$	$x_{13}\ y_{13}\ z_{13}$
$x_{21}\ y_{21}\ z_{21}$	$x_{22}\ y_{22}\ z_{22}$	$x_{23}\ y_{23}\ z_{23}$
$\vdots$	$\vdots$	$\vdots$
$x_{F1}\ y_{F1}\ z_{F1}$	$x_{F2}\ y_{F2}\ z_{F2}$	$x_{F3}\ y_{F3}\ z_{F3}$

(a)

Vertices	Triangles
$x_1\ y_1\ z_1$	$i_{11}\ i_{12}\ i_{13}$
$x_2\ y_2\ z_2$	$i_{21}\ i_{22}\ i_{23}$
$\vdots$	
$x_v\ y_v\ z_v$	$i_{F1}\ i_{F2}\ i_{F3}$

(b)

图 1-14　基于面的数据结构

2. 翼边数据结构

翼边(wing-edge)数据结构是计算机图形学中描述多边形网格的一种常用的数据结构,它可明确地描述三个或者更多表面相交时的表面、边线以及顶点的几何与拓扑特性。根据相交边的本身方向按照逆时针方向进行表面排序,如图 1-15 所示。

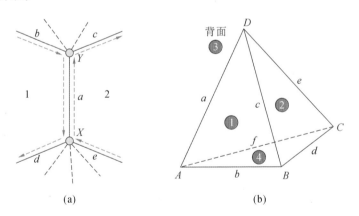

(a)　　　　　　　　　　　　　　　(b)

图 1-15　翼边数据结构

图 1-15(a) 中边 a 是主体,不仅定义了边的起点和终点,还描述了所连接的 b,c,d,e,形态如翅翼,这就是翼边数据结构名称的由来。

图 1-15(a)、(b) 所示翼边数据结构的描述分别见表 1-2、表 1-3。

表 1-2　图 1-15(a)所示翼边数据结构描述

边	顶点		面		左遍历边		右遍历边	
	起点	终点	左	右	前驱	后继	前驱	后继
a	X	Y	1	2	b	d	e	c

表 1-3　图 1-15(b)所示翼边数据结构描述

边	顶点		面		左遍历边		右遍历边	
	起点	终点	左	右	前驱	后继	前驱	后继
a	A	D	3	1	e	f	b	c
b	A	B	1	4	c	a	f	d
c	B	D	1	2	a	b	d	e
d	B	C	2	4	e	e	b	f
e	C	D	2	3	c	d	f	a
f	A	C	4	3	d	b	a	e

可以用三个类来描述翼边数据结构：Vertex、Edge 和 Face。翼边数据结构类如图 1-16 所示。

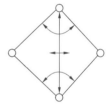

图 1-16　翼边数据结构类

很明显，翼边数据结构虽然有效，但是会使内存消耗明显增加。

3.半边数据结构

翼边数据结构虽然有非常好的图素溯源性，然而耗费的内存不容小视，尤其对于制造系统中的大规模场景，其增长是非常惊人的，半边(halfedge)数据结构则避免了这一缺陷。半边数据结构是一个有向图，把一条边表达为两个有向半边，图 1-17 所示为用 Vertex、Edge 和 Halfedge 三个类来描述半边数据结构。

半边数据结构所有操作都可以在常数时间 $O(n)$ 内完成，而且即使包含了面、顶点和边的邻接信息，半边数据结构的大小也是固定(没有使用动态数组)且紧凑的，因此半边数据结构成为许多应用的最佳选择。但是其只能用于表示流形表面(manifold surface)。

4.有向边数据结构

有向边(directed-edge)数据结构是一种特殊的半边数据结构，专门为三角

Vertex		Halfedge	
Point	position	VertexRef	vertex
HalfedgeRef	halfedge	FaceRef	face
		HalfedgeRef	next
Edge		HalfedgeRef	prev
HalfedgeRef	halfedge	HalfedgeRef	opposite

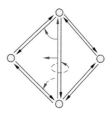

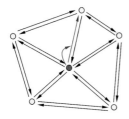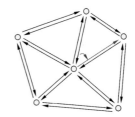

图 1-17　半边数据结构与连接关系

形网格设计。其和半边数据结构一致,是基于网格上的顶点、面和半边的索引号,按照隐式规则来编码,从而确定三角形网格的连接关系的。给定一个面上的索引 f,可以获得其三个半边:

$$\text{halfedge}(f;i) = 3f + i, i = 0,1,2$$

1.2.1.3　点云模型处理

VR/AR 应用场景中除了使用 CAD 模型之外,使用制造领域三维测量数据,如生产线上三维检测数据、深度摄像机检测结果等也非常普遍。

以下为图 1-18 所示模型在点云库 (PCL)系统中的数据结构。

图 1-18　三维点云模型

```
PCL 定义点的数据结构 (pcl/impl/point_types.hpp> )
CT (pcl::_PointXYZRGBNormal,
(float, x, x)
(float, y, y)
(float, z, z)
(float, rgb, rgb)
(float, normal_x, normal_x)
```

```
(float, normal_y, normal_y)
(float, normal_z, normal_z)
(float, curvature, curvature)
)
```

点云的处理方法有很多,比如点云噪声过滤方法、点云快速生成多边形方法,以及点云生成多边形优化方法等。图 1-19 所示为点云处理步骤。图 1-20 (a)所示为点云去噪与三角化效果,图 1-20(b)所示为三角形网格优化效果。

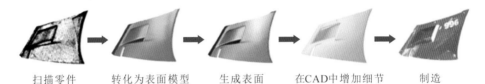

扫描零件　　　转化为表面模型　　　生成表面　　　在CAD中增加细节　　　制造

图 1-19　点云处理步骤

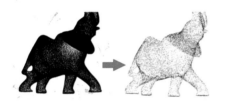　　　　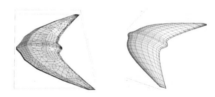

(a) 点云去噪与三角化效果　　　　　　　(b) 三角形网格优化效果

图 1-20　点云处理效果

1.2.2　沉浸显示基本原理

沉浸显示的基本原理是:通过结合图形计算、光学和传感显示技术,模拟人眼观察现实世界时的效果,使得人们在观察由计算机生成的虚拟世界时,能产生身临其境的沉浸感。沉浸显示技术主要是通过模拟人眼的立体视差、运动视差、视野范围来提供基本的视觉沉浸感,此外还可进一步通过模拟人眼聚焦等方法来增强视觉沉浸效果。

1. 立体视差

立体视差是人眼实现三维立体视觉感知的重要因素。人眼在观察现实世界时,现实世界的光线在景物间产生反射折射等现象,最终形成的光线投射到眼底视网膜上成像,视神经将信号传输到大脑皮层的视觉处理区域,从而获得对景物的视觉感知。由于人的左右眼位置不同,景物在左右眼的视网膜上所投射的像也会有所不同。例如,我们在眼前举起食指,并交替地先闭上左眼,用右眼观察,然后闭上右眼,用左眼观察,会发现食指和远处背景的相对位置,从左右眼看来会明显不同,这就是双目立体视差,由此产生不同深度的感觉。

在沉浸显示技术中,通过计算机图形图像技术来生成不同的画面,并通过立体显示技术,分别在左右眼前同步展示,从而模拟人眼立体视差效果,带来立体深度的感觉,如图 1-21 所示。

对于头戴式显示器,由于人眼距离屏幕很近,可通过直接给左右眼分屏来实现立体显示,通过左右眼的眼罩来保证左眼只看到左边屏幕画面,右眼只看到右边屏幕画面。

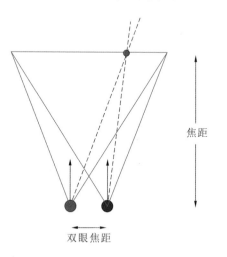

图 1-21　立体视差示意图

在 CAVE(cave automatic virtual environment,洞穴式自动虚拟环境)等立体投影显示系统中,由于人眼距离屏幕较远,双眼能同时看到同一投影屏幕区域,需要借助立体眼镜等设备来分离同一屏幕上的左右眼画面。立体眼镜按原理的不同可以分为被动式立体眼镜和主动式立体眼镜两种。被动式立体眼镜不需要电池,与电影院的立体眼镜类似,一般利用偏振光原理:投影仪所投出的左右眼的画面通过不同的偏振片过滤,观众通过对应的偏振眼镜来观看,保证左眼只看到左眼画面,右眼只看到右眼画面。被动式立体眼镜需要极化投影屏幕的支持,要两个投影仪才能支持左右眼不同画面显示,但眼镜轻便,便于佩戴。主动式立体眼镜需要电池供电,保持与投影仪画面同步,通过对左右眼的快门镜片的快速开合控制,切换双眼所能看到的显示内容,保证左眼只看到左眼画面,右眼只看到右眼画面。其优点是对投影屏幕没有极化要求,并且一个投影仪就可以支持左右眼画面显示。

2. 运动视差

运动视差是人眼实现三维立体视觉感知的另一重要因素。当人在现实场景中左右移动时,所看到的景物会随之发生变化。在沉浸显示中,可通过跟踪头部的位置,来实时更新对应的显示画面,模拟人眼所看的景物的变化。

3.视野范围

人眼视野范围也是获得沉浸感的一个重要因素。人在观察现实场景时,若头部固定、眼球静止不动,双眼立体视差的视野范围在水平方向上可达到 120°左右,在垂直方向上可达到 135°左右。主流的头戴式显示器,目前可提供水平方向约 110°视野。

当现实世界中人的头部做旋转运动时,可以实现 360°视野观察。在沉浸显示中,可通过跟踪人的头部旋转方向,来实时更新对应的显示画面,模拟人眼所看的景物的变化。

4.延迟问题和实时计算

沉浸显示需要在低延迟下完成每帧的计算,否则会导致模拟器晕眩症。对于头戴式显示器,整个系统的延迟是"从运动到光子"的延迟,根据人眼视觉特点,从人的头部运动,到画面显示更新的延迟时间最好在 15 ms 以内,如果超过 20 ms 就会被人感知到,并产生副作用。

目前 VR 显示设备一般要达到每秒 90 帧的显示速率,这就给实时计算提出了挑战。例如,对于 VR 和 AR 眼镜,其并不能将左右眼的整个图形绘制两遍,应尽量复用其中与视觉无关的计算,比如物理模拟和动画、阴影计算等,而与视点相关的计算才进行两路。

对于 VR 和 AR 眼镜,由于光学器件的成像会带来桶形畸变和偏色等问题,根据左右眼的视点计算出图像画面之后,还需要经过畸变校正、色差调整等处理,考虑到实时要求,可将图像当作纹理映射到一个三角形网格上,通过对网格进行畸变处理,实现图像的实时处理。

5.人眼聚焦

传统沉浸显示系统一般只提供一个固定的聚焦平面。在现实世界中,人眼的焦距会根据远近来调节,同时双眼也会根据深度变化而聚焦,这两个过程原本是协调一致的。但固定焦距的沉浸显示会导致人眼无法完成远近的调节,从而造成视觉感知上的冲突,带来不适感,影响沉浸体验。使沉浸显示技术支持人眼焦距变化是一个挑战。

光场显示技术是解决这一问题的一项前沿技术。光场是一个四维函数 $L(u,v,s,t)$,描述了通过前后两个图像平面的光线所构成的场。通过光场的因数分解算法,对人眼变焦范围内所看到的实际光场信息进行分解计算,可以对前后两个图像平面上的像素值进行相应设置,来近似模拟人眼所看到的实际光场,从而支持人眼焦距的变化,这样可解决人眼变焦和立体视觉会聚之间的协调问题,使人得到更好的沉浸感。但目前的光场显示技术还受到显示分辨率和实时计算量的限制。

1.2.3 自然交互基本原理

1. 数据手套和数据衣

数据手套是一种交互式设备,类似于平时戴在手上的手套,它便于虚拟现实中的精细运动感知和触觉反馈。数据手套可以获得人体手部的运动轨迹,作为虚拟现实自然交互的手部输入信号。数据手套支持与虚拟现实中物体的自然交互,例如戴上数据手套用自然手势抓取一个虚拟的瓶子时,甚至可以感觉到手中有瓶子。

在精细运动感知中,使用传感器检测用户手和手指的运动,并将这些运动转换为虚拟手或机器人手可以使用的手部输入信号。可采用不同的传感器技术来捕获手指弯曲的物理数据,例如可利用磁性跟踪装置或惯性跟踪装置,以捕获数据手套的全局位置旋转数据,并通过计算机软件算法解析出手势输入。

高端的数据手套还带有触觉反馈能力,用于模拟人体触觉,从而使人可以感知压力、线性力、扭矩等,甚至可以反馈温度和表面纹理信息,但目前实际使用的数据手套在触觉传感方面效果还很不理想,通常只能模拟某单一特征。

数据衣是穿在人体身上的特殊的衣服,用于支持人体运动感知和触觉反馈,以及自然交互。在躯干和肢体等重要特征点处嵌入标记点或者传感器,比如用于光学捕捉的反光材质球,或者用于惯性捕捉的惯性传感器,从而获得人体运动的输入信息。

与数据手套类似,有的数据衣还可以给人体提供触觉反馈。一般是在衣服中嵌入微型马达或者其他触力觉反馈器,通过计算机来控制所产生的触力觉,模拟作用在人体身上的触力觉信号。

2. 动作捕捉

动作捕捉设备可以获得人体动作或者物体运动数据,并且将其作为自然交互的输入信号。常见的动作捕捉设备有两种,一种是光学动作捕捉设备,另一种是惯性动作捕捉设备。

光学动作捕捉设备采用多个光学摄像机作为传感器,通过三维计算机视觉技术,实时跟踪放置在衣服上的红外反光材质球,来获得人体运动重要特征点的三维位置信息,重构人体运动;也可以将红外反光材质球按照一定的形式组合放在物体上,通过实时跟踪这些球来获得物体的运动。

　　惯性动作捕捉设备采用多个惯性传感器,实时获得方向和加速度,通过算法估算出相对运动位置。这些惯性传感器可以嵌入衣服中或者与物体绑定,以获得人体运动重要关节点的三维方位信息和物体的运动信息。

　　光学动作捕捉设备的优点是精确度高,缺点是特征点容易被遮挡。惯性动作捕捉设备的优缺点与光学动作捕捉设备相反,其优点是没有遮挡问题,缺点是精确度不高。也可以通过融合光学和惯性动作捕捉技术来扬长避短,但其技术实现更复杂。

　　3.三维光感应

　　三维光感应技术一般通过三维结构光等获得三维场景的深度图,并通过软件算法,实时解算出运动,可用于虚拟现实的自然交互输入。例如微软公司的Kinect 深度传感器可实时获得场景和人物的三维深度图像,并通过计算机视觉算法解析,支持全身三维运动捕捉和面部识别等功能。

　　深度传感器可以有 RGB(红绿蓝)摄像头,也可以没有。为了支持深度感知,一般采用红外投影仪和红外摄像机。红外投影仪向被感知的场景投射出红外结构光图案,该图案人眼不可见,但红外摄像机会实时拍摄红外投影仪在场景中投射的图案,通过检测这类图案的变化(例如投射在近处物体上的图案比较密集,而投射在远处物体上的图案比较稀疏),来实时估算得到场景的深度图像。

　　在估算得到的深度图像的基础上,通过软件算法将人体骨架模板与深度图像进行实时匹配,从而实现三维实时人体运动跟踪。或通过软件算法将人脸模板与深度图像进行实时匹配,从而实现人脸跟踪。

　　4.眼动跟踪

　　眼动跟踪设备可通过测量眼球运动,感知个体在任何给定时间观看的位置,以及该个体的眼睛从一个位置移动到另一个位置的顺序。跟踪眼球的运动,可以进行基于视觉和显示信息的人机交互。在眼动跟踪交互系统中,眼动跟踪数据可以作为控制信号,不需鼠标或键盘输入就可以直接与界面交互,这对于 VR/AR 系统非常有优势。通过眼动跟踪位置对 VR/AR 场景进行有针对性的渲染,可以节省大量的渲染资源,提升 VR/AR 画面的层次。因此,眼动跟踪技术在 VR/AR 领域中具有广阔的应用前景。

最常用的眼动跟踪技术基于瞳孔中心角膜反射(PCCR),近红外光被导向眼睛的中心(瞳孔),引起瞳孔和角膜之间的可检测光反射。通过红外摄像机跟踪角膜和瞳孔之间的矢量信号得到眼球注视的位置与移动信息,并且得到眼球常见的状态,如注视、眼跳和追随运动信息等。

5.语音交互

语音交互是人类与计算机之间最自然的交互方式之一。计算机先采集人类的语音,然后通过人工智能算法对语音进行识别和理解,做出相对应的反应。通过语音交互,人类不但可以下达指令,而且可以实现大部分与其他人机交互方式一样的功能。随着语音交互技术及人工智能技术的发展,语音交互将在未来的人机交互中发挥越来越大的作用。语音交互的最大优点就是充分释放了人的手和眼的交互,在汽车驾驶等方面有很大优势。完整的语音交互系统包括语音信号处理、声学模型、语言模型、解码器及语音输出多个部分。

6.嗅觉及其他感觉交互技术

嗅觉交互普遍比较简单,大多处于实验室研究阶段。通过气味发生器可以产生各种气味;通过机械装置控制气味的扩散和传播;通过气味感知器获取当前空气中气味的浓度和种类;通过人机交互接口对气味发生器进行控制;通过气味感知系统实现对计算机的控制。

1.2.4 虚实场景融合基本原理

虚实场景融合是 AR 和 MR 技术中的关键。为实现虚拟物体和真实场景之间的融合,应主要解决两者之间的几何一致性、遮挡一致性、光照一致性问题。

1.几何一致性

几何一致性意味着虚拟物体和真实物体看起来处于同一个现实空间,在几何位置上呈现的效果一致。比如将一个虚拟的杯子放在一张真实的桌子上,从各个方向观察,都要求能正常地确定杯子在桌上的位置。

几何一致性一般是通过实时跟踪三维物体或者摄像机的三维方位来实现

的。可通过计算机视觉方法,根据场景中的特征点来反算出摄像机相对场景的方位,基于此结果,按照指定的位置算出虚拟物体应该呈现的图形效果,从而在几何空间上与真实场景保持方向与位置一致。

例如,可用同步定位和建图(simultaneous localization and mapping, SLAM)算法来反算出摄像机方位。利用 SLAM 算法可以从场景的传感器图像中提取特征点,并估算其粗略的三维地图,同时跟踪摄像机的方位。在机器人映射和导航中,SLAM 算法在构建或更新未知环境的地图的同时,还能实现位置跟踪及计算。

2. 遮挡一致性

遮挡一致性问题主要涉及虚拟物体和真实场景的正确遮挡关系。比如用真实的手握住一个虚拟的杯子,此时拇指可能在虚拟杯子的前面,部分遮挡虚拟杯子的图形,而虚拟杯子则可能会遮挡其他手指。通常需要通过计算机视觉方法,实时提取出真实场景中的景物深度,然后根据深度来确定虚拟图形的先后遮挡关系。

3. 光照一致性

光照一致性主要影响虚拟物体和真实场景的光照效果。一般需要估算出真实场景的光照方向和分布情况,然后利用估算的光照结果来绘制虚拟物体,生成与真实环境相一致的明暗度和阴影。

真实场景的光照条件可能很复杂而难以计算,在 AR 的实际应用中,一般可对 AR 场景的光照进行简化,只考虑较远的光源带来的局部光照效果,而不考虑场景物体之间反射光线相互作用下的全局光照效果。

为了估算出光照参数,可以在场景中放置光照探测器。光照探测器可以是被动探测物,比如一个反光球,通过摄像机拍摄该反光球的图像,来得到环境光照数据。光照探测器也可以是主动探测物,例如可以直接用一个鱼眼摄像机来拍摄得到环境光照数据。光照探测器采集到的环境光照数据可以作为环境贴图,应用在虚拟物体的光照计算中,从而获得与真实场景接近的明暗度和阴影效果。

在 AR 应用中放置光照探测器比较麻烦,也可以通过单张图片和视频帧来大致恢复出场景光照信息,利用对场景光照、几何和材质方面的一些假设条件来简化计算,比如假设场景材质具有镜面反射条件或者漫反射条件,分别推算出光源的方向和强度,或通过检测真实场景中的阴影来推算光照条件。

1.3 基于 VR/AR 的典型制造业应用场景

高盛研究报告指出,VR 和 AR 正在从根本上改变制造业。计算能力的日益增长和硬件成本的下降,使得 VR/AR 的应用范围不断扩大。

1.3.1 虚拟装配

VR/AR 代表了 CAD 技术的自然演变,优势在于它提供了一种全新的视角来观察产品及其制造过程。虚拟装配可以帮助工程师在不需要实际原型的情况下进行产品可视化,从而对产品的设计做出决策。VR 技术还可以用于研究人工装配的效率瓶颈和潜在的人机工程学问题。VR 也可以是一个强大的训练工具,特别是对于装配应用。VR 技术辅助下的装配测试如图 1-22 所示。

图 1-22 VR 技术辅助下的装配测试

虚拟装配允许设计师将从开始到结束的整个装配过程进行可视化,使工程师能够在虚拟环境中测试设计决策;允许自动进行任务分析和过程映射,在确定装配过程之前进行人机工程学评估。

1.3.2 工厂虚拟布局与规划

设计新工厂布局是一个庞大的任务,需要工程师们同时平衡多个设计变量,包括每个设备的运行轨迹,维护、使用和存储所需的空间。在计划阶段,在任何关键因素上犯错都会导致生产效率低下,且事后难以补救。

工厂规划是一个庞大的项目,涉及多个设计团队,包括工厂建设、控制系统和子系统构建。使用 VR 技术可以避免许多问题,通过对整个工厂进行建模,不仅可以模拟工厂布局,还可以模拟在其内部进行的生产过程。通过创建一个公共的虚拟空间,简化设计组之间的协作,允许设计人员评估设备的各个方面之间的交互,使识别潜在的访问者和人机工程学问题更容易,可以对日常车间活动进行模拟,以确定潜在的瓶颈。

图 1-23 所示为 VR 技术辅助下的工厂规划,图 1-24 所示为基于 AR 的生产线生产过程模拟与交互。

图 1-23　VR 技术辅助下的工厂规划　　图 1-24　基于 AR 的生产线生产过程模拟与交互

1.3.3　自动化单元仿真

VR/AR 提供了对工业机器人进行编程、监控和协作的新方法。与工厂计划一样,VR/AR 技术可以让用户在应用机器人单元前进行可视化仿真,帮助用户在安装之前规划机器人的移动路径。

图 1-25 所示为基于 AR 的机器人路径规划。

用户可以通过虚拟演示将动作轨迹输入 VR 环境,从而直接在 VR 系统中编程,将自己的视角转变为机器人的视角,并从环境

图 1-25　基于 AR 的机器人路径规划

传感器中导入数据,以便完成编程任务。

使用虚拟工厂实现机器人单元计划,允许程序员通过运行虚拟机脱机来检查错误,通过在虚拟环境中进行编程来降低风险,为程序员提供从机器人的角度看

问题的机会,允许多个操作人员对单个机器人进行协作控制。基于 AR 的机器人抓取过程模拟如图 1-26 所示。

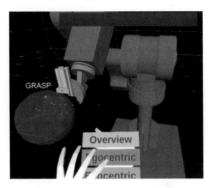

图 1-26　基于 AR 的机器人抓取过程模拟

1.3.4　生产作业虚拟培训

VR/AR 提供了一种向员工传授制造技能的新方法。有些技能通过亲身实践远比通过课堂或学习材料来获得效果更好。图 1-27 所示为基于 AR 的操作人员培训。

图 1-27　基于 AR 的操作人员培训

如果需要培训很多员工,且他们分布在一个宽广的空间内,可通过 VR/AR 进行模拟操作培训。学员可以在虚拟空间中熟悉整个工厂的布局和操作、模拟操作培训设施,培训师可以看到学员所看到的内容,学员的表现可以被记录和评估以改进未来的培训计划,同时可按学员个人需求定制培训计划。

同时,VR/AR 技术在维修维护领域也有很多用处。AR 在维护方面的效果可能比 VR 更好,而 VR 设备可以给维修人员提供在安装之前熟悉新设备的机会。图 1-28 所示为基于 AR 的设备维修操作。

图 1-28 基于 AR 的设备维修操作

此外,为了确保能够及时地进行维护,尽可能减少对其他操作的干扰,制造商可以在虚拟工厂中运行模拟维护任务,以评估不同策略对整个生产的影响。基于 AR 的设备维护如图 1-29 所示。

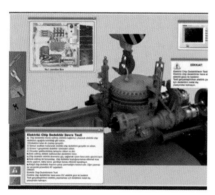

图 1-29 基于 AR 的设备维护

VR/AR 在维修维护方面的作用具体为:

(1)允许人员了解维护任务对整个设备的影响;

(2)在安装新设备之前,可以对不同的维护策略进行试验;

(3)在维护过程中更容易识别潜在的访问者和人机工程学问题;

(4)提供在现实世界中不可能实现的设备的独特视角;

(5)为存在潜在危险的维护任务提供无风险的尝试和试错机会。

近年来 VR/AR 技术已经取得了显著的进步,在智能制造领域的应用层出不穷,有很多新的应用模式和方法值得期待。

第 2 章
智能制造体系与关键技术

人在制造过程中的作用不会也永远不能被忽视,尤其在离散制造业中。人在制造回路中面临三大挑战:如何快速得到训练以执行任务;如何进行人机协同以高效完成作业;如何理解制造过程并做出决策优化,高质量完成制造。VR/AR 是一种新型人机交互技术,将使人在制造回路中发挥重要作用,如图 2-1 所示。

本章主要介绍智能制造的基本体系、基于 VR/AR 的智能制造的关键技术和 VR/AR 技术的制造业应用挑战。

图 2-1 人在制造中面临的挑战示意图

2.1 智能制造体系

2.1.1 定义与参考模型

2.1.1.1 智能制造概念的由来与发展

智能制造的概念是舶来品,其英文名称有两个:"smart manufacturing"和

"intelligent manufacturing"。从学术论文和企业技术报告来分析,美国学界和工业界普遍称智能制造为"smart manufacturing",在其他国家两个词都有使用。本领域著名国际刊物则是 *Journal of Intelligent Manufacturing*,杨叔子院士最早撰文时提到"智能制造系统",翻译为"intelligent manufacturing system(IMS)"。哪个更准确,见仁见智。单纯从"smart"和"intelligent"的词义来看,"intelligent"的智能程度更高一点,"smart"可直译为聪明的、敏捷的,而"intelligent"可直译为智慧的、智能的。但是用来修饰"manufacturing"一词,就笔者愚见,两者并没有明显差别,只是语境不同,使用习惯不一样而已。

智能制造有体系的研究和发展已经有 30 多年历史,其中发生的关于智能制造的重要事件见表 2-1。

表 2-1　智能制造重要事件一览表

时间	典型事件	简述
1985 年	"智能制造系统"概念提出	1985 年美国国家标准局(NBS)的自动化制造研究与试验基地(AMRF)提出"智能制造系统"概念,并指出智能制造系统是以知识库为基础的下一代自动化制造系统。有学者认为智能制造系统的准确概念是日本在 1989 年提出的
1987 年	第一本智能制造研究领域的专著出版	1987 年 P. K. Wright 和 D. A. Bourne 关于智能制造的专著 *Manufacturing Intelligence*
1989 年	第一个智能制造系统国际合作研究计划提出	"智能制造系统"国际合作研究计划由日本提出。智能制造系统指在整个制造过程中贯穿智能活动,并将这种智能活动与智能机器有机融合,将整个制造过程从订货、产品设计、生产到市场销售等各个环节以柔性方式集成起来的能发挥最大生产力的先进生产系统
1990 年	第一个国际刊物创刊	著名国际期刊 *Journal of Intelligent Manufacturing* 创刊
1994 年	中国第一个智能制造国家自然科学基金重点项目立项	第一个智能制造国家自然科学基金重点项目——"智能制造技术基础"项目由华中理工大学、南京航空航天大学、西安交通大学、清华大学承担,并于 1997 年顺利完成。该项目提出了基于 agent(代理)的分布式网络化 IMS 模式
1995 年	第一个智能制造系统框架提出	1995 年 1 月美国国际标准局的 James S. Albus 提出智能制造系统的控制框架

续表

时间	典型事件	简述
1998 年	第一个智能制造词条建立	1998 年,麦格劳-希尔科技词典首次给出智能制造词条,定义智能制造是采用自适应环境和工艺要求的生产技术,最大限度地减少监督和操作来制造物品的活动
2010 年	21 世纪智能制造研讨会召开	2010 年 9 月,21 世纪智能制造研讨会在美国华盛顿举办,吹响了美国先进制造业转型的号角
2012 年	美国先进制造战略计划启动	美国国家科学技术委员会于 2012 年 2 月正式发布了《先进制造业国家战略计划》,该计划由包括联邦机构代表在内的国家科学技术委员会先进制造业工作小组(IAM)为保持和加强国家先进制造业的切身利益而制定
2013 年	德国"工业 4.0"战略提出	2013 年 4 月,德国机械及制造商协会等机构设立"工业 4.0 平台",并向德国政府提交了平台工作组的最终报告《保障德国制造业的未来——关于实施工业 4.0 战略的建议》,并正式发布。这也是目前智能制造最为标志性的事件
2014 年	国际工业互联网联盟(IIC)成立	"工业互联网"的概念最早由通用电气(GE)公司于 2012 年提出。2014 年 3 月,美国 GE 公司、IBM 公司、思科公司、英特尔公司和 AT&T 公司五家行业龙头企业联手组建了工业互联网联盟(IIC),工业互联网开始正式普及
2015 年	"中国制造 2025"战略提出	2015 年 5 月 19 日我国发布《中国制造 2025》,这是我国实施制造强国战略第一个十年的行动纲领
2017 年	中国印发《新一代人工智能发展规划》	2017 年 7 月 20 日,中国国务院印发《新一代人工智能发展规划》,提出加快推进产业智能化升级
2018 年	"新一代人工智能引领下的智能制造研究"成果发表	《中国工程科学》2018 年第 4 期专刊刊载了中国工程院"制造强国战略研究"项目组"新一代人工智能引领下的智能制造研究"课题相关成果,指出传统制造向智能制造发展的过程是从原来的"人-物理"二元系统向新的"人-信息-物理"三元系统发展的过程
2020 年	工业互联网 9 本白皮书发布	2020 年 4 月 23 日,工业互联网产业联盟、中国信息通信研究院发布《工业互联网体系架构 2.0》等 9 本白皮书,内容涵盖工业互联网顶层设计、园区、网络、标识解析、边缘计算、信息模型、工业智能、数字孪生等八大方向

关于智能制造目前还没有统一的定义,大家普遍接受的智能制造是指面向产品全生命周期,将物联网、大数据、云计算、深度学习等新一代信息技术与先进自动化技术、传感技术、控制技术、数字制造技术结合,通过智能化的感知、人机交互、决策和执行技术,实现设计过程、制造过程和制造装备智能化,实现单

元、车间、工厂、企业内部、企业之间运营管理和优化的新型制造系统。

国内智能制造理论研究深度尚显不足,对智能制造内涵和外延的界定比较模糊。周济院士给出了智能制造的三个阶段——数字化、网络化、智能化,并清楚地指出这三个阶段不可隔离,在不同的阶段关注点不一样。制造业智能化转型升级的影响因素首先是数字化转型,然后是网络化联通、智能化决策与经营。显然,智能制造的本质就是实现数据在制造网络中的价值传递,让数据产生价值,而 VR/AR 技术则是数据实现价值传递最大化的重要载体。

2.1.1.2 主流智能制造参考架构模型

智能制造的概念自提出以来,一直备受关注,世界各国纷纷将智能制造列入国家级战略计划并着力发展。同时,有四个典型的智能制造参考架构模型被提出。

1.德国"工业 4.0"参考架构模型(RAMI 4.0)

2013 年 4 月,德国在汉诺威工业博览会上正式提出了"工业 4.0"战略,其核心是通过信息物理系统(cyber-physical system,CPS)实现人、设备与产品的实时连通、相互识别和有效交流,构建一个高度灵活的个性化和数字化的智能制造模式。在这种模式下,将发生三个明显的转变:

(1)生产由集中向分散转变,规模效应不再是工业生产的关键因素;

(2)产品由趋同向个性化转变,未来产品都将完全按照个人意愿进行生产,极端情况下将出现自动化、个性化的单件制造产品;

(3)用户由部分参与向全程参与转变,用户不仅出现在生产流程的两端,而且广泛、实时参与生产和价值创造的全过程。

如图 2-2 所示,德国工业 4.0 参考架构模型分为三个维度:一是生命周期与价值流维度,横向集成了企业内、企业间的设计开发、生产和运维的协同过程,侧重于推进企业内/外的可持续发展,展开标准化等全生命周期合作,对应国际标准 IEC 62890,是集成难度最高的维度;二是系统级别维度,即纵向集成维度,给出了在企业内部进行系统集成和控制的级别,突出了产品的生产以及与企业信息化集成的过程,对应国际标准 IEC 62264(或者 ISA95)和 IEC 61512;三是业务活动层维度,体现的是 CPS,自下向上分为资产层、集成层、通信层、信息层、功能层、业务层六层,强调实现虚实融合,进行有机集成,打造智能工厂。

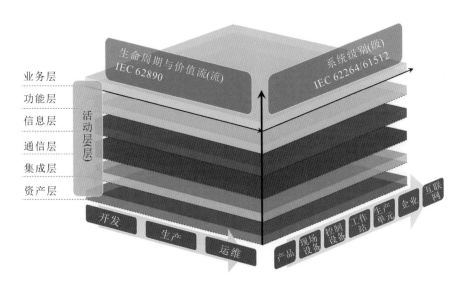

图 2-2 德国"工业 4.0"参考架构模型(RAMI 4.0)[3]

2. 工业互联网参考架构(IIRA)模型

"工业互联网"的概念最早由通用电气(GE)公司于 2012 年提出。与"工业
4.0"相似,"工业互联网"的基本理念是将人、数据和机器连接起来,形成全球化
的、开放的工业网络。其内涵已经超越制造过程以及制造业本身,跨越了产品
生命周期的整个价值链。工业互联网和"工业 4.0"相比,更加注重软件、网络和
大数据,发展工业互联网的目的是促进物理系统和数字系统的融合,实现通信、
控制和计算的融合,营造一个 CPS 环境。

工业互联网系统由智能设备、智能系统和智能决策三大核心要素构成,以
实现数据流、硬件、软件和智能的交互。由智能设备和网络收集的数据存储之
后,经大数据分析工具进行数据分析和可视化,由此产生的"智能信息"在必要
时可以由决策者进行实时判断处理,成为大范围工业系统中工业资产优化战略
决策过程的一部分。

(1)智能设备 将信息技术嵌入装备,即使装备成为智能互联产品。为工
业机器提供数字化仪表是工业互联网革命的第一步,这样将使机器和机器交互
更加智能化。智能装备的普及与以下三个要素有关:一是部署成本。现在仪器
仪表的成本已大幅下降,从而有可能以比过去更为经济的方式装备和监测工业
机器。二是微处理器芯片的计算能力。微处理器芯片持续发展,使机器拥有数

字智能成为可能。三是高级分析。"大数据"软件工具和分析技术的进展为了解由智能设备产生的大规模数据提供了手段。

（2）智能系统　将智能设备互联而形成的系统即智能系统。从广义上来说，智能系统不仅包括各种传统的网络系统，还包括部署在机组和网络中并广泛结合的机器仪表和软件。随着越来越多的机器和设备加入工业互联网，实现跨越整个机组和网络的机器仪表的协同效应成为可能。智能系统的构建有利于整合广泛部署的智能设备的优点。

（3）智能决策　智能决策指在大数据和互联网基础上进行实时判断处理。智能系统利用收集到的信息来促进数据驱动型学习，进行智能决策。

2014 年 3 月，美国 GE 公司、IBM 公司、思科公司、英特尔公司和 AT&T 公司五家行业龙头企业联手组建了工业互联网联盟（IIC），推出 IIRA（见图 2-3），其目的是通过制定通用标准，打破技术壁垒，使各个厂商设备之间可以实现数据共享，利用互联网激活传统工业过程，更好地促进物理世界和数字世界的融合。工业互联网联盟已经开始起草工业互联网通用参考架构，该参考架构将定

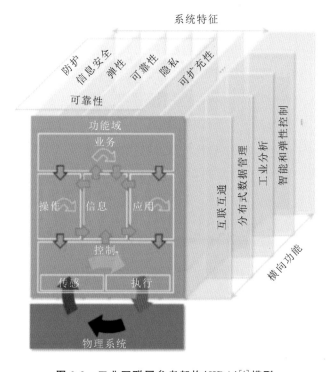

图 2-3　工业互联网参考架构（IIRA）[4] 模型

义工业物联网的功能区域、技术以及标准,用于指导相关标准的制定,帮助硬件和软件开发商创建与物联网完全兼容的产品,最终目的是实现传感器、网络、计算机、云计算系统、大型企业、车辆和数以百计其他类型的实体的全面整合,推动整个工业产业链效率的全面提升。目前 IIRA 模型和德国 RAMI 4.0 正在融合,如图 2-4 所示。

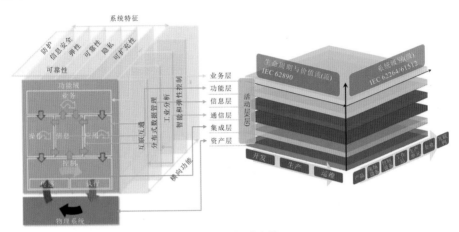

(a) 体系映射

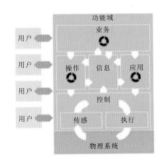

(b) 功能域映射

图 2-4 IIRA 模型与 RAMI 4.0 融合

3. 日本工业价值链参考架构(IVRA)模型

日本工业价值链促进(Industrial Value Chain Initiative,IVI)会是一个由制造业企业、设备厂商、系统集成企业等发起的组织,旨在推动"智能工厂"的实现。2016 年 12 月 8 日,IVI 基于日本制造业的现有基础,推出了智能工厂的基本架构——工业价值链参考架构(industrial value chain reference architecture,IVRA)。IVRA 基本上与"工业 4.0"平台的 RAMI 4.0 类似(见图 2-5),也采用了三维模式,其中每一个块被称为智能制造单元(SMU),制造现场为一个单元,通过三个轴进行判断。纵向为资源轴,分为员工(personnel)层、流程(process)层、产品(product)层和设备(plant)层。横向为执行轴,分为计划(plan)层、执行(do)层、检查(check)层和行为(action)层。另一维度方向为管理轴,分为质量(quality)、成本(cost)、交货期(delivery)、环境(environment)四个部分。

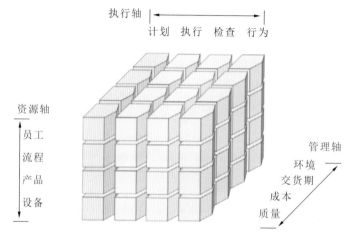

图 2-5　日本 IVRA 模型[5]

IVRA 通过多个智能制造单元的组合,展现了制造业产业链和工程链等。多个智能制造单元的组合称为通用功能块(GFB,见图 2-6)。GFB 的纵向表示企业或工厂的规模,分为企业层、部门层、厂房层和设备层;横向表示知识与工程流,包括市场需求与设计、架构与实现、生产执行、维护和研发五个阶段;管理轴表示需求与供给流,包括基本计划、原材料采购、生产执行、物流销售和售后服务五个阶段。

IVRA 还将智能制造单元之间的联系定义为"轻便载入单元"(PLU),具体而言,分为价值、物料、信息和数据四个部分。通过掌控这四个部分在 SMU 间的传递准确度,来提升智能制造的效率(见图 2-7)。

与 RAMI 4.0 和 IIRA 相比,IVRA 的一大特征是通过智能制造单元等形式,纳入了包括具体的员工互操作等在内的"现场感"特征。日本制造业以丰田生产方式为代表,一般都是通过人力最大化来提升现场生产能力,实现效益增长。IVI 向全世界发布的智能工厂新参考架构嵌入了日本制造业的特点,有望成为世界智能工厂的另一个标准。

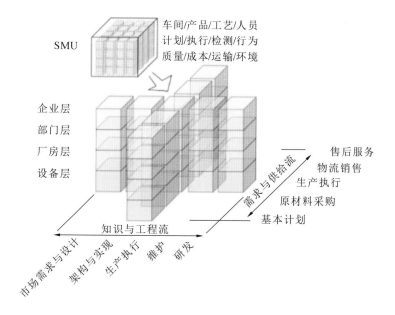

图 2-6 IVRA 中的通用功能块

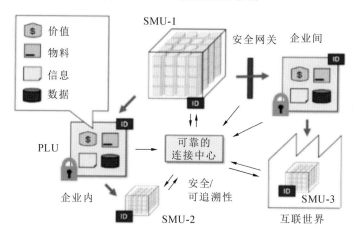

图 2-7 PLU 的移动价值

4. 中国智能制造系统架构（IMSA）

借鉴德国、美国智能制造的发展经验，我国智能制造系统相对 RAMI 4.0 系统层级维度有所简化，将产品和设备合并为了设备层级。如图 2-8 所示，智能制造系统架构由三个维度组成：生命周期、系统层级和智能功能。可分为五层：第一层是生产基础自动化系统，第二层是生产执行系统，第三层是产品全生命周期管理系统，第四层是企业管控与支撑系统，第五层是企业计算与数据中心（私有云）。

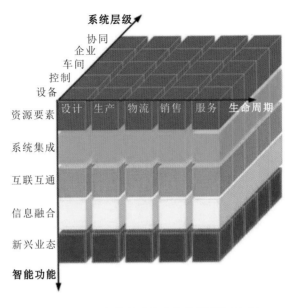

图 2-8　中国智能制造参考架构模型(IMSA)

生命周期包含一系列相互连接的价值创造活动,不同行业有不同的生命周期。在 IMSA 中:生命周期维度细化为设计、生产、物流、销售和服务,但忽略了样品研制和产品生产的区别;智能功能维度突出了各个层级的系统集成、数据集成、信息集成;系统层级类似 RAMI 的垂直层。IMSA 唯一地提出了标准体系架构,重点解决当前推进智能制造工作中遇到的数据集成、互联互通等基础瓶颈问题。目前我国也在研究 IMSA 与 RAMI 4.0 参考模型的兼容性,图 2-9 所示为 IMSA-RAMI 体系映射草案。

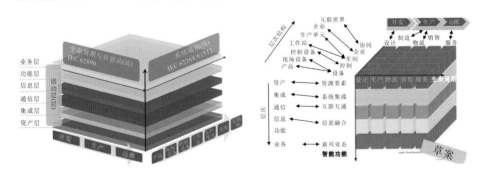

图 2-9　IMSA-RAMI 体系映射草案

5. 智能电网架构模型(SGAM)

2012 年欧洲标准化委员会(CEN)和欧洲电工标准化委员会(CENELEC)制定了智能电网架构模型(SGAM),其分为三个维度——领域、分区和互操作维度。与 RAMI 4.0 的集成非常相似,也包括领域间的价值链集成,分区的层次纵向集成和业务间的互操作集成,如图 2-10 所示。

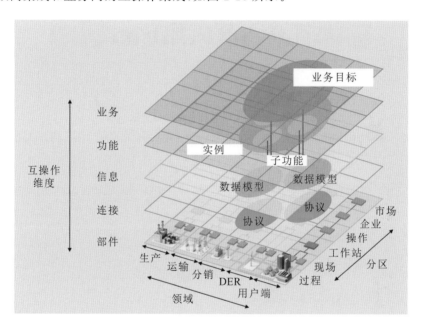

图 2-10　SGAM 参考模型[6]

注:DER 表示分布式电源。

很显然,上述几个参考架构模型都有 SGAM 的影子。

同时,从主流智能制造参考模型可知,无论是从 RAMI 4.0,还是从 IIRA、IMSA 的角度来看,智能制造的核心都没有变化,即 CPS、物理生产过程没有变化,信息化、数据化的需求没有变化,变化的是融合的深度和广度,基于数据驱动的虚实融合越来越紧密。

2.1.2　以 CPS 为核心的智能制造关键技术

智能制造的特征就是虚实融合技术的深入应用。虚实融合的方式有四种:移动化、云化、边缘化与大数据驱动,如图 2-11 所示。

智能制造使得传统金字塔状的多层次管理结构向扁平的网络结构转变(见

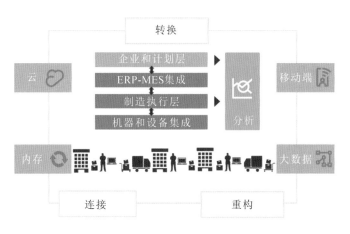

图 2-11　智能制造虚实融合方式

图 2-12),层次和中间环节减少,这种模式的变化使智能制造 CPS 得以发挥核心作用。

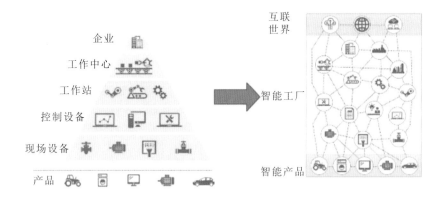

图 2-12　制造管理结构迁移

2.1.2.1　信息物理系统

信息物理系统(CPS)也称赛博物理系统,其通过集成先进的感知、计算、通信、控制等信息技术和自动控制技术,构建物理空间与信息空间中人、机、物、环境、信息等要素相互映射、实时交互、高效协同的复杂系统,来实现系统内资源配置和运行的按需响应、快速迭代、动态优化。可以看出,CPS 是工业和信息技术范畴内跨学科、跨领域、跨平台的综合技术所构成的系统,覆盖面广、集成度高、渗透性强,是量化融合支撑技术体系的集成。CPS 能够将感知、计算、通信、控制等信息技术与设计、工艺、生产、装备等工业技术融合,能够将物理实体、生产环境和制造过程精准映射到虚拟空间并进行实时反馈,能够作用于生产制造全过程、全产业链、产品全生命周期,能够从单元级、系统级到系统之系统(SoS)级不断深化,实现制造业生产范式的重构。CPS是智能制造的核心,其在各智能制造参考模型中的位置如表 2-2 所示。

表 2-2　主流智能制造参考模型中 CPS 的位置

类别	CPS 在参考模型中的位置
德国 RAMI 4.0 CPS	
IIRA CPS	

类别	CPS 在参考模型中的位置
日本 IVI CPS	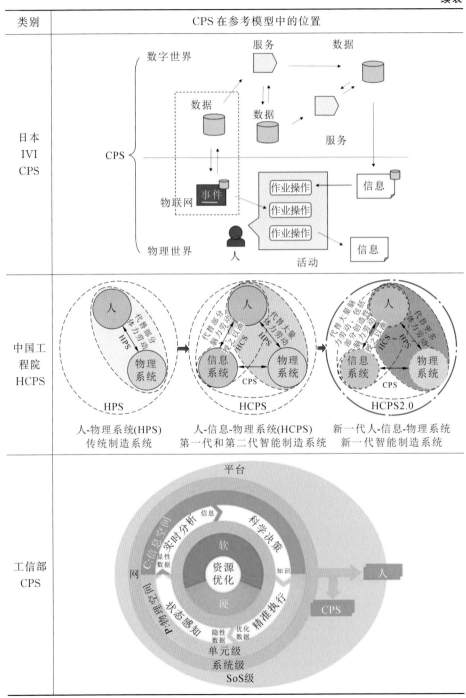
中国工程院 HCPS	
工信部 CPS	

2006 年美国国家科学基金会(NSF)组织召开了国际上第一个关于 CPS 的研讨会,并对 CPS 这一概念做出了详细描述,此后美国政府、学术界和产业界高度重视 CPS 的研究和应用推广。2013 年德国《工业 4.0 实施建议》将 CPS 作为工业 4.0 的核心技术,并在标准制定、技术研发、验证测试平台建设等方面做出了一系列战略部署。CPS 技术因控制技术和信息技术而兴起,随着制造业与互联网融合迅速发展壮大,正成为支撑和引领全球新一轮产业变革的核心技术。

《中国制造 2025》提出"基于信息物理系统的智能装备、智能工厂等智能制造正在引领制造方式变革",企业要围绕控制系统、工业软件、工业网络、工业云服务和工业大数据平台等,加强信息物理系统的研发与应用。《国务院关于深化制造业与互联网融合发展的指导意见》明确提出,制造业要"构建信息物理系统参考模型和综合技术标准体系,建设测试验证平台和综合验证试验床,支持开展兼容适配、互联互通和互操作测试验证。"当前,"中国制造 2025"战略正处于全面部署、加快实施、深入推进的新阶段,面对信息化和工业化深度融合进程中不断涌现的新技术、新理念、新模式,迫切需要研究信息物理系统的背景起源、概念内涵、技术要素、应用场景、发展趋势,以凝聚共识、统一认识,更好地服务于制造强国建设。

美国国家科学基金会、美国国家标准与技术研究院、德国国家科学与工程院等研究机构对信息物理系统的定义不尽相同,但总体来看,其本质就是构建一套信息空间与物理空间之间基于数据自动流动的状态感知、实时分析、科学决策、精准执行的闭环赋能体系,解决生产制造、应用服务过程中的复杂性和不确定性问题,提高资源配置效率,实现资源优化。

状态感知就是通过各种各样的传感器感知物质世界的运行状态;实时分析就是通过工业软件实现数据、信息、知识的转化;科学决策就是通过大数据平台实现异构系统数据的流动与知识的分享;精准执行就是通过控制器、执行器等机械硬件实现对决策的反馈响应。

上述四点都依赖于一个实时、可靠、安全的网络。可以把上述闭环赋能体系的组成概括为"一硬"(感知和自动控制)、"一软"(工业软件)、"一网"(工业网络)、"一平台"(工业云和智能服务平台),即"新四基"。"新四基"与《中国制造 2025》提出的"四基"(核心基础零部件(元器件)、先进基础工艺、关键基础材料和产业技术基础)共同构筑了制造强国建设之基。

《信息物理系统白皮书(2017)》将信息物理系统分为三个层次(见图2-13)：单元级、系统级、SoS级。具体来说,信息物理系统具有明显的层级特征,小到一个智能部件、一个智能产品,大到整个智能工厂都能构成信息物理系统。信息物理系统建设的过程就是从单一部件、单机设备、单一环节、单一场景的局部小系统不断向大系统、巨系统演进的过程,是从部门级到企业级、再到产业链级乃至产业生态级演进的过程,是数据流闭环体系不断延伸和扩展,并逐步形成相互作用的复杂系统网络的过程,突破了地域、组织、机制的界限,实现了对人才、技术、资金等资源和要素的高效整合,从而带动了产品、模式和业态创新。

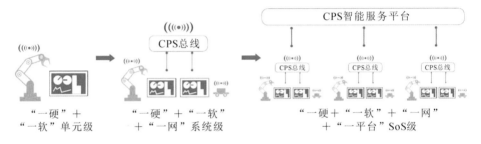

图 2-13　CPS 的层次演进

　　(1) 单元级　处在单元级的是具有不可分割性的 CPS 的最小单元。最小单元可以是一个部件或一个产品,通过"一硬"(如具备传感、控制功能的机械臂和传动轴承等)和"一软"(如嵌入式软件)就可构成"感知—分析—决策—执行"的数据闭环,具备可感知、可计算、可交互、可延展、自决策的功能。每个最小单元都是一个可被识别、定位、访问、联网的信息载体,通过在信息空间中对物理实体的身份信息、几何形状、功能信息、运行状态等进行描述和建模,在虚拟空间也可以映射形成一个最小的数字化单元,并伴随着物理实体单元的加工、组装、集成不断叠加、扩展、升级——这一过程也是最小单元在虚拟和实体两个空间不断向系统级和系统之系统级同步演进的过程。

　　(2) 系统级　系统级是"一硬""一软""一网"的有机组合。CPS 的多个最小单元(单元级)通过工业网络(如工业现场总线、工业以太网等),实现更大范围、更宽领域内的数据自动流动,就可构成智能生产线、智能车间、智能工厂,实现多个单元级 CPS 的互联、互通和互操作,进一步提高制造资源优化配置的广度、深度和精度。系统级 CPS 基于多个单元级最小单元的状态感知、信息交互、实时分析,实现局部制造资源的自组织、自配置、自决策、自优化。由传感器、控制终端、组态软件、工业网络等构成的分布式控制系统（DCS）和监控与数据采集系统（SCADA）是系统级 CPS，由数控机床、机器人、自动导引车（AGV）、传送带等构成的智能生产线是系统级 CPS，通过制造执行系统（MES）对人、机、物、料、环等生产要素进行生产调度、设备管理、物料配送、计划排产和质量监控而构成的智能车间也是系统级 CPS。

（3）SoS 级　SoS 级是多个系统级 CPS 的有机组合，涵盖了"一硬""一软""一网""一平台"四大要素。SoS 级 CPS 通过大数据平台，可实现跨系统、跨平台的互联互通和互操作，促成多源异构数据的集成、交换和共享的闭环自动流动，在全局范围内实现信息全面感知、深度分析、科学决策和精准执行。

2.1.2.2　信息物理生产系统

在生产制造场景中的信息物理系统，可以被定义为信息物理生产系统（cyber-physical production system，CPPS）。

1. 工业物联与互联：实现 CPPS 互联互通

1）物联网关键技术

工业物联网（见图 2-14）的出现在很大程度上推动了智能制造的发展，促进了工业的转型与升级，但是随着时代的变化和技术的革新，智能制造对工业物联网也提出了越来越高的要求，因此对物联网的研究主要集中在以下三个方面：

（1）射频识别（RFID）技术　该技术通过射频信号空间耦合，不需要与被识别物品直接接触即可实现数据的输入和输出。因此 RFID 技术被广泛应用于物流、车辆管理、流水线作业、军事管理等领域，但是该技术在数据安全性方面存在风险。

（2）网络通信技术　靠物联网连接在一起的机器、人、产品之间的信息传输方式有多种，其中无线传输对于物联网互联互通的实现尤其重要。而无线传输网络又以无线传感器网络（WSN）为主。WSN 是通过无线通信方式形成的多跳自组织系统，能感知对象信息并发给观察者，具有网络规模大，自组织性、动态性能好，可靠性高等一系列优点。但是目前与物联网传感器网络相关的智能化传感节点技术、自身检查诊断技术以及安全加密技术有待进一步的研究和加强。

（3）数据融合与智能技术　物联网中存在大量的传感器，在信息感知过程中，由于存在冗余信息，如果每个传感器单独传输数据至汇聚节点，会造成带宽和资源的浪费，必定影响信息收集的时效性，因此要对信息进行整合，得到令用户满意的信息,使物体能够"主动"与用户沟通。由此可见,要真正实现物联网的智能,只有综合研究并解决感知技术、通信技术、融合技术、智能控制技术以及云计算技术方面的问题,而且只有这样物联网才能得到市场的认可和接受。

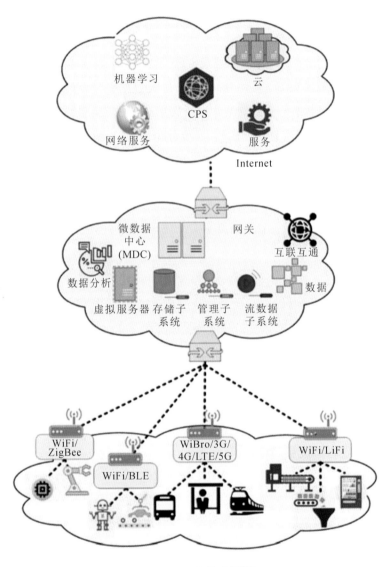

图 2-14　工业物联网[55]

注:LiFi 指可见光无线通信。

2) 物联网的功能与特性

工业物联网具有的信息感知、传输、处理、决策和施效五大功能清晰地反映出其几大显著特征：

（1）泛在化、互联性（信息感知）　利用 RFID、传感器、定位设备等感知设备，构建面向制造车间的泛在网络，实现人员、设备、物料、产品、车间、工厂、信息系统乃至产业链所有环节的互联互通，以及资源属性、制造状态、生产过程等数据的全面感知与采集。

（2）可靠性、实时性（信息传输）　将制造车间物理实体接入物联信息网络，依托多种信息通信方式，实现网络覆盖区域内的多源信息的可靠、实时交换与传输，打通制造企业端到端数据链。

（3）关联性、集成化（信息处理）　通过多种数据处理方法，对海量的感知信息进行智能分析与处理，形成可被优化决策使用的标准信息，并支持来自异构传感设备的多源制造信息的集成管控。

（4）自主性、自适应性（信息决策）　根据实时采集的多源制造数据，自主分析与判别执行过程及资源自身行为，实现制造过程的动态响应，并依据相关知识、数据模型和智能算法，实现面向制造过程的动态资源配置与生产管控自适应决策。

（5）精准化、协同化（信息施效）　依据决策方案，调节制造资源或制造过程，使对象处于预期的执行状态，并通过实时数据的集成共享，实现各单元全过程所有环节的协同优化及精准控制。

图 2-15 所示为工业物联网信息功能模型。

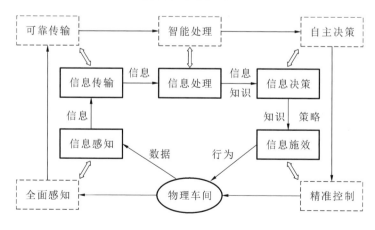

图 2-15　工业物联网信息功能模型

3）制造物联网体系架构

以离散制造车间为例，制造过程是指对原材料进行加工及装配，使其转化为产品的一系列运行过程，涉及设备、工装、物料、人员、配送车辆等多种生产要素及生产、质检、监测、管理、控制等多项活动。针对车间资源管理、生产调度、物流优化、质量控制等不同的应用目标，虽然专家和学者提出的各种制造物联网架构层次不一、覆盖内容不同，但都可以描述为以离散车间制造数据"感知—传输—处理—应用"为主线的体系结构，如图 2-16 所示。

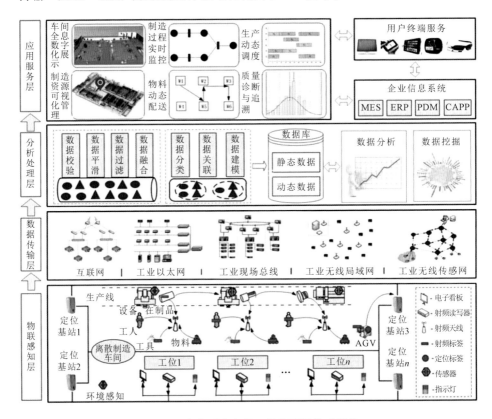

图 2-16　离散制造车间工业物联网体系架构

（1）物联感知层　离散制造车间中设备、人员、物料、工具、在制品等各类生产要素及生产活动所产生的状态数据、运行数据、过程数据等实时多源数据是生产过程优化与控制的基础。针对不同生产要素的特点和数据采集与应用需求，通过在车间现场配置 RFID、传感器等各类感知设备，可实现对各类生产要素的互联互感与数据采集，确保制造车间多源信息的实时可靠获取。

（2）数据传输层　离散制造车间中生产状态、物料流转、环境参数、设备运转、质量检测等相关数据分布广、来源多，可针对不同的传感设备所具有的不同的数据传输特点与需求，有选择性地通过互联网、工业以太网、现场总线、工业无线局域网、工业无线传感网等实现感知信息的有效传递和交换，确保车间现场生产数据的稳定传输与应用。

（3）分析处理层　离散制造车间所具有的复杂环境特性（存在强金属干扰、遮挡与覆盖等）与复杂生产特性（多品种变批量混线生产、生产工况多变、生产要素可移动等），导致了制造数据的冗余性、乱序性和不确定性。通过对具有容量大、价值密度低等典型特征的制造数据进行数据校验、平滑、过滤、融合、分类、关联等处理操作，可得到在生产与管理中可应用的有效数据，并进行分类存储，通过多种智能计算与分析方法实现海量数据的增值应用。

（4）应用服务层　将感知数据用于制造车间管理与生产过程控制优化，提供车间全息数字化展示、制造资源可视化管理、制造过程实时监控、物料动态配送、生产动态调度、质量诊断与追溯等功能，并通过统一的数据集成接口实现与制造执行系统（MES）、ERP 系统、产品数据管理（PDM）系统等信息系统的紧密集成，在多种可视化终端上实现制造现场的透明化、实时化和精准化管理、控制与优化。

2. 工业智能与软件：赋能 CPPS 的计算内核

工业软件将工业研发设计、生产制造、经营管理、服务等全生命周期环节规律模型化、代码化、工具化、系统化，是工业知识、技术积累和经验体系的载体，是实现工业数字化、网络化、智能化的核心。简而言之，工业软件是算法的代码化，算法是对现实问题解决方案的抽象描述。仿真工具的核心是一套算法，排产计划的核心是一套算法，企业资源计划也是一套算法。工业软件定义了CPS，其本质是要打造"状态感知—实时分析—科学决策—精准执行"的数据闭环，构建数据自动流动的规则体系，应对制造系统的不确定性，实现制造资源的高效配置。工业软件是智能制造的"大脑"。工业软件支撑并定义了智能制造，构造了数据流动的规则体系。

图 2-17 所示为工业 APP 参考模型，有工业维、技术维、软件维三个维度。

智能制造需要建立一套计算机信息空间和物理空间的基于数据自动流动的闭环赋能体系，以消除生产过程中的复杂性和不确定性。

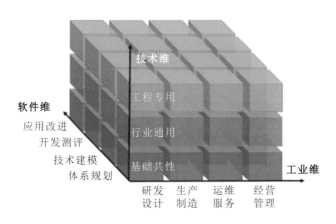

图 2-17　工业技术软件化——工业 APP 参考模型

　　人工智能在工业领域的应用可以被认为是工业智能,或称为工业人工智能。中国工程院《人工智能 2.0 咨询报告》把新一代人工智能定义为"基于新的信息环境、新技术和新的发展目标的人工智能",新的发展目标包括从宏观到微观的智能化新领域,如智能城市、数字经济、智能制造等。从宏观上来说,工业人工智能的具体研究内容包括智能学习能力(如机器学习能力)、语言能力(如自然语言处理能力)、感知能力(如图像识别能力)、推理能力(如自动推理能力)、记忆能力(如知识表示能力)、规划能力(如自动规划能力)和执行能力等。

　　在智能制造领域,人工智能技术正在被不断地应用到图像识别、语音识别、智能驾驶/自动驾驶、故障诊断与预测性维护、质量监控等各个领域,覆盖研发创新、生产管理、质量控制、故障诊断等多个方面。人工智能可以对复杂过程进行智能化指引。以产品研发设计为例,工业设计软件在集成了人工智能模块后,可以理解设计师的需求,还可以与社交媒体等多元化数据源进行对接,可向设计者智能化推荐相关的产品设计研发方案,甚至自主设计出多个初步的产品方案供设计者选择。人工智能可在生产制造管理方面发挥作用,创新生产模式,提高生产效率和产品质量。利用人工智能技术,可通过物联网对生产过程、设备工况、工艺参数等信息进行实时采集,对产品质量、缺陷进行检测和统计。利用机器学习技术挖掘产品缺陷与物联网历史数据之间的关系,形成控制规则;可通过增强学习技术和实时反馈,控制生产过程,减少产品缺陷,同时集成专家经验,不断改进学习结果。在维护服务环节中,可利用传感器对设备状态进行监测,通过机器学习建立设备故障的分析模型,在故障发生前,将可能发生故障的工件替换,从而保障设备的持续无故障运行。以数控机床为例,用机器学习算法模型和智能传感器等技术手段监测加工过程中的切削力、主轴和进给电动机的功率、电流、电压等信息,辨识出刀具的受力、磨损、破损状态及机床加工的稳定性状态,并根据这些状态实时调整加工参数(主轴转速、进给速度)和加工指令,预判何时需要换刀,以提高加工精度、缩短产线停工时间并提高设备运行的安全性。总之,人工智能对智能制造具有驱动作用,如图 2-18 所示。

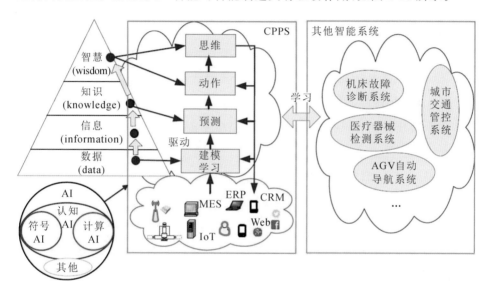

图 2-18　人工智能驱动的智能制造

3. 工业云和工业大数据平台:CPPS 决策与控制平台

工业云和智能服务平台是高度集成、开放和共享的数据服务平台,是跨系统、跨平台、跨领域的数据集散中心、数据存储中心、数据分析中心和数据共享中心。CPPS 决策与控制平台基于工业云服务平台,推动专业软件库、应用模型库、产品知识库、测试评估库、案例专家库等基础数据库和工具的开发集成与开放共享,可实现生产全要素、全流程、全产业链、全生命周期管理的资源配置优化,以提升生产效率,创新业态模式,构建全新产业生态,将使产品、机器、人、业务从封闭走向开放、从独立走向系统,重构客户、供应商、销售商以及企业内部组织间的关系,重构生产体系中信息流、产品流、资金流的运行模式,打造新的产业价值链,开创新的竞争格局。与人体类比,工业云和 CPS 智能服务平台构成了决策器官,可以像人的大脑一样接收、存储、分析数据信息,并形成决策。

CPPS 决策控制平台计算体系可分为三层,分别为边缘计算、雾计算和云计算,如图 2-19 所示。

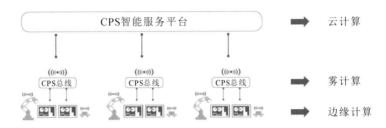

图 2-19　CPPS 决策控制平台与工业云计算框架

工业大数据是指在工业领域中,围绕典型智能制造模式,从客户需求到销售、订单、计划、研发、设计、工艺、制造、采购、供应、库存、发货和交付、售后服务、运维、报废或回收再制造等整个产品全生命周期内各个环节所产生的各类数据的总称。工业大数据主要有三类:第一类是生产经营相关业务数据,主要是通过传统工业设计和制造类软件系统、ERP 系统、产品生命周期管理(PLM)系统、供应链管理(SCM)系统、客户关系管理(CRM)系统和环境管理系统(EMS)等累积的大量产品研发数据、生产性数据、经营性数据、客户信息数据、物流供应数据及环境数据。此类数据是工业领域传统的数据资产,在移动互联网等新技术应用环境下此类数据规模正在逐步扩大。第二类是设备物联数据,主要指工业生产设备和目标产品在物联网运行模式下,实时产生的涵盖操作和运行情况、工况状态、环境参数等体现设备和产品运行状态的数据。此类数据是工业大数据中新的、增长最快的一部分。狭义的工业大数据即指该类数据——工业设备和产品快速产生的、存在时间序列差异的数据。第三类是外部数据,指与工业企业生产活动和产品相关的、来源于企业外部互联网的数据,例如,评价企业环境绩效的环境法规、预测产品市场的宏观社会经济数据等。工业大数据技术是使工业大数据中所蕴含的价值得以展现的一系列技术与方法,涉及数据采集、预处理、存储、分析、挖掘、可视化和智能控制等。工业大数据应用则是针对特定的工业大数据集,综合应用工业大数据系列技术与方法,获得有价值信息的过程。工业大数据技术研究的目标就是从复杂的数据集中发现新的模式与知识,挖掘出有价值的新信息,从而促进工业企业的产品创新,提升经营水平和生产运作效率,拓展新型商业模式。工业大数据具有实时性、准确性、闭环性等特性。

（1）实时（real-time）性：工业大数据主要来源于生产制造和产品运维环节，生产线、设备、仪器等均是高速运转的，从数据采集频率、数据处理、数据分析到异常发现和应对的一系列操作均具有很高的实时性要求。

（2）准确性（accuracy）：主要指数据的真实性、完整性和可靠性，更加关注数据质量，以及处理、分析技术和方法的可靠性。

（3）闭环（closed-loop）性：包括产品全生命周期横向过程中数据链条的封闭性和关联性，涉及智能制造纵向数据采集和处理过程中，支撑状态感知、分析、反馈、控制等闭环场景下的动态持续调整和优化。

除以上典型特性外，一般认为工业大数据还具有集成性、透明性、预测性。

工业大数据技术是智能制造中的关键技术，有着广泛的应用前景。其主要作用是打通物理世界和信息世界，推动生产型制造向服务型制造转型。工业大数据在智能化设计、智能化生产、网络化协同制造、智能化服务、个性化定制等场景都能发挥巨大的作用。在智能化设计中，通过产品数据分析，可实现自动化设计和数字化仿真优化；在智能化生产中，工业大数据技术可以实现在生产制造中的应用，如应用在人机智能交互、制造工艺的仿真优化、数字化控制、状态监测等方面，可提高生产故障预测准确率，综合优化生产效率；在网络化协同制造中，工业大数据技术可以实现智能管理的应用，如用于产品全生命周期管理、客户关系管理、供应链管理、产供销一体化管理等，通过设备联网与智能控制，可以达到过程协同与透明化；在智能化服务中，工业大数据技术通过对产品运行及使用数据的采集、分析和优化，可实现产品智能化及远程维修，同时，工业大数据技术可以实现智能检测监管的应用。

2.2　VR/AR 技术驱动的智能制造系统

VR/AR 具有极好的人机交互界面，在制造领域必然会有广泛发展。但是客观地说，当前 VR/AR 技术在制造业中的应用仍然乏善可陈，还称不上"不可或缺"。这是因为制造过程的应用场景迥然于游戏，制造业的诉求是制造质量和效率，而游戏和商用广告、影视追求的是新奇的体验。要使 VR/AR 在制造业中得到广泛应用，还有一段路要走。普及新技术的三要素是硬件、软件和网络化,任何一方面的不足,都会导致新技术的应用受到限制。幸运的是,下一代通信技术、物联网技术、人工智能技术在各种领域已有突破,VR/AR 技术有可能重塑制造业,使制造业在研发、生产、管理、服务、销售和售后市场等各环节发生深刻变革。

2.2.1 系统框架

制造过程分别在物理空间和虚拟空间中描述,完全由数字化构建的沉浸应用是 VR 应用,将制造过程中的数据信息进行数字化处理,并和物理空间的对象叠加而构建的沉浸应用是 AR 应用。参考工业 4.0 架构我们给出图 2-20 所示体系。

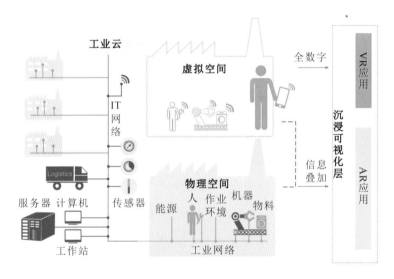

图 2-20　VR/AR 与 CPS 体系

VR/AR 驱动的智能制造过程描述如图 2-21 所示,全生命周期的透明可视化(transparent)、数字主线下的虚实信息互联(objects and things)、虚实融合(fusion)下的数字孪生以及大数据驱动下无处不在的(ubiquitous)计算,即 TO-FU 四象限,可驱动智能制造全过程。

2.2.1.1　产品全生命周期视角下的 VR/AR 制造系统

目前 VR/AR 的应用已从传统工业的设计、生产阶段延伸到了更多环节,以便为用户提供个性化产品。从产品全生命周期视角来看,VR/AR 制造系统分为三层,分别为数据层、生命周期层和 VR/AR 显示层,如图 2-22 所示。

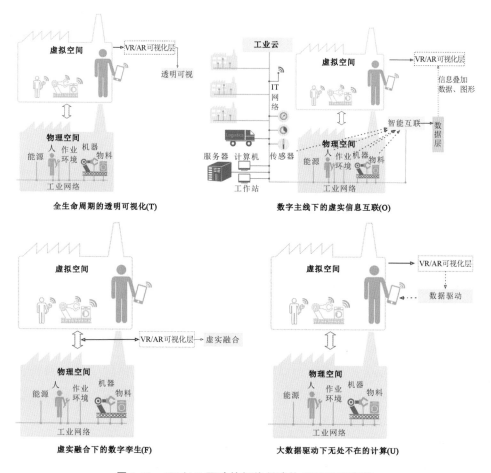

图 2-21　VR/AR 驱动的智能制造的 TOFU 四象限

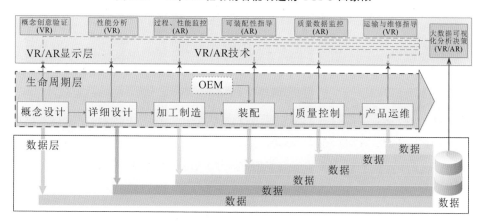

图 2-22　产品全生命周期视角下的 VR/AR 制造系统框架

生命周期层对应典型制造过程的全生命周期,包括概念设计、详细设计、加工制造、装配、质量控制和产品运维阶段。

数据层对应全生命周期各过程中的数据,这些数据经过分类,分层次地组织到制造大数据系统中。

显示层由 VR/AR 技术栈组成,用来形成产品全生命周期各个阶段的虚拟映像,其虚拟模型具备三维特征,集成制造过程的各种数据。在概念设计阶段,通过 VR 协同可视化环境,可以对外形、结构等进行设计;在详细设计阶段,基于 VR 技术将多学科的仿真、试验结果融合在一起,用来验证产品的性能或者生产系统的性能,在没有投入生产之前,就可以进行仿真分析;在加工制造环节,通过在线在位的加工数据有效集成,将实时数据覆盖到物理制造系统上,不仅可以了解制造的流程和进度,还可以分析制造要素的状态;在装配阶段,典型的 AR 应用就是进行智能装配引导,对作业流程进行标准化处理,实现最优装配;质量控制和运维阶段,充分利用数字检测技术,融合测量数据和设计数据,可以进行质量比对、分析和控制。可视化应用贯通在生产中各个环节。

图 2-23 所示为产品全生命周期中的 VR/AR 应用。同时 VR/AR 系统将各个阶段数据融合为大数据,对大数据进行分析,通过基于 VR/AR 的人机交互挖掘并获得知识,实现闭环控制。

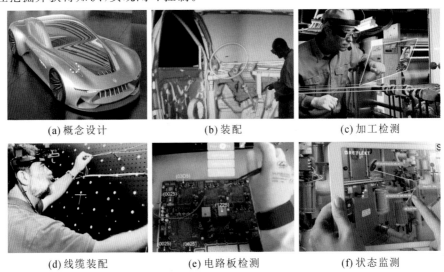

(a) 概念设计　　　　　(b) 装配　　　　　(c) 加工检测

(d) 线缆装配　　　　　(e) 电路板检测　　　　　(f) 状态监测

图 2-23　产品全生命周期中的 VR/AR 应用

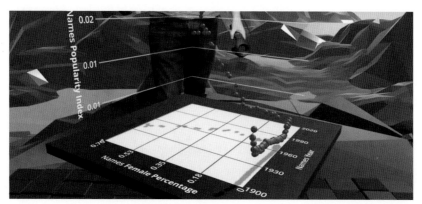

(g) 生命周期大数据可视化

续图 2-23

站在产品的全生命周期角度,VR/AR 技术可用来做预仿真,使得在产品没有实现之前就可以评判其外形和性能,评估设计模型的合理性,进行零部件的模拟装配,从而大大缩短产品的设计周期,降低组件装配的误差率。VR 消除了人与人之间的屏幕距离,创造了全新的面对面交流方式。在产品还没有生产之前,就可以针对设备的基本操作、典型故障等进行模拟,使一线的工作人员能更加安全、准确地掌握各类操作技能。基于 VR/AR 打造出的可视化透明工厂,从工厂规划、建设到运行等不同环节进行可视化三维仿真、评估和优化,在生产没有展开之前,就可以通过对生产线所涉及的制造活动进行全方位仿真,配合可视化信息管理模块,保证信息随时调看、更新、迁移,有效促进工厂管理智能化。

可视化工厂数据内容作为企业绩效和产能的直接体现,能够用于指导生产。三维数字化模型可以呈现在任何地方,如工艺师的办公桌上、生产调度组的墙上、工人的操作台边,管理粒度和管理视角一致。

2.2.1.2　工厂垂直集成视角下基于 VR/AR 制造系统的智能制造

德国“工业 4.0”模型的第二层为垂直集成层。

垂直集成层是从制造工厂角度出发而构建的,它体现了制造过程的层次关系。VR/AR 驱动的智能制造系统的特点是以人为核心,突出人-信息-物理系统(HCPS)。在垂直集成视角中,AR 占据了可视化层的主要部分,其可以称为工业 AR,如图 2-24 所示。可以看出,在左端的自动化集成企业金字塔的底部是制造要素,包括人机料法环,其上分别是制造工厂的控制系统、SCADA 系统、制造执行系统以及 ERP 系统,由下至上实现信息的垂直集成。在集成过程中数据流并不是单向一次性的,人在制造过程中起到核心控制作用。

图 2-24 垂直集成视角下的 AR 应用框架

2.2.1.3 信息集成视角下的 VR/AR 制造系统

实现智能制造,需要实现对制造过程的广泛控制和深度驾驭,这就必须要对制造过程中产生的信息进行全面收集和细致分析。如图 2-25 所示,信息集成视角其实体现了工业互联网的内涵,VR/AR 驱动的信息集成同样体现在智能制造过程中。

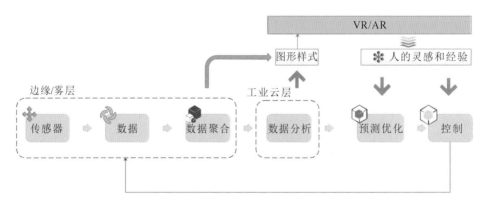

图 2-25 信息集成视角下的 VR/AR 智能制造框架

2.2.1.4 数字孪生视角下的 VR/AR 制造系统

在产品生产、研发过程中使用 VR/AR 技术,实现装配工艺的模拟和优化,提高概念设计的效率,精简设计单位和更加有效地进行工厂规划,在制造阶段实现"虚实融合",也就是所谓的数字孪生制造。波音公司给出了一种数字孪生"钻石"结构,受其启发,本书提出基于数字孪生的 VR/AR 框架,如图 2-26 所示。

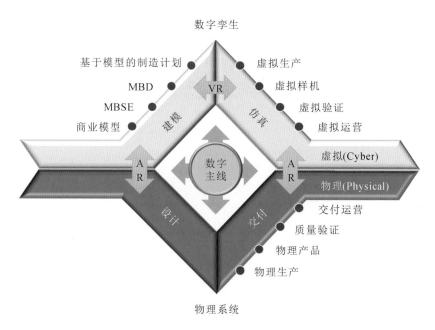

图 2-26 基于数字孪生的 VR/AR 框架

由此框架可以看出,基于模型的定义(MBD)技术和基于模型的系统工程(MBSE)技术是数字孪生的基础。在物理空间企业按照自动化方式进行运作,在与之对应的虚拟空间通过建模和仿真来推进数字化。该数字化过程是基于模型来实现的,分为两大阶段:

(1)**模型阶段** 包括产品的概念设计、系统工程定义、基于模型定义的产品详细设计、功能定义和性能分析,以及产品的制造过程建模。

(2)**仿真阶段** 制造系统针对产品全生命周期的不同阶段,基于高可信模型进行仿真与评估。在虚拟空间内部,以 VR 为主进行虚拟评估,用来形成协同的设计环境。在虚实融合的空间中,以 AR 为主,对物理生产、产品制造过程,质量以及运营维护进行全过程的监控和辅助。

在该模型中,同样不能忽略人的作用。数字孪生除了需要高可信的模型、高度数字化融合的系统之外,还需要人在回路中的支持,从而充分发挥人的智能,如图 2-27 所示。

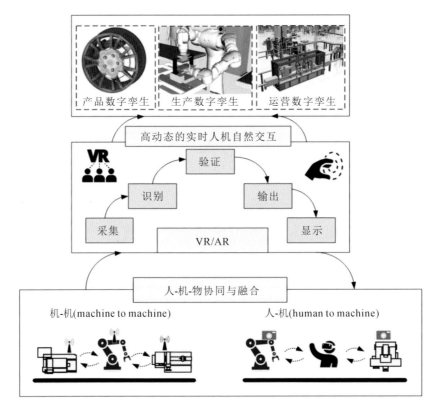

图 2-27　人机协同

2.2.2　关键技术

2.2.2.1　透明可视化技术

透明工厂并不是指厂房透明、设备透明。所谓"透明化",实质上就是在制造工业物联技术基础上,使企业中各职能部门在规定的要求下,按高效互动的方式运行。在虚拟的三维车间中将传感器采集到的数据实时展现出来,构建出能够感知生产环境的数字化车间。从制造过程中机械设备的作业状态、工况监测到产品的装配、调试环节,整个生产系统都能通过 VR/AR 工厂,真实地呈现在人们眼前。使用者能对工厂设备进行远程监控,实时了解数字化车间的生产状况,在线获取工厂设备的运行数据,甚至能通过交互技术实现远程操作维护、设备管理,或对现场人员进行远程维护指导和培训。透明可视化技术可有效推动工业生产组织方式的变革,如图 2-28 所示。

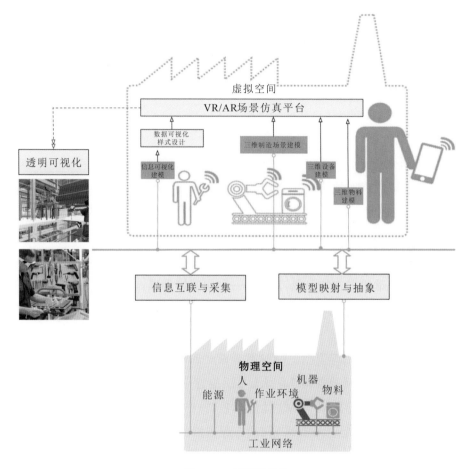

图 2-28　透明可视化

VR/AR 作为智能制造的表示层,对智能制造 CPS 的虚拟空间进行可视化,其核心分为两大部分:虚拟空间建模、数据映射与可视化表达。此内容将在本书第 3 章展开详细介绍。

1.虚拟空间建模

虚拟空间建模分为数据建模和过程建模。数据建模包括连续建模和离散建模。过程建模包括分形建模、图像建模、图形建模、几何建模、混合建模等。虚拟空间建模通常包括四个步骤:几何建模、物理建模、运动建模、行为建模。

1)几何建模

几何建模是 AR 建模技术的基础。虚拟环境中的几何模型是物体几何信息的表示,涉及表示几何信息的数据结构、相关的构造与利用该数据结构的算法。虚拟环境中的每个物体的几何信息均包含形状和外观两个方面的信息。

2）物理建模

物理建模指的是对虚拟对象的质量、重量、惯性、表面纹理（光滑或粗糙）、硬度、变形模式（弹性或塑性变形）等特征的建模，将这些特征与几何建模和行为规则结合起来，可形成更真实的虚拟物理模型。

3）运动建模

在虚拟环境中，仅仅建立静态的三维几何体是不够的，物体的特性还涉及位置改变、碰撞反馈、位置捕获、缩放、表面变形等。

（1）位置改变：位置改变包括对象的移动、旋转和缩放。在 VR 中，我们不仅对三维对象的绝对坐标感兴趣，也对其相对坐标感兴趣。对每个对象都建立一个坐标系统，称之为对象坐标系统。这个坐标系统的位置随物体的移动而改变。

（2）碰撞反馈：使用碰撞检测技术来实现。该技术在运动建模中经常使用。

4）行为建模

行为建模是在创建模型的同时赋予模型外形、质地等表观特征，同时也赋予模型物理属性和"与生俱来"的行为与反应能力，且服从一定的客观规律。换言之，就是要使"死的模型"变成"活的角色"。将几何建模与物理建模相结合，可以部分实现虚拟现实"看起来真实、动起来真实"的特征，而要构造一个能够逼真地模拟现实世界的虚拟环境，须采用行为建模方法。行为建模需解决物体的运动和行为描述的问题，如果说几何建模是 VR 建模的基础，行为建模则真正体现出 VR 的特征。一个虚拟环境中的物体如没有任何行为和反应能力，则这个虚拟环境是没有生命力的，对于 VR 用户是没有任何意义的。

2．数据映射与可视化

虚拟世界的对象本质上是对客观世界的仿真或折射，VR 模型则是客观世界中物体或对象的代表。而物理世界中的物体或对象除了具有表观特征如外形、质地以外，还具有一定的行为或能力，并且服从一定的客观规律。

制造场景中的对象符合制造工艺要求，制造过程符合离散化或者连续性制造的特征。制造过程的人机料法环，需要体现制造的静态特征和动态特征，其中动态特征与作业行为密切相关，不同的加工阶段往往对应不同尺度的行为。这些特征和行为，可以通过数学模型、仿真模型或者测量数据等表达出来。

2.2.2.2　基于数字主线的信息融合技术

智能制造的核心就是 CPS,其中包含环境感知、嵌入式计算、网络通信和网络控制等系统工程,使物理系统具有计算、通信、精确控制、远程协作和自治功能。CPS 注重计算资源与物理生产资源的紧密结合与协调。在虚实深度融合方面,数据融合是关键,这些数据流转在设计、制造和运维的各个阶段,我们将这些有相互逻辑关系、强关联的有机数据体称为数字主线(digital thread)。

1. 人、机、物深度融合

CPS 从本质上来说就是以人、机、物的融合为目标的计算技术,以实现人的控制在时间、空间等方面的延伸,其在物与物互联的基础上,还强调对物的实时、动态的信息控制与信息服务。VR/AR 可提供高度逼真的拟实能力,从而形成以人为核心、人在环路(human-in-loop)的融合系统。人、机、物融合需要合适的计算架构,图 2-29 给出了基于数字主线的 VR/AR 的信息融合系统框架模型。

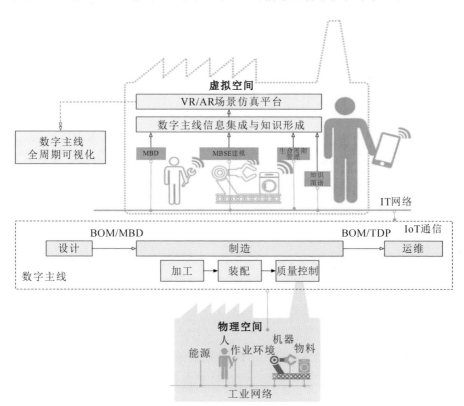

图 2-29　基于数字主线的 VR/AR 信息融合系统框架模型

2."3C"深度融合

CPS 的"3C"特征即通信(communication)、计算(computation)、控制(control)有机融合与深度协作,实现对制造系统的实时感知、动态控制和信息服务。CPS 将计算和通信能力嵌入传统的物理制造系统,造成了计算对象的变化,将计算对象从数字的变为模拟的,从离散的变为连续的,从静态的变为动态的。CPS 作为计算进程和物理进程的统一体,是将计算、通信与控制集成于一体的下一代智能系统。

图 2-30 所示为基于数字主线的信息与控制模型,该模型体现了"3C"与物理设备、信息的深度融合。

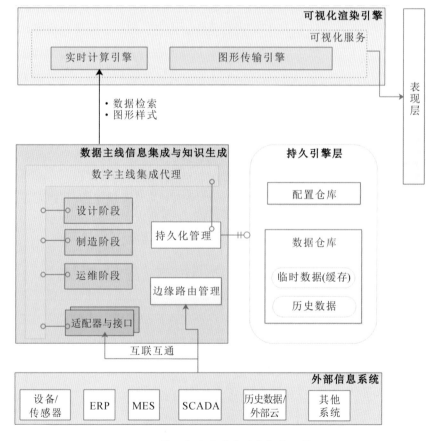

图 2-30　基于数字主线的信息与控制模型

3. 制造过程上下文价值链深度融合

制造过程上下文数据相互支撑,前道工序数据支撑并约束后道工序的制造工艺参数、质量要求等,后道工序数据反馈到前道工序,实现自适应和自律调整,这种深度融合是未来智能制造的关键。当前 M2M(M2M 不仅仅是设备间通信,它指人、设备、信息系统三者之间的互通与互动)技术正在快速发展,车间网状的端到端连接、深度数据驱动将会是常态。在以人为核心的离散化作业过程中,人获得上下文的数据,这将直接影响人在制造过程中的智能行为,比如可以实现在线在位的设备故障判断、质量预测和干预、效率提升调优等。

2.2.2.3 数字孪生驱动的虚实融合

从根本上讲,数字孪生是以数字化的形式对某一物理实体过去和目前的行为或流程进行动态呈现的技术,它有助于提升企业绩效。其真正功能在于能够在物理世界和数字世界之间全面建立准实时联系,这也是该技术的价值所在。数字孪生和 CPS 一样,其核心的问题是如何在虚拟空间中建立模型,来实时驱动制造过程,实现自动化、自感知、自适应、自决策等智能化行为,从而节能增效,同时提升产品质量。目前 VR/AR 技术在数字孪生领域还没有突出表现,其原因在于:

(1) 难以对获取的实际物理过程数据进行实时分析;

(2) 难以建立高可信度的数字孪生模型;

(3) 基于 VR/AR 的智能制造,其内核是虚拟空间中数字孪生模型。虚实融合的关键技术是虚拟空间和物理空间的数字孪生互操作,实现工厂/车间的人机协同和共融则在具有自然人机交互的可视化层中进行,如图 2-31 所示。

如前文所述,VR 系统有"3I"特性,强调沉浸感、逼真性,并强调自然的交互方式,尽可能构造一个逼近真实世界的数字化空间。CPS 有"3C"特征,强调虚实世界中的计算(computation)、通信(communication)和控制(control)。VR/AR 的背后是人的智力活动,CPS 的核心是数据和模型驱动虚实融合,当两者融合在一起时,就形成了新的虚实融合体系。图 2-32 所示为基于 VR/AR 的沉浸式虚实融合参考模型。

CPS 与 VR/AR 系统的三个维度无对应关系,实时性和真实感是 VR/AR 的重要指标,而实时性和交互性则是 CPS 的要求。"3C"与"3I"之间的内在联系是 VR/AR 提供了可视化理解制造场景的能力,在沉浸式环境中,一图胜千言

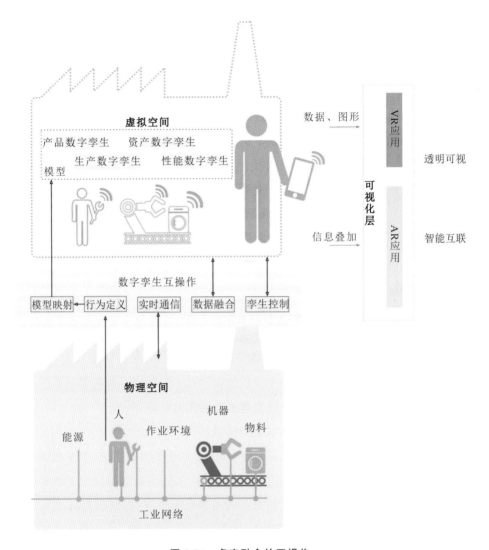

图 2-31　虚实融合的互操作

沉浸式环境会激发人的联想能力,尤其是驾驭大规模制造场景的能力,从而能对 CPS 的控制方法、控制手段和控制规则进行实时干预。

2.2.2.4　沉浸可视驱动的大数据技术

在可视化技术中,对制造过程数据的理解至关重要。VR 可以让制造者以更自然和更直观的方式沉浸在数据中,VR/AR 技术将改变工业大数据技术,如图 2-33 所示。

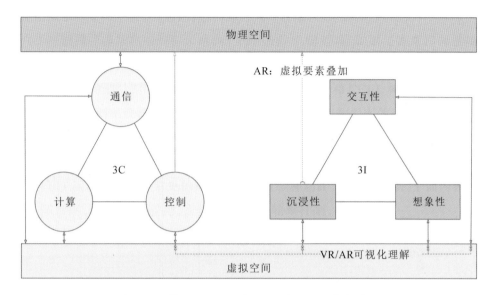

图 2-32　基于 VR/AR 的沉浸式虚实融合参考模型

（1）制造过程的大数据探索将变为沉浸式：在 2D 屏幕可视化大量数据几乎是不可能的，但 VR 提供了一种替代方法——多视角的数据钻取与三维可视化，可以让制造者从不同的角度查看数据点。

（2）分析将变成交互式：交互性是理解大数据的关键。如果没有动态处理数据的能力，拟实显示的能力将大大降低。使用静态数据模型来了解动态数据的处理方法，有助于我们提升动态数据处理能力。可通过可视化交互方式来完成数据的切片、操作、分析参数。

（3）可以更快的速度了解更多信息：一图胜千言，制造过程的数据以更自然和拟实方式呈现，使我们更容易理解制造的过程，甚至可使我们在特定时间内处理的数据量增大，以及提高数据发现效率。GE 公司表示，VR 系统有能力以更"同理"（empathy）的方式组织数据[8]。

VR/AR 和制造大数据融合将推进 VR/AR 技术在制造业研发设计、检测维护、操作培训、流程管理、营销展示等环节的应用，提升制造企业辅助设计能力和制造服务化水平；推进虚拟现实技术与制造业数据采集与分析系统的融合，实现生产现场数据的可视化管理，提高制造执行、过程控制的精确化程度，推动协同制造、远程协作等新型制造模式发展；加快构建工业大数据、工业互联网和虚拟现实相结合的智能服务平台，提升制造业融合创新能力；面

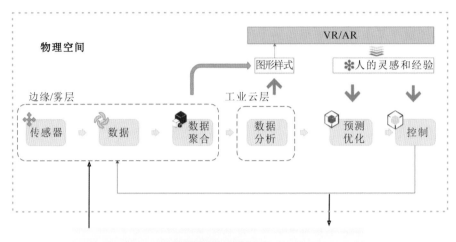

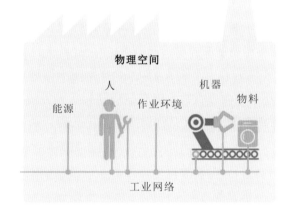

图 2-33　沉浸可视驱动的大数据技术

向汽车、钢铁、高端装备制造等重点行业,推进 VR 技术在数字化车间和智能车间的应用。

2.3　VR/AR 技术的制造业应用挑战

目前国际上关于 VR/AR 技术的研究大致集中在以下三个方面:对人机交互界面的研究;对 VR 建模语言、算法及相关硬件体系结构的研究,其中以北卡罗来纳大学的研究比较有代表性。VR 的实际应用研究仍面临巨大挑战。

1. 物理系统与虚拟系统的虚实融合

目前,物理系统与虚拟系统信息融合与交互在深度和广度上存在不足,主要体现在以下几个方面:

(1) 在感知模拟方面,目前的研究主要集中在视觉方面,对听觉、触觉、力反馈的研究还比较滞后,而且由于对人的生理心理、知觉原理、动作行为等还没有全面彻底的认识,因此人机交互中不免存在许多的局限因素,真实性与实时性比较欠缺;

(2) 在与虚拟世界的交互方面,自然交互性不够,在语音识别等人工智能方面的效果还远不能令人满意;

(3) 在基于三维立体几何学的虚实融合算法的研究方面,目前对包括几何图形的三维立体构建理论及算法、几何造型技术、虚拟场景的构建、实时三维立体几何学的原理和算法等还需要进行深入研究。

2. 仿真物理系统的逼真性与实时性

进行 VR 建模的仿真物理系统逼真性与实时性不足,这一点主要体现在图形建模、硬件等方面。

(1) 在图形建模方面:虚拟世界侧重几何表示,缺乏逼真的物理、行为模型,虚拟对象与真实对象之间还有很大的差异。

(2) 在硬件设备方面:一是相关设备存在使用不方便、效果不佳等情况,如头盔显示器(HMD)、数据手套(data glove)的灵敏性、准确性等不高,图像识别的质量和效率、立体图像生成的速度也有待提高;二是硬件设备的品种还不够多,不同的研究领域急需开发能满足应用要求的特殊硬件设备;三是目前相关的虚拟现实的设备价格都比较高昂,并且设备存在局限性,不利于 VR 研究的进行。

另外,软件最终实现的效果受到很多因素的制约,一些算法及理论研究也还不是很成熟。

3. 工程应用

VR/AR 技术在制造业的落地应用还缺乏相应计算机体系结构与适用于制造业场景的 VR 软件的支持。

(1) 在 VR 计算机体系结构构建方面,需研究专用于 VR 的计算机系统及外围设备,包括虚拟环境软件、VR 平台、专门接口设备、远程数据通信设备、分布式 VR 系统体系结构和平台、多用户 VR 系统体系结构和平台等。

（2）在 VR 软件开发方面，存在软件通用性差、语言专业性太强、软件开发投资费用非常大等问题。

总之，VR/AR 作为一门多学科交叉融合的技术，有较好的应用前景，但存在的问题也很多，需要研究人员不断探索，从整体和局部逐步把握。

第3章
基于 VR/AR 的制造系统建模与仿真技术

虚实融合是智能制造的特征,对信息和物理系统的建模和仿真是核心。其中对系统的建模包括外在的和内在的建模。外在的建模是显示层的建模,指的是三维场景建模;而内在的建模包括制造过程等的隐性知识建模。本章主要介绍显示层的三维场景建模、制造系统的流程建模,并给出详细实例。

3.1 面向 VR/AR 的大规模三维建模关键技术

制造系统的三维场景规模大、涉及的设备多,高逼真度的场景建模难度大,层次组织复杂。VR/AR 显示基于面片的数据结构,模型建立的好坏将直接影响整个 VR/AR 系统的实时性和逼真性。

3.1.1 大规模场景建模技术

3.1.1.1 大规模场景的建模要求

评价 VR/AR 建模质量的技术指标主要有以下几个。

(1)精确度 它是衡量模型表示现实物体精确程度的指标。

(2)显示速度 在 VR/AR 的交互式应用中,显示响应的时间越短越好,系统延迟将大大影响系统的可用性,模型质量对显示速度的影响巨大。

(3)交互效率 交互包括对模型特征参数、模型运动等的设置,以及在有多个运动物体时的冲突、干涉检测等。须高效实现人机交互。

(4)扩展性 须采用通用的、可兼容的三维模型格式来进行大规模场景建模。

1. 虚拟场景建模技术

虚拟场景建模主要涉及两类技术：

(1) 提高实时性的技术，包括细节层次（level of detail，LOD）技术、基于图像的图形绘制技术、模型简化技术、场景调度管理技术、实例化技术、外部引用（external reference）技术等。

(2) 加强真实感的技术，包括纹理映射技术，光照、阴影生成技术，快速渲染技术等。

下面分别对以上两类技术进行介绍。

1) 提高实时性的技术

提高 VR/AR 实时性的关键是降低系统负荷，包括减小三维几何要素尺寸、降低渲染质量等。有如下几类技术可以达到要求。

(1) LOD 技术　LOD 技术通过随着视点变换改变物体模型的细节程度来提高显示速度。LOD 技术与变形（morphing）技术相结合，可以增强 LOD 变换的平滑性。在不影响画面视觉效果的前提下，可以用一组复杂程度（一般以多边形数或面数来衡量）各不相同的实体层次细节模型来描述同一个对象，并在图形绘制时依据视点远近或其他一些客观标准在这些细节模型中进行切换，自动选择相应的显示层次，从而实时地改变场景复杂度。

(2) 基于图像的图形绘制技术　基于图像的图形绘制技术是直接利用实际拍摄得到的视景图像来构造虚拟场景的技术，具有快速、简单的优点。其缺点是观察点及观察方向受到限制，不能实现完全的交互性操作。

(3) 模型简化技术　虽然目前已经有许多模型简化算法，例如基于顶点聚类的网格简化算法和基于边折叠的网格简化算法等，但对于某些复杂的模型，简化效果还是不能令人满意，往往需要手工简化，而手工简化的工作量是非常巨大的，利用程序对模型进行简化的方法必将持续受到人们的关注。

(4) 场景调度管理技术　现在对场景调度管理技术的研究主要集中在场景的分块调度和场景模型的动态调度上。动态地选择小单元场景模型进行调用，不调用整个场景模型，能有效地提高系统输出视景的实时性。

(5) 实例化技术　当三维复杂场景模型中有多个几何形状相同但位置不同的物体时，采用实例化技术，使相同的几何体共享同一个模型数据，通过矩阵变换将各个几何体安置在不同的地方，这时只需要一个几何数据的存储空间，从而可以大大地节约内存空间。

（6）外部引用技术　外部引用是对外部单个或单块几何模型数据结构的引用。由于外部引用只是对外部几何模型的引用或者说链接，因此它有利于大场景的整合和编辑以及多人协同工作。

使用外部引用技术可以让用户直接把所需的文件或纹理等引入当前的场景，并能够对它们进行重新定位。

2）加强真实感的技术

VR/AR 应用成功的关键在于沉浸感。三维模型不能过高提高精确度，因为这样会加大系统在处理面片模型时的负荷。真实感渲染技术将使 VR/AR 系统在精确角度与系统负荷之间取得平衡。

（1）纹理映射技术　在一些复杂模型中，利用逼真的纹理既可以提高模型的细节水平，加强真实感，又不增加三维几何造型的复杂度，从而减少模型的多边形数量。纹理映射技术的基本思想是将二维纹理图像映射到三维物体表面，直观地说，就是设法将二维数字化图像"贴"在三维物体表面，产生表面细节。具体到 VR/AR 系统，就是将数字化的二维采样图像映射到地平面或物体表面，经过纹理映射技术处理后的物体的面数会因为纹理的使用而减少。

（2）光照、阴影生成技术　光照和阴影是提高模型逼真度的重要因素，但是由于实时性的要求，大多数 VR 系统采用静态阴影技术，但是静态阴影不能满足人们的需求。现在动态阴影的快速生成技术也是研究的热点和难点。

（3）快速渲染技术　目前的渲染技术一般都采用 Z 缓冲器（Z-Buffer）算法，也有采用 BSP 算法的。后者相对前者来说速度更快，但有致命弱点：无法成功渲染三个互相交叉的物体，而人们对画面质量的追求却是无极限的。今后，快速渲染技术依旧是一个重要的研究领域。

2. AR 场景建模要求

对于 AR 场景建模，不仅仅需要满足上述 VR 场景建模的要求，还需要考虑真实世界和虚拟物体的无缝合成，需要解决真实场景和虚拟物体的合成一致性问题。有以下问题和关键技术需要予以充分考虑。

1）场景虚实融合问题

AR 应用系统开发有三大关键问题：真实场景和虚拟物体的几何一致性问题、光照一致性问题和时间一致性问题。几何一致性指虚拟物体和真实场景在空间的一致性,是最基本的要求;光照一致性是与显示真实感相关的要求;而时间一致性则是实时交互的要求。几何一致性和时间一致性是研究光照一致性的前提,因为只有高效、实时地对场景进行几何表示,才能进行精确的光照恢复,才能得到逼真的绘制结果。

(1)几何一致性问题 几何一致性是指虚拟物体与真实场景处于一个统一的坐标系中,从同一个视点去观察,虚拟物体和真实物体保持一致的透视变换效果和正确的遮挡关系。

AR 系统须较好地解决 AR 注册定位问题,当用户转动和移动头部的时候,用户所感觉到的场景信息变化应是协调一致的。AR 系统不需要显示完整的虚拟场景,但是需要分析大量的定位数据和场景信息,以保证由计算机生成的虚拟物体可以精确地定位在真实场景中。

(2)时间一致性问题 AR 系统利用附加的图形和文字对周围的真实世界动态地进行增强,期望用户能够像在现实世界一样在增强信息空间自由活动,像和真实世界的物体一样与虚拟物体进行交互,要求系统具有较高的实时性。

要达到 AR 系统与用户的实时交互,就要统一、高效地对 AR 设备和场景进行管理,使它们支持协同工作。

(3)光照一致性问题 一致性的真实感渲染反映出 AR 系统对显示质量的要求,光照一致性主要关注的是真实场景中的光照或新加入的虚拟光照对场景中的原有物体以及新加入的虚拟物体的作用,属于虚拟物体真实感绘制问题,涉及明暗、阴影、反射等。因为场景中原有物体和新加入的虚拟物体共享一个光照模型,所以光照一致性问题又被称为共同光照问题。

光照一致性包含的技术问题很多,完整的解决方案需要精确的场景几何模型、光照模型和场景中物体的光学属性描述,这样才可能通过使用三维物体绘制和图像合成技术实现真实场景对虚拟物体的光照交互。

真实感绘制技术的目标是将真实场景和计算机生成的虚拟物体无缝合成,并最终使观察者察觉不到真实物体和虚拟物体的区别。真实感绘制研究主要包括两个方面的内容:光照模型的检测技术研究和遮挡分析。

① 光照模型检测技术研究:研究内容包括真实光照参数恢复、虚拟光照生成。真实光照参数恢复是指根据真实场景图像反求出真实场景的光源数目、光照方向和强度,利用它们绘制虚拟物体。虚拟光照生成是指根据全局实时重光

照方法恢复真实场景中物体表面的材质属性,生成虚拟光照参数,并生成新光照条件或新视点下同一场景的图像。

虚拟光照生成有两种基本方法:

一种方法是先用经验光照模型来恢复物体材料的光照属性,再根据这些属性生成新光照条件或新视点下的同一场景的图像。此类方法允许用户在场景中任意漫游并与场景物体进行交互操作,图像阴影边界清晰。其缺点是应用经验光照模型来恢复材料的光照属性时,需要知道完整的场景几何和环境光照条件,在重光照绘制时又因全局光照计算复杂而很难达到实时性要求。

另一种方法是基于场景不同视点、光照方向的采样图像,采用合适的基函数对采样图像进行插值、拟合等处理,从而获得以视点和光照方向为变量的重光照函数。由于重光照函数中包含间接光照和环境光照效果,因而具有全局性。绘制时利用重光照函数计算新视点和新光照条件下的图像,速度较快。由于全局光照计算的复杂性,虚拟光照生成技术在其中的应用尚不多见。

② 遮挡分析:遮挡检测是 AR 技术中一项重要技术,识别遮挡关系是人类利用视觉感知认识客观世界的重要途径。

正确的遮挡关系是实现良好融合效果的重要前提,错误的遮挡关系容易导致观察者在感官方向上的迷失和在空间位置上的错乱。长时间观察遮挡关系错误的场景,观察者可能发生视疲劳甚至做出错误的判断。虚实物体之间正确、快速、可靠的遮挡处理一直是 AR 技术的难点。国内外研究人员针对视频透视式和光学透视式系统,分别提出了不同的遮挡解决方法,这些方法各有利弊。对于光学透视式系统,实现虚实遮挡的方法主要有以下四种:

- 阻断光源与真实物体之间的光线来实现遮挡;
- 对整个真实场景事先建模从而方便地实现遮挡;
- 阻断真实物体与人眼之间的光线来实现遮挡;
- 在降低真实景物可见度的同时增加虚拟物体的亮度来实现遮挡。

对于视频透视式系统,早期大多数系统只是简单地将虚拟物体叠加在真实场景图像上,造成真实场景图像始终被虚拟物体所遮挡。随着 AR 技术的发展,在虚实遮挡检测方面也涌现了很多的方法和手段,如场景建模、深度计算等。

2) AR 的虚实注册

一个典型的 AR 系统通常由场景采集系统、跟踪注册系统、虚拟图形绘制系统、虚实合成系统、显示系统和人机交互界面等多个子系统构成。其中：场景采集系统负责获取真实环境中的信息，如外界环境图像或视频；跟踪注册系统用于跟踪视点的方位和视线方向等；虚拟图形绘制系统负责生成要加入的虚拟图形对象；虚实合成系统包括虚拟场景与真实场景对准合成的设备和算法。注册技术是 AR 系统最为关键的技术之一。注册实际上就是将计算机生成的虚拟物体和真实环境中景象"对齐"的过程。注册时必须先确定虚拟物体与观察者之间的关系，然后通过正确的几何投影将虚拟物体投影到观察者的视野中。目前的 AR 系统绝大多数采用的是动态注册方法。动态注册方法一般可以分为两种：基于跟踪器的注册方法和基于视觉的注册方法。

（1）基于跟踪器的注册方法　基于跟踪器的注册方法根据信号发射源和感知器获取的数据求出物体的相对空间位置和方向。跟踪注册系统根据信号发射装置不同可分为机械式跟踪系统、电磁式跟踪系统、超声波跟踪系统、光学式跟踪系统等。惯性导航装置通过惯性原理来测定使用者的运动加速度。通常所指的惯性装置包括陀螺仪和加速度计。超声波跟踪系统利用测量接收装置与已知超声波源的距离来判断使用者位置。电磁式跟踪系统通过感应线圈的电流强弱来判断用户与人造磁场中心的距离，或利用地球磁场判断目标的运动方向。光学式跟踪系统使用传感器，通过测量各种目标对象和基准发出的光线来测量目标与基准之间的角度，并通过该角度计算移动目标的运动方向和距离。机械式跟踪系统则是利用其各节点间的长度和节点连线间的角度定位各个节点。这些跟踪系统共同的问题就是自身应用领域的局限性。例如，电磁式跟踪系统只能在事先预备的磁场或磁性引导环境中工作。机械式跟踪系统较为笨重，最适用于室内。因而，对 AR 系统来说并没有单一完美的跟踪解决方案，可以将其中的两三种跟踪系统结合起来使用。

（2）基于视觉的注册方法　基于视觉的注册则是根据一幅或几幅真实场景图像反求出观察者运动轨迹，从而确定虚拟信息"对齐"的位置和方向。该方法不需特殊硬件设备，配准精度高，但其计算复杂性高，造成系统延迟大，且大多数基于视觉的注册技术都用非线性迭代算法，造成误差难控制、鲁棒性不强。根据注册时是否需要对摄像机进行预先定标，基于视觉的注册方法可以分为基于摄像机标定的注册方法和基于仿射变换的注册方法两种。

① 基于摄像机标定的注册方法　基于摄像机标定的注册方法是指通过摄

像机标定算法,获取摄像机参数,这些参数包括摄像机内部的投影参数、摄像机的位置和方向、视点的位置和方向,这些信息共同组成空间中物体的投影变换矩阵。根据这些参数设置虚拟摄像机,对虚拟物体进行投影变换,将投影结果融合到真实场景的二维图像中。

② 基于仿射变换的注册方法　基于仿射变换的注册方法不需摄像机位置、摄像机内部参数和场景中基准标志点位置等相关先验信息。通过将物体坐标系、摄像机坐标系和场景坐标系合并,建立一个全局仿射坐标系非欧几里得坐标系来将真实场景、摄像机和虚拟物体定义在同一坐标系下,以绕开不同坐标系之间转换关系的求解问题,从而不再依赖于摄像机定标。这种方法的缺点是不易获得准确的深度信息和实时跟踪信息,从而不易确定仿射坐标系基准的图像特征点,以及虚拟物体的仿射坐标等。

3.1.1.2　三维场景图

场景图(scene graph)是一种数据结构,包含渲染场景里各个对象的逻辑和空间的组织关系。场景图通常是一组节点的集合,它采用图或者树作为自己的数据结构。一个节点可以含有多个子节点,但是通常只有一个父节点,对父节点的操作将影响它的全部子节点。而以一组节点为单位,对组的操作将自动地影响组内的全部节点。在许多程序里都能够对一组节点做矩阵交叉变换或者类似的操作。可以像对单个对象一样,对一组对象进行移动、变换、选择等操作。场景图里一个节点可能会与多个节点有关联,还可以包括特定的物理行为节点,如反向动力(inverse kinematic)节点等。

制造系统中有很多物体是一样的,对于相同的两个物体,就只需建立一个模型,在需要时引用即可。在更复杂的场景中,不仅仅是模型可以引用,渲染环境、模型的样式等都可以引用。不仅叶子节点可以引用,整棵树都可以引用。这种场景大大简化和缩小了场景,为了不形成环路,我们一般采用有向无环图(directed acyclic graph,DAG),如图 3-1 所示。

3.1.1.3　三维场景构建流程

三维场景构建是系统生成的基础,场景构建的好坏将直接影响系统的逼真度、实时性和交互性。三维场景构建流程如图 3-2 所示。

三维场景构建的主要步骤可以归纳如下。

(1) 前期准备:确定场景和模型的结构、仿真场景的目的并进行顶层规划;

进行数据采集和预处理。

（2）场景构建：进行制造环境、三维实体等模型的构建与渲染。

（3）后期工作：包括模型的优化和集成、场景的优化和集成、场景的调度管理等。

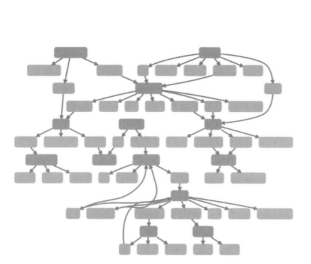

图 3-1　基于树/图结构的场景示意图　　图 3-2　三维场景构建流程

3.1.1.4　三维场景静态模型构建

三维场景静态模型构建是整个建模过程的基础，制造场景大部分需要分块完成。

1.三维场景建模

制造场景的三维实体模型一般包括静态实体模型和动态实体模型。静态实体是指静态不变的物体，大到房屋楼群、罐体，小到路边的警示牌、花草树木；动态实体是指具有运动属性的各种仿真实体，如可操作的阀门、工控机、控制仪表等。制造系统场景中的模型大部分都是静态实体，主要分为厂房、设备、加工对象、辅助装置等。每个模型所描述的物体形状由构成物体的各个多边形、三角形和顶点等来确定，物体外观则由其表面纹理、颜色、材质、光照系数等来确定。

实体建筑是虚拟场景中的主体部分，也是最重要的场景内容。主要运用几何建模技术，使用建模工具从形状和外观上对实体进行模拟，同时大量采用纹理映射等辅助技术手段,降低模型的复杂度。首先按照静态实体的位置和重要程度确定建模顺序,然后依次对每个重要静态实体进行单独建模。静态实体构建完毕后,要对每个分区内的静态实体模型进行集成。

对静态实体单独建模的步骤如下。

(1) 收集建模数据,如图 3-3 所示;

(2) 确定模型的层次结构;

(3) 创建模型;

(4) 删除多边形冗余几何元素,进行网格优化,如图 3-4 所示;

(5) 计算阴影;

(6) 使用纹理映射。

图 3-3　建模数据

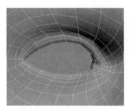

图 3-4　网格优化

可根据以下属性来创建静态模型。

(1) 网格顶点属性　网格顶点属性可按如下方式定义:

```
struct VertexInfo
    {
        Vector3 mCoord;
```

```
        Vector3 mNormal;
    };
```

除顶点属性之外,网格顶点还有以下属性。

① 邻域:包括邻顶点、邻边、邻面等。

② 流形:如果顶点的邻域是一个单连通区域,则该顶点为流形结构网格顶点。

③ colorId:对于一个彩色顶点网格,每个顶点都有一个颜色值。如果这个网格是由多个角度的数据拼接而成的,则每个角度的网格片往往存在色差,colorId 用于记录这个色差信息。对于同一个 colorId 的顶点,可以认为它们是颜色相容的,没有色差。colorId 属性用于去除顶点色差。

(2)网格边属性　网格边属性一般由对应端点的几何属性来表达,所以它通常由拓扑属性来表达。网格边属性可按如下方式定义:

```
        struct EdgeInfo
        {
            int mVertexId[2];
            std::vector<int> mFaceIds;
        };
```

除拓扑属性之外,网格边还有以下属性。

① 边界边:如果网格边的邻接面个数为 1,则其为边界上的边。

② 非流形边:如果网格边的邻接面个数大于 2,则其为非流形边。

(3)网格面属性　网格面属性可按如下方式定义:

```
        struct TriangleInfo
        {
            Int mIndex[3];
            Vector3 mNormal;
        };
```

以上代码中:mIndex 为三角形网格的顶点索引,mNormal 为三角形网格的法线。三角形网格的属性可以用面点属性来表示。所谓面点,即三角形网格的三个顶点(非正式定义)。面点和顶点的概念是不同的。面点属性有以下几种。

① 面点法线:它和顶点法线是不一样的。比如在特征尖锐的区域,可以设置面点法线为面法线;在光滑区域,可以设置面点法线为顶点法线。

② 纹理坐标:纹理坐标是一个典型的面点属性。严格来讲,顶点并没有纹理坐标的概念,只有三角形有纹理坐标的概念。将网格 UV 展开到平面时,如果没有割缝产生,那么每个顶点在其相邻三角形内的纹理坐标都是一样的,可简称为顶点的纹理坐标。如果有割缝产生,割缝处的顶点在不同三角形内的纹理坐标是不一样的。这时,顶点和纹理坐标是一对多的关系。

(3) 点像对应:点像对应信息用于纹理贴图,点像对应指三角形网格的面点与图像中点的对应。点像对应概念和纹理坐标是类似的,二者都是网格到二维区域的一个映射。点像对应信息在图像域也映射出一个二维网格。和 UV 展开的区别在于,UV 展开的二维域是唯一的,而点像对应的二维域(图像)有可能有多个(多张图片)。这导致某些三角形网格的面点可能对应不同的图像域,对这类三角形网格,一般采用面点颜色插值方法进行纹理贴图。

图 3-5 所示为三角形网格多分辨率模型。

图 3-5　三角形网格多分辨率模型

(4) 网格法线计算　网格的法线可以分为三类:面法线、顶点法线、面点法线。面法线可以通过对面的两条边做外积叉乘得到;顶点法线可以通过加权平均顶点的面邻域法线得到;面点法线代表了面内的顶点,而不是网格顶点,它与网格顶点是多对一的关系。

模型网格划分得越细,模型越逼真,但网格数、面边点及其数据属性数量也越多。图 3-6 所示为模型网格细分效果。

图 3-6　网格细分

2.纹理与渲染

虚拟场景的主要数据是三维模型,然而三维模型不可能无限逼近真实模型。一般通过图形渲染技术来拟实化,这样可以大大简化对客观世界的几何建模。换句话说,场景的构建就是将真实环境数字化的过程。

建模还包括对环境纹理数据的采集与预处理。

1)数据采集

数据采集是系统需求分析阶段的基础,是三维建模的主要依据。数据采集的准确性决定了模型的精确性和整个场景的真实性。系统中所需要的数据是真实采集的,包括实体模型信息、纹理信息、外围景观信息和满足实时交互性的信息等。自然景观、实体外观与几何形状等数据主要来自场区平面图、建筑图纸、规划图纸、实物照片和视频文件。纹理数据主要来自摄影照片。数据采集时应注意以下几点。

(1)采集前的准备:应熟知系统功能和实际物体的建模特点,以保证在数据采集时能有的放矢。

(2)采集的顺序:按照场景中实体的布局,按顺序进行采集,并进行命名和编号,以便建立数据库和查询。

(3)采集的时间:选择某一固定时间进行摄影,以确保摄影效果一致,避免整体景观失真。

(4)采集的整体性要求:数据采集应完整全面,尽量在同一时间段内完成,以保证采集的同一性。

(5)数据的备份:数据采集完后,应及时传入计算机做好备份,以防数据遗失。

2)数据预处理

数据采集完成后,需要去掉一些不正确的数据和冗余数据,在保持收集到的数据的精度的前提下,对数据进行必要的转换、裁剪或编辑,如导入平面图数据并将其格式转换成建模系统可接收的数据格式,把拍摄到的纹理图片格式转换成系统支持的格式等,最后对数据进行分类整理、存储备用。系统所采集到的数据一般包括自然景观数据、场景实体数据和纹理数据等。

场景实体数据主要指场景建模中三维模型的外观尺寸、结构组成、连接关系等数据信息,包括物体的几何形状、外观尺寸和空间位置等。为了能真实地模拟系统,要求场景中各个实体的空间位置、几何形状和尺寸数据相对精确。对于获取的数据,要仔细观察和分析,注意单个实体、局部场景、整体场景及各个部分连接处采用的数据的比例结构,为建模的精确性做好准备。

纹理数据多是来自实地摄影照片和素材图片库图像的数据,可用于某些地表特征实体的纹理及简单映射几何模型等。纹理数据的处理过程是:先将原始资料通过数码摄像机或扫描仪传入计算机,运用软件进行编辑(包括变换、扭曲、拼接、亮度调整和色调平衡等),生成三维物体纹理,再利用文件类型插件将其转换成建模系统可用格式的纹理文件。为了提高解算速度,可以根据系统需求不同而采用不同的纹理分辨率。

利用纹理映射技术,可以生成逼真模型,如图 3-7 所示。对于大范围制造场景,先通过场景图进行逐级组装,最后利用图形渲染技术,进行大场景拼合,如图 3-8 所示。

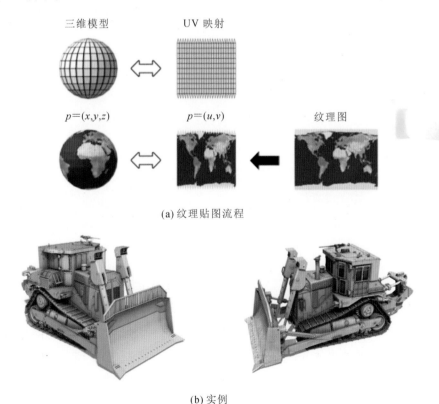

(a) 纹理贴图流程

(b) 实例

图 3-7　模型纹理映射方法的应用

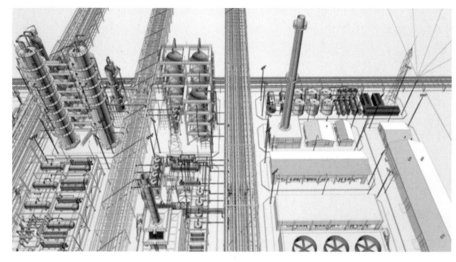

图 3-8 大规模场景模型渲染示例

3.1.1.5 基于扫描点云的三维建模

在 VR/AR 场景建模中,还可以将测量仪器产生的数据输入计算机进行数据处理,经过一定的处理最终得到可以应用于虚拟场景的三维模型。目前扫描设备往往可以达到 0.1 mm 的精度级别,1 m² 的面积扫描出来的点有几亿个,因此点云数据通常都是以 GB 或 TB 为单位的,这样庞大的数据集很难在 VR 和 AR 系统中运行起来,因此对点云的数据描述和处理尤为重要。图 3-9 所示为制造工厂的扫描点云。

图 3-9 制造工厂的扫描点云

有两种数据结构应用比较广泛,它们分别是八叉树和 R 树,其本质是对空间进行分割,以方便对空间不连续、稀疏点云进行存储和高效访问,如图 3-10 所示。点云目前大多以压缩的二进制文件形式与几何模型分开存储。

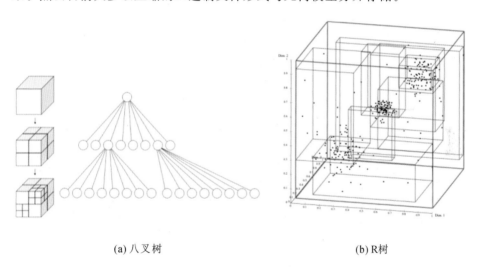

(a) 八叉树   (b) R 树

图 3-10 两种数据结构

点云数据特征选取和二维重建也是非常重要的研究课题。

3.1.1.6 基于图像的建模

快速、精确的三维建模一直是计算机应用领域追求的目标之一。传统的基于几何的建模技术虽日益改进,但构建稍复杂的场景的三维模型仍十分耗时,甚至难以建模,且所建模型的逼真度较低,而基于图像的建模技术因具有成本低廉、使用方便、逼真度高等优点,近些年已经逐渐成为计算机视觉和计算机图形学领域的一个新的研究热点。

基于图像的建模和绘制(image-based modeling and rendering)技术不依赖于三维几何建模,而是将摄像机采集的离散图像或连续视频作为基础数据,经过图像处理生成真实的全景图像,然后通过合适的空间模型把多幅全景图像组织为虚拟实景空间,用户在这个空间中可以进行前进、后退、环视、仰视、俯视、近看、远看等操作,从而实现全方位观察三维场景。该技术多用于漫游系统。基于图像的建模流程如图 3-11 所示。

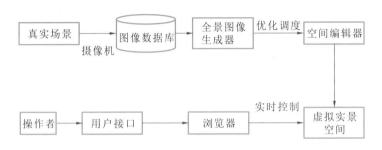

图 3-11 基于图像的建模流程框图

基于图像的建模方法主要包括以下四种:

(1) 单幅图像法 传统方法是基于明暗、纹理和焦距等因素对单幅图像进行重建的。近年来有众多学者利用用户交互技术来有效简化单幅图像重建问题。但是单幅图像法是从视觉角度重建场景的,不能精确重建场景。

(2) 立体视觉法 立体视觉法广泛应用于自动导航装置。立体视觉法的实现过程通常可分为图像获取、摄像机标定、特征提取、立体匹配、深度恢复和深度插值六个阶段,其中立体匹配是最重要,也是最困难的阶段。

(3) 场景几何和摄像机运动同时恢复法 该方法主要通过未标定的摄像机拍摄两幅或更多幅图像来恢复场景几何和摄像机运动。该方法极大依赖于图像间对应点匹配精度,因此对噪声敏感。

(4) 基于侧影轮廓线重建几何模型 物体在图像上的侧影轮廓线是理解物体几何形状的重要元素。该方法非常耗时,应用困难。

通过图像建立模型来生成虚拟场景是一个很好的方法,应用该方法需要了解建模中的关键技术,即全景图像生成技术。全景图像生成技术是一种基于图像绘制技术生成真实感图形的 VR 技术,其主要包括图像获取技术、图像投影技术、图像拼接技术、图像显示技术。图像获取后,得到有重叠区域的待匹配图像;对不同坐标的每幅图像建立统一的投影模型,进行图像拼接融合;经过拼接融合后形成全景图像;建立统一的投影模型与图像显示模型相对应,如图 3-12 所示,即通过图像建立模型的方法是:先获取客观世界的图像,然后通过图像投影构建全景图像,全景图像通过图像投影变换后生成全景图像显示模型。

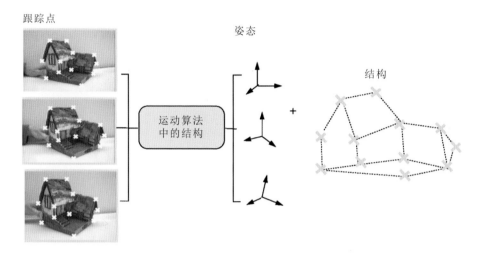

图 3-12 基于点跟踪的运动对象三维重建[14]

3.1.1.7 三维建模优化

对模型的优化是至关重要的一个环节,优化结果的好坏将直接影响系统的运行效率和显示速度。本章介绍的优化技术是对传统优化技术的改进,该技术贯穿在整个建模过程中。三维建模优化流程如图 3-13 所示。

三维建模主要有四个步骤。

步骤一:结构优化。对初始化虚拟场景按照场景分块(或模型分割)原则进行处理,建立层次结构。对处理过的结构,按照调整层次建模原则进行结构调整。

步骤二:纹理优化。将经过数据预处理的纹理,按照建模的实际需求进行处理,如处理成简单分量纹理、进行纹理格式优化和纹理拼接等。

步骤三:模型优化。将创建好的模型,使用可见消隐技术、纹理映射技术、实例化技术和 LOD 技术等进行处理,简化多边形数目,进行模型优化。

步骤四:场景优化。对所有建立好的模型(系统内或系统外),使用纹理映射技术、实例化技术、LOD 技术和外部引用技术等进行优化处理。

1. 层次结构优化

在建立庞大的场景模型之前,应该根据虚拟场景中每个实体的几何空间位

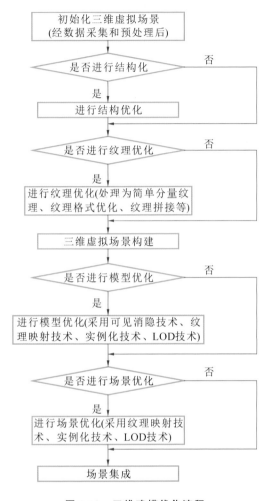

图 3-13　三维建模优化流程

置,以及模型之间和模型内部的结构关系,来确定整个虚拟场景的结构及场景中所有实体模型的结构。这里的结构通常是层次结构。对场景进行层次结构划分后,可以方便场景建模的分块、分工和实体模型的组织和管理,明确模型构建目标,大大减轻建模的工作量。即使是最简单的模型也需要调整层次结构,达到优化的目的。制造场景构建中的结构优化,可以分为场景结构优化和模型结构优化,即从宏观和微观两个角度来进行结构优化。比如可以按照生产线组织优化,也可以按照工位组织优化。结构优化的基本思想是先进行场景分块(或模型分割)再进行层次建模,然后进行集成。结构调整属于结构优化的一部分,尤其体现在调整层次结构上。

1) 层次结构建模的原则

层次结构建模的原则如下：

（1）满足层次结构化要求。一个复杂物体可能由多个简单物体构成，不必把每个形体都放入其自身的组节点中，可以根据每个物体的结构特点进行构建，然后将它们组合在一个组里。组合的顺序和原则可以通过综合权衡物体在实际场景的位置、重要性、可操作的程度、视点所覆盖的范围等因素来确定。

（2）使空间粒度尽可能小。通常，落在我们视野内的物体（即空间中的可视化部分）称为有效物体。只要物体在可视化范围内，不管远近，都要对其进行计算。在建模时，如果发现分块不合理，要及时进行调整。如街道两侧的房屋属于一类物体，按原则可以分为一块，但是在渲染时，它所涉及的范围很大，从而会造成巨大的运算量，既耗时、占据系统资源，又会严重影响物体的显示速度。因此，应使空间粒度分割尽可能小，使得视野中的物体模型面数最少。

（3）满足视觉相邻的物体层次结构顺序化要求。同一等级的数据节点依次从左至右排列，当节点存在而物体不可见时，调整显示节点位置；当部分物体可见时，可对不可见物体进行节点或多边形等的删除操作。

（4）模型的重要程度定义。在不影响真实感的前提条件下，只对规则物体的外围部分进行建模，内部、底部和连接面等部分可以省略。

对于不规则物体，可根据其不规则部分的重要程度进行建模，重要、可视、有操作的部分可以考虑作为建模重点，其他部分可用简单几何体来代替。

2) 结构优化的关键技术

结构优化的关键技术之一是单元分割技术。单元分割（cell segmentation）是将虚拟场景（或模型）分割成较小的单元，使得只有在当前场景（或模型）中的实体才被渲染，因此极大地降低了处理场景（或模型）的复杂度。这种分割法对场景模型和大型建筑物是非常适用的，因为在人的视野中的物体只是整个虚拟环境中的很小的一部分，只处理当前所见的物体将大大提高系统的速度。场景模型分成若干区块，场景调度时可以只输出其中的几个单元区块，而不必导入所有的模型。

LOD 技术主要是对模型结构进行优化，即对经过单元分割后的模型进行简化多边形的处理。简化多边形的目的，不是从初始模型中移去粗糙的部分，而是保留重要的视觉特征，生成简化的模型，序列里有多个不同细节的模型，可满足不同的实时加速要求。

2.模型优化

1）消除冗余多边形

构建实体模型时经常存在冗余现象,去除模型中不可见的多边形可以减少系统中多边形数量,在一定程度上也可以提高系统的实时性。在场景浏览时它们时刻处于不可见位置,去除它们并不影响实体的视觉效果,但是却可以在很大程度上降低整个场景的复杂度,提高显示速度。图 3-14 所示队列中存储的是显示管道中的几何要素,数组 1 和数组 2 中的多边形可能有冗余,根据模型对比消除冗余。

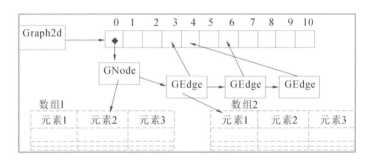

图 3-14　冗余多边形

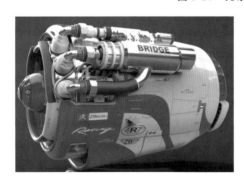

图 3-15　纹理代替细节

2）合理使用纹理

使用纹理贴图代替多边形造型不仅是一种增加场景逼真度的有效方法,也是提高实时性的好方法。对于倒角、孔洞等具有较多细节的物体,如果过分强调细节,会使工作量和模型复杂度骤然增大,而且可能导致整个系统实时运行速度下降。采用纹理映射的方法,在对应位置的多边形表面"贴上"纹理图片,用来代替详细的模型,则可以避免以上问题。如图 3-15 所示,发动机引擎上的铆钉、小孔等都是用纹理代替的。

使用单分量(灰度图)的纹理通常要比使用三分量(红、绿、蓝)的纹理更为有效。单分量纹理每一个字节用一个十六进制值就可以表示,而一个三分量纹理的像素有红、绿、蓝三个成分,需要用三个十六进制值来表示。把简单分量纹理与物体的基本材质颜色综合起来就会产生非常逼真的表面。同时纹理图片尺寸大小尽可能取 2 的整数倍。在实时视景仿真系统中物体的运动部分、远距离场景建模等,可以使用低质量的纹理,这样不但可以达到场景表现的效果,也可以极大地节约内存。

3)实例化

当三维复杂模型中具有多个几何形状相同但是位置不同的物体时,可以采用实例化技术。实例化是对数据库中已存在模型的引用,外观上的效果与复制相同,但实例并不是数据库中真实存在的几何体,而只是指向其父对象的指针。实例就像模型的影子,可以通过平移、旋转、缩放得到多个实例,而实际物体只有一个。也就是说在模型内存中只装入一次实例,类似于动态连接库文件。这即是模型的克隆与复用,如图 3-16 所示。因此,可以对某一实例的几何特征、颜色、纹理等属性进行编辑,但这将改变所有实例的属性。同一物体在场景中多次被使用,可以只建立一个模型,在以后的使用过程中通过实例化方法来引用该模型,即可通过坐标变换在不同的位置显示同一个模型,从而可以节省大量的硬盘和内存空间。

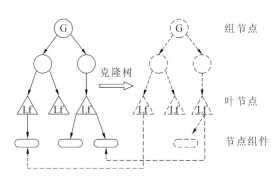

图 3-16　模型的克隆与复用

4)使用 LOD 技术

对场景中的不同物体或物体的不同部分,采用不同的细节描述方法。如果一个物体离视点比较远,或者这个物体比较小,就可以采用较粗糙的 LOD 模型;反之,如果一个物体离视点比较近,或者物体比较大,就必须采用较精细的 LOD 模型。同样,如果场景中有运动的物体,也可以采用类似的方法。对于运动的物体,采用较粗糙的 LOD 模型,而对于静止的物体,则采用较精细的 LOD 模型。

5）使用外部引用技术

使用外部引用技术可以让用户直接把所需的文件或纹理等引入当前的场景，并能够对它们进行重新定位。模型创建初期，可以先计算好各个模型之间的比例，在当前场景中创建主要、精细、需要进行操作的本地模型（local object），然后使用外部引用技术将场景中起辅助作用的模型（other objects）导入当前场景，如图 3-17 所示。这样，只有在需要的空间位置或在适当的时候才导入外部模型，为全局场景的创建提供了极大的方便，进而可以在一定范围内和一定程度上节省内存，提高渲染的速度和机器运行的速度。

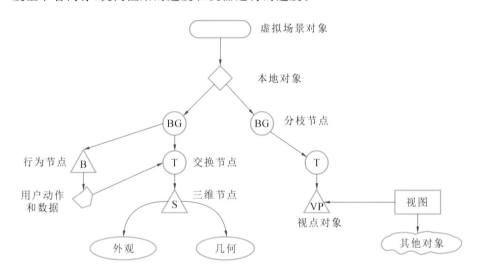

图 3-17　场景的外部引用

3.1.2　大规模场景的实时处理

3.1.2.1　LOD 模型实现技术

LOD 技术是在不影响画面视觉效果的前提条件下，用一组复杂程度（一般以多边形数或面数来衡量）各不相同的实体 LOD 模型来描述同一个对象，并在图形绘制时依据视点远近或其他一些客观标准在这些模型中进行切换，自动选择相应的显示层次，从而能够实时地改变场景复杂度的一种技术。

LOD 技术用于简化多边形几何模型，实现模型的快速显示，其简化后不同细节模型如图 3-18 所示。目前，生成 LOD 模型的方法主要有细分法、采样法和删减法。

图 3-18　细节不同的 LOD 模型

在实际应用中,三维场景模型最后通常被转化为一定数量的三角形网格。一般通过删减法来生成 LOD 模型。从网格的几何及拓扑特性来看,主要有三种基本简化操作(见图 3-19)。

(1) 顶点删除操作:删除网格中的一个顶点,然后对它的相邻三角形所形成的空洞(即删除顶点留下的空洞)做三角剖分,重新进行三角化填补,以保持网格的拓扑一致性。

(2) 边压缩操作:把网格上的一条边压缩为一个顶点,与该边相邻的两个三角形退化(面积为零),而它的两个顶点融合为一个新的顶点。

(3) 面片收缩操作:把网格上的一个面片收缩为一个顶点,该三角形本身和与其相邻的三个三角形都退化,而它的三个顶点收缩为一个新的顶点。

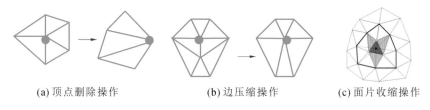

(a) 顶点删除操作　　　　　(b) 边压缩操作　　　　　(c) 面片收缩操作

图 3-19　删减操作

LOD 处理的目的是尽量按照细节程度减少多边形个数,可采用以下五种方法。

(1) 删除隐藏面。将视点之外的、因投射关系而被遮盖的对象删除。

(2) 多用二维模型而少用三维模型。随着视点距离增加,场景深度将很难区分,此时使用二维模型即可。

(3) 用简单的轮廓来代替复杂形状。简单进行拟合形状替代。

（4）使用纹理代替细节描述。首先创建模型的复杂版本,然后生成图形文件。遵循 60% 规则,每次 LOD 处理将多边形数目减少到原来的 60%。

（5）外部引用。引用外部单个或单块几何模型数据结构。

3.1.2.2 场景遍历与调度处理

1. 大规模场景模型的动态调度

对三维复杂场景海量数据进行较为流畅的显示,一直都是视景仿真的目标和难点。由于场景的复杂程度往往超过了目前高性能图形系统的实时绘制能力,为了能绘制场景,常常采用 LOD 和纹理金字塔等技术,并从数据库中选择提取任意位置和任意大小的单元体进行显示,以达到简化复杂场景和实时显示的目的。

1）场景模型分块建模

大规模复杂场景是指范围大而且对分辨率要求较高的视体对象。场景简化和场景分块是大规模复杂模型构造的一般方法。它的主要工作是将场景切分成子块,并构建各子块的场景、地物 LOD 模型,即将每个子块的场景、地物用一系列精确度不同的三角形网格来逼近表达。同时,为了增加场景的真实度,将真实的场景影像粘贴在场景、地物模型表面上。在显示时根据视点位置和视线方向决定调入哪个子块以及何种精细程度的三角形网格数据,并完成场景绘制和相关计算。这样可以避免调用整个场景的数据,从而有效地提高绘制的实时性。总的来说,经过场景的分块建模后,场景子块模型是由一系列三角形列表和纹理数据组成的,场景模型的显示将以这些数据作为基础。

2）场景显示

场景显示具体可分为数据组织和显示调度两个部分。对场景数据进行组织是为了方便场景数据的调度,通常对分块场景的调度采用静态导入动态调用（一次性导入,分块调用）的方法,这样可以避免频繁执行打开和关闭文件操作所导致的数据丢失隐患,然而该方法对场景数据组织方面的要求较高。为了便于数据的组织,这里提出"表面"这一概念,并定义"表面"为使用相同纹理块的所有三角形。这样就可以将场景几何模型和地物几何模型统一起来,仅通过表面的 ID 号来区别不同的几何模型。在一个场景子块中会出现一个场景表面和若干个地物表面,每个表面又可对应一个或几个纹理块。通过引入"表面"概念,对场景模型的描述就可从以单个三角形为单位上升到以一组三角形为单位。将"表面"和与"表面"对应的纹理进行相互关联之后,就得到一个数据结构,可称为"块"结构。

3) 场景的显示调度算法

一个具有通用性的虚拟漫游系统,应能够完成从一般模型到复杂场景的调度与管理。小单元的场景模型可以一次直接导入内存,对多边形进行绘制渲染,输出图像;而对于内容丰富、庞大复杂的场景数据库,在装载、调用、输出视景图像时必须采用一定的场景调度技术,如分块调用等,可以根据视点所看到的区域,动态地选择较小区域场景进行调用,不需要调用整个场景模型,能有效地提高系统输出视景的实时性。

(1) 分块调度　分块调度又可分为静态导入、动态调用和动态导入、动态调用两种方法。

① 静态导入、动态调用。如果计算机的内存容量足够,而场景数据文件不是很大,则可以将其一次性导入内存,调用时则分块进行。如某一场景由多块小场景组成,由于每一块场景的坐标范围已知,因此可根据视点所在的位置坐标知道当前实体在哪一个场景数据库中,从而确定调用的是哪一块场景。

② 动态导入、动态调用。如果复杂场景所对应的场景数据文件很大,受计算机内存容量的限制,在实时系统中,必须动态地导入实体周围的若干场景模块。可以将场景区域划分为若干适当大小的装载模块。在三维场景环境绘制时,通常只处理观察者视线范围内的装载模块。

(2) 动态调度　对于场景复杂的系统,有时仅仅采用场景分块调度技术并不能保证达到良好的效果。当实体密集时,如果一小块场景上的地物模型都要同时绘制,会极大地影响系统的实时性。所以,对场景模型也必须实行动态调度,以减少一帧渲染的多边形数量。通过采用基于视点视域的场景渲染与调度方式,对于每一帧只需绘制落在视域体内的场景模型,从而可大大减少实时渲染的工作量,有效地提高绘制速度。

在复杂场景管理中,单一物体如果在视见约束体内则可见,不在视见约束体内则不可见,但对跨越视见约束体的物体必须进行分割,解决这个问题对快速的可视见处理和碰撞检测是非常必要的。随着场景复杂性的提高,传统的可视性和隐面消除方法已经不能高效地解决问题。对复杂场景的管理,通常是用分层次的方法将复杂场景分类,再在特定的时候加以渲染,对海量数据要根据优先队列顺序加载或卸载。如图 3-20 所示，对于多个场景（包括静态、动态加载的场景），通过分层调度算法，优化不同分层对象加载的序列，使用不同的线程 thr*i* 可以获得最优化的结果。

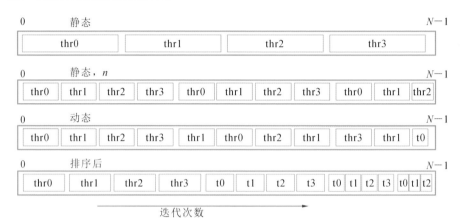

图 3-20　大规模场景模型的动态调度

场景组织是整个场景驱动的灵魂，到目前为止没有适用于所有场景的场景组织方式，所以大多数都以抽象方式进行组织，然后根据不同的场景，采用不同的场景组织方式进行绘制。场景组织就像一个舞台，需要摄影机、灯光、服饰、道具和演员。不同的场景需要不同的组织方式，这样才能有效地进行管理。对于复杂的场景，需要用场景文件来记录场景的组成和状态。场景定义可用递归嵌套方法生成，场景文件的功能主要是对场景的所有信息，如物体的位置、物体的可视性等进行描述。

2. 基于数据组织与调度的加速技术

三维数据包括三维模型、三维场景数据以及其他数据，其中三维场景和模型文件数据量较大。为了提高系统运行速度和优化内存使用，浏览大数据量的场景和模型时，必须建立场景图数据结构并采用模型动态加载方法。一种合理的动态加载方法是分块调度。数据分块调度方法包括纵向调度和横向调度两种。纵向调度是指视点高度变化时，不同影像分辨率下模型数据的调度；横向调度是指视点水平变化时，同一影像分辨率下模型数据的调度。

1）视点算法

视点算法是指视锥体的计算。视锥体是指由摄像机的底平面、顶平面、左平面、右平面、近平面、远平面围成的空间区域。

当物体出现在视锥体内时摄像机是可以采集到其图像的,当物体出现在这个区域外时,摄像机就采集不到其图像了,因此,调度算法应该围绕视锥体的计算而设计。当摄像机转动或者移动时,将出现在空间区域内的数据调度进来,将在内存中而不在空间区域内的数据从内存中清除。由于常规摄像机视点算法参数过多,较为复杂,而摄像机转动的时候,需要大量的调度操作,调度计算速度很慢。有学者提出了一个改进的视点算法,以摄像机位置为圆心、以视锥体的远平面为半径画圆,以这个圆作为数据调度的依据。该算法可简化计算量,并减少数据调度的频率,内存占用率也可以接受,如图 3-21 所示。

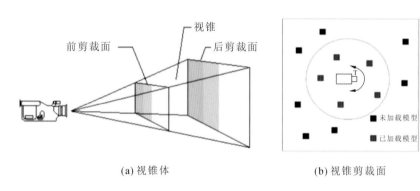

(a) 视锥体　　　　　　　　　　　　(b) 视锥剪裁面

图 3-21　视锥体与视点算法

2) 空间数据库

大规模制造场景模型量巨大,一般存储在文件系统中,系统很难一次加载完成,动态加载也很困难,可以借助空间数据库实现调度优化。

空间数据库主要用于地理信息系统,在大尺寸的地图信息存储方面的应用目前相当成熟。如图 3-22 所示,空间数据库涉及各种模型的动态加载,在数据库中给出了模型的空间位置、高度等信息元数据,用来表示空间实体的大小、位置、形状及其分布特征等诸多方面的信息。空间数据库还记录了时间、位置与空间关系。空间目标随时间的变化而变化;在一个已知的坐标系里空间目标都具有唯一的空间位置。空间数据适用于描述所有呈二维、三维甚至多维分布的关于区域的现象。在空间数据中不可再分的最小单元现象称为空间实体。空间实体是对存在于自然世界中地理实体的抽象,主要包括点、线、面以及实体等基本类型。在空间对象建立后,还可以进一步定义其相互之间的关系,这种相互关系称为空间关系,又称为拓扑关系,如可以定义点-线关系、线-线关系、点-

面关系等。因此可以说空间数据是一种可以用点、线、面以及实体等基本空间来表示人们赖以生存的自然世界的数据。

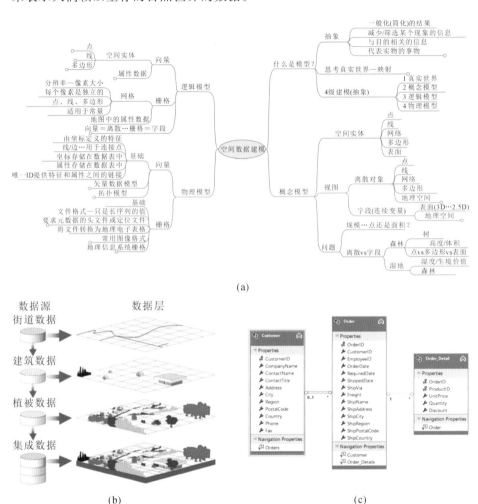

图 3-22　空间数据建模

大尺寸制造场景的空间特性不可忽略,借助空间数据库可以实现对制造场景的有效管理。

3）空间索引

空间索引是空间数据库的核心,保证了空间数据库的高可访问性。空间索引是指依据空间对象的位置和形状或空间对象之间的某种空间关系按一定的顺序排列的一种数据结构,其中包含空间对象的概要信息,如对象的标识、外接矩形及指向空间对象实体的指针。作为一种辅助性的空间数据结构,空间索引介于空间操作算法和空间对象之间,它通过筛选作用,将大量与特定空间操作无关的空间对象排除,从而提高空间操作的速度和效率。

常见空间索引类型有 B 树、K-D-B 树、R 树、R^+ 树和 CELL 树,图 3-23 所示为空间 R 树索引。空间索引的性能好坏直接影响空间数据库的整体性能。

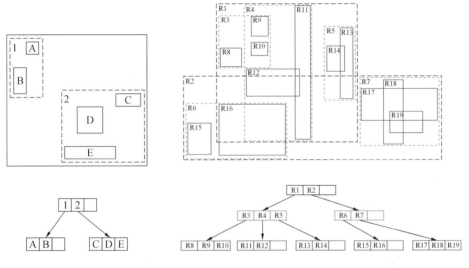

图 3-23 空间 R 树索引

3.1.3 大规模场景中的交互操作

大规模复杂场景的快速绘制技术是 VR、实时仿真和三维交互设计等许多重要应用的底层支撑技术,如何实现复杂场景的快速绘制也是诸多研究领域面临的一个基本问题。随着三维扫描和建模技术的飞速发展,三维场景的规模和复杂度不断增大,大规模复杂场景的交互绘制受到了国内外研究者越来越多的重视。

3.1.3.1 视点操作

视点是空间中观察者所在的位置,大规模场景中存在着大量的视角旋转以及变换,因此对视点的操作是至关重要的。其中最核心的是真实场景下的虚拟视点的合成,主要通过视差图和深度图实现。

1. 利用视差图合成虚拟视点

视差图反映的是三维空间点在左、右两个摄像机上成像的差异,并且由于提前进行了立体校正,因此这种差异就反映在图像的同一行上。双目立体匹配算法——半全局匹配(SGBM)算法就是利用了视差原理,以其中某一幅图像为参考图像,在另一幅图像的同一行上搜索匹配点。因此在合成虚拟视点时也只需在同一行上平移虚拟摄像机位置即可。

SGBM 算法原理如下。

假设视差图中某一个像素点的视差值为 d_{max},也就是说从左摄像机 cam_L 到右摄像机 cam_R,该像素点的视差值变化范围为 $0 \sim d_{max}$。为了方便介绍,将其归一化,其中 alpha 的取值范围为 $0 \sim 1$。

如果 alpha=0.5,此时该像素点和左图像匹配点的坐标差异就是 $0.5d_{max}$,和右图像匹配点的坐标差异也是 $0.5d_{max}$;如果 alpha=0.3,此时该像素点和左图像匹配点的坐标差异就是 $0.3d_{max}$,和右图像匹配点的坐标差异是 $0.7d_{max}$。

根据上面提到的原理,显而易见,合成新视点时只需要将左图像的像素点位置向右移动 alpha·d_{max},或者将右图像的像素点位置向左移动(1−alpha)·d_{max},就可以得到 alpha 位置处虚拟摄像机拍摄的虚拟视点图像。

可以利用左参考图像和对应的左视差图合成虚拟视图,也可以利用右参考图像和对应的右视差图合成虚拟视点图像。更好的方法是同时利用左参考图像与左视差图、右参考图像和右视差图,得到两幅虚拟视点图像,然后做图像融合,可采用基于距离的线性融合等方法。算法的实现可以采用两种方法:正向映射和反向映射(逆向映射)。

正向映射的步骤如下。

步骤 1:将原参考图像中整数像素点根据其对应上视差值平移到新视图上。

步骤 2:进行新坐标点赋值。平移后像素点坐标可能不是整数,为了获取整数坐标,采用最近邻插值方法,将原图像像素值赋予新坐标点。

由于采用最近邻插值法会损失精度,因此在物体的边缘会出现锯齿效应。

反向映射的步骤如下。

步骤 1:利用参考视点的视差图 dispL,算出虚拟视点位置的视差图 dispV。

步骤 2:由于遮挡等因素影响,视差图 dispV 肯定会出现空洞和裂纹,因此需要进行空洞填充(hole filling)。

步骤 4:利用视差图 dispV 将虚拟视点图像中的整数坐标平移到参考视点位置下的坐标点(此时坐标也可能不是整数,而是浮点数,这就面临从哪里取值的问题)。

步骤 5：取参考视点图像浮点数坐标附近 4 个点的像素值，用双线性插值法算出对应虚拟视点图像位置处的像素值。

由于双线性插值法采用了加权平均的思想，能够有效避免精度损失造成的锯齿现象，但是算法复杂度高。

2. 利用深度图合成虚拟视点

和利用视差图合成虚拟视点一样，利用深度图合成虚拟视点的方法也分正向映射方法与反向映射方法两种。由于正向映射方法比较简单并且效果不理想，因此目前大多采用反向映射方法。

已知内参矩阵 K，以左图像 imgL 和 depthL 为参考图像，获取 alpha＝0.5 位置处的虚拟视点图像，简要步骤如下。

步骤 1：利用内参矩阵 K，将 depthL 映射到三维空间并平移到虚拟摄像机坐标系中，重投影到虚拟视点图像平面，得到虚拟视点位置处的深度图 depthV。

步骤 2：对 depthV 进行空洞填充。

步骤 3：利用内参矩阵 K 和深度图 depthV，将虚拟视点图像 imgV 上的坐标点反向投影到三维空间，平移后再重投影到参考图像 imgL 上，在 imgL 上利用双线性插值法获取 imgV 上的像素值。

3.1.3.2　模型操作

1. 模型查询与定位

VR 场景中人物的移动或者场景中某对象路径规划，本质上都是遍历场景地图中预设好的各个路径点组成的图，场景地图中每个预设好的路径点成为场景中的节点，智能寻路本身，就是在遍历各个节点的过程中，寻找当前节点与目标节点之间的最短路径。因此，如何进行良好的动态路径规划的问题，实际上就是如何更有效地遍历由虚拟场景地图节点组成的图的问题。图的遍历是指给定一个图 G 和其中的任意一个顶点 V_0，从 V_0 出发，沿着图中各边访问图中的所有顶点，且每个顶点仅访问一遍。通过图的遍历，可以找出某个顶点所在的极大连通子图，消除图中的所有回路，找出关节点，寻求关键路径等。

关于图和网格的问题大多数都涉及图的整体结构，所以为了正确地求解问题，需要收集所有顶点的信息之后再进行计算；除此之外，各个顶点被访问的次数对算法效率也有极大影响,如果各个顶点被访问的次数不能被控制,会造成极大的算法冗余,从而导致问题复杂化,致使计算量过大甚至无法计算,大大降低算法的效率。因此,要求图的遍历能够保证在覆盖所有顶点的同时让每个顶点只被访问一次。

一般的图结构,并不能直接满足遍历所有顶点且每个顶点只访问一次这种条件。最主要的一个原因就是图中存在回路,在回路中任意一个顶点都可能会沿回路被重复访问一次。为了避免这种情况,需要在图的遍历过程中,通过一个标志数组 visited[] 记录每个顶点是否被访问过。在遍历之前,数组的所有元素都初始化为 0;在进行遍历的过程中,一旦访问到顶点 V_i,就将 visited[i] 标记为 1。通过这种方式,无论遍历到哪个顶点,只需要检测对应的 visited[] 的值,就可以判断是否需要访问该节点,从而避免一个顶点访问多次的情况。

图的遍历算法有很多种,不同的算法有着不同的顶点访问顺序和访问原则。基本的图遍历算法有两种:深度优先搜索(depth first search,DFS)和广度优先搜索(breadth first search,BFS)。两种算法既适用于无向图,也适用于有向图,对于虚拟现实场景,节点抽象出的图大多数是无向图。

深度优先搜索是一个不断探查和回溯的过程。所谓探查,是指每一次访问节点都是试探性的,称每一次访问过的节点为当前节点,那么在算法开始时的第一个当前节点就是起始节点。在搜索的过程中,假设访问到的当前节点为 V,首先将此节点的访问标志的值置为 1,表示此节点已经被探查过。然后顺序访问与 V 相邻的所有节点,其中没有被访问过的节点作为下一次探查的当前节点。如果节点 V 的所有相邻节点的访问标志值全都是 1,则说明该节点的所有相邻节点都被访问过,就向上回溯,把当前节点设置为上一次探查过的当前节点。一直重复上述过程,直到将整个连通图的所有节点都访问完。

图 3-24 给出了深度优先搜索的一个经典示例。以顶点 A 为起始顶点进行深度优先搜索,能够遍历这个连通图的所有顶点。图 3-24 左侧是深度优先搜索的过程,每个顶点旁边的数字表示该顶点在遍历时被访问的次序。图 3-24 右侧是深度优先搜索结果,此结果由搜索过程中所有访问过的顶点以及搜索过程中经过的边组成,从而构成一个连通的无向图,实际上就构成了树,而这种由深度优先搜索生成的树称为深度优先生成树,包括原图的 n 个顶点以及 $n-1$ 条边。

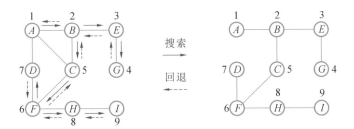

图 3-24　深度优先搜索实例

广度优先搜索是一个逐层遍历的过程,其搜索过程有些类似于树的层序遍历。搜索过程中,图中有几个顶点就需要重复多少步,当然,每一步还是有一个当前顶点,最初的当前顶点为起始顶点。在访问当前顶点 V 时,首先设置该顶点访问标志的值为 1,接着访问顶点 V 的每个未被访问过的邻接顶点 $w_1, w_2,$ $\cdots, w_t$,接下来再顺序访问 $w_1, w_2, \cdots, w_t$ 的所有还没被访问过的邻接顶点,然后从这些访问过的顶点出发,进一步访问仍没有被访问过的顶点。按这种方式搜索,直到将图中所有的顶点都访问完为止。

图 3-25 展示了广度优先搜索的一个经典实例。以顶点 A 为起始顶点进行广度优先搜索。图 3-25 左侧是广度优先搜索的过程,每个顶点旁边的数字表示该顶点在遍历时被访问的次序。图 3-25 右侧是广度优先搜索的结果,又称为广度优先生成树,包括原图的 n 个顶点以及 $n-1$ 条边。

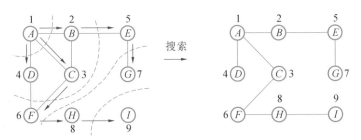

图 3-25　广度优先搜索实例

2. 3D 动态距离/角度感知

所谓动态距离,是指观察者使用各种线索对自己与环境中的目标物的距离,或者两个物体之间的距离的估计值。而动态距离感知(distance perception),就是观察者对物体从空间中的一点运动到另一点时所经过的距离的感知。研究表明,人主要利用视觉信息和身体感觉信息进行动态距离判断。视觉信息由光学流信息和静态视觉信息组成,而身体感觉信息则分为本体感觉、前庭感觉和肌肉线索。在动态距离感知中,参与者往往使用光学流信息和身体感觉信息作为主要的距离估计线索。对动态距离感知一般采用线索提取范式或线索冲突范式,结合盲走任务进行研究。盲走任务是指给参与者呈现目标物后,要求参与者蒙上眼睛,闭眼走到目标物的位置。而线索提取范式是通过控制参与者的线索信息获得的,不利用其他线索信息,以此来研究动态距离知觉。对角度的感知类似于对距离的感知。

3. 实时碰撞与干涉检测

碰撞检测用于判定一对或多对物体在给定时间域内的同一时刻是否占有相同区域。它是机器人运动规划、计算机仿真、VR 等领域不可回避的问题之一。

在机器人研究中,机器人与障碍物间的碰撞检测是机器人运动规划和避免碰撞的基础;在计算机仿真和游戏中,对象必须能够针对碰撞检测的结果如实做出合理的响应,反映出真实动态效果等。随着计算机软硬件及网络等技术的日益成熟,尤其是计算机动画仿真、VR 等技术的快速发展,人们迫切希望能对现实世界进行真实模拟。其中急需的关键技术之一即是实时碰撞检测。目前三维几何模型越来越复杂,虚拟环境的场景规模越来越大;同时人们对交互实时性、场景真实性的要求也越来越高。严格的实时性和真实性要求,在向研究者们提出巨大挑战的同时,也令实时碰撞检测再度成为研究热点。

4. 运动过程轨迹生成

对于简单模型的运动,采用普通的样条插值运算方法即可生成一条光滑路径。对于精细辅助运动,需要采用专门的轨迹生成方法。具体分为以下三种情况:

(1) 描述机器人的空间运动——允许用户简单地描述机器人的运动,而对于复杂的细节问题,则由计算机系统通过或逼近节点生成运动过程轨迹,并按一定原则优化该轨迹。轨迹应在满足作业要求的同时尽量简化给出末端的目标位姿,让系统由此确定到达空间位置的坐标、速度等轨迹参数。

(2)建立轨迹的计算机内部描述,根据所确定的轨迹参数,在计算机内部描述期望的轨迹,其中的主要工作是选择合理的软件数据结构。

(3)生成轨迹,对内部描述的轨迹进行实时计算,即根据轨迹参数(如途径点位姿、速度、加速度、轨迹函数的系数等)生成整个轨迹。计算是实时进行的,每一个轨迹点的计算速度称为轨迹更新速度。在典型的机器人系统中,轨迹更新速度为 50～1000 Hz。

轨迹描述和生成一般分为运动任务描述和轨迹描述。在运动任务描述中,将工具坐标系相对于基座坐标系的运动作为机器人的运动。轨迹描述方法如下。

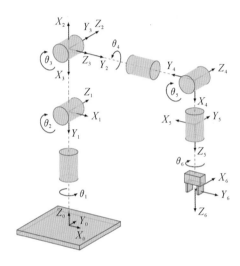

图 3-26　模型的运动定义

(1) PTP(point to point,点到点)方法:让机器人从一个初始位置运动到某个目标位置,对中间轨迹无要求。用户须明确规定初始点、末点或加上若干个中间点的位姿、速度、加速度的约束,由系统轨迹规划器选择合适的满足上述约束的轨迹。通常在关节空间描述。

(2) CP(continuous path,连续轨迹)方法:用户明确规定机器人末端必须经过的连续轨迹,如直线、圆及其他空间曲线。通常在直角空间描述,如图 3-26 所示。

3.1.4　大规模真实感场景渲染技术

VR/AR 技术核心是三维真实感图形,渲染是在计算机中利用软件从模型生成图像的过程,简单来说即中央处理器(central processing unit,CPU)将模型数据输入渲染管道后,通过图形处理器(graphics processing unit,GPU)确定屏幕上每一个像素点所呈现的颜色,其中模型数据是指几何、视点、纹理以及照明信息等一系列数据的集合,用以描述三维物体。渲染过程中顶点计算的基本方式是变换(即几何物体在三维空间中以二维画面的形式在屏幕上呈现时需进行位置计算)。具体是,GPU 通过渲染管道接收三维场景中需要处理的元素,计算出二维多边形组成图像的像素颜色,并在屏幕上显示最终输出的场景图像。

图 3-27 所示是三维图形渲染过程,主要包含以下主要阶段。

（1）顶点处理阶段:处理和变换各个顶点。

（2）光栅化阶段:将每个基元(连接的顶点)转换为一组片段。片段可以视为三维空间中的像素,其与像素网格对齐,具有诸如位置、颜色、法线和纹理等属性。

（3）片段处理阶段:处理单个片段。

（4）输出合并阶段:将所有基元的碎片(在三维空间中)组合成用于显示的二维彩色像素。

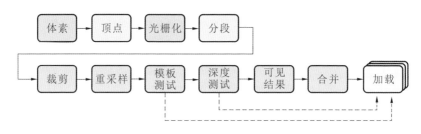

图 3-27　三维图形的渲染过程

经典的场景渲染技术请读者参考已有文章。这里主要介绍针对大规模复杂场景的实时渲染技术,该技术主要包括顶点和法线方向的坐标空间变换、颜色及纹理坐标计算、光照和阴影计算等一系列步骤。渲染的实质工作是在计算机中模拟现实生活场景中真实物体的物理特性,包括物体形态、光照阴影变化、几何纹理以及材质等,并根据视点和模型的位置变化、遮挡影响以及光源变换引起的色彩变化,将最终的计算结果显示在二维平面上,因而其中最重要的是顶点坐标的变换和光照的计算及着色。

图形应用程序中的三维对象通过渲染生成二维图片的过程中包含多个步骤:首先通过外围总线(PCI(外设部件互联标准)、AGP(加速图像接口)总线)读取图形应用程序中的 3D 对象,通过总线接口/前端获取处理命令,完成顶点处理,实现将顶点转换为屏幕空间;接着通过裁剪删除看不见的像素,并通过三角形设置和光栅化生成像素;然后通过遮挡剔除算法删除隐藏的像素,通过参数插值方法计算栅格化的所有像素的值,并通过像素着色器确定像素的颜色、透明度和深度以及质地;最后通过像素引擎最终隐藏表面测试,与帧缓冲区中的数据混合并写出新的颜色和深度值。帧缓冲控制器参与了以上所有的过程。

在图形渲染管道的实现过程中,着色器在 GPU 上运行。GPU 的架构与CPU 完全不同,GPU 是为了并行计算而设计和构建的。当数据(顶点、属性、纹理等相关数据)传递给 GPU 时,不同的着色器负责渲染过程的不同阶段,数据和命令必须沿一条路径传输且必须通过某些阶段,并且不能改变。此路径通常称为图形渲染管道。将一些数据插入顶点、纹理、着色器中,对数据进行非常精确和具体的操作,并在另一端产生最终输出,即最后的渲染。简而言之,渲染管道负责将最终图像渲染到显示器上,各种着色器发挥的重要作用是改变坐标系。着色器使用变换矩阵来实现此目的,并将三维对象的局部坐标转换为 X、Y 坐标以供显示。图 3-28 所示为图形管道实现流程。

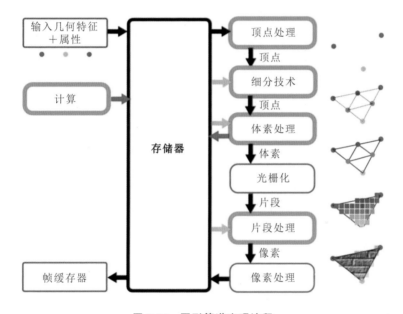

图 3-28 图形管道实现流程

图 3-29 所示为着色器实现流程。图中突出显示了四种类型的着色器,这四种着色器分别是顶点着色器、几何着色器、计算着色器和片段着色器。

顶点着色器在场景中的每一个顶点上都会运行一次,场景中的所有顶点数据都会在缓存区中传递给 GPU。顶点着色器最重要的作用是提供顶点位置信息到剪辑坐标。例如,如果渲染单个三角形,需要将三个顶点数据传递给 GPU,顶点着色器将每帧运行 3 次。

片段着色器的任务是输出单个 RGBA 颜色,该颜色代表屏幕上的单个像素。和顶点着色器不一样,片段着色器对显示窗口中的每一个像素运行一次。片段着色器将每帧运行成百上千次,具体的片段着色器对像素的操作次数取决于窗口中

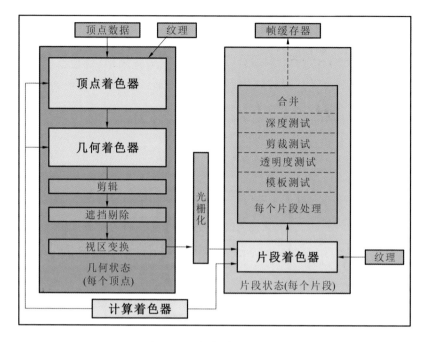

图 3-29　着色器实现流程

像素的位置。对于每个像素,每段程序都会执行一次。例如当窗口的大小为 1024 ×768,即有 786432 个像素时,如果程序以 60 帧/秒的速度运行,则片段着色器每 秒将运行 47185920 次,可见片段着色器运行速度十分快。

　　图 3-30 所示为 CPU 和 GPU 的传输过程。CPU 获取时变数据,并对数据 进行关键帧提取,形成关键帧数据,传递给 GPU,GPU 通过对关键帧数据进行 并行帧插值计算,最终翻译还原出原来的渲染效果。

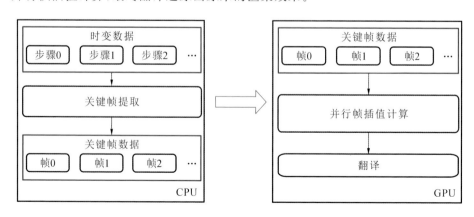

图 3-30　CPU 与 GPU 的传输流程

3.1.4.1 基于 GPU 的实时渲染

目前主流 GPU 的单精度浮点运算速度可达到同期 CPU 的十倍左右,外部存储器带宽为 CPU 的五倍左右,采用基于 GPU 计算的架构,成本和功耗都要优于 CPU。NVIDIA 公司开发的 CUDA 突破了传统基于 GPU 的光线跟踪算法瓶颈。图 3-31 所示是基于 GPU 的实时渲染的计算机图形硬件系统,其主要由 CPU、GPU、主存储器、外部存储器等构成。其中 GPU 用于显示生成的图像,它具有自己的图形存储器。对于该计算机图形硬件系统,需了解像素和框架、帧缓冲和刷新率以及双/多缓冲等几个概念。

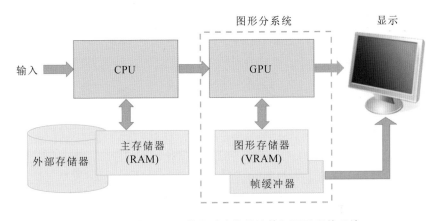

图 3-31　基于 GPU 的实时渲染的计算机图形硬件系统

(1) 像素和框架　当前所有显示器都采用了光栅原理,光栅是像素的二维矩形网格。像素具有两个属性:颜色和位置。颜色以 RGB(红-绿-蓝)分量表示,通常每个分量 8 位或每像素 24 位(或真彩色)。位置以 (x,y) 坐标表示。

(2) 帧缓冲和刷新率　像素的颜色值存储在称为帧缓冲区的图形存储器的特殊部分中。GPU 将颜色值写入帧缓冲区。显示器从左到右、从上到下逐行读取帧缓冲区中的颜色值,并将每个值放到屏幕上,此即光栅扫描。显示器每秒刷新屏幕数次,VR/AR 往往需要刷新率在 24 Hz 以上,达到 120 Hz 时,将有效缓解眩晕。

(3)双/多缓冲　当显示器从帧缓冲器读取数据以显示当前帧时,帧缓冲器可能正在更新其下一帧的内容(不一定以光栅扫描方式)。这将导致所谓的撕裂,即屏幕显示旧框架的一部分和新框架的一部分。可以通过使用所谓的双缓冲方式来解决这一问题。现代 GPU 不使用单个帧缓冲器,而是使用两个缓冲器:前缓冲器和后缓冲器。显示器从前缓冲器读取当前帧,同时将下一帧写入后缓冲器。将下一帧写入缓冲器后,GPU 接收该写入信号并交换前后缓冲区(称为缓冲区交换或页面翻转)。

图 3-32 所示为并行渲染实现流程。典型的 OpenGL 应用程序(例如使用 GLUT)具有事件循环结构,该循环结构用于重绘场景,基于接收的事件更新应用程序数据,并最终呈现新帧。并行呈现应用程序使用相同的基本执行模型,通过将呈现代码与主事件循环分离来扩展基本执行模型。然后,渲染代码在不同资源上并行执行,具体执行情况取决于在运行时选择的配置。

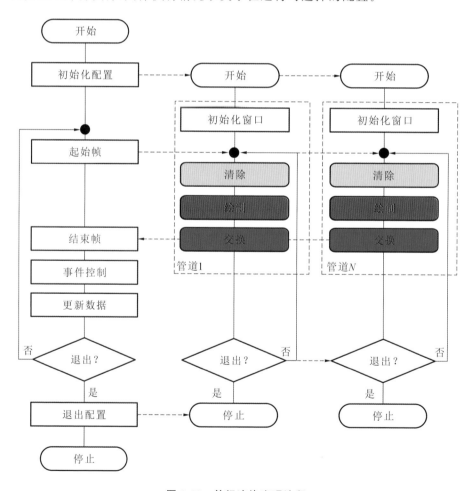

图 3-32 并行渲染实现流程

CPU-GPU 协同计算的大规模实时渲染过程是:利用 CPU 实时加载相应的数据块到内存中,在 GPU 中执行 OpenCL 内核函数来并行构建数据块的四叉树结构,形成多分辨率的 LOD 模型,并将要渲染的数据块加载到 GPU 的显存中;然后,在 OpenCL 平台上,利用 GPU 流处理器,并行构建多分辨率的 LOD 模型;LOD 模型构建完成之后,进入渲染阶段(为了避免裂缝的产生和消除突跳现象,四叉树构建完成后进行裂缝处理和顶点平滑过渡);最后将需要渲染的顶点数据送往 OpenGL 的着色器。根据视点位置和局部粗糙度进行综合评价,通过 GPU 流处理器独立构建数据块的四叉树结构,并采用二维矩阵标记数据块的四叉树,从而利用 GPU 实现裂缝消除和平滑过渡。具体渲染流程如图3-33所示。

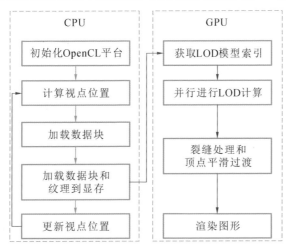

图 3-33　CPU-GPU 协同计算下的渲染流程

然后,执行命令缓冲器中排队的 GPU 指令,利用 GPU 加速处理图形存储器到显示器的路由数据、显示属性状态数据等,处理结果供渲染引擎调用。

如图 3-34 所示,通过异步运行,将 CPU 指令分配到 GPU 上运行。如图3-35 所示,在基于 GPU 的实时渲染中,单个渲染目标分两个步骤处理。首先,GPU 处理渲染目标中所有绘制调用的顶点,进行着色;其次,完成整个渲染目标的片段着色。

3.1.4.2　无 GPU 实时渲染

弗劳恩霍夫提出了一种无 GPU 实时渲染方法——PV-4D 方法。该方法采用并行 3D 渲染引擎,用于从三维(或更多维度)数据集生成图像的软件/代码。它完全基于 CPU,不需要图形硬件,能够渲染庞大的数据集,可以根据问题调整

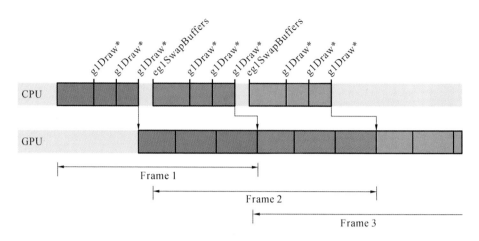

图 3-34　异步运行时的 CPU 和 GPU 协同作业

(a) 原始场景

(b) 顶点与片段分割

(c) GPU 并行着色

(d) 完成场景渲染

图 3-35　基于 GPU 的实时渲染

硬件，从而实现扩展，提供逼真的渲染以及游戏/动画风格的图像，实现过程简单直观。PV-4D 渲染技术可以直接支持三种不同类型的数据（例如地震数据、磁共振成像/计算机断层扫描（MRI/CT）数据、X 射线数据等）、三维对象（例如 CAD/CAM（计算机辅助制造）模型、游戏、建筑、电影等）、多边形对象（即六面体、四面体)。除了这些数据集,PV-4D 还支持常规 OpenGL 编程界面,因此用户可以轻松将自定义对象添加到三维场景中。

图 3-36 所示为经典方法与 PV-4D 方法的实现原理对比。其中图 3-36(b)所示是 PV-4D 方法的实现原理,即基于多 CPU 的实时并行光线跟踪,不需要特殊的图形硬件,主内存和 GPU 内存之间没有带宽瓶颈;将所有数据保存在内存中来实现即时访问,同时,将硬件与问题相匹配;最终实现数据的并行处理,达到硬件加速、数据处理速度加倍的效果。PV-4D 方法涉及的最重要的技术是 GPI2 技术,其中包括与分区全局地址空间(PGAS)解决方案、用于边界体积层次(BVH)遍历的快速算法、具有多 BVH 的混合加速结构、四边形/六面体交叉点检测、原始编译以及基于软件的最快图像节点组合等相关的技术。

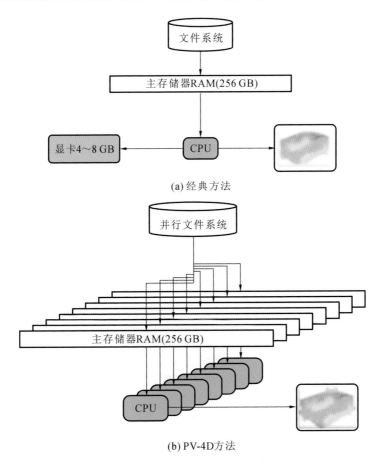

图 3-36　经典方法与 PV-4D 方法的实现原理对比

3.2 虚拟工厂三维建模方法

虚拟工厂是产品开发过程中的一个重要环节。虚拟工厂三维布局建模主要划分为制造单元要素建模、生产线工艺要素建模。图 3-37 所示为虚拟工厂系统的基本功能。

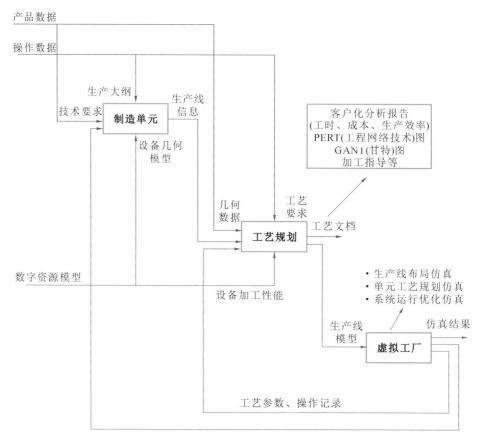

图 3-37 虚拟工厂系统基本功能

通过虚拟工厂仿真建模进行仿真优化。仿真优化分为三个方面：生产线布局仿真、单元工艺规划仿真和系统运行优化仿真。将优化的结果反馈到建模阶段进行调整。图 3-38 所示为仿真优化功能结构。

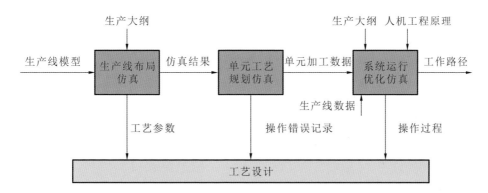

图 3-38　虚拟工厂仿真优化功能结构

3.2.1　制造场景建模

在制造场景建模中,首先要规划制造场景图,将场景进行分块,确定模型存储方法、建模工具、纹理工具等,然后对场景物体表面的材料、光照、纹理等进行渲染,确定用户与虚拟场景中对象交互的粒度;同时,还需要考虑硬件设备,来进行真实感评估,否则在场景模型比较复杂的情况下,将会因为计算量较大,而使用户与虚拟场景无法进行实时交互。

3.2.1.1　三维工业设备建模

机器等工业设备等是工业生产过程中的主体部分,也是最重要的场景内容。由于工业中的机器等都是真实存在的,因此虚拟机器是在模型的基础上建立的,建立工业设备的模型时首先要建立机器等的三维几何模型(用多边形表示),然后在给定观察点和观察方向以后,使用计算机的硬件和相应的绘制算法,实现消隐、光照、纹理映射等处理过程。

要实现工业设备的准确几何建模,需依据图纸,包括平面图、剖面图、立面图及效果图等。设备场景的组成通常用层次图描述,如图 3-39 所示。

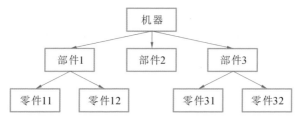

图 3-39　设备场景图

设备场景具有以下重要特性:拥有过程、约束和指向其他场景的指针;具有继承性;以层次结构组织描述;可以动态地加入场景。工业机器设备的结构复杂,零部件繁多,使用层次型结构模型可以使场景建立过程条理明确。图 3-40 中,起重机设备即是用层次型结构模型进行组织和描述的。

图 3-40　大吨位起重机数字化模型

3.2.1.2　组件、零件和在制品建模

与工业设备类似,对于零件,除了要创建几何模型以外,还需要根据不同应用需要对模型赋予各种属性:用于装配约束表达的点线面特征,用于装配层次关系表达的父节点标识,用于动力学计算的质心、惯性矩、密度、摩擦系数等属性。在一般的虚拟工厂应用中,通常不需要动力学属性。

组件模型是一种树形层次结构,其节点是子部件或零件,如图 3-41(a)所示。由于事先并不能确定一个组件含有多少层次的子部件和零件,因此一般采用树结构的递归定义法来表达组件,即采用一个"成员表"来描述它的直接成员,成员有"子部件"和"零件"两种,若为零件则该子节点为最下层节点。

除了层次结构外,组件还含有成员之间的装配约束。装配约束可用多种形式来表达,其中装配语义和几何约束是两类较常用的形式。装配语义是在几何约束基础上添加具体装配的含义和操作而成,它具有明确含义,易于理解和使用,但不同类型制造、不同工艺条件下的装配语义可能有差异,难以通用化。目前大部分软件工具仍以基本的几何约束组合起来表达装配约束。图3-41(b)所示为创建几何约束的示例。

其中值得注意的是:采用商品化软件(如 Autodesk 3DS Max 软件等)建立并直接导出的几何模型,特别是含有曲面的模型,包含大量的多边形。而车间工艺布局建模时可能需要大量的物料模型,这样将导致三维场景的数据量过

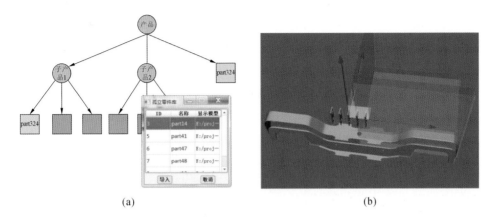

图 3-41　组件的层次建模与几何约束创建

大,计算机无法支撑。因此:一方面需要对模型进行简化,减少零件的三角形数目,并且以贴图等方法使得零部件更加逼真;另一方面需要应用实例化技术,同类零件仅导入一次,在三维场景中以实例引用方式来处理同类零件的三维几何模型。

3.2.1.3　虚拟工厂场景建模

如图 3-42 所示,对于工业场景,如厂房背景中的楼梯、过道、管道之类的场景可以直接用图像建模。对近景进行几何建模,对远景进行图像建模,既能保证漫游过程的畅通,又便于实时漫游。

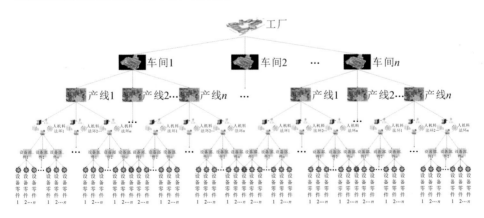

图 3-42　某工厂场景图

3.2.2　虚拟工厂的三维布局建模

制造单元布局是企业规划的前期工作,包括厂房布局、设备布局、工装夹具布局三个子模块。在设备布局模块中,主要实现生产线设备的建模和摆放。以厂房布局的结果作为参考,根据设备规划的要求,对制造设备的数字模型进行合理布局。

3.2.2.1 虚拟工厂布局方法和步骤

车间布局是指将加工设备、工装夹具和货架等各类生产资源,合理地放置到有限的厂房空间内的过程。工厂布局合理可以提高空间利用率、降低成本、缩短物流路径和提高设备使用效率。常用的车间布局方法为系统布置规划(systematic layout planning,SLP)方法,该方法由 R. Muther 提出,可利用该方法对布局中相关作业要素进行分析,从而给出工作单元之间关系,并进行车间布局。该方法如图 3-43 所示。

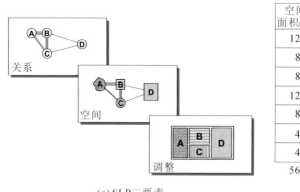
(a) SLP三要素

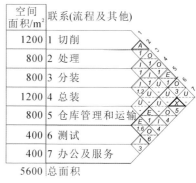
(b) SLP活动域关系图

图 3-43 SLP 布置方法

SLP 方法的切入点为 P(产品)、Q(产量)、R(工艺过程)、S(服务支持)、T(时间)五个基本要素。运用 SLP 来进行平面布局规划的基本步骤如图 3-44 所示。

步骤一:活动域。在车间布局设计之前需要收集相关原始信息,如空间面积、车间作业单元的划分、车间生产系统的工艺流程等。详细且完善的原始信息是顺利进行布局设计的保证。

步骤二:物流关系分析。要对所布局车间的生产系统中与物流相关的活动进行分析。这些活动主要包括产品和原材料依工艺流程在不同的作业单元之间的流动。进行新方案设计时,通常用作业单元之间的物流量来表示它们之间物流强度。非物流关系(活动域关系、活动关系)分析即对车间生产系统中与物

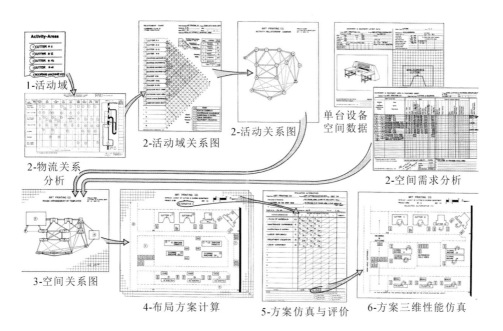

图 3-44　SLP 方法步骤

流无关的活动进行分析。根据实际情况,这些活动包括现场工人的作业、现场机台的管理等。在进行布局设计时根据产品的生产活动来确定物流活动和非物流活动的重要性。

步骤三:空间关系分析。完成了物流关系分析和非物流关系分析之后,可以通过综合密切程度计算公式来确定所研究的布局系统中作业单元的综合关系。该操作实质上是对物流活动和非物流活动按重要性进行加权。

步骤四:布局方案计算。根据作业单元的综合关系得到线型布置图,结合布局空间面积和作业单元的面积绘制出初始布局方案。

步骤五:方案仿真与评价。步骤四中生成的布局方案往往会存在一些与实际不符的或者不合常规的地方,这时候就需要根据实际情况对这些布局方案进行调整。

步骤六:方案三维性能仿真。经过步骤五后,方案均能满足实际需求,但是我们需要在这些方案中找到综合性能最好的。

在工厂布局计算时需要考虑多种约束,对布局方案进行评价选择。

1）产品和产量约束

产品和产量约束分析是车间设施规划布局的第一个步骤。对企业而言,设备是首要因素,设备和期望产量决定了产品的材料、零部件、资源的使用和消耗状况。因此根据原材料、构成零部件和车间生产资源确定设备数量时需要进行详细计划,这关系到半成品、成品、物料库存和物资物流的配置。

在车间设施规划布局实际案例分析的基础上提取的车间规划布局所需产品、产量构成要素如图 3-45 所示。设备的核心参数是产量,在计算中一般采用计划设备的年产量,产品的年产量决定了每一种零件的年需求量。设备零件的相关参数较多,其中较为重要的是设备材料、来源、需求量、尺寸和单件重量等。来源分为本厂自制和外购,若为自制的则涉及生产工艺设计,外购设备则只涉及存储策略及空间需求。产品需求量、材料、尺寸和零件单件重量为计算物流强度的基本参数。

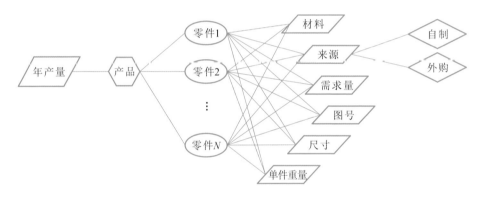

图 3-45　产品、产量构成要素

2）工艺流程分析

车间布局的规划和车间生产的工艺顺序有十分紧密的联系,工序决定了产品生产过程中的所有细节。

生产车间布局主要涉及的参数信息包括所需的材料、单件产品的重量、单件产品的体积、计划产量和产品实际产量。为了提供精确计算车间实施布局的物流量数据,需要依据工厂的实际生产情况,提前分析设备实际加工、组装、维护、检验等不同阶段的工艺过程路线。

3）空间分析

这里的空间指生产车间及车间附属的有关作业单元的空间等。包括作业单元、工具室、行政管理区域等,确保车间正常且有效地运作。在 AR 应用中经常使用 SLAM 技术获取三维空间信息,以进行设备布局,如图 3-46 所示。

图 3-46　使用 HoloLens 对车间空间进行扫描

4）生产工时要素分析

车间的产品生产时间在生产中的地位是特别重要的,因为一切有效的和必需的车间作业工序与工位都需要合理的时间分配,这些合理的时间分配必须贯穿车间生产的始末,包括具体的开工时间、各个单独工序的时间长度以及加工装配等的作业时间频率。涉及加工车间时间因素的作业单元通常都属于细化的车间作业单元的范畴。把这些设备生产时间因素普遍地运用于车间内的设计分析,可以通过车间各工序作业时间的推算,结合车间机器设备产能,得到总体统筹的指导性资料,车间设计规划人员依此确定不同机器设备数量、各工序的作业人员数量、车间不同作业单元所需空间、不同作业工序平衡措施及辅助机器设备数量等。

3.2.2.2　制造单元布局

对于制造单元的布局,需要考虑单元周边的人机料法环资源配置、生产过程、作业活动等,图 3-47 所示为基于 Em-Plant 的制造单元布局。

在制造单元布局中,往往要考虑单元的优化,需要考虑物品、人员等要素的空间合理性,以及人因工程和安全性等要素。

3.2.2.3　数字化生产线建模

数字化生产线强调整个制造活动的有效控制与管理,以及内外部资源的合理应用与优化配置,是数字化制造与数字化管理技术的集成,涵盖了数字化生产准备、数字化加工、数字化装配、生产线仿真和重组以及虚拟企业等概念。通

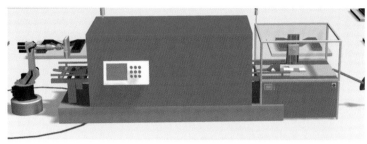

(a) 设备单元布局

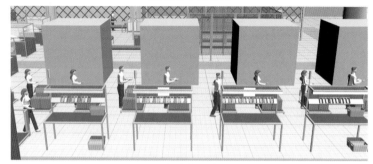

(b) 产线单元布局

图 3-47　基于 Em-Plant 的制造单元布局

过数字化生产线提供的仿真环境,设计人员可对产品及其生产过程进行建模、仿真及优化,以加快产品生产周期,减少失误、降低成本。数字化生产线建模仿真是通过构建物理生产线的数学模型,通过相应仿真算法模拟实际生产线活动和状态,从而为生产线布局设计及调度决策提供科学依据的技术。数字化生产线建模的特点如下:

(1) 生产线建模三维可视化。实现了基于三维可视化产品、资源、工装、厂房、设备、人员建模,并依据生产路径和制造、输送时间搭建虚拟生产线模型。

(2) 开放的输入/输出接口。通过开放的输入/输出接口,仿真、分析结果可输出到如电子表格(Excel)等软件中。

(3) 适合采用多层次分析手段,利于理解和操作。利用图形化用户界面快速构建生产线模型,高级用户可以以功能强大的控制语言构建灵活、准确的仿真模型。

(4) 实现了层次化建模及重复利用。使用面对对象的技术,实现了经验、技巧、知识库的建立和利用。

（5）可视化的统计分析。对图形和输出的数据进行分析，通过标准可扩展标记语言（XML）定制报表，发挥仿真和分析作用。

（6）实现了生产线模型的快速变更。通过工艺规划结果，对动态物流过程进行验证（包含多物流方案及排班的验证），可减少首次建模时间，实现生产线模型快速更新；对复杂的生产过程寻优，通过仿真优化快速寻求可行的替代方案；根据工艺过程，针对预算、设备能力、工时、周期、最大/小批量、库存等不同布局方案，给出确定最高产能的建议。

生产线由工位、物流设施、公用设备组成。其中工位是由一个或多个设备、设施、工装、夹具、器具等对象组成的一个完成特定制造工序任务的单元体，它是生产线的基本组成要素之一。在工位布局建模中只需要按照工位布局设计方案来布置设备、设施、器具模型即可，如果有二维设计图则可将二维设计图按照 1:1 的比例布置在车间的地板上，然后将设备、工装的三维数字化模型直接摆放在对应的位置即可。工位模型记录工位内部设备和工装之间的固定位置关系，但不维护非固定的工具、设备、工装、夹具的相对位置关系。工位模型具有工位中各设备对象运行逻辑的描述，可以驱动工位内设备按照预定的时序进行运行仿真。

生产线在工位和公用设备基础上定义。生产线不但包含工位和公用设备、器具、设施，还具有描述工位之间顺序和依赖关系的逻辑模型。因此需要首先建立生产线的逻辑关系模型（见图 3-48），然后建立工位之间的布局模型。生产线模型也具有维持生产线运行时序的方法，可以驱动所包含的各工位和设备按照预定工艺流程进行完整的运行仿真。

图 3-49 所示为基于 Em-Plant 的生产线布局。

3.2.2.4　虚拟工厂布局

在生产自动化的基础上，通过应用物联网和大数据，以端到端数据流为基础，以互联互通为支撑，构建高度灵活的个性化和数字化智能制造模式，实现信息深度自感知、智慧优化自决策、精准控制自执行，这是虚拟工厂建设的重点，也是我国制造业在生产自动化程度已经达到较高水平后，将装备优势转化为产品和市场优势，实现升级转型和达到世界先进水平的捷径。通过将物理工厂转化为数字化的虚拟工厂，可在虚拟工厂与物理工厂之间建立实时、紧密的映射链接，充分利用虚拟工厂强大的仿真计算能力，评估物理工厂的现状并仿真模

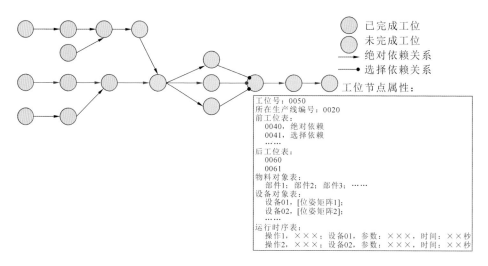

已完成工位
未完成工位
绝对依赖关系
选择依赖关系
工位节点属性：

工位号：0050
所在生产线编号：0020
前工位表：
  0040，绝对依赖
  0041，选择依赖
  ……
后工位表：
  0060
  0061
物料对象表：
  部件1；部件2；部件3；……
设备对象表：
  设备01，[位姿矩阵1]；
  设备02，[位姿矩阵2]；
  ……
运行时序表：
  操作1，×××；设备01，参数：×××，时间：××秒
  操作2，×××；设备02，参数：×××，时间：××秒

图 3-48   生产线逻辑关系模型

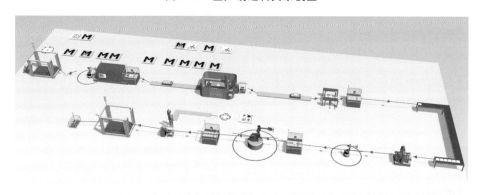

图 3-49   基于 Em-Plant 的生产线布局(U 形)

拟未来的运营状态,根据仿真最优结果组织工厂的制造资源,开展相应的生产活动。在产品设计阶段,利用虚拟化仿真,在产品定型制造前就可完成产品的评估、验证和生产优化。

合理进行车间设备布局可以节约大量的物料运输费用,提高设备使用效率。工厂布局仿真主要是建立厂房的布局模型,对设备、工装夹具、物流运输设备、6S 标识等元素进行空间布置并进行干涉分析。

图 3-50 所示为工厂布局流程图。

生产线工艺规划是工艺布局的基础,是连接产品设计和制造的桥梁,也是离散制造以及工艺规程编制中的重要环节,其目的是将产品的设计信息转换成

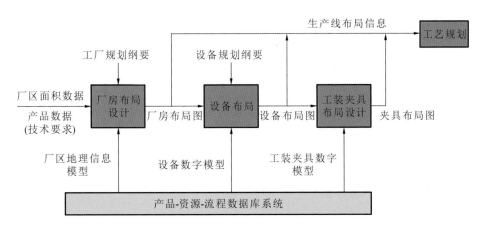

图 3-50　工厂布局流程图

制造信息。数字化生产线工艺规划是在三维的数字环境下对产品的工艺进行规划,是在构建的虚拟平台上,将工艺大纲与产品设计数据相结合,对产品的加工工艺和装配工艺进行合理的规划,包括制定产品的工艺路线、工时定额、成本核算以及数控(NC)代码生成等;同时对产品的装配顺序、资源(机床、刀具、人员、工装等)分配和加工参数进行详细的规划。一般情况下,工艺过程由三个基本要素组成,即产品(零件和部件)、资源(厂房、工人、设备)和操作(运输、加工、装配等)。图 3-51 所示为数字化生产线工艺规划流程。

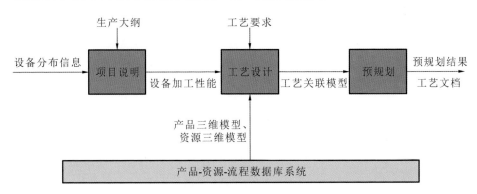

图 3-51　数字化生产线工艺规划流程

图 3-52 为基于 SLP 的车间的布局优化示例。

在搭建的虚拟生产线上对生产过程进行仿真,分析生产过程中不同参数下的性能指标,达到优化生产线、提高生产效率的目的。生产过程仿真主要包括生产线仿真、单元仿真、人机工程仿真和仿真优化。生产线仿真主要是指生产

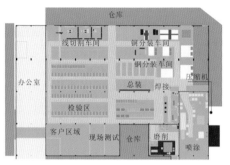

(a) 初始布局

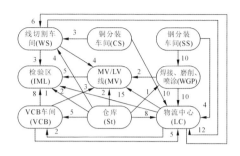

(b) 物品流动图

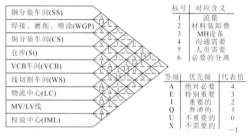

(c) 制造要素关系图

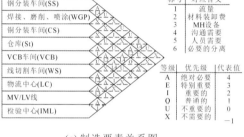

(d) 空间关系图

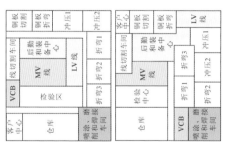

(e) 布局计算

(f) 最终布局

图 3-52　基于 SLP 的车间布局优化[16]

线物流仿真,其突出特点就是能实现三维动态仿真,能够在立体生产线中直观地看出仿真的效果。单元仿真主要包括加工过程仿真和装配过程仿真。人机工程仿真主要是对工作姿态舒适度、疲劳强度和动作时间间隔进行评估等。仿真优化是在仿真模型中,对生产线进行瓶颈分析等,同时对工艺规划的方案进行验证,输出满足要求的仿真分析报告和图表。如图 3-54 所示为基于 EmPlant 建立的工厂布局模型。

在生产全过程中需要对虚拟工厂模型进行维护,以确保模型与工厂及车间

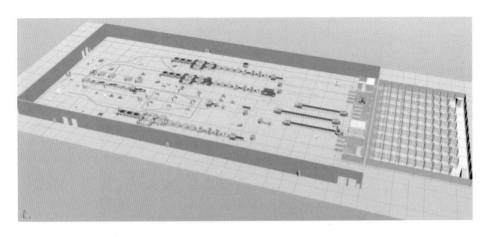

图 3-53 基于 Em-Plant 建立的工厂布局模型

有效连接。一方面,可以在虚拟工厂中对利用模拟工具重新配置的生产过程进行测试和验证,以便在物理工厂中快速实施生产;另一方面,对物理工厂进行完善的方案可以在工厂虚拟模型上得到反馈和保存。

3.2.2.5 商用布局仿真系统简介

目前常见的商用布局仿真系统包括 Em-Plant、Flexsim、Witness、Show-Flow、DELMIA Quest、AutoMod 等系统,各系统的布局仿真效果分别如图 3-54(a)~(f)所示。

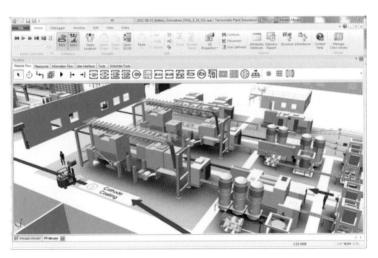

(a) Em-Plant

图 3-54 常见商用布局仿真系统布局仿真效果

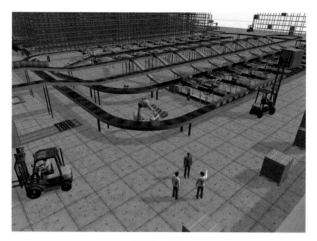

(b) Flexsim

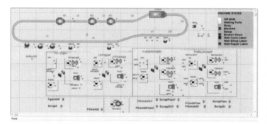

(c) Witness

(d) ShowFlow

续图 3-54

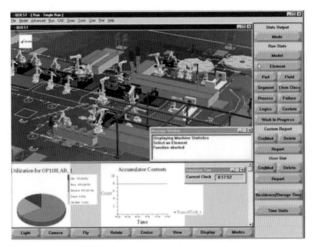

(e) DELMIA Quest

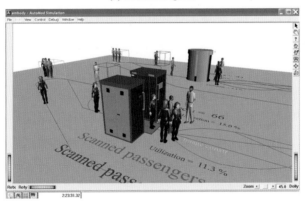

(f) AutoMod

续图 3-54

3.2.3 虚拟工厂建模实例

某重型机械公司是目前世界上最大的地面流动式起重机生产公司,产品系列覆盖 5~1200 t 级别的各类通用汽车起重机和特种起重机。本小节以该公司新厂虚拟建模与仿真为例,说明虚拟工厂建模的实现过程。该公司进行新厂虚拟建模与仿真的目的是在新厂建设前对新厂的工艺布局、生产物流和整机装配进行三维数字化仿真,评估建设方案并根据仿真结果进行优化改进。

3.2.3.1 建模规划

新厂虚拟建模要根据新厂区平面图以及车间工艺布局规划,在三维环境中建立厂区以及车间生产线三维虚拟模型,为新厂区的工艺布局规划仿真与评估、生产物流仿真与分析、整机装配方案仿真提供数据基础。新厂虚拟建模范围内共包含 5 个联合厂房和 1 个整机调试与返修场地,总占地面积约为 300 亩 (1 亩 = 666.67 m²)。各车间安排及其生产线如下。

第 1 联合厂房:下料车间,有 7 条加工线。

第 2 联合厂房:包括车架和伸臂结构车间及大件涂装车间,前者有 5 条加工线,后者有 2 条涂装线。

第 3 联合厂房:转台结构车间,有 3 条生产线。

第 4 联合厂房:整机装配车间,有 9 条装配线。

第 5 联合厂房:整机涂装车间,有 4 条涂装线。

生产线上共有 150 种主要设备,130 种主要工具(固定式工位器具有 53 种,移动式工位器具有 22 种,底盘工位器具有 25 种,综合器具有 12 种,其他器具有 18 种);产品涉及 4 种类型(三桥、四桥、五桥、七桥)整车。

具体建模需求如下:

(1) 厂区场地及车间厂房三维数字化建模;

(2) 制造资源(设备、工装、器具、容器和物流设施等)三维数字化建模;

(3) 物料(毛坯、零件、部件、配套件等)三维数字化建模;

(4) 产线(含生产线和物料)布局建模。

3.2.3.2 工厂要素建模

虚拟工厂的要素包括设备、车间厂房、物料与在制品三大类,不同类型要素的建模要求各有不同。

1. 设备建模

设备模型除了包含组成构件的三维几何模型以外,还包括构件之间的主从关系、层次关系、运动关系模型。

设备建模的具体实施步骤如下。

步骤一:明确设备的机构组成、工作参数和其他一般信息。对于机构的每个构件,准备好三维几何模型或几何模型建模信息。

步骤二:建立设备每个构件的模型。

构件模型包含该构件的三维几何模型,以及用于定义各运动副的点、线、面特征模型。几何模型与特征模型均在构件坐标系下表达。实际项目中,若有构件的 CAD 模型,可以通过接口直接导出构件模型,再添加编号、说明等信息。

一般运动学仿真或监控仅需要机构特征和几何模型,如果还需要动力学仿真,则需要在几何模型基础上建立动力学计算模型,它包含质心坐标、三轴惯性矩、表面摩擦系数等参数。

步骤三:创建设备模型。

为设备指定所有的构件模型,再根据机构组成和运动副说明创建构件之间的运动副模型。一个运动副模型包含的主要参数为:

(1) 运动副类型 常见的运动副包括直线移动副、单轴旋转副、平面内移动副、球形副、齿轮副、凸轮副、齿轮齿条副、蜗轮蜗杆副。

(2) 运动副组成要素 运动副组成要素与运动副的类型有关。以单轴旋转副为例,其组成要素包括以下几个。

① 主从标识:用于区别两个构件中哪一个构件是运动参考件,主要用于有牵连运动的情况。

② 转轴:主从构件上的两条直线,用于定义旋转轴,定义完毕后两线重合。

③ 正负向标识:用旋转轴所在直线的某个方向标识旋转角位移的正负向。

④ 轴向位置:标识位于转轴两线间的距离。也可以垂直于轴线的面或线来标识轴向位置参数。

⑤ 零位置:旋转副的起始位置。对于某些旋转副该参数无实际作用。

⑥ 上限与下限:对于某些运动副,需要在定义时给出其角位移上下限,上下限均以零位置为参考。

图 3-55 所示为设备的运动副定义示例。

设备所有的运动副创建完毕后即完成了设备的机构建模,创建完成的模型可以用于运动学仿真。如果还有电、热等工作参数,则需要创建设备的非运动参数。

图 3-56(a)、(b)所示分别为普通车床和普通铣床的数字化模型。

2. 生产线建模

在实际应用中,一般只用车间内生产线布局图来描述生产线和工位的布局,因此可以直接在二维车间布局图基础上进行工位和生产线布局建模,如图 3-57 所示,不需要先一个个建立工位再建立生产线布局。

为了仿真生产状态下车间或生产线上的实际情况,需要依据生产纲领、物

图 3-55　设备的运动副定义

(a) 普通车床

(b) 数控铣床

图 3-56　设备数字化模型

流配送方案、工艺方案来计算生产线上各边库或缓冲区中各种物料最大可能数量,并将它们的三维数字化模型布置在相应位置,据此分析所设置的边库或缓冲区容量是否足够。

按照上述方法创建该新厂五大联合厂房内的所有生产线,并在厂区调试场地上布置最大可能数量的各类起重机整机。

3. 车间厂房建模

车间厂房除了厂房地板、各立面、梁柱等结构,还包含标识线、工位看板、6S规范元素标识等。与设备和生产线不同,车间厂房仅需要三维几何模型,因此可以在一般的三维建模软件中根据土建图纸和实际车间的照片构建车间厂房

图 3-57 在二维布局图基础上创建工位和生产线布局模型

模型。厂房中的标识线、工位看板、6S 规范元素标识等均可以 1∶1 贴图模式来表达。

图 3-58 所示为下料车间厂房布局模型。

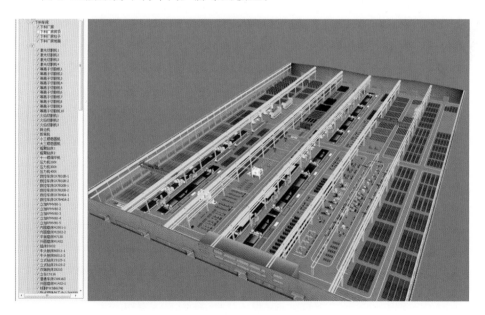

图 3-58 下料车间厂房布局模型

4.物料与在制品建模

物料与在制品模型除了包含毛坯和零件的三维几何模型外,还应包含产品和部件的层次关系、产品和部件内部的零部件位姿关系。为了表达毛坯、零件、部件和各种成品对象,可以用单体件和组合件两种模型来表达各类物料。在项目实施过程中,各类零部件和成品的物料与在制品原始 CAD 模型是在 Pro/E 软件中构建的,理论上可以直接导出各种信息。图 3-59 所示为在制品的堆放场景模型。

图 3-59 在制品模型堆放场景

3.2.3.3 厂区环境建模

厂区环境除了车间厂房以外还有道路和其他景物。由于和生产部分关系不大,对厂区环境一般不做详细建模,仅道路的位置和宽度与规划的一致即可。

厂区环境只需要三维几何模型,一般为了美观需要进行纹理贴图处理。所用的建模工具可以为一般的场景建模软件,如 3D MAX、MAYA、Creator 等。图 3-60 所示为本项目的厂区环境模型。

图 3-60 厂区环境模型

3.3 VR 环境中的生产系统布局仿真

生产系统布局仿真的目的是基于设备、物料、车间厂房的三维数字化模型构建虚拟工厂的生产状态布局模型,据此进行工厂和车间的静态空间评价、生产过程运动仿真和分析,并与生产过程物流仿真联合执行,实现真实生产过程在运行时序和空间运动上的高度仿真和各类指标的计算与分析。

3.3.1 三维虚拟工厂模型的静态空间评价

3.3.1.1 静态空间评价指标

工厂和车间的静态空间评价是根据虚拟工厂三维数字化模型进行静态空间的分析与评价。评价指标主要包括三大类:空间利用率指标、物流强度指标、人机功效指标。

(1)空间利用率 空间利用率指实际利用面积占车间总面积的比例。另有基于单位时间内产品产量与车间总面积的场地利用率定义,场地利用率不仅与工位和设备布局有关,还与工艺方案、生产管理等多种因素相关,因此不属于静态空间评价指标。车间的空间利用率特指生产线以及物流与人员通道占据的实际面积与车间总面积的比例:

$$\delta = (\sum S_i + \sum S_j)/S_0$$

式中:S_i——设备或工位占据面积;

S_j——物流和人员通道占据面积;

S_0——车间总面积。

(2)物流强度指标 物流强度指标是物料移动顺序和移动量的衡量指标。物料移动量是物流路线重要性的基本衡量标准,经常用当量物流量表达,当量物流量即一定时间内通过两个物流节点的物流数量。在一个给定的物流系统中,物料在从几何形状到物化状态的各个方面都有很大差别,其可运性或物料的搬运难易程度相差很大,简单地用重量作为物流量计算单位并不合理。在系统分析、规划、设计过程中,必须根据具体应用找出一个标准,把系统中所有的物料通过修正折算为一个统一量,即当量物流量,才能进行比较、分析和运算。

当量物流量是指物流运动过程中一定时间内按规定标准修正、折算的搬运和运输量。

确定当量物流量的常用方法有经验估算法和玛格数法。

经验估算法的计算模型为：

$$f = q \cdot n$$

式中：f 为当量物流量（当量吨/年）；q 为一个搬运单元的当量质量（当量吨）；n 为每年流经某一区域或路径的单元数。

经验估算法的关键在于考虑系统物料分类条件，确定标准工位器具即标准搬运容器。如定义某种标准工位器具，其运载质量为 1 当量吨，若一次共运载 10 个或 5 个单元的物料，则每个单元物料的当量质量为 0.1 t 或 0.2 t，这样即可计算每种物料的年当量物流量。在此基础上可用经验估算法或玛格数法进行系统设备平面布置设计。经验估算法的优点在于简便、易操作，具有广泛的应用价值。

玛格数法起源于美国，是一种并不成熟的当量物流量计算方法，它是为度量各种不同物料可运性而设计的一种当量物流量度量算法，可以用于衡量物料搬运难易的程度，但是由于各种不同物理、化学状态的物料和搬运方法不能十分准确地描述和度量，因而其是一种近似描述物流量的方法。在一些特性相差不大的物料搬运中，玛格数比较适用。物流系统越庞大、越复杂，玛格数的使用精度越低。

玛格数的计算方法如下：

① 计算物料体积。度量体积时采用外部轮廓尺寸，不需减去内部空穴或不规则的轮廓。

② 查阅图 3-61，得到玛格数基本值 A。图 3-61 反映了物料体积与玛格数基本值的对应关系。物料体积越大，运输单位体积的物料越容易，玛格曲线变化越平缓。

③ 计算玛格数。根据下式计算，得到玛格数：

$$M = A + A(B + C + D + E + F) \tag{3-1}$$

式中：A 为基本值；B 为密度系数；C 为形状系数；D 为易损或危险系数；E 为状态（化学、物理状态）系数；F 为价值系数，如不考虑则该系数为 0。

（3）人机功效指标　人机功效指标主要包括可达性、可见性、安全性、舒适

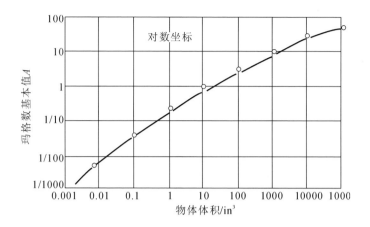

图 3-61　玛格曲线图

注：1 in=25.4 mm。

性。舒适性与工作状态下的人体姿势、负重情况及工作时间相关,在静态空间评价中一般以人体工作时的姿态来表征舒适性。可达性指的是操作者工作时的可及范围,在虚拟环境中可以通过虚拟人的运动仿真、虚拟人的运动范围包络体构造等方法来计算和显示可达性。图 3-62 所示为操作者采用不同姿势时的可达性和运动范围。

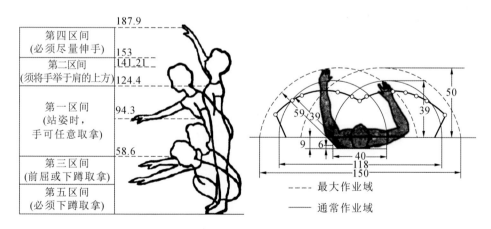

图 3-62　不同姿势的可达性、运动范围

可见性指的是操作者工作时的视野范围(见图 3-63),在虚拟环境中通过在虚拟人眼部附着一个随虚拟人头部运动的三维虚拟视锥,计算虚拟视锥与场景中其他物体之间的关系来得到虚拟人的视野范围。

安全性指标包括安全距离、安全负重、安全高度等指标,在车间静态空间分

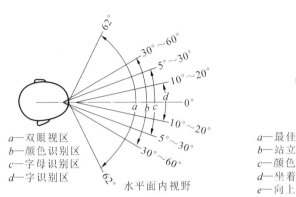
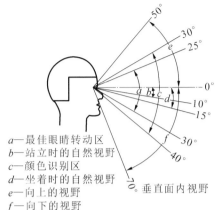

a—双眼视区
b—颜色识别区
c—字母识别区
d—字识别区

水平面内视野

a—最佳眼睛转动区
b—站立时的自然视野
c—颜色识别区
d—坐着时的自然视野
e—向上的视野
f—向下的视野

垂直面内视野

图 3-63　水平视野与垂直视野

析时主要根据虚拟人与各种影响安全因素之间的关系来评价,因此计算虚拟人与各种对象之间的距离和间隙是最基本的安全数据获取方法。

3.3.1.2　虚拟环境中的静态空间评价指标计算与显示

虚拟工厂建模与仿真软件可以利用各种算法来辅助计算和显示静态空间评价中的各种指标,让用户直观地获得指标信息并了解其影响。

1. 车间面积利用率

虚拟工厂软件可以根据设备/工装或整个工位、通道的三维数字化模型计算和显示二维投影,并能计算车间面积利用率。在计算投影面积时,可根据需要选择近似计算方法或精确投影法。

1) 近似计算方法

近似计算使用工位或设备的三维几何模型在车间坐标系内的轴对齐包围盒(AABB)进行,这种计算方法非常简单:首先构造各设备/工位的轴对齐包围盒,与车间地面平行的包围盒端面即为所需投影面;然后对所有的投影进行求并集运算,得到所有设备/工位的投影;最后计算投影的总面积,此时投影面可能是复杂的平面多边形,对 X 或 Y 轴进行数值积分可以计算出精确面积。考虑到实际工位和设备占用的空间情况,使用近似计算方法获得的投影面积更加符合实际情况。图 3-64 所示为某重型机械有限公司新厂下料车间三维数字化模型及车间场地占用情况。

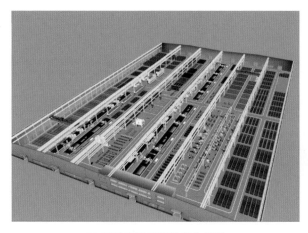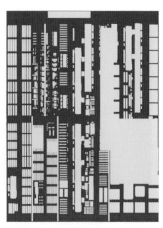

(a) 下料车间三维数字化模型　　　　(b) 下料车间场地占用情况显示

图 3-64　车间面积使用情况

2）精确投影法

精确投影法是指使用工位或设备的三维几何模型进行精确投影计算,从而获得精确的面积占用数据。这种方法仅用于一些需要计算设备、工装等对象之间精确安全距离的特殊场合。

三维几何模型采用平面多边形网格模型作为其显示模型,而虚拟工厂建模与仿真软件基于数据处理规模和通用性的考虑一般不保留三维对象的特征信息,而只保留网格模型,即所谓的"轻量化模型"。轻量化模型在数据结构上就是多个平面多边形(主要为三角形)组群,由于它没有拓扑和几何面、边环、特征点等信息,在利用轻量化模型进行投影计算时无法使用 CAD 建模软件中的投影计算方法。

网格模型的精确投影可利用二维点集(由散乱点组成)边界识别算法,其基本原理是先将各多边形的节点向投影面进行投影,获得二维散乱点集合几何距离显示(见图 3-65),然后再使用最小邻域搜索算法进行边界搜索。

2.人机功效指标计算与显示

虚拟工厂建模与仿真软件一般都有人机功效分析模块,可以计算可达性、可见性、舒适性(疲劳情况)。

可达性一般利用虚拟人的运动可达性来评估,静态分析时往往通过虚拟人的活动空间来评估。图 3-66(a)所示为达索 DELMIA 软件中的人体操作空间

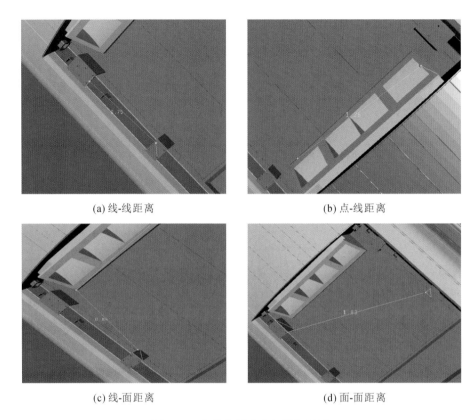

(a)线-线距离　　　　　　　　　　(b)点-线距离

(c)线-面距离　　　　　　　　　　(d)面-面距离

图 3-65　几种典型的几何距离显示

显示,图中显示了虚拟人站立姿态右手向下的理论可达空间。

可见性(视野)一般利用虚拟人模拟观察来评估,即在虚拟人头部附加一个虚拟视锥,当虚拟人处于某个姿势时,可以获得它的观察范围。考虑到人眼在不同视角上的敏感度不同,虚拟视锥也具有不同的敏感区域。图 3-66(b)所示为 DELMIA 软件中的视野显示,图中左上角椭圆区域是虚拟人的可视区域,椭圆中的小区域是人眼的敏感区域。

工作时人体的姿态是影响舒适性的重要因素,通常用基于快速上肢评估(RULA)准则的疲劳性指标来衡量工作时的舒适性。因为工作时的负重、持续时间等因素均与具体应用有关,在静态评价中以人体工作时的姿态为舒适性评价指标。

在虚拟环境中,虚拟人的姿态是通过虚拟人模型的一系列参数来表达的,这些参数主要是虚拟人多刚体模型的各个刚体之间的角度。在虚拟工厂软件中可

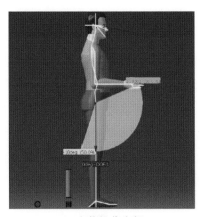

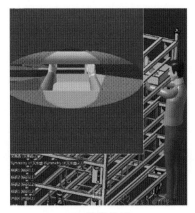

(a) 人体操作空间   (b) 视野显示

图 3-66　DELMIA 软件中的人体操作空间和视野显示

以根据工作状态的需要来设置人体的多种姿态,通过姿态来获取各角度参数。

图 3-67(a)所示为 JACK 软件中的动作仿真,人体的驱动可以通过参数设置来实现,也可以将人体与运动捕捉设备绑定,由真人来同步驱动。在 DMSP(数字样机仿真平台)软件中进行动作仿真(见图 3-67(b)),驱动方式与 JACK 软件中类似,它的特点是操作时可以模拟人体受约束时的运动,比如双手装配操作时,若两个零件之间存在约束,虚拟人的双手运动不再自由,而是只能在允许自由度上运动。

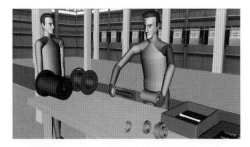

(a) JACK软件   (b) DMSP软件

图 3-67　JACK 和 DMSP 软件中虚拟人装配动作仿真

3.3.2　生产过程的运动仿真与评价

3.3.2.1　设备/工装运动仿真实现方法

设备/工装的运动仿真是虚拟工厂环境中生产系统的重要功能,设备/工装在生产过程的运动一般包括两类:设备和工装作为一个整体的移动和转动;设备和工装内部机构运动。

目前的虚拟工厂建模与仿真软件大多数采用轻量化的网格模型来表达几何体,缺少用于定义运动副的特征要素,因此难以创建设备/工装的机构运动模型。

在进行运动仿真时,由于没有机构模型支持,目前的虚拟工厂建模与仿真软件往往采用直接移动部件几何模型的方法来近似实现设备/工装的运动仿真,这实际上是一种类似三维动画制作的方法,即设置几何模型的一系列位姿状态关键帧,对中间过程进行插值运算获得中间状态位姿。由于几何模型之间没有关联关系,用户需要为每个运动的几何模型设置关键帧位姿,这将导致工作量巨大,而且某些状态的位姿事先难以知道,只能近似设置,运动仿真时系统并不能保证构件之间的约束关系。

1. 设备的构件和运动副建模

为了创建设备和工装的机构模型,可以在轻量化几何模型的基础上定义"构件模型",它既含有轻量化的面片模型,又含有用于定义约束或运动副的点线面特征模型,它们处于同一个构件坐标系。由于不需要用特征模型描述构件几何形状,因此仅需要少量的点线面特征模型即可。图 3-68 所示为网格模型与特征模型混合的构件模型。该构件的本体仍为三角网格模型,但在同一坐标系中又添加了用于定义运动约束的点线面特征模型。

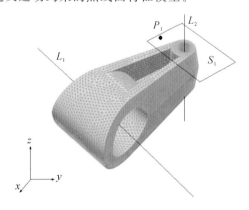

图 3-68 网格模型与特征模型混合的构件模型

运动副建立在两个构件模型之间,表达两个构件之间的运动约束关系。在虚拟样机或虚拟工厂环境中,设备和工装的运动副需要具备更加完整的属性,用于定义运动副的基本要素,如运动副类型、构件名称、构件上的点线面;用于运动副驱动的属性,如零位置、主从关系等参数。可以采用面向对象的建模方法来创建运动副模型。以下为某运动副模型的 C++ 语言描述。

```
1   Int CosID                          //约束ID
2   Char* FartherDevNum                //所属设备编号
3   Int CosTyp                         //约束类型
4
5   Int TypElementA                    //约束元素A的类型
6   Int IDElementA                     //约束元素A的ID
7   Char* PartNumElementA              //约束元素A所属构件的编号
8
9   Int TypElementB                    //约束元素B的类型
10  Int IDElementB                     //约束元素B的ID
11  Char* PartNumElementB              //约束元素B所属构件的编号
12
13  Matrix* StartPos                   //约束参数起始点
14  Double MaxCosPara                  //约束参数上限值 (以0位置为参考)
15  Double MaxCosPara                  //约束参数下限值 (以0位置为参考)
16  Double CurrentCosPara              //约束参数当前值
17
18  Void  SetCosPara (double para)     //设置约束参数当前值
19  Void SetCosElement (int PartNum, int ElementTyp, int ElementID, int PropTyp)
20                                     //设置约束元素
21  Void SetCosStartPara (Matrix* TA-B)
22  Matrix* GetPosition(double CosPara, int partAB)
23  Matrix* MoveAccordingSpeed(double IntiCosPara,double Speed, float Distance
24  Matrix* MoveAccordingAccel (double IntiCosPara,double Acceler, float Distance
```

在建模软件中,运动副的定义过程非常简单,指定运动副的各种要素和参数即可。图 3-69 所示为 UG NX 软件中的运动机构模型。定义设备运动副后,在 AR 系统中可以获得运动副的约束信息。

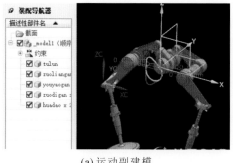

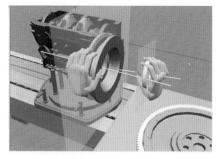

(a) 运动副建模   (b) 运动副约束识别

图 3-69 UG NX 软件中的运动机构模型

2.设备运动求解

在三维虚拟环境中,设备运动是设备机构驱动和设备整体运动的合成。虚拟工厂有一个根坐标系,即场景坐标系(也就是世界坐标系),每台设备又具有设备坐标系,设备中各构件也具有自己的局部坐标系,构件之间又可能存在多级运动关联,如图 3-70 所示。此外,设备可能属于某个工位,则工位也有自身的坐标系、包含该工位的生产线也有自己的局部坐标系,这样就形成了非常复杂的坐标系关联关系。

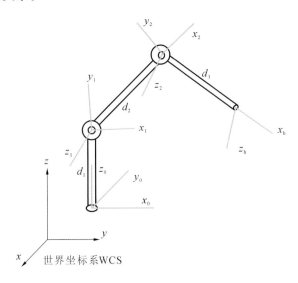

图 3-70　场景坐标系、设备坐标系和构件坐标系

无论是设备整体还是其中一个构件,最终在三维场景中显示出来的物体都是以场景坐标系为参考的,设备对象应能够自动维护其内部构件的坐标系关系,同时维护自身坐标系在场景坐标系中的位姿关系。在上述的运动副定义中,允许设置主从关系,即一个是主构件(机架),一个是从构件(在机架上运动)。如果存在这种关系,当主构件发生整体移动时,从构件应在保持与主构件正确位姿关系的前提下与主构件联动,也就是说主构件通过牵连运动带动从构件移动。此过程中如果还同时存在机构运动(运动副参数发生改变),则还要将从构件相对于主构件的运动叠加到牵连运动上,则有

设备整体运动：　　　　　　　$M_{设备} = M_{设,0} \cdot T_设$

构件牵连运动：　　　　　　　$M_构 = M_{设备} \cdot T_{构-设}$

式中：$T_{构-设}$ 是构件在设备坐标系中的表达,即该构件由自身坐标系到设备坐标

系的变换矩阵。当构件又发生运动时,$T_{构-设}$ 也随之发生变化,最终构件位姿由与它相关的运动副的求解来得到。如果构件坐标系与设备坐标系之间还有多级主从构件关系,则 $T_{构-设}$ 也要经过多级运动副求解和多级坐标变换才能得到。软件系统实现时,可在设备类中添加专门的方法来随时获取一个构件到设备坐标系的 $T_{构-设}$ 矩阵。构件-设备坐标系变换计算方法是:首先遍历从该构件到设备坐标系之间的多级主从关系,然后根据这个主从关系逐个计算牵连运动和相对运动,叠加起来就是 $T_{构-设}$。

以某拧紧作业为例,用户通过虚拟手抓住半自动拧紧枪,然后通过运动捕捉设备驱动虚拟手,虚拟拧紧枪的工作头位置处于某个预设的误差范围时,工作头即可与拧紧对象建立工作约束,此时再交互地启动拧紧枪工作头,使之旋转,直到完成拧紧操作。工作约束建立前,用户移动拧紧枪的运动是一种无约束的六自由度运动,主要依靠动态碰撞检测与响应来保证拧紧枪运动的正确性;工作头与拧紧对象的约束建立之后,用户对拧紧枪的移动是一种受限制运动,需要保证这个约束不被破坏,直至约束被解除。图 3-71 所示为汽车手刹手柄工作过程仿真,属于机构运动仿真,对于该过程不需要计算牵连运动。

 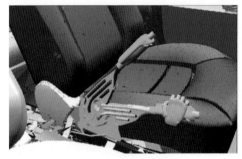

(a) 交互式操作空间仿真分析　　　　　(b) 运动空间仿真分析

图 3-71　汽车手刹手柄工作过程仿真

图 3-72 所示为在自主软件中进行离线编程时机器人按预定路径运动的仿真。轨迹规划结束之后需要以仿真的形式进行轨迹校验,自主采用机器人反向求解的方法来保证机器人末端构件按照编程获得的路径运行,此时机器人中间构件的运动与反向求解方法有关,因此中间构件在仿真过程中的位姿并不是唯一的。对于某种具体的机器人,反向求解方法与机器人控制系统的反向求解方法一致才能保证仿真运动与真实运动一致。如果存在多机器人和变位器的协

同运动,则不单需要规划机器人运行轨迹,还需要规划好时序,采用统一的时序来控制各机器人和变位器的运动。在自主软件中是通过工位模型来统一控制工位内各设备的运行时序的。

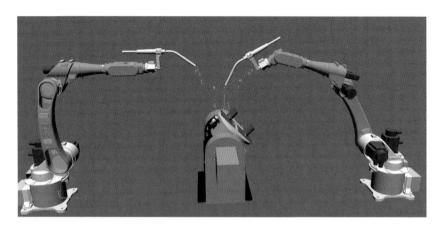

图 3-72　离线编程过程中机器人按预定路径运动仿真

3.3.2.2　虚拟人运动仿真实现方法

在虚拟工厂环境中以虚拟人来代替真实操作者进行操作仿真和人机功效评估,虚拟人应具备运动仿真能力,以模拟真实操作者在制造过程中的各种操作行为。

1. 多刚体虚拟人模型

在虚拟工厂环境中一般采用多刚体的虚拟人模型,最常用的是十五刚体模型。虚拟人由 15 个刚体组成:头部,上、下躯干,左、右上臂,左、右小臂,左、右手,左、右大腿,左、右小腿,左、右脚。刚体之间的运动副按照实际情况设置,主要为球形副、两向铰接副和单轴旋转副三类。软件系统实现时采用面向对象的方法来构建虚拟人模型对象,该对象含有虚拟人的 15 个刚体的各种参数、刚体间运动副等属性,并封装了虚拟人的各种行为——从简单的关节驱动到下蹲、行走、跳跃等运动的算法,用户只需要输入相关参数即可通过调用这些算法来驱动虚拟人完成各种行为仿真。

图 3-73(a)所示为虚拟人定义界面。用户既可以独立设置各刚体尺寸参数,又可以设置身高、臂展等人体测量参数来生成个性化虚拟人模型。图 3-73(b)所示是依据人体各部分比例自动生成的虚拟模型。该模型封装了常用动作,包括行走、跑步、下蹲、直立、弯腰等,也支持用户自定义各种动作。

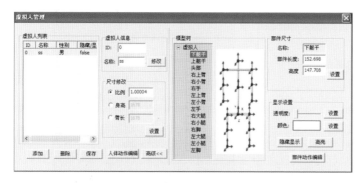
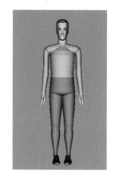

(a) 虚拟人定义界面　　　　　　　　　　　　　　(b) 虚拟人模型

图 3-73　虚拟人十五刚体模型定义

2.虚拟工厂环境中虚拟人的驱动

虚拟人多刚体模型具有非常多的自由度,在进行虚拟人操作仿真时要在这些自由度上均提供运动参数才能实现虚拟人动作。

根据给虚拟人提供运动参数方式的不同,虚拟人驱动方法可以分为预设参数驱动和交互式驱动两种。

预设参数驱动就是直接设置各关节的运动副参数,或给虚拟人的预定义动作提供参数。这种方法的好处是不需要特别的交互设备,直接输入参数即可驱动虚拟人仿真。图 3-74(a)所示为 DMSP 软件中直接驱动虚拟人头部运动(见图 3-74(b))的参数设置界面,此时用户需直接设置三个角度变化量和持续时间。一方面,虚拟人具有多个自由度,为了使虚拟人的运动特性与真人相符,这些自由度上的运动参数存在限制和关联关系,这使得直接设置关节运动参数非常困难。另一方面,采用预设参数法时需要自行规划好虚拟人各动作与时序的对应关系,这也会给初始设置带来困难。更重要的是,这种方法不能实现交互式仿真,因此执行过程必须是确定的,否则无法事先规划虚拟人运动。由于这些缺陷,实际应用中预设参数法应用非常少。

交互式驱动方法基于真人运动捕捉:通过各种运动捕捉设备实时获取真人的运动信息,转换成各关节的运动参数传输给虚拟人模型,驱使其运动。实现过程如下:

(1) 在真人肢体上固定传感器或捕捉装置,进行初始标定,确定传感器相对于各关节的位姿参数;

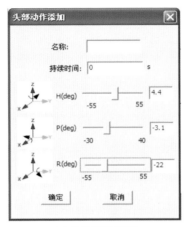

(a) 参数设置界面

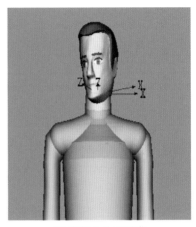

(b) 虚拟人头部动作

图 3-74　虚拟人头部运动的参数驱动

（2）进行虚拟人姿态对准，保证真人与虚拟人初始状态一致；

（3）获取各传感器的位置和姿态参数，利用初始标定数据进行关节运动参数计算；

（4）将各关节运动参数传输给虚拟人，虚拟人根据肢体在虚拟场景中的受约束状态进行运动分解，获得在允许自由度上的运动参数；

（5）驱动虚拟人，并在仿真系统中同步更新虚拟人各刚体构件的显示。

图 3-75(a)所示为 CATIA 软件与 VICON 运动捕捉系统配合实现虚拟人操作仿真，图 3-75(b)所示为 DMSP 软件与 NDI 运动捕捉设备配合实现虚拟人操作仿真。

(a)CATIA软件中交互式虚拟人驱动

(b)DMSP软件中交互式虚拟人装配驱动

图 3-75　交互式虚拟人驱动

交互式驱动方法应用较为简便,而且不需要预先规划,是目前常用的虚拟人驱动方法。但交互式方法也存在一些问题:

(1) 需要额外的运动捕捉设备。因为人体具有非常多的自由度,需要很多传感器才能完整地驱动虚拟人,相应地需要使用复杂、昂贵的运动捕捉系统。

(2) 存在虚实运动不一致问题。交互仿真时真人处于自由状态,而虚拟人则可能因为装配约束、干涉碰撞等原因处于受约束运动状态,这将导虚拟人与真人运动不一致。目前一般通过暂时断开数据传输,重新进行虚实状态对准后再向虚拟人传输数据的方法来解决此问题。在一些应用中需要频繁进行这种虚实状态对准,带来了非常大的不便,限制了交互式驱动方法的使用效率。

此外,运动捕捉误差可能导致虚拟人难以精确操控虚拟世界中的物体,特别是当一些运动捕捉设备存在累积误差时这个问题更加严重。此时需要用户根据虚拟场景中的误差交互地调整真实动作。

3. 虚拟手模型及运动仿真

虚拟手是虚拟人的组成部分,目前在基于 VR 的仿真系统中,一般将虚拟人模型与虚拟手模型分开处理:将虚拟手当作虚拟人多刚体模型中的一个刚体,在该刚体上再附加一个专门的虚拟手模型。在 VR 系统中,虚拟人一般是通过运动捕捉设备来驱动的,而虚拟手则通过各种数据手套来驱动。

人手具有很多自由度,虚拟手也采用多刚体模型来表达,所采用的刚体与真人的手基本一致。数据手套可以实时获取人手的多个关节数据,使用这些数据即可驱动虚拟手做出各种动作。不同规格的数据手套可获取的关节数据不同,有的只能获取 5 个手指的各一个自由度,而能够获取人手全部关节数据的手套一般非常昂贵。在虚拟手应用开发中,可以在虚拟手对象中封装一些预设动作,如抓握、张开以及其他固定手势,这样只要少量参数即可实现对虚拟手的驱动。图 3-76 (a)所示为 CyberTouch 数据手套与 DMSP 软件配合实现交互式操作仿真的情况,该手套能够获取手部关节的 18 个数据,并且具有 6 个触觉反馈提示装置,用户可对这些反馈装置进行编程来给出是否触摸到虚拟物体的提示。图中 3-76(b)所示为虚拟手进行精细操作——在手套的驱动下“捏住”一个零件的情形,这种应用需要预定义抓起规则,即虚拟手和零件怎样接触才算抓取成功。

采用手套驱动虚拟手与采用运动捕捉设备驱动虚拟人一样,也存在虚实动作不对应问题,如图 3-76(b)所示的抓取螺母操作,虚拟手被螺母零件阻挡(程序保证虚拟手不能穿透螺母),不能继续抓下去,但真实人手仍可以抓紧,这就导致虚实状态不一致。

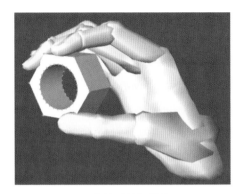

(a) 交互式操作仿真　　　　　　　　　(b) 虚拟手精细操作

图 3-76　基于多刚体虚拟手模型的交互式操作

3.3.2.3　生产过程运动评价

基于生产系统的运动仿真可以对生产过程的可达性、干涉与碰撞情况、动态间隙等进行可视化评估,而运动扫掠体生成与显示、运动干涉(碰撞检测)分析、体模型之间最小距离计算则分别是可达性、干涉与碰撞情况、动态间隙、可视化评估的基础。

1. 运动扫掠体的生成与显示

运动扫掠体是三维物体在空间中运动时扫过的体积,也称运动包络体。它是评价运动空间特性的重要工具之一。

三维模型本身可能具有复杂形状,它在空间进行多自由度运动时产生的扫掠体形状非常复杂。目前有两类构造扫掠体的方法:基于完全连续路径的扫掠体构造;基于关键帧的扫掠体构造。

基于完全连续路径的扫掠体构造原理是:假定模型移动路径是处处连续的,据此来构造扫掠体(见图 3-77)。利用物体表面的所有关键点,依据移动路径构造连续曲线,再利用这些曲线构造连续表面,使用这些表面来构造扫掠体。这种方法的优点是能够构

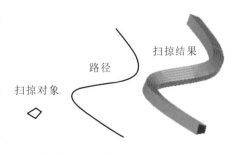

图 3-77　基于完全连续路径的扫掠体构造

造精确的扫掠体模型,其存在的问题是构造速度较慢,且需要事先知道移动路径,否则就要进行多次构造,导致效率低下。该方法经常用于构造形状简单物体在一致运动路径上运动产生的扫掠体,如切削加工仿真过程的刀具扫掠体(见图 3-78)。在虚拟工厂评估和生产系统运动仿真分析中较少使用该方法。

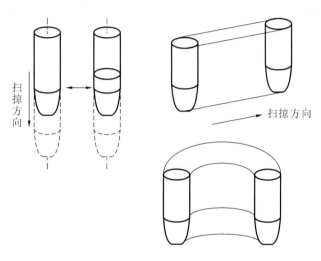

图 3-78　三维刀具的运动扫掠体

基于关键帧的扫掠体构造方法借鉴了三维动画制作中的中间状态生成方法。这种方法假定仿真过程中帧率足够大,则相邻帧的位姿相差也不大,其间进行线性插值获得中间状态,因此插值不受其他帧状态影响。因此随着关键帧的增加可以连续进行插值,不需要事先知道运动路径,也不需要要求路径的连续性满足什么条件。

利用几何体在不同帧中的位姿获得一系列二维断面,再利用这些二维断面来构造扫掠体的面片模型。这样获得的扫掠体模型属于近似模型,其精度取决于关键帧之间的差别、插值密度和二维断面生成密度。在程序运行过程中这些参数一般不是固定的,可以根据需要调整。这种方法在构造扫掠体时采用的是叠加方式,每次构造两个关键帧之间的扫掠体,逐步累加,因此它的速度不受路径长度和总仿真时间长度的影响,具有非常高的执行效率,适应生产系统仿真时的实时性要求。图 3-79 所示为 DMSP 软件中的扫掠体生成效果。DMSP 软件采用了基于关键帧的扫掠体构造方法,在执行过程中用于构造扫掠体的方法时间复杂度很低,其实际应用一般受限于空间复杂度——随着众多扫掠体的生成,计算机内存开销急剧增大。

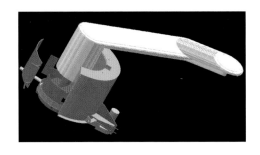

图 3-79 三维模型的运动扫掠体

2. 运动干涉分析

目前,支持实时交互操作过程干涉检查(碰撞检测)的最有效的干涉检查方法是基于层次包围盒模型的相关方法。其基本思路是将几何模型转换成不同精度等级的包围盒模型,包围盒中包含几何模型的多边形。用于碰撞检测的几何模型又被称为 BV-LOD 模型。

该方法的要点在于,首先生成各模型的 BV-LOD 模型,然后基于 BV-LOD 模型进行碰撞检测。也就是说,在预处理阶段生成各几何模型的 BV-LOD 模型,仿真时使用 BV-LOD 模型进行碰撞检测。仿真时 BV-LOD 模型的拓扑结构和几何形态均不变化。此方法对可变形模型不适用,因为可变形模型在仿真时的几何形态可能变化,则初始生成的 BV-LOD 模型不再与几何模型一致,需要重新生成,而预处理过程需要较长时间。

1) 预处理:碰撞计算模型构造

几何模型表达如下:

$$V = (B, F)$$

式中:V 为 BV-LOD 模型;B 为根节点,含有根包围盒 B_0 及对应的多边形索引表 T_n,n 表示该包围盒关联了 n 个多边形;F 为根节点的子树集合,且有

$$F = \{V_1, V_2, \cdots, V_i, V_m\}, \quad V_i = (B_i, F_i)$$

其中,V_i 为根节点的第 i 棵子树,m 为根节点的子节点数目。对于八叉树包围盒,m 可能为 $0, 1, \cdots, 8$;对于二叉树包围盒,m 可能为 0、1、2,m 为 0 时表示该节点无子节点,即为最下层叶子节点。

为了能让上述模型在薄壁件变形时快速更新包围信息,需要记录决定根包围盒形状的 6 个网格节点 $\{P_{x\min}, P_{x\max}, P_{y\min}, P_{y\max}, P_{z\min}, P_{z\max}\}$,则当模型变形

时根据该 6 个网格节点快速更新根包围盒,下层包围盒均可通过其所在层数快速更新形状,其余信息不变。

图 3-80 所示为一个多边形网格 BV-LOD 模型生成实例。

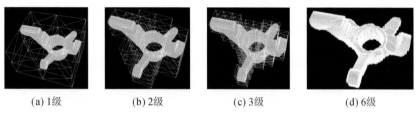

  (a) 1级   (b) 2级   (c) 3级   (d) 6级

图 3-80 多边形网格模型的多级 BV-LOD 模型生成实例

2)模型间快速干涉检查方法

  仿真时如果零部件众多且检测精度较高,可能会消耗大量时间。如果能将检测计算分配到不同的计算机上,将大大提高计算效率。模型间碰撞计算的并行化基于微机和局域网进行。并行化基本思路是在确定碰撞对之后,将碰撞对数目依据计算节点进行分组,然后将分组信息发布给相应的计算节点,计算节点获得自己承担的碰撞对,分别进行检测计算后将计算结果发送回主控计算机。

  (1)动态计算碰撞检测对列表 确定碰撞检测对列表是检测计算的第一步,该列表又是检测计算并行化的依据。在交互装配操作过程中通常只需要检测运动对象与静止对象、运动对象与运动对象间的碰撞,当场景中含有大量模型时,在某一个时刻仅有少量模型处于运动状态,有些模型还作为一个整体运动,因此碰撞检测不需要在场景中的全部模型两两之间进行。当用户抓取零部件时,依照如下步骤确定所有可能产生碰撞的模型对:

  ① 对于每一个用户,确定其操作的模型,建立一个操作模型表;

  ② 在表中每个模型与未被抓取的模型之间建立待检测模型对;

  ③ 在多个操作模型表之间建立待检测模型对;

  ④ 在一个表中的每个模型与其他所有表中的每个模型之间建立待检测模型对,剔除重复模型对(模型对中两个模型的排列顺序不影响检测计算结果)。

  (2)并行化检测过程 交互操作时在用户移动模型阶段需要进行碰撞检测,但移动模型前本次移动需要检测的模型对已确定,这是在模型选取时完成的。模型释放后场景中只剩下虚拟手或其他工具可以移动,所以模型释放瞬间也要更新待检测模型对。由此可见,碰撞检测贯穿整个操作过程。完整碰撞检

基于 VR/AR 的智能制造技术

测需要考虑模型选取、移动和释放三个阶段,面向交互操作的碰撞检测过程围绕这三个阶段进行,步骤如图 3-81 所示。

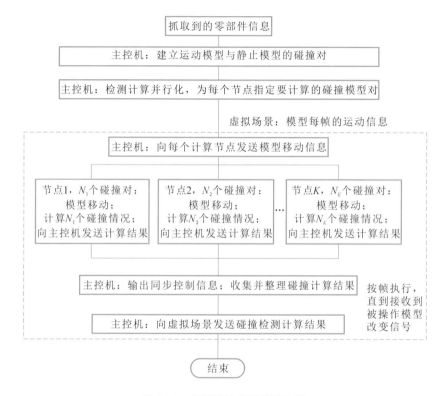

图 3-81　并行碰撞检测算法流程

并行碰撞检测的具体过程如下:

① 根据用户选取的模型对象确定本次操作需要检测的碰撞模型对,根据支持碰撞检测计算的节点数目和各节点能力,为各节点指定待计算模型对列表。

② 依据用户的操作更新对应的碰撞模型位姿及包围盒形状,对每一个碰撞模型对进行干涉计算:各计算节点对所指定的每一个碰撞对的干涉情况进行计算,并发送给主控机,主控机收集结果再反馈到虚拟场景。

③ 重置待检测模型对,即恢复默认状态——主控机重新为每个节点指定待计算的模型对。此时只有一个虚拟手对象或其他类型对象是移动的,然后同样转入对象移动阶段。

3) 两个 BV-LOD 模型间碰撞检测

两个 BV-LOD 模型间干涉判断是碰撞检测的基础,为此首先要实现两个

BV-LOD 模型间干涉的快速判断。BV-LOD 模型是由多个轴对齐包围盒组成的,而另一模型的包围盒经坐标变换后成为有向包围盒(OBB),轴对齐包围盒与有向包围盒之间的位置关系判断是检测计算的基础。

经过分析和测试,使用上述算法对两个包围盒进行 20 万次干涉检查,依据包围盒相对位姿关系不同,最短检测时间为 0.02 s,最长检测时间为 0.4 s,后者是使用了分离轴算法时(此时前两种算法不起作用)的情况。

对于两个 BV-LOD 模型的快速碰撞检测,首先要减少包围盒间位置关系判断次数,此处提出两种方法来减少判断次数:重叠区域更新层次树法;层间干涉信息传递法。

(1)重叠区域更新层次树法　利用两个模型在某层的重叠区域对子节点进行更新以简化模型层次树。设两个模型 A 和 B 如图 3-82 所示。

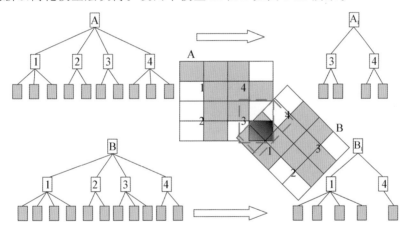

图 3-82　通过相交包围体来改造包围盒层次树

计算 A 和 B 在某层的包围盒重叠部分。若不存在重叠部分则二者分离,过程结束;若存在重叠部分则计算重叠区域,组成一个或多个重叠包围体,分别按照 A 和 B 的局部坐标系改造重叠包围体,过程继续。

如图 3-82 所示,使用重叠包围体对 A 和 B 进行改造:对于下层节点,保留与重叠包围体发生干涉的节点 BV,若不存在干涉则将节点连同子树一起删除,由此得到新的层次模型 A;对于层次模型 B,使用 B 坐标系下的重叠包围体进行同样的改造,得到新模型 B。

(2)层间干涉信息传递法　当 A 与 B 的某一层存在干涉时,需要检测下层节点,对于 A 仅需计算当前与 B 产生干涉的节点的下层子节点。为此把当前层节点与另一个模型当前层发生干涉的节点信息传递到它们的下层节点,这样可以减少判断次数和时间。

基于上述两种方法构造两个 BV-LOD 模型间的检测计算流程,如图 3-83 所示。设模型 A 有 M 层,B 有 N 层,且 $M>N$。检测计算主要包括获取下层包围盒链表、继承碰撞关系、计算 BV-LOD 模型间干涉、计算重叠包围体、模型更新几个步骤,此处限于篇幅不再赘述。

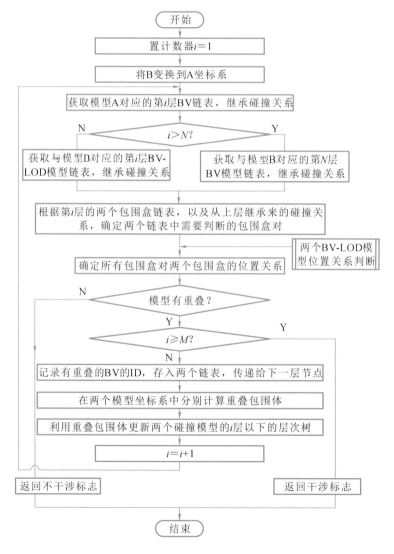

图 3-83　两个 BV-LOD 模型间干涉检测算法流程

3. 体模型之间的最小距离(动态间隙)计算

在上述碰撞检测算法的基础上可以构造体与体模型之间的最小间隙算法，其基本原理是：先利用基于包围盒的最小距离计算快速定位场景中哪个模型(目标物体)与指定模型间隙最小，并同时确定该物体的哪些多边形(目标多边形组群 1)与指定物体的哪些多边形(目标多边形组群 2)之间存在最小间隙，然后再使用三维空间内有界平面多边形之间最小距离计算方法计算出最小间隙位置和数值。计算时采用了以下三个加速方法：① 动态确定将要计算的目标物体对；② 借助装配过程中返回的碰撞干涉计算结果来加速；③ 基于 PC 机群的并行计算来加速(也可以借助网格计算资源)。使用碰撞检测算法确定模型间的碰撞干涉情况，然后再进行动态间隙计算。

在生产系统运动仿真过程中，碰撞检测算法都会返回每帧模型之间的干涉计算结果——干涉和不干涉，根据这个结果排除发生干涉的模型。如果干涉，则返回干涉信息，整理最终不干涉模型列表，并据此建立待计算的模型对。每个 BV-LOD 模型中含有大量的子包围盒，两个物体最小间隙必然发生在其中一个或多个子包围盒中。要确定距离最小的包围盒对，在单机上计算将花费很长的时间，影响用户的实时操作。根据计算节点的计算速度、计算节点的数目，按负载平衡原理将指定模型和其他模型分配到各个计算节点，每个计算节点得到指定模型及待计算模型 ID，即进行并行化计算。在每个计算节点上，首先获得距离最近的一个或一组包围盒，进而获得其所对应的多边形组群，并将结果发送到主节点。主节点收集所有节点的信息后，将每组数值按最小距离值进行排序，获得距离最小的多边形对，然后计算产生最小间隙的位置和数值，再将最小间隙显示到场景中。具体计算流程如图 3-84 所示。

1) 最小距离 BV-LOD 模型对及包围盒对的确定

确定最小距离模型对及包围盒对，用到的两个基本方法是三维空间内三角形之间的最小距离计算方法和轴对齐包围盒与有向包围盒之间的距离算法。前者为常规距离计算方法，最小距离在其中一个三角形的边界上。后一种方法中的两个包围盒，一个为轴对齐包围盒，另一个为有向包围盒，均为凸包且互相不干涉或包含，因此在两个包围盒中必存在一个表面，使得另一个包围盒的所有顶点处于该面的正侧，使用向量计算方法可以查找到该面；计算另一个包围

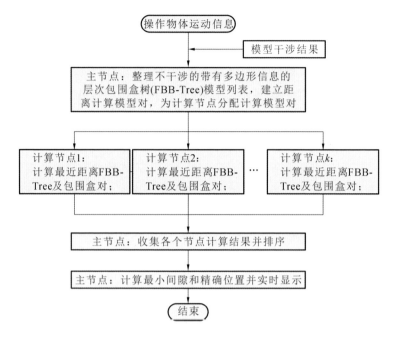

图 3-84　生产系统运动仿真过程中的动态间隙计算流程

盒的所有面到该面的距离,其中距离最小的一个即为所求的距离。包围盒的每个面均可分解成两个三角形,可调用三维空间内有界多边形之间最小距离计算方法获得,以此为基础进行最小距离包围盒对的确定。

由于每个节点上已保存所有的 BV-LOD 模型,所以每个计算节点获得的是待计算 BV-LOD 模型 ID 对。首先建立一个数据结构,用于记录如下信息:

```
1  Typedef   struct DistanceObj
2  {
3    int minDisFBB_TREE_ID;    //离指定物体最近的FBB-TREE模型ID
4    int minDisBB_ID;          //该模型中离指定物体距离最近的包围盒ID
5    int minDisBBofFBBID;      //指定物体中距离上述包围盒最近的包围盒的ID
6    float m_DisofBB;          //最近包围盒对之间的距离值
7  } minDisObj;
```

所有数据在初始化时赋值为空。对应给定物体按照以下步骤进行。

步骤 1:建立一个 temp_minDisObj 对象,用来存储计算结果。

步骤 2:使用上述碰撞检测算法判断列表中模型当前层包围盒与指定物体当前层包围盒之间是否发生干涉。对发生干涉的不进行处理;对不发生干涉的,计算指定物体当前层与不干涉物体的当前层包围盒之间的最小距离。

步骤 3:对比不干涉物体与指定物体在当前层的距离值,找出距离值最小的一个,将获得信息填入 temp_minDisObj;在列表中删除那些在当前层不干涉且距离不是最小值的 BV-LOD 模型。

步骤 4:转到列表中 BV-LOD 模型层次树的下一层,若下层皆为空,则返回结果数据结构,计算结束;否则跳转到步骤 2、3。

这样计算后获得的计算结果为包含距离最近的 BV-LOD 模型对和包围盒对及其对应的最小距离值。

2）最小间隙数值和位置的计算与显示

每个计算节点调用上述过程获得一个 temp_minDisObj 结果数据,主节点收集所有节点的结果数据信息后,按 m_DisofBB 值进行排序,取值最小的结果,则该结果中记录的数据为虚拟装配环境中距离指定物体最近的包围盒对。根据包围盒数据结构可知,每个包围盒对中记录了包含或与之发生干涉的多边形列表,因此通过包围盒对可获得距离最近的多边形组群。利用三维空间内有界平面多边形(一般为三角形)之间最小距离计算方法首先计算出最小间隙所在的多边形,然后求出最小间隙产生的精确位置和数值。

对于较为复杂的模型,其最底层子包围盒仍含有较多的多边形,可以借用并行计算体系进行加速。将待计算的三角形对列表分配到各个计算节点计算,返回最小距离结果及位置,由主节点进行排序选择,或者每个计算节点直接返回最小距离面片 ID 对,由主节点计算。

在网络速度满足要求的条件下,计算节点也可以由网格计算节点来实现。

3）应用实例

图 3-85 所示为轿车后悬架弹簧及前副车架装配工位仿真中的一个场景。该虚拟环境包含 396 个几何模型,约 527 万个三角形。前处理阶段生成每个模型对应的 BV-LOD 模型,分解精度选择依据是模型顶层包围盒的尺寸,获得的 BV-LOD 模型有 6～9 层。使用网格资源,计算模型生成共花费 119 s。在本例中,综合刷新率为 15 Hz,其中图形渲染和输出所占时间约为一帧时间的 70%,碰撞检测计算时间约占一帧时间的 15%,动态间隙计算时间约占一帧时间的 9%,其余计算仅占一帧时间的 6%。

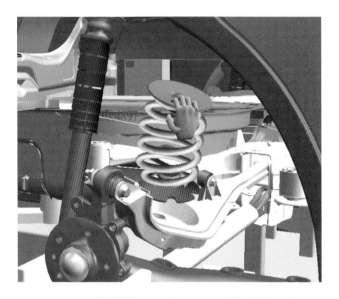

图 3-85　后悬架弹簧与其他部件之间的间隙动态显示

3.3.3　某飞机虚拟工厂布局优化实例

本小节以某飞机部装车间工艺布局仿真为例说明生产系统工艺布局建模与仿真的应用过程。该飞机是我国第一种干线客机,在飞机研制阶段的后期,即开始量产的工艺设计和生产系统规划工作。第一期量产目标是每月完成 3～5 架飞机机体装配工作。其中飞机的机体结构装配和机体气密性检查工作均在部装车间完成,主要装配任务包括:水平安定面部件装配、水平尾翼装配、机身结构装配、整机结构装配、整机结构气密性检查。部装生产系统工艺布局建模与仿真初期使用了达索 DELMIA 软件,后因该软件的图形处理能力不足改用自主布局软件。

3.3.3.1　虚拟工厂建模过程

该飞机部装车间工艺布局建模与仿真主要包括如下工作内容:模型与数据准备;工艺布局建模;工艺布局静态评估;部装过程动态仿真。

1. 模型与数据准备

模型与数据准备工作内容主要包括飞机结构零部件模型处理、设备与工装建模、车间厂房建模、部装工艺过程理解和数据整理。

(1)飞机结构零部件模型处理　用于部装工艺布局仿真的飞机结构零部件

模型来自相应的设计模型,而设计模型包含大量的细节和设计信息,因此数据量极大,例如一个主翼结构就含有近 5 GB 的数据量,整机数据更是非常大。一般计算机都无法支持如此大的数据量。考虑到部装过程并不包含小部件装配,因此可以对设计模型进行轻量化模型简化处理,得到能够支持部装仿真的轻量化模型。

(2) 设备与工装建模 飞机的部装具有一整套设备和工装,在本实例中根据工装和设备的设计方案和图纸构建各设备和工装的三维数字化模型。

(3) 车间厂房建模 依据设计方案构建厂区环境模型、部装厂房的详细结构三维模型。

(4) 部装工艺理解和数据整理 布局建模与仿真实施团队在工艺设计人员的帮助下理解了部装工艺过程,并根据部装生产系统建模与仿真的需求自行整理了与建模和仿真相关的工艺过程信息。

2. 工艺布局建模

按照如下步骤完成工艺布局建模:

(1) 将二维工艺布局图导入,按照 1:1 的比例布置在车间厂房的地板上;

(2) 将工装设备模型布置在相应位置;

(3) 根据部装线设计方案构建所有工位模型、部装线模型;

(4) 根据生产纲领和物流配送方案确定典型工况下各工位和缓冲区中的飞机部装结构的各种部件的数量,并根据工艺方案布置这些部件模型,从而形成最终的部装工艺布局模型。

3. 静态评估与动态仿真分析

在部装工艺布局模型基础上,对部装车间进行面积利用率分析、典型操作状态安全距离分析、人机功效分析等。依据部装工艺方案对部装过程进行操作过程运动仿真和操作流程仿真分析。由于第一阶段每月只有 3~5 架飞机部装,因此流程和物流不是主要问题,而操作过程中的运动和空间分析是重点内容。依据动态仿真过程进行可操作空间分析、干涉与碰撞分析、安全距离分析等。

3.3.3.2 实施结果

通过建模与仿真,笔者共构建工装/设备模型 34 种,处理飞机结构部件模型 120 多种,先后搭建了三种工艺布局方案,分别进行了部装操作过程仿真和相关分析,图 3-86 所示为部分工装和设备。

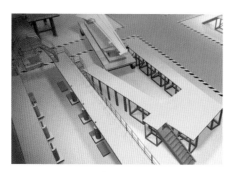

(a)主翼-机身对接工装

(b)中机身装配工装

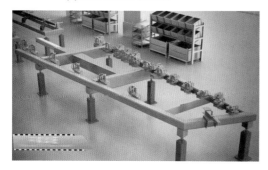

(c)平尾装配基础工装

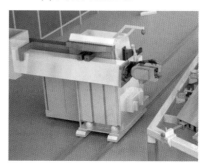

(d)平尾装配钻铆设备

图 3-86 某飞机部装线部分工装和设备

图 3-87 所示为部装车间工艺布局方案之一,其中图(a)所示为中机身装配单元,图(c)所示为平尾装配单元,图(b)、(d)所示为全机对接单元。

(a) 中机身装配

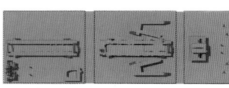

(b) 全机对接

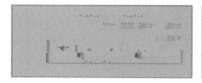

(c) 平尾装配

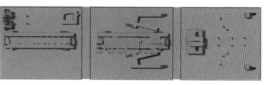

(d) 全机对接

图 3-87 某飞机部装车间平面布局(方案之一)

图 3-88 所示为部装车间的工艺布局模型之一。与上述的方案略有不同,该方案的中机身装配单元让出一小片区域用于主翼装配前预处理;平尾装配单元让出一片区域用于机头装配前预处理。

(a) 部装车间工艺布局   (b) 生产状态的车间内布局

图 3-88   某飞机部装车间工艺布局模型

图 3-89 所示为部装车间的工装/设备和飞机部件的实际占用面积显示。还可以分别显示工位或单元的占用面积、通道占用面积等。

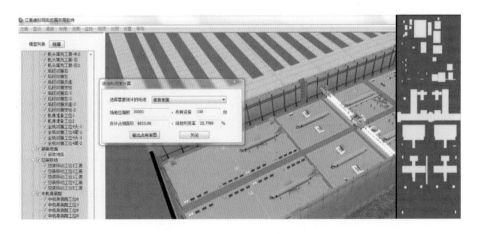

图 3-89   车间面积占用情况显示

图 3-90 所示为部装过程的部分操作。在工艺布局模型基础上可以仿真部装过程的所有操作步骤,在仿真过程中可以实时检测干涉和碰撞情况、显示模型之间的最小距离、显示某个模型的空间装配扫掠体。

(a) 将平尾安装到后机身

(b) 后机身装配对接

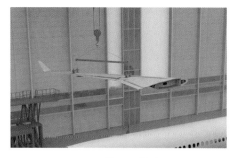

(c) 主翼吊运转移

(d) 主翼-中机身装配对接

图 3-90　某飞机部装过程操作仿真

第 4 章
智能制造系统虚实信息集成与可视化

　　智能制造系统在价值链维度集成了各种数据。数据驱动是智能制造的特征之一,数据的可视化是理解数据的核心手段,VR/AR 则提供了自然、直接的沉浸式界面,如图 4-1 所示。本章主要介绍数字主线(digital thread)的体系、基于 MBD 的产品信息模型(CAD)、工程数据分析(CAE)以及制造上下文的信息集成与可视化方法,并给出基于 VR/AR 的实现方法。

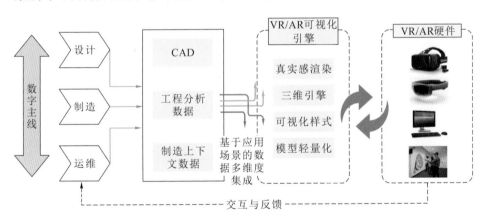

图 4-1　VR/AR 与制造系统的虚实信息集成框架

4.1　基于数字主线的制造系统虚实信息集成

4.1.1　数字主线相关概念

4.1.1.1　数字主线定义与内涵
智能制造系统上下文(context)中蕴含海量数据,其贯穿产品全生命周期过程，呈现不同形态。对制造过程数据的管理一直是学术界和系统方案商研究的重点。2016 年 2 月，美国国家标准与技术研究院（NIST）系统集成部门发布了《智能制造系统现行标准体系》的报告，将未来美国智能制造系统分为产品、生产系统和业务三个生命周期维度，将典型的生产系统生命周期分为设计、生产、试验、运营和维护、退役和回收五个阶段。该报告指出数字主线是智能制造系统集成的关键。

综合各家论述，我们可以将数字主线定义为：利用先进建模和仿真工具构建的，覆盖产品全生命周期与全价值链（从基础材料、设计、工艺、制造到使用维护全部环节），集成并驱动以统一的模型为核心的产品设计、制造和保障的数字化数据流。

数字主线是智能制造领域最令人着迷的词语之一，美国国防部将数字主线作为数字制造最重要的基础技术。美国空军研究实验室（AFRL）2013 年给出了图 4-2 所示的数字主线框架，该框架分为三层：工程知识管理层、通用主数字域接口层、数字主线的应用层。2016 年美国空军研究实验室又提出轮式数字主线参考模型，贯穿产品全生命周期，以产品的成本和性能为诉求，如图 4-3 所示。

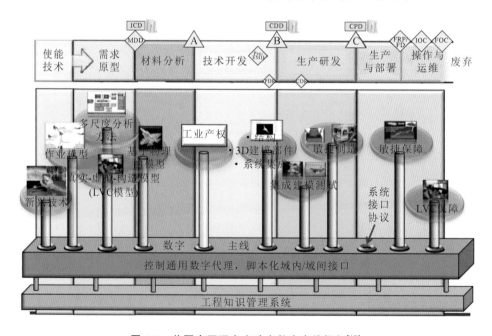

图 4-2　美国空军研究实验室数字主线框架[17]

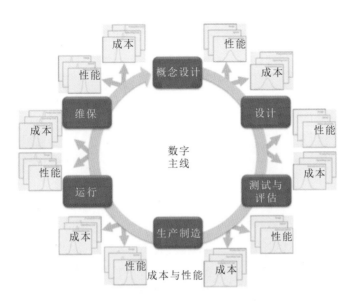

图 4-3 美国空军研究实验室轮式数字主线参考模型

波音公司在新型飞机 787 上推进单一数据源技术,在飞机制造上下文中大量使用了可交互的数字主线技术,图 4-4 所示是其简洁的数字主线框架。数字主线框架集成了设计、制造和运维的多种数据,比较显著的是其融合了工业物联网。

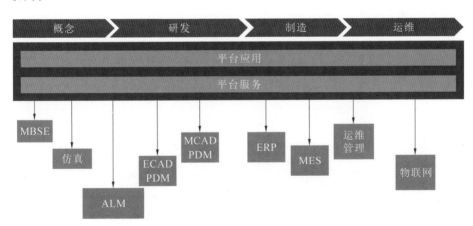

图 4-4 波音公司数字主线框架

注:ALM 指应用程序生命周期管理,ECAD 指电气 CAD,MAD 指机械 CAD。

洛克希德·马丁公司以物料清单(BOM)为主线形成数字主线,PLM 阶段中的设计和计划阶段信息集成基于工程 BOM(EBOM),制造阶段管控基于制造 BOM(MBOM),维护阶段基于运营 BOM(OBOM)。图 4-5 所示为洛克希德·马丁公司数字主线框架。

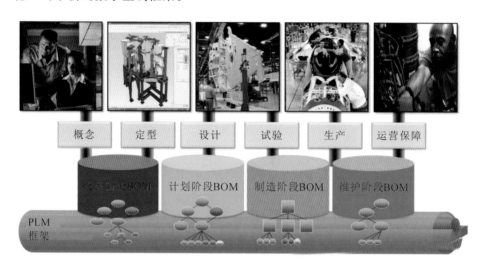

图 4-5 洛克希德·马丁公司数字主线框架[18]

智能制造的 VR/AR 应用数据正是来源于数字主线。

4.1.1.2 制造系统的全生命周期

数字主线贯穿了产品的全生命周期,美国国家标准与技术研究所在 2016 年发布的智能制造模型中共有三条主线:产品生命周期、生产系统生命周期和供应链生命周期。了解数字主线必须要了解全生命周期,当前围绕全生命周期已有诸多的模型与标准,如表 4-1 所示。

表 4-1 智能制造生命周期相关模型与标准[19]

生命周期维度	已有标准
产品生命周期	建模:ASME Y14.41,ISO 16792 等 产品模型和数据交换:ISO 10303-203/214/210/242,ISO 14306(JT)等 加工与模型数据:ISO 6983,ISO 10303-207 等 产品目录数据:ISO 13584 等 产品生命周期数据管理:ISO 10303-239,PLMXML 等

续表

生命周期维度	已有标准
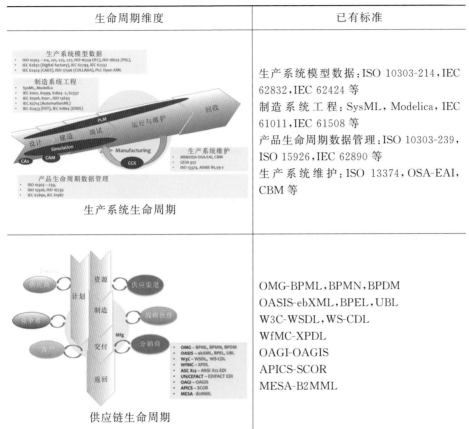 生产系统生命周期	生产系统模型数据：ISO 10303-214，IEC 62832，IEC 62424 等 制造系统工程：SysML，Modelica，IEC 61011，IEC 61508 等 产品生命周期数据管理：ISO 10303-239，ISO 15926，IEC 62890 等 生产系统维护：ISO 13374，OSA-EAI，CBM 等
供应链生命周期	OMG-BPML，BPMN，BPDM OASIS-ebXML，BPEL，UBL W3C-WSDL，WS-CDL WfMC-XPDL OAGI-OAGIS APICS-SCOR MESA-B2MML

4.1.1.3　MBD、MBE 与 MBSE

当前制造系统中产品信息集成主要是基于 MBD 方法与 MBE。

MBD 方法是将产品的所有相关设计定义、工艺描述、属性和管理等信息都附着在产品三维模型中的数字化定义方法。将设计信息和制造信息共同定义到产品的三维数字化模型中，以改变目前三维模型和二维工程图共存的局面，更好地保证产品定义数据的唯一性。

MBE（model based enterprise，基于模型的企业）是将其在产品全生命周期中所需要的数据、信息和知识进行整理，结合信息系统，建立便于系统集成和应用的产品模型与过程模型，通过模型进行多学科、跨部门、跨企业的产品协同设计、制造和管理，通过模型支持技术创新、大批量定制和绿色制造的企业。

可以看出 MBE 是 MBD 数据源的应用环境。

2007 年国际系统工程协会(INCOSE)给出了 MBSE 的定义:基于模型的系统工程是建模方法的形式化应用,以使建模方法能够支持系统需求、设计、分析、验证和确认等活动,这些活动从概念设计阶段开始,持续贯穿整个开发过程和后续的生命周期阶段。MBSE 是在系统工程领域发展起来的一种基于模型表示的方法,旨在通过一种形式化的建模手段来实现产品的研制过程。

这三个概念容易混淆,但三者还是有区别的。简单来说,MBD 属于机械工程范畴,而 MBE 属于企业范畴,MBSE 则属于系统工程范畴。MBD 和 MBE 是基于三维模型的方法,而 MBSE 则是基于 SysML、统一建模语言(UML)或者 Modelica 语言的方法。

4.1.1.4 数字主线的价值

传统数字化制造数据是由产品模型向数字化生产线单向传递的,而数字主线的优势表现为:

(1)统一数据源。与产品有关的数字化模型采用标准开放的描述,可以逐级向下传递而不失真,也可以回溯。

(2)完整的链路集成与驱动。数字主线集成并驱动现代化的产品设计、制造和维护流程,以缩短研发周期并实现研制一次成功,也是处理当今产品复杂性问题唯一可能的方法。

(3)双向同步与互操作。在整个生命周期内,各环节的模型都能及时进行关键数据的双向同步和互操作,形成状态统一、数据一致的模型,从而可动态、实时评估系统当前和未来的功能及性能。

数字主线可为制造企业带来很多重要的改变,如工程数据与制造数据的直接连接,极大地扩展了制造、装配过程中的自动化程度等。应用数字主线意味着工程设计中的三维模型可直接被制造端采用,并进行加工模拟、三维坐标的测量及工装的设计,可直接用于后续培训及运维相关配套系统的开发。数字主线的应用使得一次性工件吻合成为现实,并使模具的返修量大幅降低,更为重要的是极大地减少了由于供应商进行数据重新配置而导致的工程更改。

数字主线技术还处在不断发展阶段。研究和识别制造各环节的数字量,将这些数字量格式化,使之支持信息交换和互操作标准,将为智能制造奠定坚实的技术基础。制造过程中的隐性知识的转化是数字主线的难点,如果不能很好地解决设计、工艺知识等的传递问题,那么数字主线的建立和应用都非常困难。当前工业界的数据断点很多,要实现从设计到制造、装配和检验过程中数字量的连续流动,仍然存在许多的断点需要打通。利用新一代的显示技术(VR/AR技术)连通数字主线的潜在断点,将知识显式化,实现数字量的快速、流畅传递,是下一步的研究重点。

数字主线技术发展的难点并非在于信息化软件本身。需要将企业的工业技术体系进行分解,解决设计、工艺、制造资源的数字化问题,其中的核心问题是知识发现和知识转化等问题。在制造业中,由于数据断点很多,数据关联复杂,形成从设计到制造、装配和检验过程中数字量的连续流动非常困难,基于数字主线的制造系统中的虚实信息集成尤为重要。数字主线是制造商、供应商、运维服务商和终端用户之间强有力的协作纽带,当前工业互联网联盟(IIC)已将数字主线作为其需要着重解决的关键性技术。美国数字制造业通过数字主线等技术,研究和识别各环节的沟通需求和相关的信息内容,将这些需求描述格式化,支持这些信息交换和使用相关的标准和工具的开发。显然,数字主线的信息交换标准与工具将为智能制造奠定坚实的技术基础,在降低成本的情况下提升产品的设计研发速度。

4.1.2 基于数字主线的信息集成框架

信息技术深刻地改变了制造业。将物理工厂及其业务流程映射到虚拟数字环境中,形成基于数字主线的局部生产过程仿真或全部模拟工厂行为的数字孪生,并利用集成信息技术设计、仿真和优化整个生产过程与性能,提前在数字空间解决实际生产物理过程中可能出现的问题,是生产数字化和智能化的发展方向。

4.1.2.1 制造业数字主线中的数据

制造上下文的数据种类繁多,流淌在数字主线中的数据,按照不同视角分为多类。以三维模型为例,其涉及多种不同的编码,如图 4-6 所示。

1) 按产品制造的阶段分类

按产品制造的阶段,制造上下文数据分为以下几种:

(1) 产品数据,包括设计、建模、加工、测试、维护数据,以及产品结构、零部件配置关系、变更记录等方面数据。

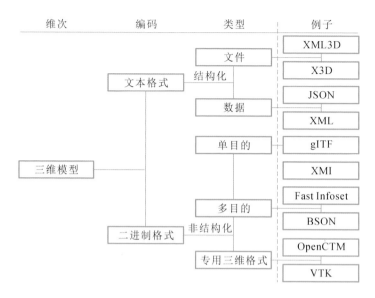

图 4-6　制造上下文数据分类图[20]

（2）制造执行数据，包括设备状态、生产线、在制品、质量检验等方面数据。

（3）运营数据，包括组织结构、业务管理、市场营销、采购、库存、目标计划等相关数据。

（4）价值链数据，包括来源于客户、供应商、合作伙伴等的数据。

（5）外部数据，包括经济运行数据、行业数据、市场数据、竞争对手数据等。

2）按加工过程分类

按加工过程，制造上下文数据分为以下几种：

（1）设计数据，包括 CAD 数据等。

（2）加工数据，包括加工代码（ISO 6983）等。

（3）执行数据，包括通过 MTConnect 软件收集的制造数据。

（4）检验数据，包括基于质量信息框架（QIF）标准的检测测量数据等。

3）按数据类型分类

按数据类型，制造上下文数据分为三类：结构化、非结构化和半结构化数据。

（1）结构化数据　结构化数据表现为二维形式，可以使用关系型数据库如 MySQL、Oracle、SQLServer 数据库等来存储。可以通过固有键值获取相应信息。其一般特点是：数据以行为单位，一行数据表示一个实体的信息，每一行数据的属性是相同的。结构化数据的存储和排列是很有规律的。

（2）非结构化数据　没有固定结构的数据，包含图像和音频/视频信息、文档等。一般直接整体进行存储，而且一般存储为二进制数据。

（3）半结构化数据　半结构化数据可以通过灵活的键值调整来获取相应信息，且数据的格式不固定，如 JSON，同一键值下存储的信息可能是数值型的，可能是文本型的，也可能是字典或者列表。常见的半结构数据有 XML 和 JSON。

4）按数据尺度分类

按数据尺度，制造上下文数据分为元数据、小数据和大数据。

（1）元数据　元数据（metadata）又称中介数据、中继数据，为描述数据的数据，主要是描述数据属性（property）的信息，用来支持如指示存储位置、历史数据、资源查找、文件记录等功能。

（2）小数据　Allen Bonde 给出定义：小数据及时地将人们有意义的见解（源自大数据和/或本地资源）以视觉方式进行组织、打包，以便在日常任务中访问、理解和执行。

（3）大数据　相对于小数据，大数据更关注相关性。制造业大数据同样具备经典的"5V"特性。

4.1.2.2　基于数字主线的信息集成

在制造局部过程中数据价值难以体现，让数据流动起来才能带来价值。数字主线统一了制造上下文的数据源，集成并驱动现代化的产品设计、制造和保障流程，以缩短研发周期并实现研制一次成功。在整个生命周期内，各环节的模型都能够及时进行关键数据的双向同步和沟通。基于这些在整个生命周期内形成的状态统一、数据一致的模型，可以动态、实时评估系统的当前和未来的功能和性能。数字主线的难点之一在于知识，尤其是隐性知识的转化。如果不能很好地解决设计、工艺等方面知识的传递，那么数字主线的建立和应用都非常困难。

在虚拟环境中复现生产系统，使得生产系统的数字空间模型和物理空间模型处于实时交互中，并能及时对彼此的动态变化做出响应，是构建生产生命周期的关键。生产生命周期的核心基于数字主线，采用数字孪生技术对动态企业联盟、生产能力规划、生产线设计和现场设备布局等业务过程进行无缝集成、改进优化，以及战略管理。利用企业（供应链）、生产线（车间）和工艺过程（设备）的数字仿真模型来定义、执行、控制和管理企业生产过程，并采用科学的模拟与分析工具，在生产生命周期的每一步做出最佳决策，从根本上减少生产时间和成本。图 4-7 为基于数字主线和数字孪生的生产生命周期示意图。

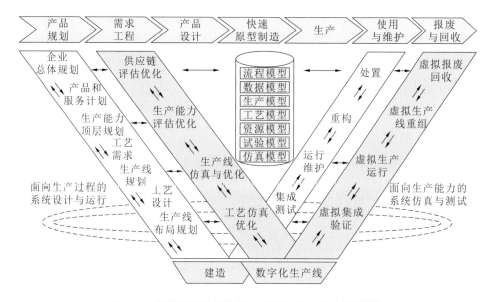

图 4-7　基于数字主线和数字孪生的生产生命周期[21]

在数字主线中，统一的全数字化模型贯穿始终，所有的环节都具备信息完整丰富、按照统一的开放标准建立的规范和语义化的数字模型，并且可被机器（或系统）稳定无歧义地读取。在产品研制过程中，数字主线建立在产品通用数据库和物理模型的基础上，产品设计端借助数字主线可以根据工厂的生产能力、设备的可用性和可维护性进行更好的优化，如设计阶段的公差可以适当放宽，以降低后期产品装配时借助外部工装进行辅助定位的成本。数字主线意味着工程设计中的三维模型直接被制造端采用，进行加工模拟、数控（NC）编程、三维测量以及工装设计，也直接用于后续培训及运维。运用数字主线，模具的返修量大幅降低，极大地减少了由于供应商进行数据重新配置而导致的工程更改。Aras 公司提出了一种 SoS（系统之系统）集成框架，该框架分为四层，分别为编辑工具层、数据层、产品层和企业层，如图 4-8 所示。

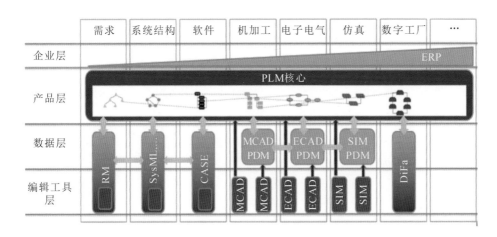

图 4-8　基于数字主线的信息集成体系

4.1.3　数字主线的数据采集技术

4.1.3.1　与应用系统集成

数字主线的数据采集技术与应用系统集成是通过编辑系统和 TDM/PDM 系统,结合内容服务器,运用 PLM 框架内容集成 PPS 应用系统而实现的,如图 4-9 所示。其中编辑系统和 TDM/PDM 系统结合了项目管理、需求与测试工程、系统工程等相关技术,内容服务器包括工作流引擎、应用程序和联合存储库。在数字主线的数据采集技术与应用系统的集成中,需要运用 Web 服务技术、Web 服务实现技术和开放式生命周期(OSLC)。

1. Web Service 技术

系统集成技术中信息调用经历了由传统 API(应用程序接口)方式到基于 Web 服务的方式的转变,其过程如图 4-10 所示。当前企业 PLM 系统大部分都采用面向服务的构架(SOA),以服务为核心,基于开放的标准和协议,具有松散耦合特性,有利于制造上下游系统间的紧密集成和业务组件的重用。

Web 服务通过 Web 接口提供,并通过程序段实现一定的功能。每个 Web 服务都被明确地定义了唯一的接口。在任何地点、任何形式的客户端都可以访问该服务,其访问服务的方式都是一样的,即通过网络,使用 HTTP(超文本传输协议)和 SOAP(简单对象访问协议)进行通信。Web 服务采用标准规范的 XML 语言进行服务描述和调用,实现了跨平台的互操作性,具有松散耦合的特

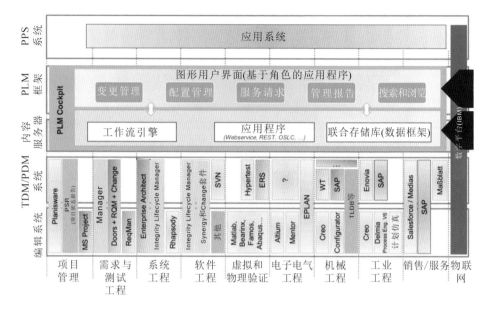

图 4-9　数字主线的数据采集技术与应用系统的集成

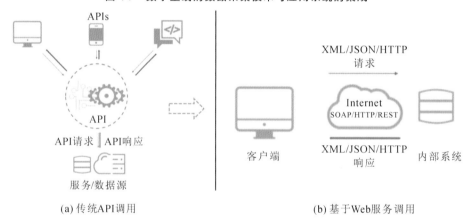

(a) 传统API调用　　　　　　　　　　(b) 基于Web服务调用

图 4-10　系统集成技术的变迁

性,并具有可复用性和可组合性,是当前实现 SOA 的非常好的技术。Web 服务所采用的主要技术有以下几种。

（1）XML 技术:XML 技术是 Web 服务的核心技术,它为 Web 服务提供了统一的数据格式,解决了系统之间数据表达的异构性问题,并可以穿过防火墙,利于通信。

（2）WSDL(Web 服务描述语言)技术:WSDL 是一种基于 XML 的语言,用于描述一个服务或端点,定义了 Web 服务及其调用方式。

（3）SOAP 技术：SOAP 是 Web 服务使用的消息格式，即 XML 格式，因此支持基于任意应用层的协议，如 HTTP、FTP（文件传输协议）、SMTP（简单邮件传输协议）等协议之间的通信，可以穿过防火墙。

（4）UDDI（通用描述、发现和集成）技术：UDDI 相当于存储可用 Web 服务的中心仓库。任何客户端开发人员都可以通过访问 UDDI 注册表，来发现 Internet 上都有哪些可用的 Web 服务，并通过 URI（统一资源标识符）地址访问 Web 服务。

2. Web 服务的实现

Web 服务中常用的协议有：

（1）RPC（远程过程调用协议），面向方法。

（2）SOAP，面向消息。SOAP 是一种标准化的通信规范，主要用于 Web 服务，其访问流程如图 4-11（a）所示。

（3）REST（具象状态传输）协议，面向资源架构。

REST 协议使用标准的 HTTP 方法（如 GET、PUT、POST 和 DELETE 方法），将所有 Web 服务抽象为资源，从资源的角度来观察整个网络，分布在各处的资源由 URI 确定，而客户端的应用通过 URI 来获取资源的表述。REST 与 SOAP 在 Web 服务中的调用方式不同，如图 4-11 所示。

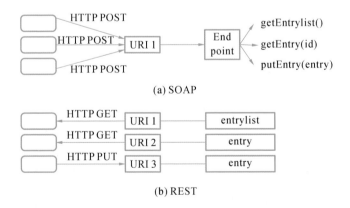

(a) SOAP

(b) REST

图 4-11 REST 与 SOAP 调用方式的区别

SOAP 在成熟度上优于 REST 协议，而在效率和易用性上较 REST 协议更胜一筹，具体如何实现和制造系统的接口，应具体问题具体分析。

3.开放式生命周期协作服务(OSLC)

OSLC 标准为集成工具创建规范,其关注应用程序生命周期管理(application lifecycle management,ALM)关联性,允许使用独立软件和产品生命周期工具,以集成其数据和工作流,支持端到端生命周期流程。基于 OSLC 的系统集成是未来重要的系统集成方式。

图 4-12 所示为基于 OSLC 的集成组织结构图。

图 4-12 基于 OSLC 的集成组织结构图

4.1.3.2 与物理系统互联互通的技术

1.OPC UA 技术

2008 年,OPC(OLE for process control,用于过程控制的对象链接与嵌入)基金会发布 OPC 统一架构(OPC unified architecture,OPC UA),其采用了面向服务的设计。OPC UA 协议是一种跨平台的、具有更高安全性和可靠性的通信协议,可以满足制造企业信息高度互联的需求。采用 OPC UA 通信协议可以实现数控机床数据的实时采集和相关控制指令的及时下达。如图 4-13 所示,OPC UA 是一套集信息模型定义、服务与通信标准于一体的标准化技术框架。OPC UA 主要解决在语义互操作方面的问题。对于智能制造,多个设备之间的协同(M2M)、业务管理系统与产线的协同(B2M),以及业务单元间的数据交换(B2B)都需要 OPC UA 的协同。

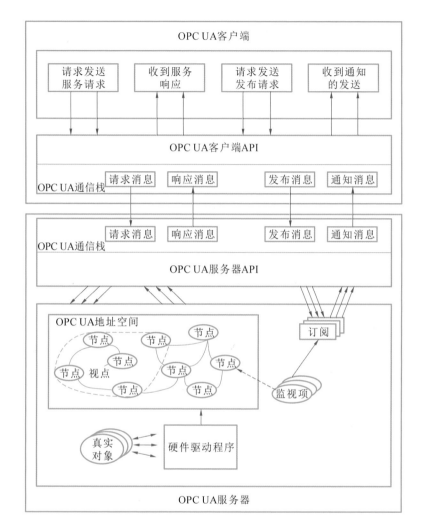

图 4-13　OPC UA 客户端/服务器体系架构

1) OPC UA 通信架构

OPC UA 采用了一种典型的客户端/服务器模式,如图 4-13 所示。服务器端把各制造资源的数据封装在一个统一的地址空间内,使得客户端可以以统一的方式去访问服务器。客户端通过自身的接口与客户端通信栈交互,客户端通信栈再把消息传达给服务器通信栈,服务器调用相应的服务集如节点管理服务集、监视服务集等对服务器端通信栈传入的请求进行分析处理,对网状结构的地址空间进行相应查询、操作,最后将结果传递回客户端。

OPC UA 客户端由客户端应用程序、客户端 API、通信栈三部分组成,服务器由真实对象、硬件驱动程序、地址空间、监控项、发布/订阅实体、服务器 API 以及通信栈组成。通信栈用于完成数据的编码、加密与数据传输。此模块一般使用 OPC 基金会提供的 UA 开发包设计。真实对象是一系列能够产生结构化数据的制造资源，这些结构化数据都可以表示为二维形式。针对不同的硬件需要开发不同的硬件驱动程序，对底层的通信细节进行封装，提供读写接口函数以供服务器调用。地址空间是整个 OPC UA 系统的基础。地址空间的基本组成单位是节点，节点是一个实际设备在地址空间中的映射，描述了工业现场中的实际对象。地址空间中最重要的节点类别是对象。对象将变量、方法等组织在一起生成事件，如图 4-14 所示。变量描述了对象的数据和属性，包括数据值、质量、时间戳等。方法规定客户端能够进行的请求操作，服务器执行方法并将执行结果反馈给客户端。对象同时也是一个事件通知器，方法产生的事件经过对象发送至客户端。事件中记录了用户进行的操作以及数据异常情况，例如温度值超限产生的高温报警等。

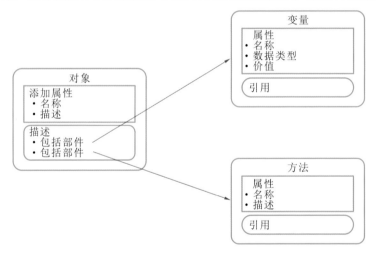

图 4-14　OPC UA 对象节点组成

节点由属性和引用组成。属性用于描述节点包含的一些特性，用户可以查询或修改属性值；引用则保存可能与该节点产生关系的其他节点的地址，其作用类似于编程语言里指针的作用。引用由源节点、引用方向、目标节点、引用语义等组成，用于描述不同节点间的关系。图 4-15 定义了引用类型和基于基本对象类型扩展的传感器类型、设备类型和系统类型，类型信息节点对外暴露不同语义，允许信息以不同形式连接，构建全网络的节点网络，以便实现车间设备互联互通，达到信息化集成目的。

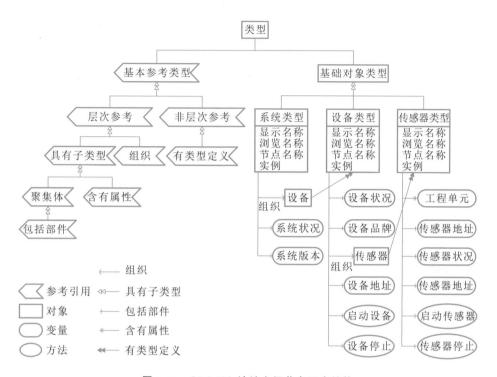

图 4-15 OPC UA 地址空间节点层次结构

2) OPC UA 数据访问方式

OPC UA 服务定义的是应用程序级的数据通信。服务以方法的形式提供给 OPC UA 客户端使用,用于访问 OPC UA 服务器提供的信息模型的数据。客户端与服务器之间传递的信息的组成如图 4-16 所示。服务使用 Web 服务已知

图 4-16 OPC UA 信息组成

的请求、应答机制定义,每个服务都由请求和响应消息组成,各个服务的调用是异步进行的。

OPC UA 客户端与服务器端之间的数据交互主要采用以下三种方式。

(1)同步通信方式 同步通信方式的特点是:客户程序向服务器发出请求后,一直到服务器全部响应完成,才可返回响应消息。采用同步通信方式时,如果多个客户端同时对某一服务器发出请求或者有大量数据需要进行读操作,会直接导致客户端的阻塞甚至崩溃。

（2）异步通信方式　异步通信方式的特点是：客户程序向服务器发出请求后，不管服务器的读操作是否完成，只要发送请求一结束，立即返回响应消息。服务器完成响应时会通知客户端程序，把请求结果传递给客户端。因此，异步通信方式要比同步通信效率更高。

（3）订阅方式　订阅方式的特点是：客户程序向服务器发送请求后，不等待服务器返回，客户程序即可以进行其他操作。当订阅的数据项内有数据发生改变时，自动根据订阅发布时设置的更新周期刷新相应的客户端数据。客户端只向服务器发送一次请求，之后无须重复请求即可实现变化数据的自动获取。

以上三种数据访问方式适用的场合不同，需要根据开发用途不同合理选择。当客户端数据较少或需要进行少量数据读写时，可以采用同步通信方式。较大数据量和客户请求会使同步访问性能下降，而对异步访问性能的影响不大。对于程序开发，同步通信的处理相对简单。而异步通信需要对发出请求和接收响应消息的事件分别进行处理，开发难度相对较大。对于读取更新频率较高的数据如传感器数据，一般采用订阅方式。

2. MQTT 技术

消息队列遥测传输（MQ telemetry transport，MQTT）协议是 IBM 公司提出的一种专门为物联网设计的协议，其设计理念在于最小化通信的网络带宽耗费以及设备资源的占用率。2013 年 3 月，结构化信息标准促进组织（OASIS）宣布将 MQTT 作为新兴的物联网消息传递协议的首选标准。

1）MQTT 协议的消息格式

MQTT 消息体主要由三部分组成：固定头、可变头和有效载荷。其中只有固定头是所有消息体都必须包含的部分。其结构如图 4-17 所示。

位	7	6	5	4	3	2	1	0
字节1	消息类型				DUP标志	QoS级别		保留位
字节2	剩余长度							

图 4-17　MQTT 消息固定头

其中剩余长度（remaining length）表示除固定头之外的消息长度，最大可扩展到四个字节，最大表示长度可达 256 MB。MQTT 共包含 14 种消息，按功能分为连接类、消息订阅/发布类和保活类，主要的消息类型及其对应的值如表4-2所示。

表 4-2　部分 MQTT 消息类型

助记符号	值	助记符号	值
CONNECT	1	UNSUBSCRIBE	10
PUBLISH	3	PINGREQ	12
SUBSCRIBE	8	DISCONNECT	14

标志中的 QoS 位定义消息交付的三种服务质量等级为 0、1、2。0 表示至多发送一次,可能会丢失消息;1 表示至少发送一次,能够确保消息到达但可能有重复;2 表示精确发送一次。对 QoS 位的设置能够保证消息传输的可靠性。剩余长度部分采用可变长度编码,可使固定头的长度最短仅为两个字节,有效节省了带宽。总体上看,客户端与服务器之间的交互如图 4-18 所示。

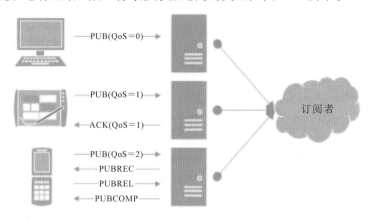

图 4-18　MQTT 客户端与服务器交互流程

2）MQTT 协议的特点

（1）通信开销非常小。最短的消息只有两个字节,将最小化协议本身带来的消息传输开销,以降低网络负载。

（2）简单开放,易于实现。MQTT 协议采用订阅/发布的消息模式,提供一到多的消息分发,可降低应用的耦合度;MQTT 协议具有良好的跨平台性,可以在 TCP/IP（传输控制协议/互联网协议）以及 ZigBee 网络中应用。

（3）服务质量可选。根据网络状态和服务要求采取三种不同的消息传输质量等级。

（4）具备遗嘱机制。客户端连接因为网络状态不佳等非正常原因断开后,可根据用户设置的遗嘱机制,以发布话题的形式通知可能对该用户状态感兴趣的其他客户端用户。

3. 时间敏感型网络技术

智能制造需要实现 IT 技术与运营（operation technology, OT）技术的融合，以实现数据透明化环境下的协同制造，然而网络层存在一系列问题，对协同制造造成了阻碍。

（1）制造总线多、复杂。当前通用的现场总线不下百种，其复杂性不仅给 OT 端带来了困难，也给 IT 信息采集与指令下行带来了困难。每种总线有着不同的物理接口、传输机制、对象字典，而即使是采用以太网来标准化各个总线，仍然会在互操作层出现问题。这使得 IT 应用如大数据分析、订单排产、能源优化等应用遇到了障碍，无法实现基本的应用数据标准。

（2）数据传输的周期性与非周期性。IT 与 OT 数据的不同使得网络需求不一致，要采用不同的机制。对于 OT，其控制任务是周期性的，采用的是周期性网络，多数采用轮询机制，由主站对从站分配时间片；而 IT 网络则广泛使用标准 IEEE 802.3 网络，采用载波侦听多路访问/冲突检测（CSMA/CD）和防止碰撞机制，并采用数据帧进行大容量数据（如文件、图片、视频/音频等数据）的传输。

（3）实时性的差异。制造现场的实时性需求不同，微秒级的运动控制任务要求网络时延与抖动非常低，而 IT 网络则往往对实时性没有特别的要求，但对数据负载有要求。

时间敏感型网络（time sensitive network, TSN）基于单一网络来解决复杂性问题，与 OPC UA 融合实现了 IT/OT 两网合一，同时实现了实时性和大负载传输需求的平衡。图 4-19 显示了 OPC UA TSN 在整个开放式系统互联（OSI）模型中的位置。值得注意的是，OPC UA 已经将会话层与表示层进行了合并，而 TSN 虽然仅指数据链路层，但其网络机制与配置管理可以理解为 1~4 层的融合。

在 2018 年汉诺威工业博览会上，边缘计算产业联盟（ECC）、工业互联网产业联盟（AII）、弗劳恩霍夫研究所、华为集团、施耐德电气公司等超过 20 家国际组织和业界知名厂商，联合发布了包含六大工业互联场景的 TSN＋OPC UA 智能制造测试床。通过 OPC UA，在水平方向上将不同品牌控制器的设备集成，在垂直方向上，设备到工厂再到云端可以被 OPC UA 连接。TSN 实现了控制器、控制器与底层传感器、驱动器之间的物理信息传输，OPC UA 实现了与传统的实时以太网结合，从而实现了数据的多个维度集成，如图 4-20 所示。

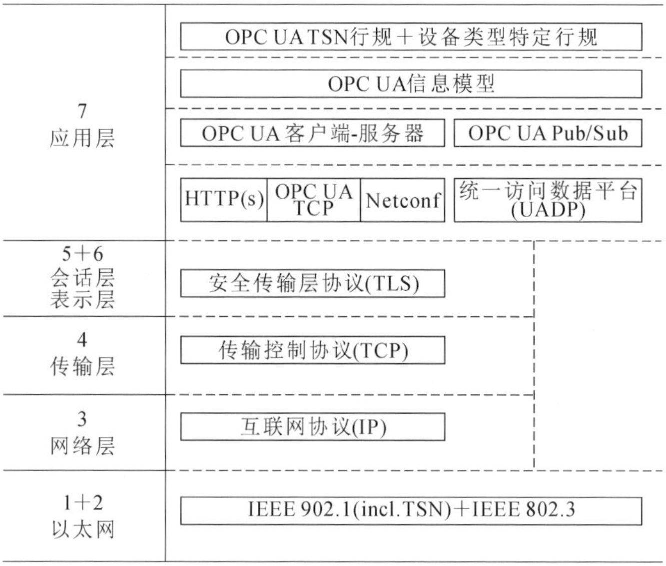

7
应用层
OPC UA TSN行规＋设备类型特定行规
OPC UA信息模型
OPC UA 客户端-服务器
OPC UA Pub/Sub
HTTP(s)
OPC UA TCP
Netconf
统一访问数据平台(UADP)
5＋6
会话层
表示层
安全传输层协议(TLS)
4
传输层
传输控制协议(TCP)
3
网络层
互联网协议(IP)
1＋2
以太网
IEEE 902.1(incl.TSN)＋IEEE 802.3

图 4-19 OSI 模型中的 OPC UA TSN

IT
OT
OPC UA
OPC UA
OPC UA
OPC UA
CLOUD
SPE/APL
TSN
5G

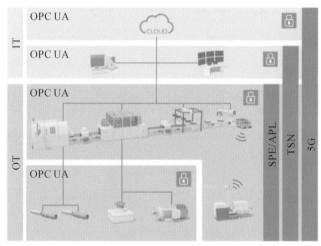

图 4-20 OPC UA 与 TSN 集成体系图

注：SPE 指单对以太网；APL 指先进物理层。

4.1.4 基于 VR/AR 的数字主线体系

在产品全生命周期研发过程中结合数字主线技术，使用 VR/AR 软件和系统有利于实现装配工艺的虚拟模拟和优化、提高概念设计的效率、精简设计要素和帮助企业更加有效地进行工厂规划。可通过 VR/AR 技术对产品进行制造前的虚拟评估,解决其在制造过程早期阶段出现的问题,从而提高研发、制造效率,降低人工成本。图 4-21 所示为数字主线下的 VR/AR 协同制造。

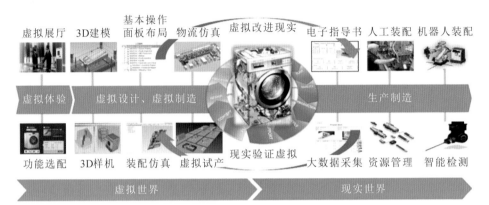

图 4-21　数字主线下的 VR/AR 协同制造

设计阶段可以分为产品的设计阶段和生产设计阶段。在产品设计阶段,可利用 VR/AR 技术对产品的结构、功能和性能等分别进行外形评估、功能分析、性能计算等。而生产设计阶段,可利用 VR/AR 技术对产品的生产过程进行布局仿真、虚拟试生产等。

在生产阶段,数字主线集成了上下游的生产数据,进行信息集成,并逐渐形成制造过程知识。

通过数字主线集成并驱动现代化的产品设计、制造和保障流程,可以缩短产品研发周期并实现产品研制一次成功。这也是当前处理产品复杂性主要的方法。数字主线连通了物理空间和信息空间,作为信息流的主要载体,在虚拟空间以 MBD、MBSE 进行全生命周期的信息集成,并通过 VR/AR 技术进行可视化,如图 4-22 所示。

基于开放标准的双向数字主线是重要的数字主线技术。在整个产品生命周期内各环节的模型都能及时进行关键数据的双向同步和沟通,基于这些形成状态统一、数据一致的模型,从而可动态、实时评估系统当前和未来的功能及性能。

在产品研制过程中,数字主线建立在工业互联网、产品通用数据库和物理模型的基础之上。在产品设计阶段,可借助数字主线获得工厂的生产能力、设备的可用性和可维护性等相关信息,进行可制造性优化。在制造阶段,可借助数字主线进行设计信息的有效传递和追溯(见图 4-23),满足制造业对敏捷性和自适应性的需求,加速新产品的开发和部署,同时降低风险。

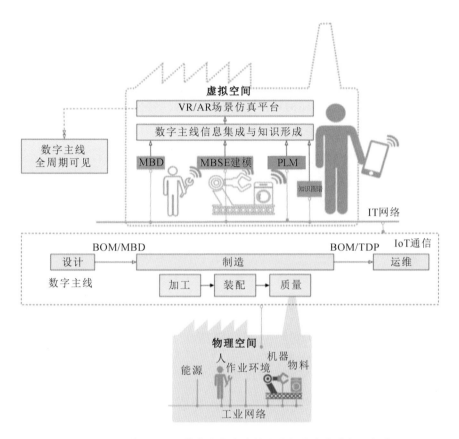

图 4-22　通过 VR/AR 技术在数字主线上进行信息集成与可视化

注：TDP 指技术数据包。

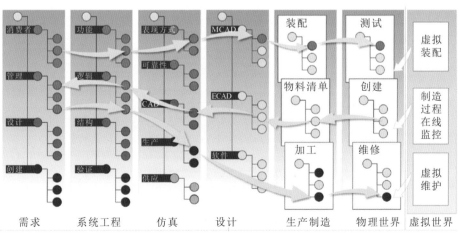

图 4-23　基于数字主线的信息传递与追溯[21]

4.2 基于 MBD 的产品模型集成及可视化

制造过程的数据有鲜明的特征,基于产品的数字化模型贯穿产品的整个生命周期,实现了数字主线中的数字流动。在制造过程中,产品由多种源头产生,变更会导致多种版本,使产品在制造上下文中呈现不同的形态。保持数据一致性、统一数据源是各行业追求的目标。基于模型的产品数字化定义(MBD)是一种超越二维工程图、实现产品数字化定义的全新方法,使工程人员摆脱了对二维图样的依赖,保证了数据的一致性。作为管理和技术的体系,MBD 模型不仅仅是一个带有三维标注的数据模型,而且是包含制造信息和设计信息的三维数字化模型,是生产制造过程的唯一依据,实现了 CAD 和 CAM(加工、装配、测量、检验)的高度集成。

4.2.1 基于 MBD 的产品模型集成

4.2.1.1 MBD 产品模型的数据集
MBD 产品模型数据集提供了完整的产品信息,集成了以前分散在三维模型与二维工程图样中的所有设计与制造信息,如图 4-24 所示。

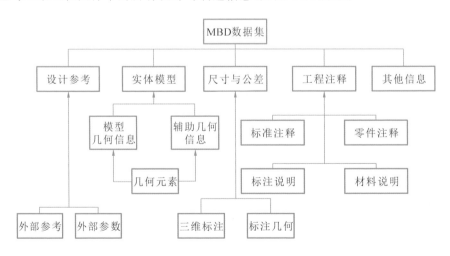

图 4-24 MBD 数据集

(1)零件数据集:包括实体几何模型,零件坐标系统,尺寸、公差和标注,工程说明,材料需求及其他相关定义数据。

（2）装配体数据集：包括装配体的实体几何模型，尺寸、公差和标注，工程说明，零件表或相关数据，关联的几何文件和材料要求。

（3）工程说明数据集：由标注注释、零件注释、标注说明（与特殊工程需求有关的说明）组成。

基于全三维特征的表述方法（见图 4-25），融入知识工程和产品标准规范是 MBD 技术的核心思想。以集成的三维实体模型来完整地表达产品定义信息，将制造信息和设计信息（三维尺寸标注及各种制造信息、产品结构信息）共同定义到产品的三维数字化模型中，从而可取消二维工程图纸的二义性，保证设计和制造流程中数据的唯一性。

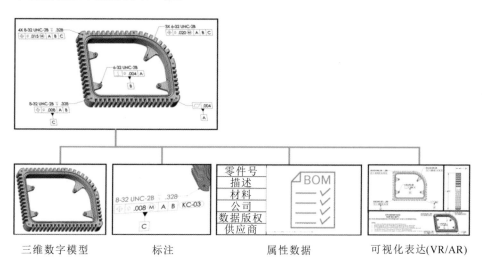

三维数字模型　　　　　标注　　　　　　属性数据　　　　可视化表达(VR/AR)

图 4-25　基于 MBD 的全三维特征表述

MBD 产品模型数据包括设计模型、注释、属性相关数据，如图 4-25 所示。其中：注释是不需要进行查询等操作即可见的各种尺寸、公差、文本、符号等；属性是为了完整地定义产品模型所需的尺寸、公差、文本等，这些内容在图形上是不可见的，但可通过查询模型获取。在二维图中大部分置于标题栏中的管理数据，在 MBD 模型中可置于模型上或者与模型分离的数据集中，包括应用数据、审签信息、数据集标识、设计传递记录、数据集的修订和版本历史等内容。标注平面可与模型一起显示，但管理数据不与模型一起旋转。管理数据包括但不仅限于 ASME Y14.41 注解，还包括 CAD 维护标记、设计活动标识、复制原件标记、分项标识、米制标记、导航数据等内容。

4.2.1.2 MBD 相关国际标准

MBD 模型不仅仅是三维模型,它还包含设计几何信息,并且定义了三维产品制造信息和非几何的管理信息(产品结构、BOM 等),能够更好地表达设计思想。美国机械工程师协会(ASME)于 2003 就正式颁布了《数字化产品定义数据实施规程》(ASME Y14.41),并于 2012 年进一步更新了版本,打破了设计、制造的壁垒,使得设计、制造特征能够方便地被计算机和工程人员解读,有效地解决了设计、制造一体化的问题。ASME Y14.41 标准规定的产品定义数据集、模型内容和 MBD 模型显示如图 4-26 所示。

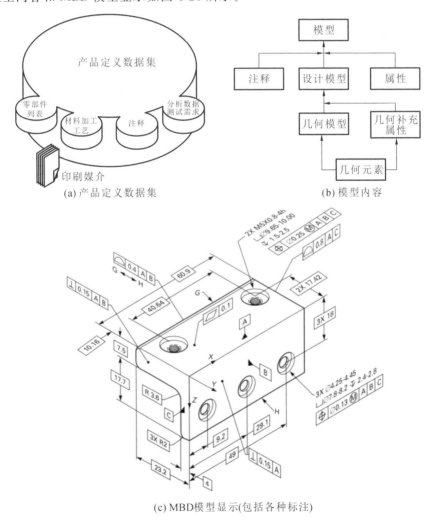

图 4-26 ASME Y14.41 标准规定的产品定义数据集、模型内容和 MBD 模型显示

国际标准化组织(ISO)也分别于 2006 和 2015 年,颁布了两版《技术产品文献、数字产品定义数据通则》标准(ISO 16792),该标准基本采用了 ASME 的标准。我国于 2009 年等同采用并转化了 ISO 16792:2006,颁布了由 11 个标准组成的《技术产品文件 数字化产品定义数据通则》(GB/T 24734—2009)系列标准。

美国军方为了深化 MBD 技术的应用,于 2013 年制定了技术数据包(MIL-STD-31000A:2013)标准,其框架如图 4-27 所示。

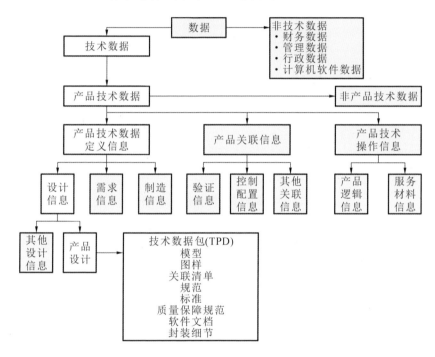

图 4-27 MIL-STD-31000A 标准

4.2.1.3 MBD 模型的三维几何载体

MBD 的载体是三维几何模型,目前的 MBD 模型有两类:基于实体建模的 MBD 模型和基于中性文件的 MBD 模型。基于实体建模的 MBD 模型主要由商用三维建模软件实现,运行在桌面系统中,如图 4-28 所示。

在 VR/AR 中显示的模型主要有以下几种格式。

(1) step 格式:产品数据模型交换标准 STEP、ISO 10303 规定的格式。STEP标准是国际标准化组织 ISO 发布的,用来描述整个产品生命周期的产品数据。

STEP 标准可以满足不同 CAD 软件间的几何公差(GD&T)信息交换需求,也可以为产品上下游提供几何公差信息。

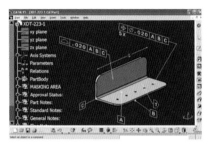

(a) CATIA MBD模型

(b) UG NX MBD模型

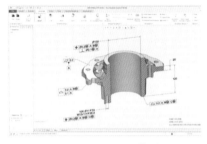

(c) PTC Creo MBD模型

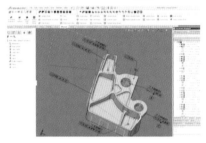

(d) SolidWorks MBD模型

图 4-28　主流三维软件的 MBD 模型

STEP 标准规定了两种几何公差信息的表达方式。

① 显示(presentation)：将标注信息使用几何信息(直线、圆弧)展示出来，标注信息不能被计算机识别。采用这种表达方式的主要目的是供人查看，STEP AP203/AP214/AP242 均支持这种表达方式。

② 表达(representation)：通过恰当的 STEP 实体实现几何公差信息的语义化表达，其主要目的是促进数据自动化处理，如下游应用对数据的重新利用。

(2) jt 格式：UG 发布的国际标准 JTOpen 格式(见图 4-29)。

(3) 3dxml 格式：达索的 3DXML 格式模型的可视化显示如图 4-30 所示。

(4) obj 格式：Wavefront 对象文件格式，文本示例如下。

```
# 点集合(x,y,z[,w])
v 0.123 0.234 0.345 1.0
v ...
...
# 纹理坐标列表(u,[v,w])
vt 0.500 1[0]
vt ...
```

图 4-29　JTOpen 格式

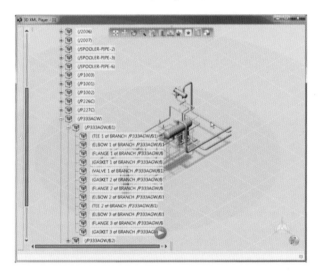

图 4-30　达索 3DXML 格式模型的可视化显示

```
...
# 顶点法向量列表（x,y,z）
vn 0.707 0.000 0.707
vn ...
...
# 参数空间顶点列表,用来描述自由面（u[,v][,w]）
vp 0.310000 3.210000 2.100000
vp ...
...
```

```
# 多边形(face)拓扑结构列表:f v1/vt1/vn1 v2/vt2/vn2 v3/vt3/vn3 …

f 1 2 3

f 3/1 4/2 5/3

f 6/4/1 3/5/3 7/6/5

f 7//1 8//2 9//3

f …

…

# 线列表(polyline):l v1 v2 v3 v4 v5 v6 …

l 5 8 1 2 4 9
  ⋮
```

（5）3ds 格式：Autodesk 3DS Max 对象文件格式（二进制），文本示例如下。

```
0x4D4D // Main Chunk
├── 0x0002 // M3D Version
├── 0x3D3D // 3D Editor Chunk
|  ├── 0x4000 // Object Block
|  |  ├── 0x4100 // Triangular Mesh
|  |  |  ├── 0x4110 // Vertices List
|  |  |  ├── 0x4120 // Faces Description
|  |  |  |  ├── 0x4130 // Faces Material
|  |  |  |  └── 0x4150 // Smoothing Group List
|  |  |  ├── 0x4140 // Mapping Coordinates List
|  |  |  └── 0x4160 // Local Coordinates System
|  |  ├── 0x4600 // Light
|  |  |  └── 0x4610 // Spotlight
|  |  └── 0x4700 // Camera
|  └── 0xAFFF // Material Block
|     ├── 0xA000 // Material Name
|     ├── 0xA010 // Ambient Color
|     ├── 0xA020 // Diffuse Color
|     ├── 0xA030 // Specular Color
|     ├── 0xA200 // Texture Map 1
```

```
|  |── 0xA230 // Bump Map

|  └── 0xA220 // Reflection Map

|  |    /*  Sub Chunks For Each Map * /

|  |── 0xA300 // Mapping Filename

|  └── 0xA351 // Mapping Parameters

└── 0xB000 // Keyframer Chunk

├── 0xB002 // Mesh Information Block

├── 0xB007 // Spot Light Information Block

└── 0xB008 // Frames（Start and End）

├── 0xB010 // Object Name

├── 0xB013 // Object Pivot Point

├── 0xB020 // Position Track

├── 0xB021 // Rotation Track

├── 0xB022 // Scale Track

└── 0xB030 // Hierarchy Position
```

（6）skp 格式：SketchUp 模型格式，用于工厂建筑较多的情况。

（7）blend 格式：Blender 文件格式，由多个数据块构成，包括 Objects、Meshes、Lamps、Scenes、Materials、Images 等类型数据块。

（8）wrl 格式：VRML 场景模型文件格式。VRML 是最早的 VR 建模语言，基于场景图组织，.wrl 文件分为文本文件和二进制格式文件，文本示例如下。

```
# VRML V2.0 utf8


Shape {
   appearance Appearance {
      material Material {
         diffuseColor 0 0 1
      }
   }
   geometry Sphere {
      radius 1
   }
}
```

```
Transform {
    translation 2 1 - 2
    children [
        Shape {
            appearance Appearance {
                material Material {
                    emissiveColor 1 1 0
                    shininess 1
                }
            }
            geometry Sphere {
                radius 1
            }
        }
    ]
}
```

（9）x3d 格式：目前可取代.wrl 格式的文件格式，可以认为是基于 XML 描述的 VR 建模语言，文本示例如下。

```
< ? xml version= "1.0" encoding= "UTF- 8"? >
< ! DOCTYPE X3D PUBLIC "ISO//Web3D//DTD X3D 3.2//EN"
    "http://www.web3d.org/specifications/x3d- 3.2.dtd">

< X3D profile= "Interchange" version= "3.2"
    xmlns:xsd= "http://www.w3.org/2001/XMLSchema- instance"
xsd: noNamespaceSchemaLocation = " http://www. web3d. org/specifica-
tions/x3d- 3.2.xsd">
< Scene>
< Shape>
    < IndexedFaceSet coordIndex= "0 1 2">
    < Coordinate point= "0 0 0 1 0 0 0.5 1 0"/>
    < /IndexedFaceSet>
```

```
< /Shape>

< /Scene>

< /X3D>
```

（10）dae 格式：COLLADA 的数据资产交换（digital asset exchange）文件格式。

（11）stl 格式：用于三维打印、点云扫描的主要格式。stl 格式有两种：ASCII 格式和二进制格式。ASCII 格式文本示例如下。

```
solid name
facet normal ni nj nk
    outer loop
        vertex v1x v1y v1z
        vertex v2x v2y v2z
        vertex v3x v3y v3z
    endloop
endfacet
endsolid name
```

4.2.1.4　胖模型

针对 MBD 模型的数据表达有多种，图 4-31 所示为与特征相关的集成模型，该模型重点描述几何特征，与制造过程的联系不够紧密。

2011 年针对装配过程，笔者提出了一种基于 MBD、能够适应大尺度复杂装配过程的新模型。其不仅包括装配模型的三维模型、BOM、层次关系，而且完整定义了特征、约束关系、公差信息，并融合了装配过程的物理规律（变形、装配力等）、制造信息（偏差、间隙等）属性，该模型在装配上下文中不断演进和衍化，由"瘦"变"胖"，称为虚拟装配胖模型（VAFM），如图 4-32 所示。

胖模型有三个维度：结构维度，描述和装配模型相关的模型层次关系；约束维度，描述装配过程中受到的约束以及产生的约束；过程维度，反映装配过程，模型随装配过程的进展变迁。

从语义上看，模型的要素之间的通用关系可概括为以下四种类型，如表 4-3 所示。

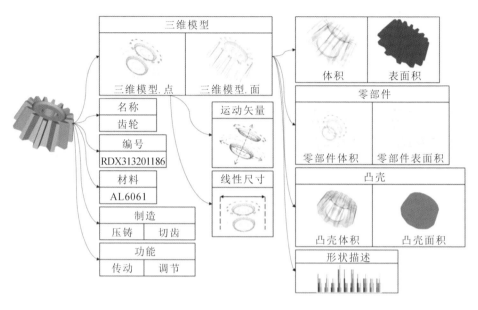

图 4-31　MBD 模型的数据表达

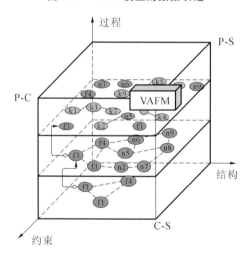

图 4-32　胖模型

表 4-3　模型的要素之间的通用关系

序号	关系类型	说明	例子
1	局部关系（part-of）	定义概念整体与部分的关系	如汽车与轮胎
2	继承关系（kind-of）	本体概念间的继承关系	类似于零件中的父子类

序号	关系类型	说明	例子
3	实例关系(instance-of)	表示本体概念和概念的实例之间的关系	面向对象编程中类和对象的关系
4	属性关系(attribute-of)	用来说明某一概念是另一概念的属性	如直径是孔的一个属性

　　胖模型建模的数据可以分为两类：几何数据和非几何数据。胖模型以几何数据为载体,装配约束、装配属性等非几何数据为核心。主模型的结构信息是索引,关联了模型的所有属性,如图 4-33 所示。胖模型的过程信息、动态关系和操作用元模型方法来定义。过程信息又具体分为关系、序列和操作。

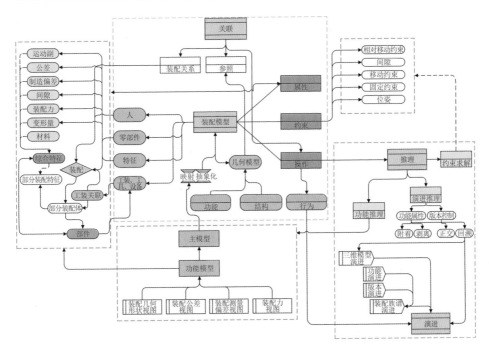

图 4-33　胖模型要素的关联关系

　　图 4-34 中从左到右的箭头说明了装配过程关系。胖模型分为约束层和结构层(包括模型层、装配层、零件层)。胖模型从几何模型开始,通过结构层次将装配过程的各种关系关联在一起。可参考装配工艺要求的装配约束,比如考虑公差分配对装配质量的影响,将胖模型用于分析制造偏差的影响问题。

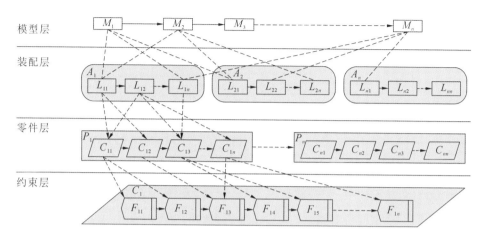

图 4-34　胖模型在结构维度上的投影

　　胖模型的架构采用 OpenXML 描述框架,定义了装配主模型 Schema 文档,分为过程定义文档(Process. xml)、属性定义文档(Feature. xml)和约束定义文档(Constraint. xml)。在几何描述部分,胖模型修改了 3DXML 标准,建立了装配规则包,包括装配应用语义描述(app. xml)和装配实现描述(core. xml)。模型架构包括模型的映射方法,定义在 Model Mapping. xml 文件中。模型的各种设置、描述、属性集合定义在 setting. xml 中,如图 4-35 所示。

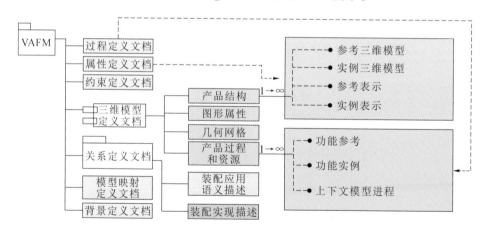

图 4-35　胖模型文件结构

　　综上,胖模型实现并扩展了 MBD 的思想,结构化表达了 MBD 数据集中的几何信息与非几何信息。图 4-36 为胖模型可视化示例(船舶零件的制造)。

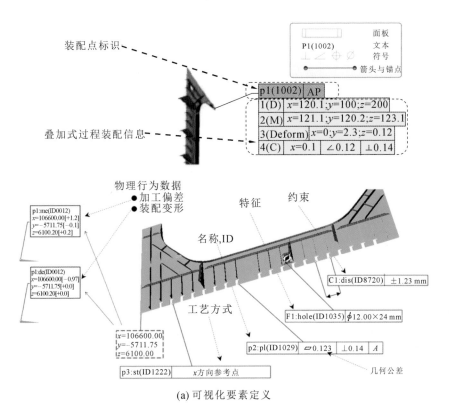

(a) 可视化要素定义

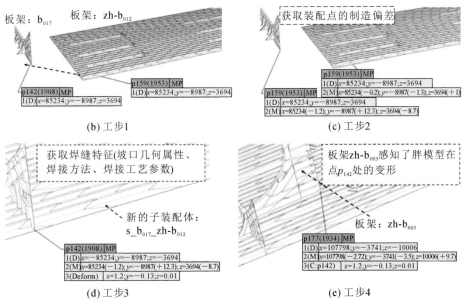

(b) 工步1

(c) 工步2

(d) 工步3

(e) 工步4

图 4-36　胖模型可视化

4.2.2　制造上下文中的产品多尺度信息集成

在产品整个生命周期的不同阶段,BOM 会发生变化,与之相应的 MBD 需要集成的信息也大不相同。各阶段的信息如图 4-37 所示。

(a) 设计阶段信息　　　　(b) 加工阶段信息　　　　　(c) 检验阶段信息

图 4-37　制造上下文的不同信息类型

4.2.2.1　信息集成框架

智能制造系统中的对象处于异构和分布式环境,真实的研发过程基于并行工程,要求信息满足工业互联网模式下的信息集成需求,本节介绍基于分布式计算的产品多尺度信息集成。在分布式系统中,MBD 模型可用 BSON 格式来组织并存储数据,如图 4-38 所示。

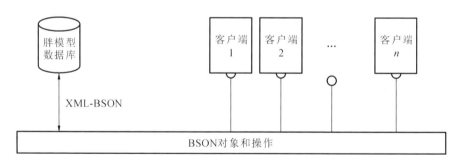

图 4-38　MBD 模型的 BSON 描述

万维网联盟(W3C)推荐采用 OWL(网络本体语言)作为本体描述语言,其具有统一的语法格式和明确的语义。对于特定领域和应用,根据领域知识,利用 OWL 本体语言,可以定义 OWL 类及 OWL 属性,实现领域本体构建。在基于本体的 MBD 信息集成过程中,首先构建以设计模型为父类、几何特征和构型数据为子类的组织形式,其中几何特征子类用来描述模型的实体信息,以及尺寸和公差信息,构型数据子类用来描述产品的技术状态信息。图 4-39 所示为包含构型数据的零件数字孪生模型的本体表达框架。

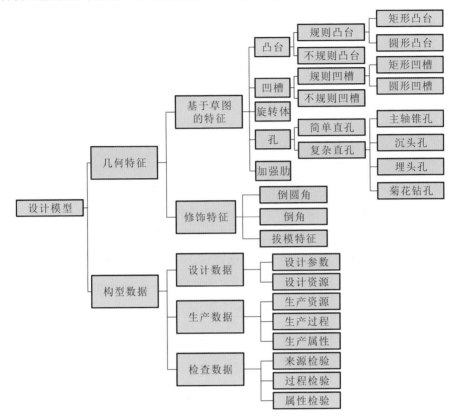

图 4-39 零件数字孪生模型的模型本体表达框架

　　真正的大尺度复杂装配往往是由多部门在分布式环境下完成的。设计部门提供设计模型、分析结果,工艺部门进行装配工艺设计,现场执行部门完成装配和检测。从前面的研究可以看出,胖模型存储在一个用 XML 语言描述的文件包中,几何要素、非几何要素利用面向对象的方法来定义。完整传输胖模型,需保证模型一致性和效率,以完成协同设计,关键是保证模型文件同步读写锁操作。图 4-38 所示的集成框架可应用在分布式环境协同中,实现模型交互。模型采用 BSON 格式来存储,BSON 是二进制的 JSON 描述,可以保存二进制文件,对于几何模型的网络化传输非常有效。同时面向对象的胖模型定义,将模型属性数据转换为 BSON 格式的数据非常简单。使用 XML-BSON 双向转换器来实现分布式环境下的对象和操作传输,如图 4-40 所示。其中转换的最小粒度是 XML 定义中的叶节点粒度。

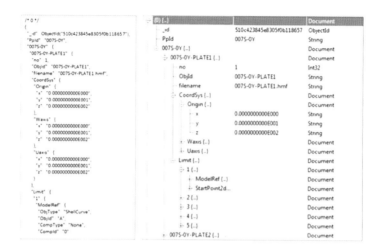

图 4-40　几何模型结构的 BSON 对象描述

4.2.2.2　宏观尺度的 MBD 信息集成

在传统工艺设计制造过程中,零件工艺信息与三维模型相分离,几何形状通过三维模型展示,而零件加工信息通常通过二维图纸独立展示,产品信息与几何实体之间的关联性较差,工艺编制过程中设计的工艺信息有时利用二维模型即可展示。在 MBD 制造环境下,以三维模型作为基本载体,建立宏观尺度信息模型,将制造工艺信息模型中的尺寸、公差、基准等工艺设计信息与实体模型通过三维标注形式紧密关联,使 CAD 中的产品几何数据与非几何信息实现高度集成。宏观尺度的 MBD 信息集成以三维设计模型为载体,融合产品制造信息(product manutacfuing information,PMI)、三维信息注释来表达下游生产(如数控加工、计量、检验等)需要的所有工艺信息。宏观尺度的 MBD 模型以简明易懂的形式表达产品特征信息,其中的三维信息注释能够准确表达产品特征尺寸及加工要求等信息,利用这样的设计模型,现场人员可以快速检查相关设计的合理性,减少由于工艺更改所耗费的整体生产时间,也可大大减轻下游装配及检验等部门的工作量。通过企业 SOA 接口服务总线,将 CAD 系统、CAPP 系统和 CAM 系统信息有效集成为统一 MBD 模型,可以实现制造上下文信息集成,如图 4-41 所示。

4.2.2.3　介观尺度的 MBD 信息集成

零件的宏观特征决定了其尺寸、外形、结构等,而其使用性能则由多项表面完整性元素共同组合决定,不同的表面完整性因素组合对零件加工及使用性能

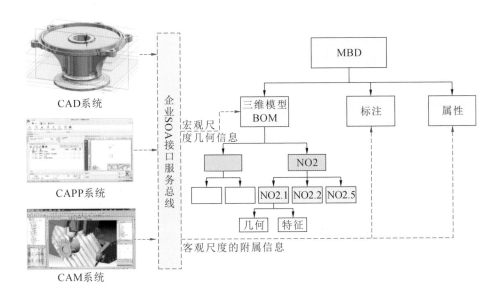

图 4-41 宏观尺度的 MBD 信息集成

会产生不同的影响。随着加工尺度的变化,材料的成形机理和加工特性也会发生相应的变化,称为"尺度效应"。考虑到介观尺度材料特性在实际生产加工中的改变将会大大影响宏观尺度特征的变化,介观尺度下的特征变化也需要集成到 MBD 模型中(见图 4-42)。

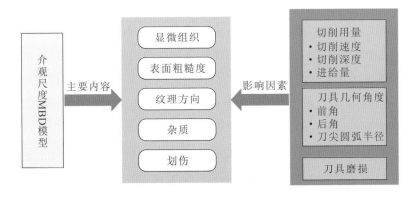

图 4-42 介观尺度的 MBD 信息集成

介观模型有别于单纯反映基体材料检测区域内电子、原子层次上行为状态的微观模型,也有别于直接反映加工过程中发生尺寸变形和断裂等特征变化的宏观模型,其在微观和宏观的结合点上,能既抽象又具体地反映各加工部件某些关键区域内的特征,如不同工艺下材料局部表面粗糙度变化以及结晶和相变过程。利用所建立的含有丰富信息的介观模型,可以直观清晰地看到材料显微组织结构的转变规律并加以分析,以此来寻找工艺的改进优化方法。

介观尺度 MBD 模型主要用来描述工件加工过程中的材料表面状况,如表面粗糙度、表面纹理方向、微裂纹等,如图 4-43 所示。

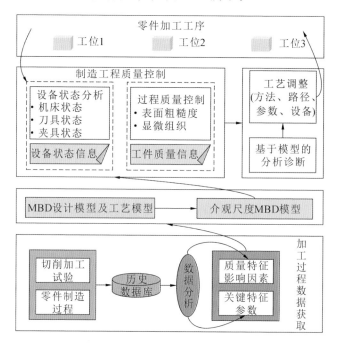

图 4-43 基于介观尺度的 MBD 模型的零件加工应用体系

在金属材料的机加工过程中,表面粗糙度和显微组织作为介观尺度模型中的加工质量的重要评判标准,在检测和产品使用等环节都十分重要。切削加工中的切削力及切削热、磨削加工中的磨削力和刀具磨损都将对工件的表面精度及组织结构造成影响。如图 4-43 所示,介观尺度 MBD 模型通过获取加工过程数据,分析产品表面粗糙度、显微组织在不同机加工工序中的变化趋势,研究工件表面性能与使用性能之间的关联,针对制造过程的设备和零件状态实时进行质量控制,对工艺方法进行分析诊断,及时调整加工工艺,对机床和刀具的选择以及各项主要加工参数进行优化,对加工预测和提高加工质量都具有积极的意义。

4.2.2.4 微观尺度的 MBD 信息集成

早期衡量加工质量主要将表面粗糙度等表面几何特征作为依据,随着机械领域的快速发展,产品微型化和加工仿真分析已经成为主流技术,逐渐出现了超精密加工、微细放电加工、激光加工等技术。研究人员逐渐意识到,除了表面粗糙度外,已加工零件表面下一定深度内的内部加工效应如残余应力、显微组织、晶界腐蚀、显微裂纹和金相组织变化也会对零件使用性能产生很大的影响。为了实现高效率、高质量的材料加工,加工零件的微观尺度信息需要集成到 MBD 模型中,如图 4-44 所示。通过研究加工过程中的刀具、夹具的不同工艺参数对零件微观层次质量的影响,深入讨论加工材料去除机理和表面微观组织变化及残余应力分布,不仅能为实现加工过程参数优化提供依据,而且有助于零件加工过程的控形控性。

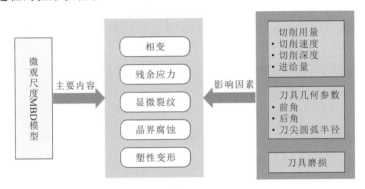

图 4-44 微观尺度 MBD 信息集成

微观尺度 MBD 信息集成系统主要连接试验系统,获得指定区域的表层材料特性,其中包括部分表层材料属性,如残余应力、相变、晶界腐蚀、显微裂纹等。当所取工件表层单元足够小时,可以在高倍显微镜下观察到其表面形貌特征。实际加工过程中,由于不同切削用量、刀具几何参数和刀具磨损情况的影响,工件表面呈现不同表面形貌特征。利用这种集成的 MBD 模型,可以在微观层面观察工件表面,发现在已加工区域分布的细小的沟槽,分析其形成原因。

4.2.3 VR/AR 环境下的 MBD 可视化

4.2.3.1 基于 MBD 的产品模型可视化

基于 MBD 的产品模型可视化主要包括:

(1) 三维模型可视化;

(2) 产品制造信息可视化;

前文已经介绍了 MBD 的中性三维模型描述方法,这些中性模型以三角形面片几何集合为主,其图形数据结构如图 4-45(a)所示,对其进行三维显示非常容易。

基于 OpenGL 的三维模型显示采用 GL-POLYGON 代码实现,相应代码与可视代效果分别如图 4-45(b)、(c)所示。

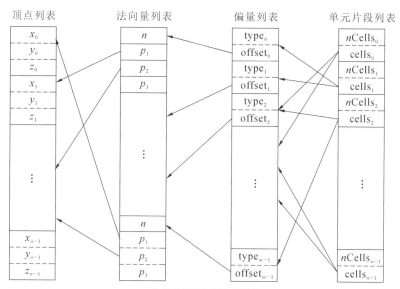

(a) 中性模型图形数据结构

```
glBegin(GL_POLYGON);
    glNormal3fv(n0);
    glVertex3fv(v0);
    glNormal3fv(n1);
    glVertex3fv(v1);
    glNormal3fv(n2);
    glVertex3fv(v2);
    glNormal3fv(n3);
    glVertex3fv(v3);
glEnd();
```

(b) 实现代码

(c) 可视化效果

图 4-45　三维模型可视化

产品制造信息可视化目前采用 ASME Y14.41 规范。采用 Spatial Hoops 对产品制造信息进行可视化,如图 4-46 所示。

针对 MBD 要素的图形化设置,加拿大卡尔加里大学的 K. L. Ma 给出了一种可视化矩阵,如图 4-47 所示。

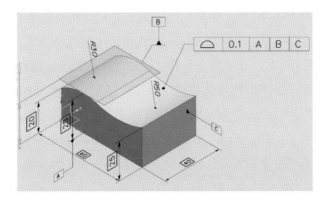

图 4-46 产品制造信息可视化

		特征				
		选择	关联	定量化	顺序	长度
视觉变量	位置					理论上无限
	大小					选择程度：～5 区别程度：～20
	形状					理论上无限
	值					选择程度：<7 区别程度：～10
	颜色					选择程度：<7 区别程度：～10
	定位					理论上无限
	纹理					理论上无限

图 4-47 MBD 可视化矩阵

4.2.3.2 基于 VR/AR 的 MBD 模型可视化

当把零件的所有尺寸及相关技术要求都标在一个 CAD 模型上时，三维标注的图纸将呈刺猬状，称之为毛球（fur ball），模型混乱无比，无法查看，如图4-48 所示。

MIL-STD-31000A 根据项目管理协会（PMI）的要求，规定每个注释数据类型都要放置在与它所代表的视图相

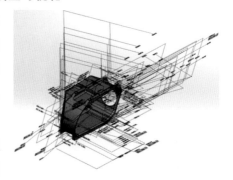

图 4-48 产品制造信息显示毛球

对应的适应层和方向平面上。AR 作为一种全新的人机交互手段,可以重新定义 MBD 信息的表达与传输方式。

　　基于 MBD 的 VR/AR 可视化使得信息从设计向制造传递的方式将彻底改变,"文本"和"纸、卡片"时代将有可能结束。三维数据和指令传递不完全是数据下发,而是通过一种类似"知识感受"的方式进行。这种传递是体验,是感受,而不是文本说明。AR 让人的手解放出来。图 4-49 给出了面向 VR/AR 的产品制造信息的组织与显示方式。图 4-50 所示为基于 VR 的 MBD 模型显示。

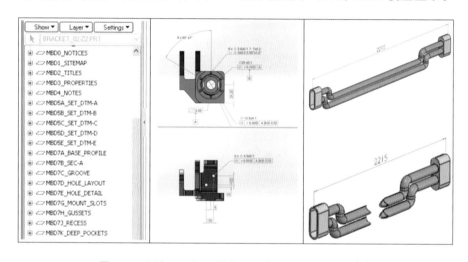

图 4-49　面向 VR/AR 的产品制造信息组织与显示[24]

图 4-50　基于 VR 的 MBD 模型显示

4.2.3.3　基于 MBD 的三维工艺可视化

　　在从虚拟产品设计、虚拟工艺流程、虚拟组装装配到检验评价过程中的各个阶段对制造的产品进行全三维数字化演化的仿真,可提高数字化加工的效率和质量。基于 MBD 模型将设计工艺及制造装配过程中各个环节的信息整合在一起，可实现知识共享和传递。一个完整的三维装配工艺可视化流程可分为六个步骤。

步骤 1：装配建模。利用 MBD 产品可视化方法，实现三维总装配的各零部件的读入，将各零部件按照装配 BOM 以及装配约束装配在一起。定义装配的次序模型，并将三维装配工艺所需要的数据集成在一起，如图 4-51 所示。

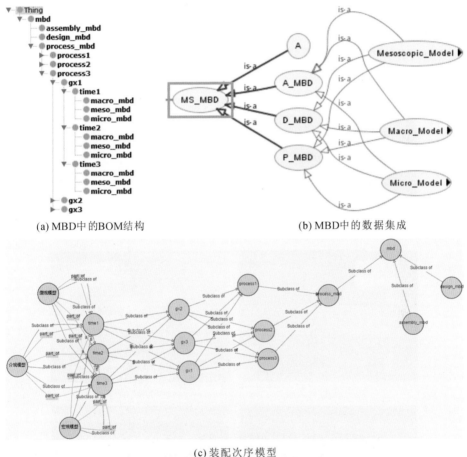

(a) MBD中的BOM结构   (b) MBD中的数据集成

(c) 装配次序模型

图 4-51   三维装配工艺定义与信息集成

步骤 2：装配序列规划。对目标装配体进行拆卸，得到拆卸序列，然后将拆卸序列倒序，从而获得装配序列（基于可拆即可装假设），根据步骤 1 的装配序列约束模型，进行序列优化。

步骤 3：装配路径规划。用户与 VR/AR 系统之间进行交互式操作，生成装配体的装配路径，并采用装配路径优化方法对已生成的装配路径进行优化。

步骤 4：装配干涉碰撞检测。对零部件生成装配序列与装配路径后，检测装配过程中是否存在干涉。干涉量大小可以通过干涉检测功能求得。

步骤 5：装配人因工程分析。分析装配线是否能确保具有合适的工作空间、足够的可视角度、适合的人体工程要素，以保证零部件能准确地、高效地装配在预定位置。

步骤 6：装配动作仿真与回放。展示装配仿真结果，根据仿真结果进行运动干涉检查，分析运动合理性等。

国内有学者给出了一种基于 DELMIA 系统进行汽车装配建模与仿真的方法，如图 4-52 所示[25]。

(a) 转向桥安装　　　　　　　　(b) 驱动桥安装

(c) 移动配重安装　　　　　　　(d) 轮胎安装

(e) 发变总成安装　　　　　　　(f) 覆盖件安装

图 4-52　基于 DELMIA 的汽车装配仿真

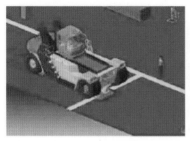 

(g) 驾驶室安装　　　　　　　　　　(h) 臂架安装

续图 4-52

Gautham 给出了基于 MBD 模型并考虑动态运动状态的活塞装配方法,如图 4-53 所示。

(a) 三维MBD模型导入　　　　　　　(b) 运动副定义(场景图的T节点)

 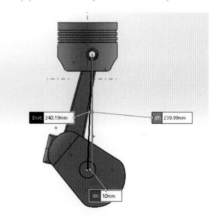

(c) 装配模型的运动仿真及可视化

图 4-53　基于 MBD 模型的活塞装配

4.3　面向产品多学科分析的科学计算可视化

4.3.1　工程数据可视化表达

在产品设计的过程中,往往要对利用 CAD 软件设计的产品模型进行有限元分析(FEA),以便发现设计中存在的不足之处并加以改正,从而确保产品各方面性能完善。当耗时不再成为有限元计算的问题时,产品设计人员更倾向于关注对计算结果的合理、完整的表达,即工程分析数据的可视化。由于目前有限元分析模型趋向于大型化、复杂化,如何正确直观地反映分析的结果,使设计人员更易于发现设计模型中存在的缺陷成为工程分析数据可视化中的一个关键问题。虽然商用分析软件都有自己的数据可视化模块,但是基于 VR/AR 的工程数据独立存在的意义仍然突出。

(1) 诸如 MSC/Patran 等工程分析软件虽然提供了对分析结果进行后处理的可视化模块,但是可视化功能仍有限,使设计人员难以发现大型、复杂模型中细小、隐蔽的问题。

(2) 一个产品的开发往往需要考察多种性能,各种不同的性能分析需要不同的分析工具实现。将多种分析数据集成在一起,使得人们能站在全局角度来认识产品的性能。

(3) VR/AR 技术的进步,使人们考察产品性能的能力得到提高,能以更直观的方式观察产品的性能,探索和分析数据。图 4-54 所示为工程师使用 VR 技术对发动机风洞数据进行分析。现有分析软件大多不具备 VR/AR 分析能力。

三维几何是整个可视化系统的基础,其获取自 MBD 几何模型,可作为外部应用接入仿真场景;工程分析仿真是系统的核心,为系统提供各种规律的计算数据,系统不包含工程分析模块,但是支持主流的工程分析计算软件(包括结构分析、强度分析以及计算流体动力学分析软件)提供的数据以及数据接口;科学计算可视化模块提供了观察多种规律工程分析数据的图形映射方法和图形表达方法,通过数据选择、聚集以及属性计算后,将隐式的信息用图形映射出来;最后将整个可视化系统和 VR 系统有机融合起来,通过虚拟场景树和可视化场景树,以及工程分析的 VR 操作方法树连接在一起,提供逼真的立体显示和自

图 4-54   基于 VR 的发动机风洞工程数据可视化

然的人机交互功能。

通过有限元分析后的结果数据和 MBD 几何模型往往有较大差别,主要原因是有限元分析模型需要根据 MBD 几何模型重新进行网格化处理。VTK(visualization toolkit,可视化工具包)软件定义了工程分析数据的基本数据类型,如图 4-55 所示。

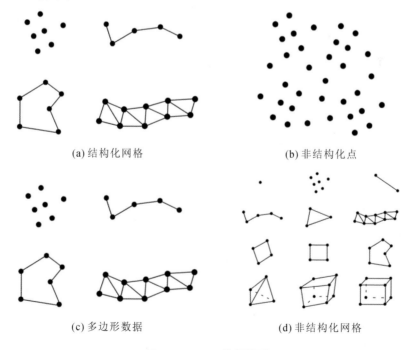

(a) 结构化网格   (b) 非结构化点

(c) 多边形数据   (d) 非结构化网格

图 4-55   VTK 数据类型

工程分析数据蕴含工程设计对象的多种属性,属性反映了设计对象的性能情况。对于标量场,人们通常采用颜色、云图、等值线和等值面等进行可视化映射。当工程分析数据中包含压强、温度等标量信息时,将标量信息以多种映射方式叠加显示。用户可以根据显示效果选择显示内容。对于矢量场,流体迹线的表达反映了流体的重要特征。设计多种流体表达图标来表达流体的速度、加速度、梯度、旋度甚至散度特征。用颜色、箭头方向最多只能表达二维特征;用混合图形映射则可巧妙地利用图形特征,加载更多的矢量信息,如生成流体流管的方法,采用沿流线方向扫掠椭圆的方法(椭圆的长轴始终垂直于速度方向)。

　　图 4-57 所示为 VTK 可视化类型。

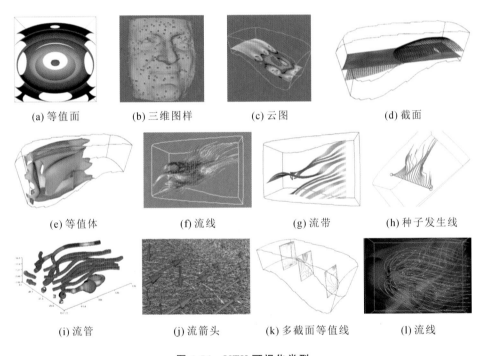

(a) 等值面　　　　　(b) 三维图样　　　　　(c) 云图　　　　　(d) 截面

(e) 等值体　　　　　(f) 流线　　　　　(g) 流带　　　　　(h) 种子发生线

(i) 流管　　　　　(j) 流箭头　　　　　(k) 多截面等值线　　　　　(l) 流线

图 4-56　VTK 可视化类型

　　利用这种沉浸可视化的方法来显示工程分析数据,可帮助设计人员更直观、更准确地理解数据,更快速地找出设计中存在的问题,从而加快产品设计开发的周期。基于 VR/AR 的工程分析数据可视化体系结构主要分为四部分:三维几何建模、工程分析仿真、科学计算可视化、虚拟现实场景建模和操作,如图 4-57 所示。

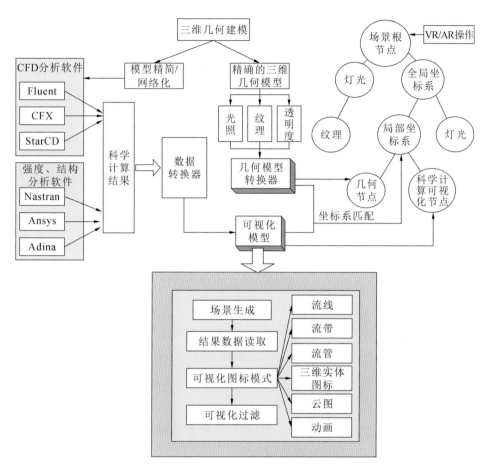

图 4-57　基于 VR/AR 的工程数据可视化体系结构

　　将通过可视化管道渲染的可视化图形接入虚拟的场景,用户通过 VR 系统外设进行交互操作,改变观察此虚拟场景的视点的运动,这样产生的效果等同于用户自己在虚拟场景中移动,从而产生强烈的沉浸感。VR 系统外设包括数据手套、跟踪系统、三维鼠标、力反馈设备等。其中数据手套可用于对虚拟场景发送命令信号,如拾取物体信号。在沉浸可视化的场景中利用外设,可以避免使用菜单发送命令的烦琐操作并突破鼠标的二维局限性,让双手得到解放。

4.3.2　融合多学科数据的可视化

1.科学计算可视化流程

科学计算可视化是伴随着多个与计算机有关的学科的发展而产生的。科学计算可视化通过将数据符号转换成几何特征,将不可见的数据变成可见的图形并展示给用户,使用户能够观察模拟与计算过程。其根本目标是把试验或数值计算获得的大量数据转变成人的视觉可以感受到的计算机图像,避免直接面对枯燥无味的数字。图 4-58 所示为科学计算可视化步骤。科学计算可视化大致可分为五个步骤:

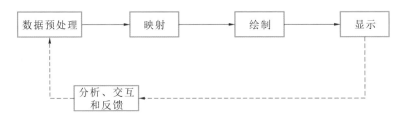

图 4-58　科学计算可视化步骤

（1）预处理:从原始的大量复杂的试验数据中提取有效的信息,并且进行数据预处理加工。

（2）映射:将过滤出的抽象数据映射成可绘制的几何原语。

（3）绘制:将几何要素转变为图像,确定相应的颜色、透明性纹理、阴影等。

（4）显示:将绘制出的图像显示出来,显示的方式因图形设备的不同而不同。

（5）分析、交互和反馈:在显示数据的同时,需要对数据进行分析,实现近乎实时交互和反馈,以达到最好的显示状态。

可视化不仅是用图形来表征计算的结果,更重要的是为研究人员提供观察和与数据交互作用的手段,实时跟踪并有效地驾驭数据模拟与试验过程。简单地说,可视化的内涵有两层:结果可视化与计算过程可视化。

工程数据可视化的大部分应用场景是 VR 场景。当然,也可以借助 AR 技术,将计算数据的结果叠加到现实之中,加快对数据的空间解释,并更好地突出问题,比如:W. Broll 等将颜色映射的三维流场覆盖在叶片上,进行压力和温度的显示,甚至允许操作者"可视化"流体的行为,加快参数调整和故障检测流程如图 4-59 所示;Badias 等人将悬臂梁物理实验与 AR 结合,使实验数据与分析数据有效融合在一起,提高了实验效率,如图 4-60 所示。

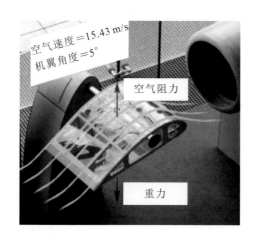

图 4-59　叶片流体 AR 可视化

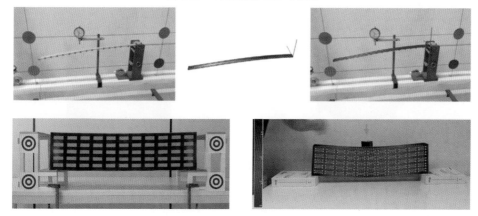

图 4-60　物理实验与 AR 的融合

2. 交互式图标

在 VR/AR 环境中,人机交互是探索数据的重要手段,VTK 软件包中提供了九类交互式图标,包括点、线、面、球、箱体、图像截面、样条等,如图 4-61 所示。这些交互图标可以高效地帮助用户探索数据。

如果采用 Spatial Hoops,由于该系统还提供了针对图形对象的更为复杂的交互手段,如选择点、线、面、体等,可以编程实现复杂的选择行为,进行各种图形高亮选择操作,如图4-62 所示。

3. 多物理场数据融合

数字主线将设计过程、制造过程的多种物理场、多学科领域融合在一起,这种在多学科融合作用下形成的协同环境,对设计评审阶段的影响非常明显。多

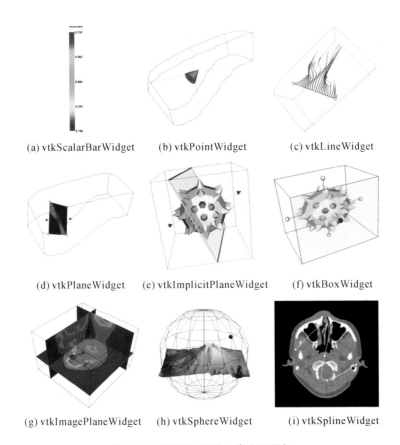

(a) vtkScalarBarWidget   (b) vtkPointWidget   (c) vtkLineWidget

(d) vtkPlaneWidget   (e) vtkImplicitPlaneWidget   (f) vtkBoxWidget

(g) vtkImagePlaneWidget   (h) vtkSphereWidget   (i) vtkSplineWidget

图 4-61　VTK 提供的 9 类交互图标

物理场数据可视化的特征表现为多维度（multi-dimensional）、多变量（multi-variate）、多模态（multi-modal）、多模型（multi-model）。其中：多维度指物理空间中独立变量的维数多；多变量指变量和属性的数目多，即数据所包含的信息和属性多；多模态强调获取数据的方法多样，以及各自对应的数据组织结构和尺度多样；多模型亦可表示数据所含信息多，但和多变量属于不同的概念，例如单变量多值数据，输入为同一个数据场，给定不同的计算参数或不同的计算模型得到不同的输出数据场，每个采样点含有属于同一个数据属性的多个值，其重点在于描述"值"的个数，而不是数据属性和变量的个数。各种物理场数据经过可视化绘制，通过可视化接口服务接入 MBD 的属性节点之下，经选择性叠加或者透明化处理后，最终通过可视化管道融合在虚拟环境中。图 4-63 所示为多物理场数据融合的 VR/AR 可视化系统结构。

(a) 几何选择

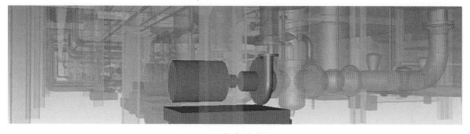

(b) 高亮选择

图 4-62 Hoops 提供的选择方式

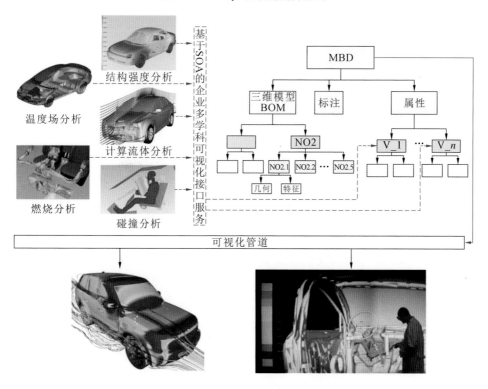

图 4-63 多物理场数据融合的 VR/AR 可视化系统结构

4.4　制造过程信息集成与可视化

设计过程的信息比较容易使用 MBD 三维模型来进行整合,而制造过程的信息就不那么容易。制造过程的数据不仅需要设计的 MBD 模型作为输入,而且需要集成 ERP 系统、PLM 系统、MES 等管理系统。在数字主线中集成具有网状知识的信息,知识图谱是一个比较好的载体,因为制造过程本质上就是一张包含着无数节点的巨大语义网络,以网状图的形式展示对制造过程的描述,符合人类对流程性知识的认知,如图 4-64 所示。

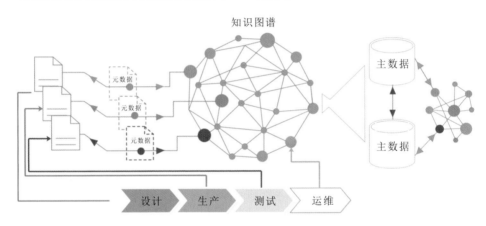

图 4-64　基于知识图谱的数字主线过程制造数据集成

本节主要介绍基于知识图谱的制造过程信息集成,当然传统的 PLM 管理方式也是信息集成的好手段,这里不做介绍。

4.4.1　基于知识图谱的制造上下文数据集成

4.4.1.1　知识图谱定义

制造过程知识工程一直是基于 VR/AR 的信息集成领域的研究热点,表4-4所示是知识工程的主要技术的优缺点对比,针对制造过程的数据集成,知识图谱更有优越性。

表 4-4 RDF、关联数据和知识图谱的优缺点对比

特征项	纯 RDF 数据库	关联数据	知识图谱
机器可读性	Y	Y	Y
人可读性	NN	NN	Y
数据分布性	N	Y	NN
数据库内部连接性	L	Y	Y
数据集成	NN	NN	Y
数据一致性	NN	NN	Y
可靠性	NN	NN	Y
质量	NN	NN	Y

注:"Y"表示是,"L"表示受限,"N"表示不是,"NN"表示不是必需的。

知识图谱是一种基于图数据结构的组织方式,内部主要包括节点(node)和关系(relationship)。它是 2012 年由谷歌公司提出的基于语义网形式的实体间关系表示方式,属于人工智能领域中一个重要的学派分支——符号主义学派,通过数理逻辑来实现人工智能在生产生活中的应用。知识图谱通过符号表示物理世界的实体以及实体间的关系,其核心为"实体-关系-实体"三元组。其中包含着如下含义:① 知识图谱的构型是具有属性的实体通过实体间关系链接形成的网状构型,其表现形式是点和线,因而知识图谱是对物理世界的符号表达;② 知识图谱基于实体间的关系将物理世界的信息组织起来,从而形成可以利用的知识;③ 知识图谱可以根据实体间关系实现信息检索方式的改进,可以通过推理实现概念检索,也可以以图形化的方式展示结构化的知识。表 4-5 所示为知识图谱的相关概念。

表 4-5 知识图谱相关概念

相关概念	解释	示例
实体	客观存在并相互区别的具体对象或事物	如"加工中心""车床"等
概念	具有同种特性的实体构成的集合	如"设备""加工状态"等
关系	形式化为一个语义函数,描述实体之间的链接关系	如"NextTo""is_a"
属性(值)	指实体/关系指定属性的值	属性如"设备名称",属性值如"DMG DMU50"

4.4.1.2 MBD 产品信息知识图谱构建

知识图谱的构建方式有两种,即自上而下的构建方式和自下而上的构建方

式。自上而下的知识图谱构建是基于本体,从抽象概念到实体的构建过程。而自下而上的知识图谱构建,是基于实体数据,由数据归纳抽象得到本体的构建过程。

自上向下的构建方式即为先构建好知识图谱模式层的本体结构,再从其他数据源中提取相关实体信息,添加到知识库中;自下向上的构建方式则是从数据层构建开始,借助一些技术手段,将实体从大量公开链接数据中提取出来,按照置信度由高到低进行排序,将排序靠前的实体添加到知识库中,在此基础上构建顶层的本体模式。在实际的知识图谱构建过程中,这两种方式并不是孤立进行的,建立 MBD 多尺度知识图谱时是将两种构建方式融合在一起,在构建本体时采用自上向下的方式,随之采用自下向上的方式获得新的知识来扩充现有的知识图谱。

从生产过程中的设备组成分析可知,本体构建过程基于已有的工艺库和知识库,二者属于现实具备的基础。因此,采用自上而下模式构建的知识图谱可以与已有系统完美结合,但随着加工过程设备的动态变化,仅从上层无法准确判定设备的状态等信息。另外,可以通过实时生产过程信息或任务信息得到更多本体信息并更新、优化车间的知识库系统。也可采用两种方式相结合的方式对知识图谱进行构建。根据上述要求,知识图谱的构建包含四大部分:知识抽取、本体学习、知识融合和知识应用。其中知识抽取包括实体抽取、实体关系抽取和实体属性抽取。制造过程知识图谱总体架构如图 4-65 所示。

知识图谱的构建主要包括两个核心部分:一是通过本体学习生成知识图谱知识库;二是通过知识抽取和知识融合实现实体学习,负责填充实体信息,构建整个车间领域的知识图谱实体库。最后基于知识图谱的实体和关系进行车间设备资源的配置方案生成。

如图 4-66 所示,在基于 MBD 的多尺度信息知识图谱构建过程中:首先,要利用实际生产过程中各类传感设备获取加工状态及产品状态信息,构建相应的本体模型,对其进行领域知识获取和融合;然后,要利用图数据库 Neo4j 填充本体层实体信息,构建知识图谱;最后,搭建基于 MBD 的多尺度信息查询应用平台,实现基于知识图谱的更新与检索。

4.4.1.3　车间加工设备知识图谱构建

在制造过程中,利用数据采集技术,通过嵌入式设备、传感器等设备感知并

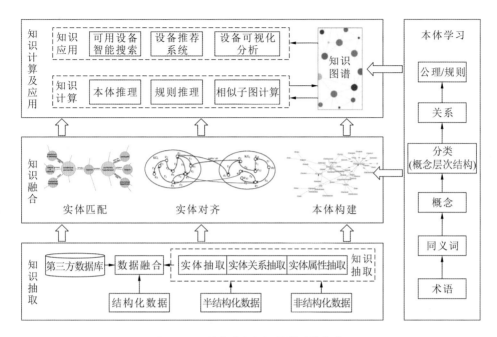

图 4-65　制造过程知识图谱总体架构

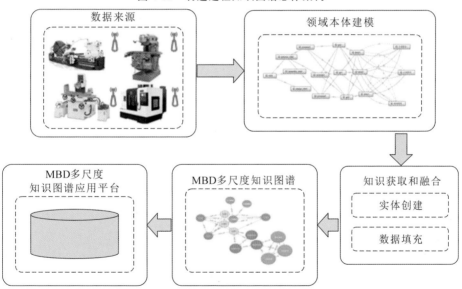

图 4-66　MBD 多尺度信息知识图谱构建过程

采集制造设备的实时状态信息。为了满足制造设备的多样性和信息模型构建的通用性要求,实现不同数控系统及操作系统与不同应用语言类型的计算机之间的交互,结合知识图谱的原理和构建流程,针对车间内部的加工资源,基于概念层次关系图建立设备的信息模型。

对制造车间加工设备资源信息模型的概念描述从以下三个方面进行：设备本身自带的信息、设备间的相互依赖关系和社群变化产生的信息。通过对这三个方面以及设备制造资源的分类规则的分析，对基本属性、状态属性、功能属性进行建模，设备资源信息 Machine$_i$ 形式化描述为：

$$\text{Machine}_i = \{\text{Base}_i, \text{Function}_i, \text{Status}_i\}$$

式中：Base$_i$ 表示设备的基本信息；Function$_i$ 表示设备的功能信息；Status$_i$ 表示设备的状态信息。

构建概念的流程，从术语、同义词、概念、分类、关系以及公理等六个方面建模。

（1）术语抽象 术语抽象是构建设备信息模型的第一步，是知识图谱中实体、关系以及属性的形式化表达，其目标是在制造领域中找到已使用的相对固定的词或短语用于表示实体、关系以及属性的相关术语或标识集合，在特定的上下文环境中表示指定的含义。随着制造业自动化、信息化的推进，多个制造领域已经形成了加工过程的知识库和专家系统，可以为基于语言规则的提取方法提供基础；同时面对新的领域术语，可以采用统计方法对文本或其他非结构化数据进行处理，不断充实和优化术语库。

（2）同义词融合 同义词融合针对代表相同概念、实体、属性或上下文环境的术语，其主要目的是将多个术语消歧，然后构建唯一术语。

（3）概念抽象 从术语中抽象出的概念需要三个方面的信息，包括内涵、外延以及词汇实现。内涵是对概念的正式或非正式的定义，如"铣削是以铣刀作为刀具加工物体表面的一种机械加工方法"；外延是关于概念抽象的实体对象的信息，比如"铣削加工设备有铣床、加工中心等"；词汇实现是指与表示概念的词汇相近的词汇，如描述铣削的词汇有铣削加工等，其主要的处理方法与术语抽象的方法类似。

（4）分类层次结构抽象 分类层次主要是指概念之间的层次关系，表现为概念上下位关系。"例如车削是一种加工类型"，在中文中以"是一种"作为上下位的语言模式，而在英文中以"is a"作为上下位的语言模式。

（5）非分类关系抽象。非分类关系主要包括属性关系、时间关系、空间关系等。由于设备信息模型的特殊性，其关系抽象主要是属性关系抽象。属性关系主要体现了设备的基本信息,包括设备位置、设备编号、设备名称等,一般使用<概念实例,属性关系触发词,属性值>三元组来表示,例如<Machine, has_a, Position>。这里所指的属性关系主要分为基本属性、状态属性和功能属性关系。

(6) 公理及规则抽象。公理及规则抽象的目的是建立知识图谱的上层推理网络,主要是通过基于模板的抽取方法,使用预先定义的模板匹配。对于设备信息模型构建,主要的规则是每一个设备都包含基本属性、状态属性和功能属性,同时每个属性分成多个类别。

车间加工设备的概念模型如图 4-67 所示,它是构建车间加工设备知识图谱的基础。其中设备知识图谱的属性信息包括设备位置、设备名称以及设备编号等;其他信息以关系的形式关联,比如设备状态(包括空闲、未满负荷、满负荷、超负荷、失效等状态)通过运行状态以"status"的关系联系;另外还包括加工设备的精度信息、可加工零件尺寸信息等信息,这些信息没有添加到例图中,但也是加工过程中需要考虑的重要信息。

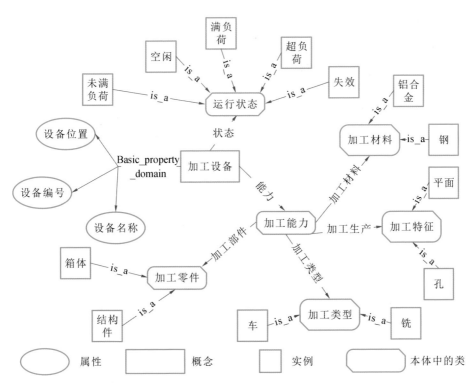

图 4-67　加工设备概念模型

对于其中具体的设备节点,根据上述的概念模型通过数据填充的方式可以构建图 4-68、图 4-69 所示的知识图谱。

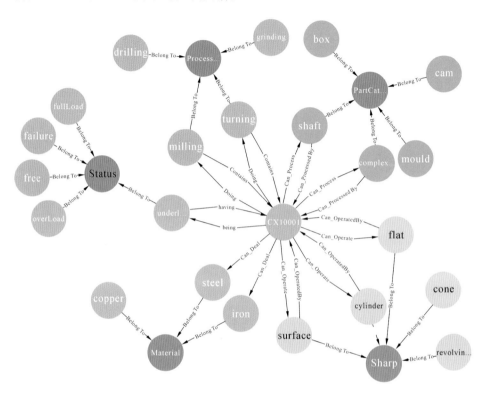

图 4-68　车铣加工中心的知识图谱局部图

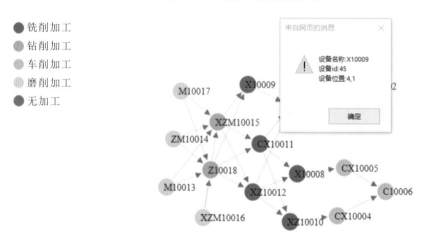

图 4-69　生产过程知识图谱信息集成示意图

4.4.2　制造信息知识图谱信息存储模式

4.4.2.1　知识图谱信息存储模型

知识图谱用于描绘产品全生命周期信息,实现上下文语义流通和数据交互,实现整个生产链信息流的控制和管理,也就是说,产品自身能够智能化接收并存储一定的加工信息,包括加工任务及生产要求等,从而实现其自身控制生产流程。在设计、加工及装配过程中,按照产品各个工步所需加工时间来划分时间节点,利用传感设备及标签技术(如 RFID、近距离无线通信(NFC)、二维码(QR)技术等),采集产品所处状态信息并依次将每个阶段的信息存入产品数字化标签,使产品形成记忆,当进行到下游工序时,产品能参考上一阶段信息适当调整加工参数,从而实现零件工艺流程之间的智能通信交互。因此,需要借助数字对象存储器来实现物理世界与信息世界的交互。

数字对象存储器用于数字数据的存储。R. Barthel 等人提出的对象记忆模型(object memory model,OMM),为数字对象存储器定义了一个通用和可扩展的结构,对象的内存数据格式应支持工件上的"智能标签",这些标签通过条形码系统、RFID 系统、传感节点系统等小型嵌入式系统来处理收集到的信息。德国联邦教育与研究部在其资助的研究项目 SemProM 中,采用了智能标签来赋予产品数字化记忆能力,从而支持产品全生命周期的智能应用。通过使用集成传感器,实现了整个生产加工过程的全透明化,能够实时追踪产品上下游供应链及环境影响,使得生产人员能够更加直观地获取产品信息。

对象记忆模型将存储在对象存储器中的所有信息划分为几个块。每个块都包含一个特定的信息片段,并提供一个元数据集来对该块中的信息进行分类和描述。此元数据集有助于在内存中搜索并用于过滤未知和不可读的数据,也用于通过添加源信息来提高数据的可靠性。对象记忆模型由一个带有标题部分的块列表和可选的补充内容表组成。图 4-70 所示为对象记忆模型的基本结构。

对象记忆模型结构中,实际数据存储在几个块中,块数组随机排序。每个块包含关于特定主题的信息,元数据集被添加到该块以便于识别相关块。图4-71所示为对象记忆模型块配置示例。

MBD 模型的属性集由以下四种信息块组成:基本信息块、设备块、刀具块和工艺块。基本信息块中存储规格、材料、作者、单位、时间戳及版本等内容;设

图 4-70　对象记忆模型基本结构

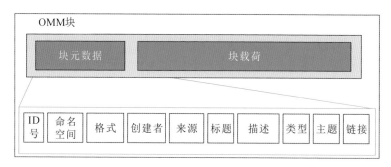

图 4-71　对象记忆模型块配置示例

备块中存储加工过程中需要使用的设备种类及其信息;刀具块中存储工艺链中所使用的各种刀具型号和加工参数信息;工艺块中主要存储零件在不同加工阶段的多尺度信息。

对象记忆模型结构中包含一个目录表(table of contents,ToC),目录表由每个块中元数据的子集构成。当需要处理包含大量密集内存块的对象时,可通过目录表中对应的识别属性(ID 号、时间戳)快速链接到相应块中。

通过图 4-72 所示的结构,在加工时,在基本信息块中首先存储产品设计基本信息,产品设计基本信息通过标签跟随产品进入加工链,当加工某一特征时,存入对应的产品信息,当加工下一特征时,产品标签则已经具备了上一特征加工时的相关信息,依据当前的加工状态做出响应和决策,实时调整加工参数,并继续存入产品信息标签。当整个工艺流程完成时,产品标签中也相应存储了当前状态及整个加工过程的所有信息。

4.4.2.2　面向 AR 的知识图谱数据操作序列

知识图谱中的数据集成操作方法很多,通过 AR 方法可以有效地将知识图谱中的关系和各实体可视化,方便地分析各个过程的操作方式。如图 4-73 所示,基于 AR 的知识图谱云数据集成操作主要分为底层支撑、AR 激活态和网页激活态三个部分,主要涉及物联网(IoT)设备、网关、云服务器(包括数据库)、

多尺度信息模型OMM结构

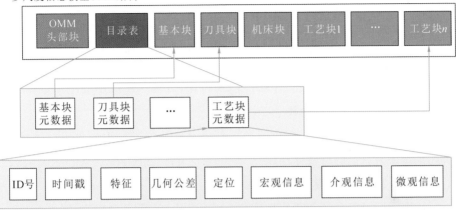

图 4-72 MBD 模型的信息内存结构图

AR 应用程序以及网页看板等多个物理或概念实体。而知识图谱中的各关系通过现实通信技术，比如 ZigBee、WLAN、WLAN/LTE 等实现，通过 VR/AR 系统可以可视化其中传递的数据信息，从而更好地理解制造过程中的信息流向。

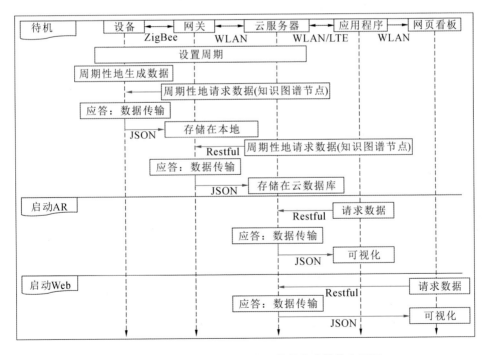

图 4-73 基于 AR 的知识图谱云数据集成操作序列图

在底层支撑层中，主要完成以下操作：物联设备的数据初始化、网关向物联设备请求数据、物联设备响应数据并进行 JSON 数据转化、网关存储数据到本地数据库、云服务器向网关以 REST 方式请求数据、网关响应数据并以 JSON 格式转化。

在 AR 激活态层中，云平台上的云端 AR 应用程序以 REST 方式请求云存储中的数据，云数据响应后以 JSON 格式转化，云端 AR 应用程序对数据渲染后进行可视化，实现云端 AR。

在网页激活态层，主要完成的操作是将 AR 数据下发给网页进行可视化，实现知识图谱数据的可视化操作。

4.4.2.3　知识图谱存储与可视化

知识图谱可以存储在图数据库（如 Neo4j）中，其通过对标签、节点、关系及属性的定义，实现加工 MBD 多尺度信息知识图谱的可视化。图数据库（Neo4j）利用 Cypher 语言定义了本体中实体所对应的节点和节点属性。"（　）"表示知识图谱中的一个节点，"「　」"表示节点之间的关系，"{　}"表示节点的属性，">"表示关系的方向。另外，也可以定义关系的属性，通过查询语句实现图数据库检索信息可视化，如图 4-74 所示。

图 4-74　Neo4j 的 Cypher 语言示例

表 4-6 所示为制造过程知识图谱数据类型。

表 4-6　制造过程知识图谱数据类型

标签	节点	关系	属性
在制品	在制品		
特征	孔	has_feature	孔径、孔深 表面粗糙度 凹槽显微组织 表面残余应力
	平面		
	凹槽		
工艺	加工工艺描述	to_produce	孔特征 平面特征 槽特征
	NC 代码		

续表

标签	节点	关系	属性
加工设备	加工设备描述	need_equipment	设备型号 设备功率 最大负载
	数控铣床		
	切削加工中心		
	钻铣中心		
刀具	刀具描述	need_tool	刀具材料 刀具直径 刀具刃长 刀具刃数
	硬质合金车刀		
	硬质合金镗孔刀		
	麻花钻		
	铣刀		
工序	工序描述	Has_Process	进给速度 切削深度 切削宽度
	铣平面		
	孔加工		
	铣槽		
工步	工步描述	has_step	刀具型号 转速
	钻孔		
	扩孔		
时间节点	时间节点	has_timenode	已加工时间
多尺度信息	宏观信息	has_mulinfo	多尺度信息索引
	介观信息		
	微观信息		
宏观详细信息	孔中心定位点	has_influence	坐标 长度 深度
	孔径		
	孔深		
介观详细信息	凹槽表面粗糙度		表面粗糙度 显微组织结构
	凹槽底面显微组织		
微观详细信息	表面残余应力		应力 变形量
	零件塑性变形量		

定义好数据后,可以生成整个制造过程的知识图谱,对某一车间设备进行知识图谱建模的过程如图 4-75 所示。

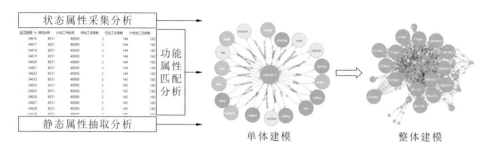

图 4-75　车间设备建模流程

对知识图谱及其网状图信息的可视化研究非常少。Wolfgang Büschel 等给出了三维 Node-link 图的可视化方法,图 4-76 为三维 Node-link 图的 AR 可视化效果[29]。

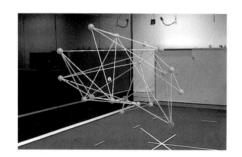

图 4-76　三维 Node-link 图的 AR 可视化效果

第 5 章
智能制造中的 VR/AR 人机交互技术

自然的人机交互是 VR/AR 的特征之一,交互意图的自发性、输入数据的随机性、用户行为的差异性和交互场景的丰富性都是人机交互研究关注的重点。应用在智能制造过程中的 VR/AR 的人机交互技术,贯穿了整个产品的制造生命周期,是促进虚实融合、提升沉浸体验的关键技术之一。本章重点展开面向智能制造的人机交互技术探讨。

5.1 VR/AR 中的人机交互技术

5.1.1 人机交互的概念

人机交互(human-computer interaction,HCI)是一门研究系统与用户之间的交互关系的学科,其中系统可以是各种各样的机器,也可以是计算机化的系统和软件。常见的人机交互是人和实物进行交互,如按下收音机的播放按键、操作飞机上的仪表板开关等。VR/AR 中的人机交互对象是虚拟场景中的数字化虚拟对象,人通过传感设备与虚拟场景进行交互。其中人机交互界面是指用户可见的部分,用户通过人机交互界面与系统交流,并进行操作。

随着多媒体技术、计算机技术等技术的飞速发展,语音识别技术、手写文字识别技术及视线识别技术等与人机交互相关的新兴技术开始出现,人与计算机的交流方式大幅增加,人可以通过语音、手势、眼神、表情等多通道输入信息,而计算机也可以通过声音、图像、视频数据等进行输出,其涉及了多学科领域的交叉和融合,如图 5-1 所示。当前人机交互技术逐渐向以人为中心发展,越来越重视人的感觉和体验,旨在实现以最自然的方式与计算机进行交互操作。人机交互系统中的用户、对象、过程是关键的三要素。用户是人机交互设计的起点与终点,始终贯穿于人机交互设计的过程中;对象是人机交互的媒介和目标;过程体现了交互的方式。

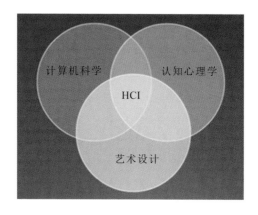

图 5-1 人机交互技术概念与外延

人机交互是用户通过人机界面向计算机输入指令,计算机经过处理后再把结果反馈给用户的过程,如图 5-2 所示。为了使人机交互变得更方便、更快捷、更人性化,满足不同消费人群的需求,发展出了多种不同的输出、输入形式,这也大大地丰富了人机交互的方式。人机交互技术在发展过程中经历了五种交互方式,分别是:通过手工操作交互、通过命令语言交互、通过图形用户界面交互、网络虚拟的人机交互、多媒体(多通道)的智能人机交互。

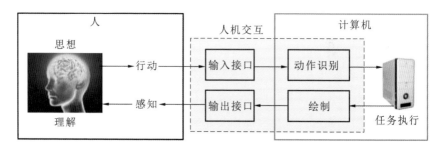

图 5-2 人机交互流程

多通道的智能人机交互方式可以将制造过程中的大量信息凝聚在一起,用户可以依照自己的需求,使用不同的视觉表达形式,利用多媒体的人机交互方式,选择自己关注的内容进行浏览。用户通过一定的人机交互界面与制造要素(包含文字、图形、图像、动画、视频、声音等多种元素)沟通,提升对制造过程的洞察力。

5.1.2 VR/AR 中常用的人机交互技术

5.1.2.1 用户界面技术

新型交互技术和设备的出现,使人机界面不断向着更高效、更自然的方向发展。在 AR 中使用较多的用户界面包括实物用户界面(见图 5-3(a))、触控用户界面(见图 5-3(b))、三维用户界面(见图 5-3(c))、多通道用户界面(见图 5-3(d))和混合用户界面。

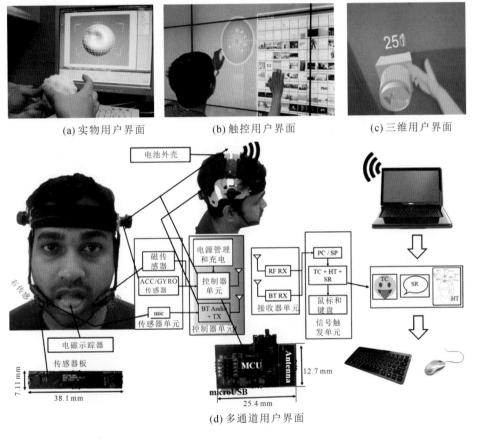

(a) 实物用户界面　　　　(b) 触控用户界面　　　　(c) 三维用户界面

(d) 多通道用户界面

图 5-3　用户界面[30]

1) 实物用户界面

实物用户界面(tangible user interface,TUI)是目前在 VR/AR 领域应用得最多的用户界面,它支持用户直接使用现实世界中的物体与计算机进行交互。无论是在现实环境中加入辅助的虚拟信息,还是在虚拟环境中使用现实物体辅助交互,实物用户界面都显得非常自然并对用户具有吸引力。

2）触控用户界面

触控用户界面是在实物用户界面的基础上,以触觉感知技术作为主要指点技术的用户界面。

3）三维用户界面

采用三维用户界面(3D UI)时,用户在一个虚拟或者现实的三维空间中与计算机进行交互。三维用户界面是从 VR 技术中衍生而来的交互技术,在纯虚拟环境中进行物体获取、观察、地形漫游、搜索与导航都需要三维用户界面的支持。

4）多通道用户界面

多通道用户界面支持用户通过多种通道与计算机进行交互,这些通道包括不同的输入工具(如文字、语音、手势等)和不同的人类感知通道(如视觉、听觉、嗅觉等)。对于多通道用户界面,通常需要维持不同通道间的一致性。

5）混合用户界面

混合用户界面将不同但功能相互补充的用户界面进行组合,用户通过多种不同的交互设备进行交互。它为用户提供了更为灵活的交互平台,以满足多样化的日常交互需求。混合用户界面在多人协作交互场景中得到了成功的应用。

5.1.2.2　手势跟踪技术

手势跟踪交互方式主要有两种:① 利用光学跟踪技术实现跟踪交互,如采用 Leap Motion 和 Nimble VR 深度传感器进行跟踪交互;② 使用硬件设备进行跟踪交互,一般采用数据手套等。图 5-4 所示为基于光学跟踪的手势识别硬件。

(a) 传感控制器

(b) Nimble VR

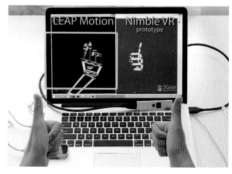

(c) 基于光学跟踪的应用

图 5-4　基于光学跟踪的手势识别硬件

（1）光学跟踪的优势在于使用门槛低，场景应用灵活，用户不需要在手上戴着设备。其缺点在于视场受局限，使用手势跟踪会比较累而且不直观，没有反馈，需要良好的交互设计。

实现手势跟踪的方法很简单。以 Leap Motion 结合 Unity 3D 的开发为例（见图 5-5），Leap Motion 提供了核心的 SDK 包，包括 Mono Behavior、Leap Provider、Leap Service Provider 和 Leap XR Service Provider。

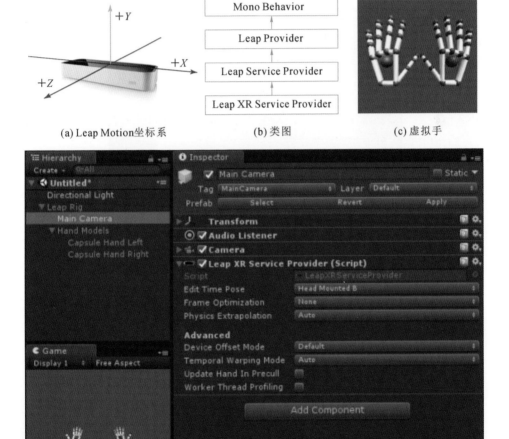

(a) Leap Motion坐标系　　　　(b) 类图　　　　(c) 虚拟手

(d) Unity设置界面

图 5-5　Leap Motion 结合 Unity 3D 的开发

（2）数据手套，一般在手套上集成惯性传感器来跟踪用户的手指乃至整个手臂的运动,如图 5-6 所示。它的优势在于没有视场限制,而且完全可以在设备上集成反馈功能(比如振动反馈功能)。它的缺陷在于使用门槛较高,用户需要穿脱设备,而且作为一个外设其使用场景有限。

图 5-6 数据手套

这两种方式各有优劣,在很长一段时间内都会并存,用户可根据不同的场景(以及不同的偏好)使用不同的跟踪方式。

在未来的 VR 产业中将会出现类似于指环的高度集成和简化的数据跟踪设备,用户可以随身携带、随时使用。

5.1.2.3 身体动作捕捉技术

手势捕捉是对手部精细动作的捕捉。而捕捉身体大部件(比如手臂、头部等)的动作可以使用户获得更完全的沉浸感,真正"进入"虚拟世界。目前专门针对 VR 的动作捕捉系统,市面上比较成熟的为 Perception Neuron 系统,其只在特定的场景比如电影制作中使用,需要用户花费比较长的时间穿戴和校准才能够使用。

图 5-7 所示为身体动作捕捉的情景。

相比之下,微软 Kinect 光学设备在某些对精度要求不高的场景中较为常用,如图 5-8 所示。

通过 Kinect 获得身体数据,存储在 JointType 数据结构(包括 JointType::HandRight、JointType::HandTipRight、JointType::ThumbRight)中。可以通

图 5-7　身体动作捕捉

彩色相机

三维深度传感器

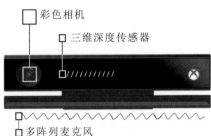

多阵列麦克风

图 5-8　基于微软 Kinect 的身体动作捕捉

过如下代码简单获得数据。

```
void MainPage::InitKinect()
{
KinectSensor^ sensor = KinectSensor::GetDefault();
  sensor- > Open();
bodyReader = sensor- > BodyFrameSource- > OpenReader();
bodyReader- > FrameArrived + =
    ref new TypedEventHandler< typenameBodyFrameArrivedEventArgs^>
(this,&MainPage::OnBodyFrameArrived);
    bodies = ref new Platform::Collections::Vector< Body^> (6);
}


void MainPage:: OnBodyFrameArrived ( BodyFrameReader ^ sender, Body-
FrameArrivedEventArgs ^eventArgs){
    BodyFrame ^frame = eventArgs- > FrameReference- > AcquireFrame();
    if(frame ! = nullptr){
        frame- > GetAndRefreshBodyData(bodies);
```

```
        }
      }
```

5.1.2.4　力与触觉反馈技术

虚拟场景中的反馈模式也是非常重要的。主要有两种类型的反馈:力反馈与触觉反馈。其中力反馈又包括重力反馈、方向力反馈,触觉反馈又包括纹理反馈、形状反馈、振动反馈、温度反馈等。目前主要的力与触觉反馈设备是带按钮并具有振动反馈功能的手柄。图 5-9 所示为触觉反馈设备。

图 5-9　触觉反馈设备

用于手机终端的人机触觉交互已经非常常见,比如按压 iPhone 触摸屏,触摸屏会反馈振动。但是应用在 VR/AR 领域的力和触觉交互设备还非常不成熟,仍然停留在实验室研究阶段,在设计领域偶尔应用。

5.1.2.5　语音和声音交互技术

语音和声音交互技术正在快速地融入人们日常生活的计算环境。从声音的类型上,可以将语音和声音交互技术分为非语音(声音)交互技术和语音交互技术。前者主要使用声音给用户提供听觉线索,使用户能够更有效地掌握和理解交互内容。也有研究利用环境声作为输入获取用户信息、感知用户状态的。后者是包括语音输入、语音识别和处理以及语音输出在内的一整套交互技术,经过半个多世纪的发展,在最近几年已经达到了大规模商用水平。图 5-10 所示为语音交互技术在汽车上的应用。

一个完整的语音交互系统可以分为语音输入系统和语音输出系统两部分。语音输入系统又包括语音识别子系统和语义理解子系统。语音识别子系统负责将语音转化为音素,利用相应的语音特征(如梅尔倒谱)和语音模型、隐马尔科夫模型(HMM)和高斯混合模型进行切分和识别;语义理解子系统则通过语言模型对语音识别的结果进行修正并组合成符合语法结构和语言习惯的词、短语和句子,其中应用最广泛的语言模型是多元语言模型。近年来在自然语言处

图 5-10　语音交互技术在汽车上的应用

理(NLP)领域语言交互技术取得巨大进步,读者可以参考 NLP 相关研究。

5.1.2.6　其他交互技术

1) 生理计算技术

生理计算技术是用于建立人类生理信息和计算机系统之间的接口的技术。人类生理信息和计算机系统之间的接口称为生理计算接口,包括脑机接口(BCI)、肌机接口(MuCI)等,如图 5-11 所示。生理计算技术通过对采集的人体脑电波、心电波、肌肉电波、血氧饱和度、皮肤阻抗、呼吸率等生理信息进行分析处理,识别人类交互意图和生理状态,在近几年得到了人机交互学术界的高度关注。

2) 眼动跟踪技术

眼睛注视的方向能够体现出用户感兴趣的区域以及用户的心理和生理状态,通过眼睛注视进行交互的方式是最快速的人机交互方式之一。眼动跟踪技术通常分为基于视频(video-based)的眼动跟踪技术和非基于视频(non-video-based)的眼动跟踪技术。基于视频的眼动跟踪技术使用非接触式摄像机获取用户头部和眼睛的视频图像,再用图像处理的方法获得头部和眼睛的方向,最终组合计算出眼睛注视方向。非基于视频的眼动跟踪技术使用接触式设备,依附于用户的皮肤或眼球,从而获取眼睛注视方向。眼动跟踪技术的核心是建立眼睛视觉模型,如图 5-12(a)所示;根据眼睛注视方向、注视时间等计算出感兴

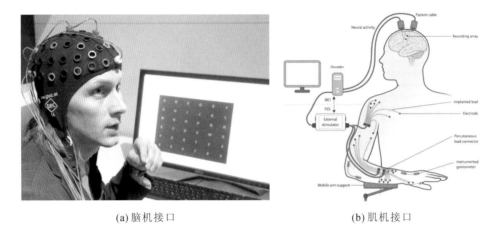

(a) 脑机接口   (b) 肌机接口

图 5-11 生理计算接口

趣区域,如图5-12(b)所示。

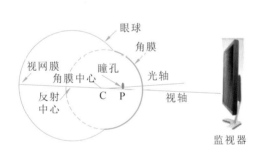

(a) 眼睛视觉模型   (b) 基于眼动跟踪的Web页面浏览统计

图 5-12 眼动跟踪原理与应用

5.2 手绘草图交互识别技术

5.2.1 基于人工智能的三维草图识别

制造过程中所制定的工艺流程以及所依据的加工模型,都经由图样这样的形式来表达给工人。图样定义了设计意图,并以数字化图形化的外在表征在制造过程中流转。工程图样是整个制造工程过程内部的技术交流语言,浏览图样和人机交互是生产过程中最常用的动作。利用三维草图识别技术可以实时可靠地匹配机械三维草图中的符号,并可以实现流畅、非侵入式的交互,在这方面微软亚洲研究院做了很多探索性工作。

这里介绍德国学者给出的一种多层次的三维草图识别方法(见图 5-13),其提供了一个三维草图识别框架,用于虚拟环境中的交互,允许通过绘制符号来触发命令,这些符号要经过多级分析识别,如图 5-13 所示。草图识别过程分为三个步骤:

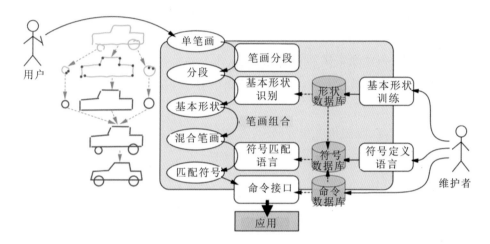

图 5-13 基于草图识别的人机交互

步骤 1:将每个输入笔画分为有意义的段,作为输入的基础(见图 5-14)。通过跟踪硬件收集移动轨迹,作为笔画输入识别器。笔画可以包含任意数量的点数。草图识别应用由应用程序触发。

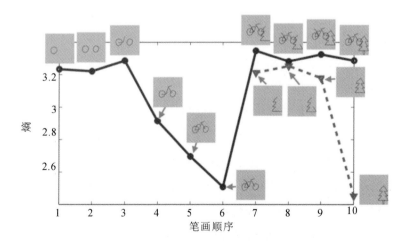

图 5-14 笔画序列图

步骤 2：识别这些段。识别分几小步进行：① 分割步，分析输入笔画以检测角点；② 将笔画分成更小的段；③ 为每个小段匹配一个对应的图元。

步骤 3：通过符号匹配对整体草图进行分析。步骤 2 中的小步都是一添加新笔画就立即被执行，并且结果与早期笔画一起存储，形成复合草图。该草图通过符号匹配进行分析，并与数据库中的预定义符号进行比较，如果复合草图与预定义符号匹配，则在命令界面上调用相应命令，并将草图的上下文信息当作参数提供。

利用图元形状训练器、符号定义语言、命令界面等，可以将草图识别框架配置并调整到特定的应用领域。在基于草图的界面上，用户可以绘制草图，然后识别和执行相关命令。这些命令已提供草图中的附加信息，以便创建新对象，使得它们的位置、旋转角度和方向、尺度和尺寸与草图匹配。草图允许缺乏精确性，适合于不准确的初始设计阶段和评审阶段。

5.2.2　基于手绘的三维物体交互设计与分析

视觉信息超越了口头或书面语言的限制，尤其在工程领域，信息通常以视觉、非口头语言的方式记录和传输。很少有人根据视觉输入创建快速直观的用户界面，传统的 CAD 用户界面使用起来通常很麻烦并且有可能妨碍创意的发挥。

手绘草图是使用自由形状线条的非正式形状绘图。与典型的 CAD 制图相比，草图可以快速轻松地创建以传达形状信息。简单的手绘草图也有许多缺点：视点固定，在中间绘图时无法改变；草图是被动的，不能使用计算分析工具（例如结构分析或运动学模拟工具）直接模拟或分析；同时草图是暂定的，如果需要最终的、准确的模型，必须重新创建。

图 5-15 所示为基于手绘的参数化建模过程。

从设计师的角度来看，理想的解决方案应该将手绘草图的快速性和易用性与计算分析工具的灵活性和分析能力结合起来。草图重建算法允许设计者使用单个手绘草图快速指定三维对象，然后进行实时物理模拟。草图和物理模拟的结合，使得迭代设计过程取得了革命性进步，用户可以绘制对象的草图，通过计算分析工具了解其物理属性，并修改草图直到设计成熟。通过解除传统 CAD 界面的限制，计算分析工具可以更早地介入三维物体的早期概念设计阶段。

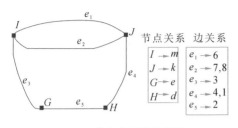

(a) 建立笔画数据结构　(b) 根据模板图节点计算草图中的期望位置

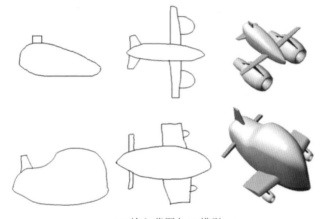

(c) 输入草图与3D模型

图 5-15　基于手绘的参数化建模过程

下面介绍一种直观的基于笔画的草图绘制方法。该方法由两部分组成：

① 重建，由单个正射投影图形重建三维对象；

② 分析，对生成的三维对象进行有限元分析，并在草图平面中显示结果。重建算法可以处理由直线和平面曲线组成的草图，并在某些类型的复杂草图上以交互方式运行。一旦分析完成，用户可以使用一致的基于笔画的接口修改草图，并执行后续分析，直到设计完成。

手绘部件匹配伪代码如下：

```
Algorithm 1 Part Matching
1:input S(Ns,Es){Sketch Graph}
2:input T(Nt,Et){TempCate Graph}
3:for i= 1 to Niter do
4:  for all nt∈Nt do
5:    C[nt]←select(Ns)
6:  end for
```

```
7:   score←0
8:   for all e₁∈Eₜ do
9:      P←pathset(C[n₁(eₜ)],C[n₂(eₜ)])
10:     p←bestMatchPath(eₜ,P)
11:     score←score+ M(eₜ,p)
12:  end for
13:  if score>bestScore then
14:     update bestScore and best correspondences
15:  end if
16:end for
```

  三维草图系统采用快速重建算法,根据草图中线条的角度分布,选择合理的三连通草图顶点并将其作为三维原点,附着笔画两端的顶点。然后通过草图给出的连通图将深度分配给其他草图顶点。这种方法允许使用连通图重建三维对象,连通图的边缘与正交轴系统相符。在重建草图顶点之后,重建每个弯曲笔画。

  日本学者 Kunio Kondo 在利用草图进行交互式建模方面做了开拓性的工作,可以进行类似的欧拉操作,如图 5-16 所示。这个素描系统在带有笔画输入设备的平板电脑上实现了用笔和纸绘画的体验,用户界面操作完全依赖于笔。绘画以草图平面中的一组松散连接的笔画指定的初始草图开始,其内部由其两个端点的位置和一系列值表示,这些值指定沿着笔画长度方向的每个点的位置。笔画可能在草图平面中相交,通过视图投影关系确定三维模型的空间位置。

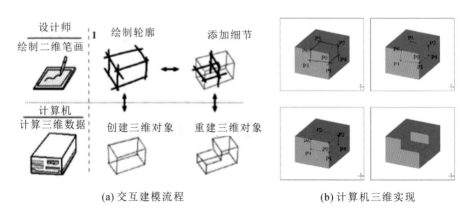

(a) 交互建模流程   (b) 计算机三维实现

图 5-16　交互式三维建模与操作[32]

5.3　虚拟装配/维护中的人机交互

数字化装配包括装配设计、装配顺序评价、装配训练和装配检查等。在装配设计过程中,采用增强装配系统对产品已有零件模型与虚拟三维零件进行预装配,在满足产品性能与功能的条件下,通过分析、评价、规划和仿真等改进产品设计和装配结构,提高产品可装配性和经济性。在装配实践中,增强装配系统通过虚拟零件、虚拟装配工具和增强装配提示信息指导操作人员进行实际装配操作,操作人员通过轻便的透视头盔显示器看到增强的场景,传感器将操作人员的操作反馈给增强装配系统。在装配实践过程中,人机交互是必需的。

5.3.1　装配交互方式

桌面式的三维静态装配和基于 VR 的虚拟装配的主要区别体现在人机交互功能方面。借助主要的 VR 设备,如数据衣、数据头盔和手套、三维操作鼠标等,工艺人员可在与实际工作环境相似的虚拟场景中完成对零部件的移动、旋转、抓取、安装、拆卸等工作,让操作者真正介入装配过程,体现人的主观意图和思想,充分利用所掌握的装配经验和知识,实现以人为中心的工艺设计。

虚拟装配工艺是产品设计制造上游和下游的过渡阶段,是产品生命周期中重要的一环,保障了产品在设计制造、质量检验、经营管理等方面的信息集成。设计过程中的三维数模、制造过程需要的工装数模、使用的自动化设备数模、通过工艺划分及仿真得到的工艺模型等在整个过程中形成统一的整体。虚拟装配工艺既实现了实物模型向三维数模的转化,又实现了虚拟环境下的装配过程规划、分析仿真、优化处理,紧密连接着产品链条的各个环节。其优点包括:

(1)可以实现虚拟沉浸环境下的三维交互。传统装配仿真交互方式简单,只能通过二维的输入/输出设备(鼠标、键盘和平面显示器等)对零件的几何模型进行操作,装配规划的效率较低。VR 环境下的装配仿真通过沉浸式显示系统和空间交互设备的全面支持,实现工艺人员第一视角的随动观察与操作,模拟真实工作过程,在三维空间快速准确地实现移动、旋转、缩放,并可获得真实的反馈,增强互动体验,快速发现不同视角下暴露的装配问题。

(2)可弥补传统装配仿真拆卸互逆思想等的不足。多数装配仿真思路是将拆卸和装配视为可逆过程,通过规划装配模型的拆卸顺序快速得到产品装配顺序。但装配顺序和拆卸顺序不是完全可逆的,所以得到的装配顺序只能作为一个参考,而 VR 环境下对产品的安装操作及定位有自身优势,可以按装配顺序进行安装过程仿真验证和路径记录。

(3)可使协同设计制造应用更高效和使过程决策更准确。借助 VR 技术实现了多部门的可视化协同、协调过程,每个参与者都能在同一环境下真实感知和决策,快速进行工艺探索和工艺优化。

基于交互式操作仿真的装配操作工艺规划分为以下六个步骤。

步骤 1:获得基于产品 CAD 模型的产品装配模型。

产品装配模型应包含零件、组件、层次结构模型和装配约束。装配模型通常在 CAD 系统,例如 Siemens UG NX、PTC Pro/E 和 DassaultCatia 中定义。可以在 CAD 环境中输出模型的数据文件。

如今,几何约束用于描述在大多数 CAD 环境中产品的两个或更多部件的位置关系。几何约束不能直接描述装配操作,因此应该根据 CAD 环境中的一个或多个约束来定义装配语义。通常,在创建产品的装配模型时定义装配语义。为了定义装配语义,需要基于 API 函数库或 CAD 系统的其他工具(例如 PTC Pro/E 的 Pro/Toolkit)开发相应模块。

步骤 2:交互设备辅助下的操作人员模拟装配操作。

为了获得用户的操作动作,操作人员应尽可能自然地完成装配操作。键盘和鼠标等传统输入设备不能满足要求。为了输入操作动作并捕捉操作人员身体的位置和方向,可以采用一些交互设备。具有多个传感器的运动捕捉设备可以捕捉操作人员的肢体和躯干的位置与方向。数据手套用于输入操作人员手的动作。有时,力反馈装置可用于提供装配力的感测信号并限制操作人员的手臂和手的运动。

步骤 3:真实操作人员的操作行为驱动虚拟环境中的虚拟操作人员完成装配操作。

要将操作人员融入虚拟环境,需要利用虚拟操作人员模型。虚拟模型是真实操作人员的映射。虚拟操作人员的操作取决于两个因素:真实操作人员的操作和装配操作行为的结果。换句话说,是由真实操作人员驱动虚拟操作人员完成所有装配操作。

步骤 4：基于基本动作数据库，将虚拟操作行为映射至实际操作动作，以获得一系列装配操作行为。

通过装配操作模拟，可以获得一系列操作人员的行为。借助基本动作数据库，操作行为被分解为一个或多个"基本动作"。基本动作数据库包含许多标准的基本动作，例如抓握、旋转、释放和直线移动。数据库记录了传统的装配操作行为，每个操作行为包括一个或多个动作。

步骤 5：根据序列组合动作形成一个装配操作行为序列。

应该消除装配操作动作序列中的一些不合理或偶然的动作。例如，如果抓握动作紧邻释放动作，则这两个动作应被消除。然后，在基本动作数据库的帮助下，将结果中的动作重新组合成一个或多个装配动作。因此，我们可以获得所有实际的装配操作行为和相应的顺序。

步骤 6：根据装配工位划分和装配操作行为结果为每个装配工位创建装配操作卡。

一个装配行为包含有关操作方式的所有信息：行为名称、移动对象、移动路径和目标位置、使用工具和其他操作信息。要为装配工位创建装配操作卡，必须知道某个行为对应的装配工位。因此，用户必须根据装配操作行为顺序标记所有装配工位，尽管用户可以具有自己的装配操作卡格式，也可以从装配行为和相应的序列获得装配操作卡上的信息。

5.3.2 实时智能化引导技术

一直以来，人们熟知的装配和维护操作场景都是以操作人员的意识为主的，无论是在装配维护过程中人体直接接触的操作过程，还是通过工具间接操作，操作人员的意识在整个过程中都起着决定性作用。虽然这种以个人意识为主的制造方式早已被人们习惯和接受，但随着科技的进步，人们对制造的智能化提出了更高的要求，因此研究人员和制造业相关专家希望可以通过科技促使制造过程决策规范化和改进操作人员的装配维护过程，使得实际装配与维护操作更加规范、高效、合理。

融合物联网与云计算的 AR 技术，可以实现工业制造场景中的智能化人机交互和管控，同时智能化引导技术目前已经在各种装配任务和维护任务中得到应用。事实证明，智能化引导技术具有以下优点：可使装配制造过程可视化，防止过程发生错误,大大提高生产效率和装配制造品质,实现对操作人员自身的安全监控和装配维护过程中的安全监控,确保整个制造过程安全,实现对复杂的装配维护过程中零部件和工作流程的精准识别,确保在生产过程中正确使用零部件和工艺并使用正确的参数进行装配或维护,实现保质保量;实现装配维护过程中的以人为中心的生产数据和以生产对象为中心的生产数据的融合,形成真正意义上的生产大数据,供产品设计参考,从而保证从设计、制造到维护这一制造生命周期过程中数据的完整性,实现形成真正的智慧装配。

下面将剖析装配和维护操作中的智能化引导技术,详细分析 AR 技术的各种基础技术,包括三维数字化统一建模技术、虚实注册技术、实时操作引导技术、实时目标识别与防错技术,通过由这些技术搭建的 AR 技术可以完成虚拟世界与现实世界的互动和融合。

目标的识别与定位,是指在复杂的图像序列中,检查目标物体是否存在,并计算出其在图像中所处位置的一种技术。基于计算机视觉的目标识别定位等技术近年来受到广泛关注并得到了深入研究,在此基础上的新型交互方式有着广阔的应用前景。目标识别定位方法要解决的主要是处于复杂光照、复杂背景、多尺度、多视角、遮控等条件下的目标识别定位问题。在解决这些基本问题的同时,为使目标识别定位方法可以应用于实际场景,目标识别算法需要满足实时性及鲁棒性要求。

目标识别定位方法一般可分为全局方法和局部方法两类。

全局方法一般使用统计学分类技术,用来比较输入图像与目标物体训练图集的相似程度。具体方法包括主成分分析(PCA)法、K-近邻(KNN)算法、Ada-Boost 算法等。全局方法对于目标识别中的常见问题,例如涉及复杂的遮挡关系、光照和背景等的问题,并没有针对性解决方案。

局部方法使用简单的局部特征例如关键点集或边集来描述目标物体,因而可解决局部遮挡和复杂背景等问题。从待识别图像的特征集元素到目标物体模型图像的特征集元素的映射,称为匹配。正确匹配的点称为内点,错误匹配的点称为外点。即使丢失一部分特征,只要找到足够的内点,仍能识别目标物体及定位。可疑的匹配能够通过简单的几何约束剔除。但是这要求特征描述子对视角和光线变化不敏感。局部方法可有效地解决尺度、旋转、遮挡等问题,因此得到了广泛应用。但是使用描述子代价高昂,并且无论数据结构如何优化,匹配阶段都只能少量使用,否则将导致运算量无法降低,不能满足实时性要求。

基于计算机视觉的识别和跟踪主要需要解决以下几个方面的问题:

(1) 特征提取算法　视频比文本、语音和图像等形式数据包含的信息更丰富,它由一系列的连续图像帧组成,是一种非结构化的二维图像序列。它的基本组成单位是图像帧,但是又比单帧图像多了时间域信息,因此提取特征时不仅要提取孤立的基于单帧的较低水平的特征,还要提取视频时域信息。时域信息可以通过跟踪算法得以利用。

特征提取算法有局部特征提取算法和全局特征提取算法两种。局部特征提取算法有天然的优势:局部特征提取算法对光照变化、目标旋转、视角变化等外观变化具有良好的融合能力。目前学者们已经提出了非常多的局部特征提取方法,它们各有各的优势和缺点。全局特征提取算法速度优势很明显,其在进行特征提取和匹配时非常高效,但是对遮挡、水印等基本上没有融合能力。局部特征提取算法抗干扰能力强,但是在特征提取的过程中需进行大量的计算,并且特征的维度也往往较高,这就给后续的匹配和存储都带来了不便。在以上两种特征提取方法之间找到平衡,是识别技术的研究对整个计算机视觉领域而言的意义所在。

(2) 特征的描述　在基于局部关键点特征的目标识别研究中,选定某种特定的特征提取算法的同时,需要考虑如何描述特征,使其尽可能地发挥特长,并且具有解决计算机视觉基本问题的能力,这也是我们在特征提取和匹配研究中面临的一个难题。对于全局特征,以提取颜色特征信息为例,可以通过颜色直方图来描述颜色特征,也可以通过窗口化颜色直方图,表示颜色分布来描述颜色特征。对于局部特征,特征描述子已经成为广泛令人关注的研究对象。局部特征之所以具有强大的抗干扰能力,很大一部分原因在于特征描述子的鲁棒设计。为使描述特征发挥该特征应有的功效,并使接下来的匹配快速高效,描述特征的选取十分重要。

(3) 特征匹配拟合算法　经过特征提取并实现表征和描述后,就要将描述特征与从数据库中提取出来的大量特征进行匹配。特征描述方式不同,匹配方式也不相同。如直方图的匹配,就要计算欧氏距离、加权欧氏距离、直方图二次型距离、相交矩距离等。对于局部二值模式的描述,可以利用其特征值或者二进制数值的个数作为距离来衡量两个特征的匹配相似度。对于局部关键点的特征,因为特征描述子的选择千变万化,所以有不同的匹配算法。比较常见的有多对一匹配算法、一对多匹配算法、一对一匹配算法等。但是这些算法或多或少都有一些缺点。

(4)跟踪算法的切换 传统识别算法是在全局范围内查找未知规模的目标物体,因此势必会花费较大运算量在排除错误匹配区域上。采用跟踪对象识别方法,就可利用视频的特点来降低从后续帧识别该相同物体的计算花销。当被跟踪的目标对象间的差异性比较明显时采用一般跟踪算法,不进行全局搜索,以提升速度。对于有多个跟踪目标、目标对象间差异性小的情况,为了保持跟踪的稳定性,则需要自动切换到全局跟踪算法。全局跟踪算法可通过计算对象的局部特征,形成多目标特征集合,来综合分析目标物体的位姿。

(5)渲染虚拟物体 借由特征匹配和目标跟踪得到目标物体在实时场景中的位姿矩阵,可以精准地了解目标物体的信息,从而可以以此物体为平台,无缝地将虚拟物体以目标物体的空间位置为基准叠加到场景中去,给用户带来具有真实感的体验。也有一些更加有立体感的展示方式,例如浮空投影、全息成像等,不是将合成的虚拟图像投影到平面上再在显示器中展示,而是直接投影到立体的介质中,更加贴近用户。另外,除了视觉还可以有其他方面的展示方式,例如游戏手柄就有力反馈机制,使人更有交互的真实感。

以模拟的航天产品舱体模型电连接器安装及检验步骤作为上述 AR 装配工艺引导训练系统的应用实例。通过 AR 引导的方式训练无该产品装配经验的操作人员将工艺要求的电连接器零件安装到正确的装配孔中,并记录装配操作过程和装配完成后的检验图像,对所提出的方法进行验证。

进行虚拟装配工艺规划,生成动态三维工艺仿真路径文件;然后依次进行零部件识别模型训练、装配操作动作识别模型训练、装配完成状态检验模板生成。以上过程共同支持在线装配状态视觉识别。

在线进行装配操作的引导时,操作人员佩戴 AR 眼镜观看虚拟融合的装配引导场景,包括识别的目标、文字说明、工艺仿真动画,同时也可以获得防错报警信息。图 5-17 所示为 AR 引导装配操作现场。

(a) AR引导装配系统

(b) 动作识别

(c) AR引导

(d) 零件识别

(e) 完成状态检测

图 5-17   AR 引导装配操作现场

5.3.3   装配 /维护系统的交互式作业流程

基于 AR 的装配工艺分析系统的作业流程如图 5-18 所示。

（1）虚拟装配环境初始化   首先通过接口捕捉摄像头拍摄现实装配工作场景的视频图像；然后用户从接口读入虚拟零件的几何模型，并利用从图像中识别的标识物对零件的几何模型进行虚实注册；最后经过渲染刷新生成 AR 环境下的装配场景图像。

（2）交互式虚拟装配   操作用户通过鼠标拾取待装配零件模型，然后拖动滑动条调整零件模型的位置。如果与其他零部件发生碰撞，则绕开被碰撞零件模型；如果未发生碰撞，就继续将待装配零件调整到子装配体附近。接着，用户对装配约束进行识别，调整待装配零件的姿态和位置，将待装配零件装入子装配体。装配到位后，再次点选并释放该零件模型，进行下一个零件模型的装配操作，直至装配完成。

（3）装配结果评价   根据虚拟装配中的操作过程，检查零件模型的可装配性和干涉间隙。根据装配单元的装配顺序和装配路径，对装配过程模拟后产生的碰撞、协调性、工艺性等进行分析评价。

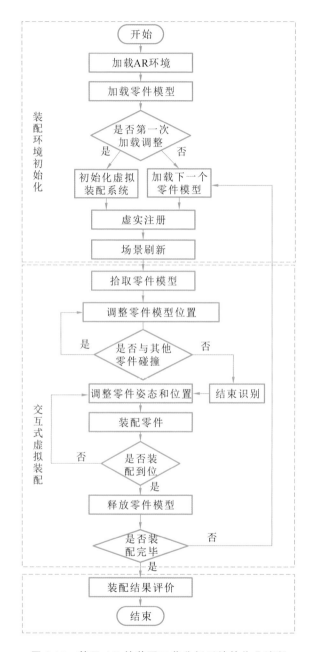

图 5-18 基于 AR 的装配工艺分析系统的作业流程

　　虚拟维护训练系统通过将训练过程拆解为一系列操作行为,并将其按照维护规程组合在一起,在计算机上仿真出一个虚拟的维护训练过程,使得学员可以在虚拟环境中进行训练,从而掌握维护某装备的技术。一次维护操作的基本过程如图 5-19 所示。学员按照标准操作规范进行的操作行为会引起该行为对象的某种状态的改变,相应的控制系统或机械结构根据这个改变量引发系统中关联对象的状态改变。

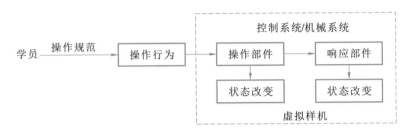

图 5-19 虚拟维护训练操作基本过程

上述一次完整的维护操作在虚拟维护训练系统中被定义为仿真对象,系统通过相应仿真模型的建立实现对象的功能。虚拟维护训练系统仿真流程如图 5-20 所示。

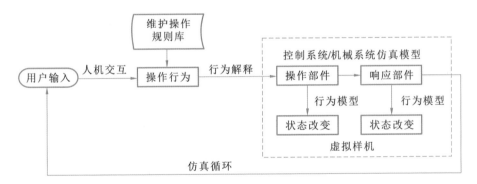

图 5-20 虚拟维护训练系统仿真流程

研究和开发虚拟维护训练系统首先必须要弄清楚系统的使用者、使用者利用系统的目的、使用者对系统的功能需求。所开发的虚拟维护系统应能够使维护人员在上岗前掌握足够的维护知识,并且需通过相关的评估机制来保证培训效果。系统具体功能如下:

(1)通过 VR/AR 设备对真实世界中的环境、对象、工具、设备以及人员进行模拟;

(2)用户在虚拟场景中可以变换位置,系统可根据用户当前坐标实时对虚拟场景进行更新;

(3)用户在虚拟场景中不但可以观察,而且可以进行虚拟操作,包括虚拟维护与拆装等。

图 5-21 所示为基于 AR 的装配操作引导系统的基本框架。该系统包括以下基本子系统：装配操作引导智能可穿戴系统（含头戴式引导信息显示子系统、集成在光学透视智能眼镜上的双通道人机自然交互子系统等），装配操作引导便携式客户端，装配操作引导远程传输子系统、后方支持系统，数字化装配手册子系统（包括数字化装配操作手册、3D 模型库）等。

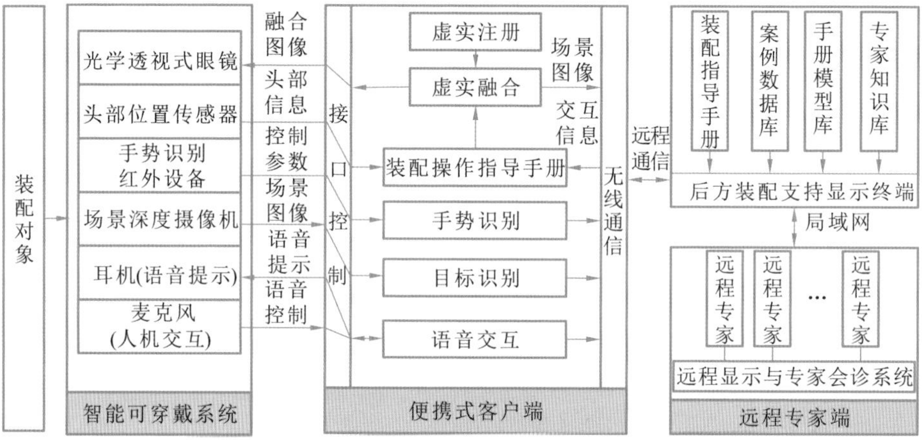

图 5-21 基于 AR 的装配操作引导系统框架

5.4 AR 系统的编辑交互技术

5.4.1 编辑工具交互设计

5.4.1.1 虚拟物体操控方法

用户的观察与操控空间是二维屏幕空间，而应用中虚拟物体的布局空间是三维场景空间，从场景空间到屏幕空间的深度信息的丢失使得用户对虚拟物体的操控变得艰难。部分研究者采用基于跟踪的方法来弥补丢失的深度信息。由于商用智能手机与平板电脑一般只配备单个彩色摄像头，因此在此类平台上通常采用计算机视觉方法实现对手或标志物的跟踪。但基于计算机视觉的跟踪方法受光照条件、手势遮挡等因素的影响，在稳定性上有所欠缺，对用户体验易产生负面影响。因此，可考虑通过在系统中加入辅助标记与约束来弥补丢失的深度信息。例如,可设计一套图形界面,在基于触控交互的基础上引入参考面与投影线,辅助用户在二维屏幕空间内进行物体操控。

在目前流行的三维建模软件中,用户通过二维屏幕进行三维物体建模时也存在深度信息丢失的问题,这些软件通常使用三视图(即主视图、俯视图、左视图三个基本的正投影视图)来描述模型的三维结构及其在三维场景中的位置。虽然在这种方式下一个视图仅反映某一特定方向上的信息,无法完整反映三维空间信息,但是三个视图的组合基本能够完整地表达三维空间信息。借鉴该方法,考虑将用户在屏幕空间的操作映射到在三维空间中某一平面上的操作,通过将不同平面上的操控相组合来达到三维操控目标的目的。

首先,建立场景空间坐标系以描述三维场景空间。由于采用的目标图案均为长方形图片,以目标图案的中心点为坐标系原点,平行于顶边(底边)方向向右为 X 轴正方向,目标图案法线方向为 Y 轴正方向,平行于侧边方向向前为 Z 轴正方向,建立三维直角坐标系。

其次,设计三种带有网格的辅助平面作为参考面:第一种为过用户选择的虚拟物体中心,且法线方向为场景空间坐标系 Y 轴正方向的参考面;第二种为过用户选择的虚拟物体中心,且法线方向为场景空间坐标系 Z 轴正方向的参考面;第三种为过用户选择的虚拟物体中心,且法线方向为场景空间坐标系 X 轴正方向的参考面。

最后,建立屏幕空间与场景空间的映射关系。用户在选择某一参考面之后,在屏幕上的触控点均能一一映射到该参考面对应点上,因此可以计算该对应点在模型空间中的坐标,从而建立起二维屏幕空间与三维场景空间某一截面的映射关系。用户能够通过切换参考面在三维空间内物体的不同截面上进行操作,从而解决了场景空间到屏幕空间的深度信息丢失的问题。

5.4.1.2 屏幕空间点至场景空间点的映射原理

屏幕空间上的点转化到场景空间中时为一条以摄像机位置点为起始点、方向与摄像机角度和屏幕空间坐标相关的射线,因此除参考面法向量与射线方向向量垂直的情况外,参考面始终能与该射线有唯一的交点,由此建立屏幕空间至场景空间参考面的映射关系。

5.4.1.3 参考面的改进与投影线的引入

通过上述参考面进行用户测试,发现对虚拟物体进行操控容易,学习也简便有效。但是,以上参考面设计还是存在一些问题,比如有时由于难以判断场景中两个虚拟物体的相对位置,在布局时需要频繁切换参考面进行位置调整,这会给用户体验带来负面影响。此外,在用户试用过程中发现用户有时使用了不适合所处视角的参考面,导致可供操作的空间十分狭窄,用户也不会主动去切换一个更适合该视角的参考面。

根据这些问题,可对参考面的设计进行改进。

首先,将参考面精简为两种:

(1) 第一种,过用户选择的虚拟物体中心,且法线方向为场景空间坐标系 Y 轴正方向的参考面,记为平行参考面;

(2) 第二种,过用户选择的虚拟物体中心,且法线方向为虚拟物体中心至摄像机在 XOZ 平面上投影,即垂直于目标图案且始终朝向摄像机的参考面,记为垂直参考面。

通过将原来垂直于目标图案的两种参考面进行整合,让其始终面向摄像机,能够使用户在正视及侧视角度下始终有足够的操控空间。即使用户走动也不必手动切换参考面,系统会根据摄像头所在位置进行自动调整,从而可减少用户的额外操作。

其次,引入模型到当前参考面的投影线,即物体到参考面的垂线。在引入投影线之前,由于渲染在屏幕上的虚拟物体没有视差,因此用户感知不到模型的深度信息,难以判断模型间的相对位置。而投影线能够反映出场景中的模型是否在参考面上以及模型投影在参考面上的相对位置,因此用户可以间接地推断出两个虚拟模型在场景空间中的相对位置。

在对参考面进行改进并引入投影线后,用户对三维场景布局的效率有显著的提高。

5.4.2 静态场景编辑方法

静态场景编辑的核心与难点在于设计一种直观的方式,让用户能够简单地将构思的场景通过虚拟物体在场景空间中的布局表现出来。可采用虚拟物体操控方法,让用户在应用软件运行时进行静态场景布局,即用户根据摄像机实时捕捉到的视频流图像,调整虚拟物体在场景空间中的姿态。这种让虚拟物体"沉浸"在现实场景中的编辑方法能实时地反馈用户编辑的结果,让用户能够及时地进行调整,以符合其构思。

在静态场景编辑流程中,需由用户来完成的操作仅为检索模型、选择所需的模型加入场景以及调整模型姿态,其他操作可由 VR/AR 系统自动完成。

5.4.2.1 虚拟模型导入

静态场景中用户编辑时所使用的模型文件可存放在服务器端,每个模型拥有对应的名称。用户在移动端进行编辑时通过在模型检索界面输入关键词进行检索,服务器端通过关键词对模型名称进行模糊匹配,并返回符合的模型列表。

考虑到如果每次用户导入模型,客户端都向服务器端请求模型数据会影响用户编辑速度,因此,当用户选择所需模型时,客户端首先在本地缓存该模型文件,再将其导入场景。这样,当用户第二次使用相同的模型进行编辑时,客户端可直接从本地缓存文件加载,这样能够提高将虚拟模型导入场景的效率。

5.4.2.2 模型姿态调整

模型姿态调整功能在参考面和投影线辅助交互下实现,并且可借鉴主流的触控交互手势。针对模型的选择、平移、旋转和缩放操作,我们设计了符合大多数用户习惯的触控交互手势。

在调整模型姿态时,用户先通过点击选中模型,再选择编辑状态为平移、旋转或缩放,然后使用对应的触控手势进行模型姿态的调整。

系统中物体在场景坐标系中的位置采用三维向量 $\boldsymbol{p} = [p_x, p_y, p_z]$ 描述,旋转采用四元数 $\boldsymbol{r} = [r_x, r_y, r_z, r_w]$ 描述,缩放采用三维向量 $\boldsymbol{s} = [s_x, s_y, s_z]$ 描述。用户在操作时,系统可获得移动前触控点位置 (u_0, v_0) 和移动后触控点位置 (u_1, v_1),并将其分别映射到参考面上点 $\boldsymbol{p}_0 = [x_0, y_0, z_0]$ 和 $\boldsymbol{p}_1 = [x_1, y_1, z_1]$ 处。

用户在平移模型时,在已知模型原位置坐标点 $\boldsymbol{p} = [p_x, p_y, p_z]$ 的情况下可以计算获得移动后模型的坐标点 $\boldsymbol{p}' = [p'_x, p'_y, p'_z]$:

$$\boldsymbol{p}' = \boldsymbol{p} + (\boldsymbol{p}_1 - \boldsymbol{p}_0)$$

用户在旋转模型时,定义旋转角度 θ 为

$$\theta = k \| \boldsymbol{p}_1 - \boldsymbol{p}_0 \|$$

式中:k 为预定常数。

定义旋转轴 $\boldsymbol{L}$ 为

$$L = \frac{\boldsymbol{N} \times (\boldsymbol{p}_1 - \boldsymbol{p}_0)}{\|\boldsymbol{N} \times (\boldsymbol{p}_1 - \boldsymbol{p}_0)\|}$$

式中:$\boldsymbol{N}$ 为参考面法向量。

将该旋转以四元数形式表示为

$$q = \left(\boldsymbol{L}\sin\frac{\theta}{2}, \cos\frac{\theta}{2}\right)$$

则在已知模型旋转矩阵 $\boldsymbol{r} = [r_x, r_y, r_z, r_w]$ 的情况下可以计算模型新的旋转矩阵 $\boldsymbol{r}' = [r_x', r_y', r_z', r_w']$:

$$\boldsymbol{r}' = q \times \boldsymbol{r}$$

用户在缩放模型时,由于缩放模型的手势是多点触控,记缩放前触控点对应参考面上的点为 $\boldsymbol{p}_0^i = (x_0^i, y_0^i, z_0^i)$,$i = 1, 2, \cdots$,其中 i 指第 i 根手指对应的点。相应地,缩放后触控点对应参考面上的点为 $\boldsymbol{p}_1^i = (x_1^i, y_1^i, z_1^i)$,$i = 1, 2, \cdots$。

定义缩放因子 f 为

$$f = \frac{\sum_{i=1}^{n}(\|\boldsymbol{p}_1^i - \overline{\boldsymbol{p}_1^i}\|)}{\sum_{i=1}^{n}(\|\boldsymbol{p}_0^i - \overline{\boldsymbol{p}_0^i}\|)}$$

其中,

$$\overline{\boldsymbol{p}_0^i} = \frac{\sum_{i=1}^{n}\boldsymbol{p}_0^i}{n}$$

为缩放前触控点对应参考面上点的中点。

同理,

$$\overline{\boldsymbol{p}_1^i} = \frac{\sum_{i=1}^{n}\boldsymbol{p}_1^i}{n}$$

为缩放后触控点对应参考面上点的中点。则在已知模型缩放矩阵 $\boldsymbol{s} = [s_x, s_y, s_z]$ 的情况下可以计算模型新的缩放矩阵 $\boldsymbol{s}' = (s_x', s_y', s_z')$:

$$\boldsymbol{s}' = \boldsymbol{s} + \boldsymbol{i} \cdot f$$

其中 $\boldsymbol{i} = [1, 1, 1]$。

5.4.2.3 动态场景编辑方法

动态场景编辑的难点在于动态效果的种类繁多,又难以提供一种统一的方式让用户能够设计所有类型的场景动态效果。所以,现有支持动态场景设计的编辑工具,或是让用户通过编写脚本的方式进行多种不同动态效果的设计,或是针对某种特定的动态效果提供可视化的编辑方法。

　　较为常用的动态效果是模型的刚体运动。有学者针对该动态效果提出了基于关键帧设计的动态场景编辑方法。当用户使用该工具进行动态场景编辑时,只要指定关键帧场景中模型的姿态,系统就会根据相邻两个关键帧模型姿态通过插值的方法生成中间帧的模型姿态。该方法能够让用户直观地对模型刚体运动的动态效果进行设计,但是当运动较为复杂时,例如包含曲线运动或者不规则运动时,用户需要手动指定大量的关键帧,这个过程十分费时。

　　一种改进思路是系统支持的动态场景仍然针对三维模型的刚体运动的动态效果,但无须用户手动创建所有的关键帧,关键帧的创建由系统自动完成。例如,系统中的动态场景可采用可视化的连续帧动画形式进行设计。用户通过涂鸦的方式快速绘制模型运动轨迹,系统根据该轨迹自动生成一系列关键帧用以描述该运动,随后用户再针对关键帧进行细节调整,对动画进行局部或者整体的改动。整个动态场景编辑过程中用户无须进行任何编码操作,直接基于图形界面进行设计即可。在播放动画时,系统根据给定时刻的前后两个连续关键帧的模型姿态通过插值的方法自动生成中间帧的模型姿态。

第6章
基于 VR/AR 的数字孪生技术

数字孪生(digital twin),或称数字双胞胎,可以直观地认为是物理世界中虚拟的镜像对象。虚拟孪生体可以配对物理世界中的一个设备、产品、生产线等显式存在的实体对象,也可以映射物理世界中的作业序列、流程、组织结构等隐式对象。当然,数字孪生的范畴也是有一定限度的,制造过程中并非一切都需要数字化。数字孪生的概念由来已久,是数字、仿真、通信等技术发展到今天的产物。智能制造的内涵就是虚实制造,利用虚拟技术去赋能真实物理制造,在产品的全生命周期过程中逼近设计、生产意图,极大提高效率、降低成本和控制质量。实现数字孪生的最佳手段就是采用基于 VR 和 AR 技术的沉浸式自然交互系统,结合高可信的数字分析和仿真模型,充分实现虚实融合。本章介绍数字孪生的关键技术、基于 VR/AR 的数字孪生实现方法和案例分析。

6.1 数字孪生与 VR/AR

6.1.1 数字孪生概述

6.1.1.1 数字孪生概念
数字孪生概念是美国密歇根大学的 Michael Grieves 教授于 2002 年提出。如图 6-1 所示,数字孪生概念模型主要包括三个部分:真实空间中的物理实体、虚拟空间中的虚拟模型、连接虚实空间的数据和信息。

美国国家航空航天局(NASA)在阿波罗 13 失败后进行新项目研制时,建立了两个完全独立的空间飞行器,一个在太空执行任务,一个应用在地球实验室中,它们称作"孪生体(twins)",用来模拟太空中飞行器的真实状态,利用真实

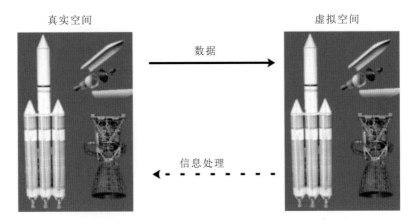

真实空间　　　　　　　　　　　虚拟空间

数据

信息处理

图 6-1　数字孪生概念模型[33]

的模拟数据反映飞行器的飞行条件和状态,这可以被认为是数字孪生的雏形。2006 年 NASA 使用虚拟铁鸟(virtual iron bird,VIB)作为航天工业中的工程工具,用来优化和验证航天器飞行系统[34]。

　　笔者于 2005 年起承担了月球车移动分系统试验平台研制任务,负责虚拟月球车的仿真,包括运动学、动力学及控制系统与地面试验样机实时通信,仿真和控制的数据在大型虚拟现实平台上同步展示。图 6-2 所示为中国月球车移动分系统虚拟试验平台,该系统也是数字孪生系统的雏形。

　　由于信息技术条件的限制,真实物理产品的数字化表达还是一个新颖但并不成熟的概念。在 20 世纪 90 年代末,虚拟产品、虚拟样机、数字样机、虚拟功能样机等被提出。上海交通大学严隽琪教授等首次提出环境模型,指出虚拟样机的功能是由环境激励的,这和当前数字孪生的映射模型大同小异。直到 2011 年,NASA 和美国空军研究实验室将数字孪生技术应用到航天飞行器健康维护和寿命预测中,数字孪生技术才逐渐引起国内外学术界和工业界的广泛关注,同时数字孪生的概念模型也不断地发展和完善。

　　近年来,国内外学者针对数字孪生的概念、内涵、实践与应用展开了深入研究,然而目前对数字孪生一词仍然缺少准确的、统一的定义与描述,表 6-1 所示为数字孪生的主要定义。

　　由此,对“数字孪生”有两种解释,一种将数字孪生定义为一种技术、方法,一种将数字孪生定义为虚拟表达、数据对象或模型。

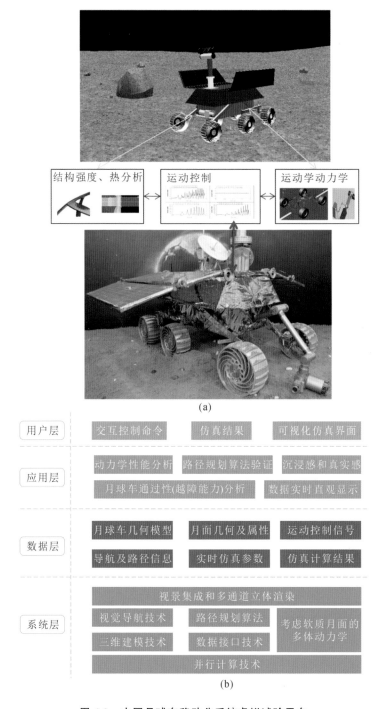

图 6-2　中国月球车移动分系统虚拟试验平台

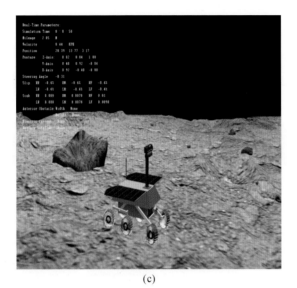

(c)

续图 6-2

表 6-1　数字孪生的主要定义与描述

定义	描述	来源
充分利用多源异构数据,集成多学科、多物理量、多尺度、多概率属性的仿真过程	过程方法	NASA
一个物理资产、过程和系统的数字化复制品,该复制品可以用于不同的目的	模型对象	GE 公司
物理产品或过程的虚拟表达,被用来分析和预测物理对象的性能特征	虚拟表达数据对象	西门子公司
物理实体或系统的虚拟化、数字化的表达	虚拟表达	IBM 公司
以数字化方式创建物理实体的虚拟模型,借助数据模拟物理实体在现实环境中的行为	技术方法	文献《数字孪生及其应用探索》

6.1.1.2　数字孪生参考模型

数字孪生可以看作实现 CPS 的技术,国际上有几个流行的数字孪生参考模型。

1) GE 公司数字孪生参考模型

GE 公司是提出数字孪生概念较早的公司,基于 Predix 系统进行数据分析,一度成为工业互联网的代言人。其数字孪生模型的特点是以数据分析引擎作为数字孪生的核心。

图 6-3 所示为 GE 公司数字孪生参考模型。

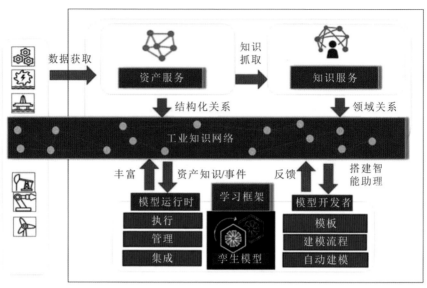

(a) GE公司数字孪生模型框架

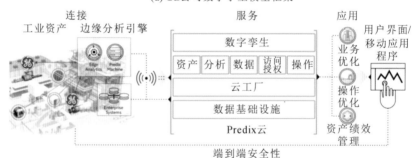

(b) 基于Predix云的数字孪生应用框架

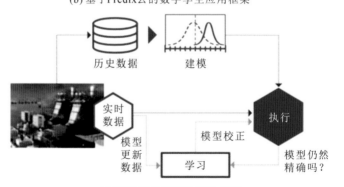

(c) GE公司数字孪生驱动模型

图 6-3　GE 公司数字孪生参考模型[36]

2）西门子数字孪生参考模型

西门子数字孪生参考模型为螺旋结构,采用了全生命周期视角。通过搭建整合制造流程的生产系统数字孪生模型,能实现从产品设计、生产计划到制造执行的全过程数字化。西门子数字孪生模型分为基于数字孪生的产品研发、基于数字孪生的生产制造和基于数字孪生的产品性能测试与运维三个部分,其通过协同平台 Teamcenter 进行数据整合,如图 6-4 所示。

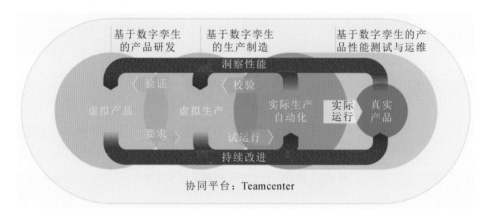

图 6-4　西门子数字孪生参考模型[37]

3）德勤公司数字孪生参考模型

图 6-5 所示的德勤公司生产流程数字孪生模型呈现的是从物理世界到数字世界,再从数字世界回到物理世界的过程。这一"物理—数字—物理"过程或循环构成了德勤工业 4.0 的研究基础,从广义上描述了数字制造环境,将先进的生产技术与物联网相结合,使制造企业在实现互联互通的同时,还能开展传输和分析活动,并利用信息采取更加智能的实际行动。

德勤公司数字孪生参考模型主要关注两大领域:

（1）从资产的设计到资产在真实世界中的现场使用和维护;

（2）创建使能技术,整合真实资产及其数字孪生体,使传感器数据与企业核心系统中的运营和交易信息实现实时流动。

4）波音数字孪生菱形模型

图 6-6 所示为波音公司提出的数字孪生模型(简称波音数字孪生菱形模型)。

5）SAP 数字孪生模型

图 6-7 所示为 SAP 公司的数字孪生模型(简称 SAP 数字孪生模型)。

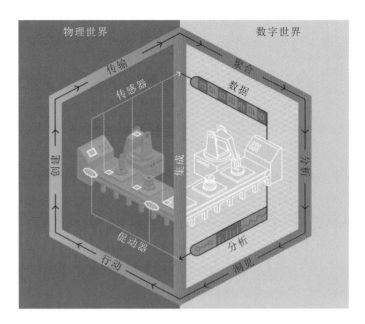

图 6-5　德勤公司生产流程数字孪生模型

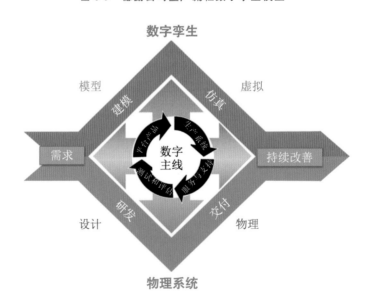

图 6-6　波音数字孪生菱形模型

　　SAP 公司提出来的正方形模型的每个边都是孪生接口,分别是孪生体-设备(twin-to-device)集成、孪生体-系统智能(twin-to-SoI)集成、孪生体-系统数据集成(twin-to-SoR)、孪生体-孪生体(twin-to-twin)集成接口,面向工业 4.0 的

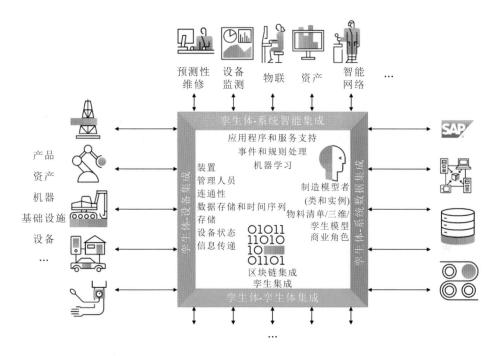

图 6-7 SAP 数字孪生模型[38]

三个维度展开集成。

6）PTC 数字孪生参考模型

图 6-8 所示为 2018 年美国参数技术公司(PTC)提出的数字孪生参考模型，它看上去俨然是一个阴阳八卦图。当产品生命周期管理流程能够延伸到产品应用的现场，再回溯到下一个设计周期时，就形成了一个闭环的产品设计系统流程，并且能实现在产品出现故障之前进行预测性维修。智能产品的每一个动作，都会重新返回设计师的桌面，从而实现实时的反馈，其中 AR 为主要使能技术。

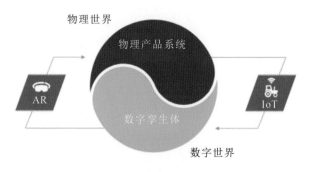

图 6-8 PTC 数字孪生参考模型

7）ANSYS 数字孪生框架

ANSYS 公司从产品设计的分析角度，提出了产品数字孪生框架（见图 6-9），将该框架和 GE 公司工业数据及分析云端平台 Predix 进行集成，并利用 PTC 公司的 ThingWorx，在远程传感器与仿真软件之间建立物联网平台，借助机器学习与 AR 技术，从物联网收集重要信息并将数据连接到 ANSYS 分析模型中，实现智能决策。

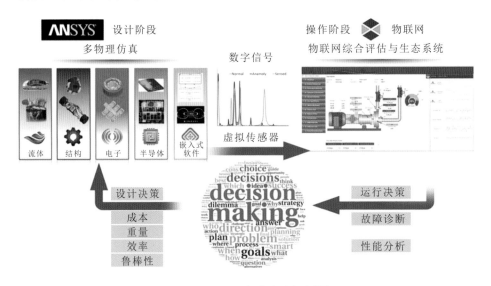

图 6-9　ANSYS 数字孪生框架[39]

8）微软数字孪生模型

图 6-10 所示为微软公司的数字孪生模型。

9）Oracle 数字孪生模型

图 6-11 所示为 Oracle 公司的数字孪生模型。

Oracle 物联网云通过以下方式提供数字孪生体：

（1）虚拟孪生体　通过设备虚拟化，利用简单的 JSON 文档存储观察数据和期望数据。

（2）预测性孪生体　通过使用各种技术构建的模型来模拟实际产品的复杂性，从而解决问题。

（3）孪生体投影　将数字孪生体投影到后端商业应用程序上，使物联网成为用户业务基础架构的一个组成部分。

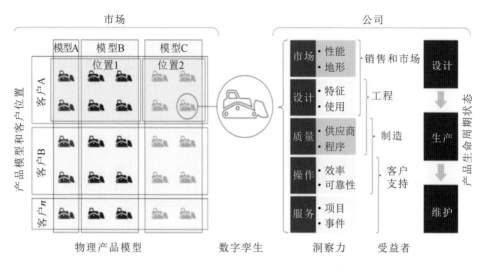

图 6-10　微软公司的数字孪生模型[40]

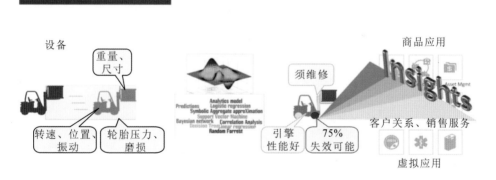

图 6-11　Oracle 公司的数字孪生模型[41]

10）弗劳恩霍夫数字孪生参考模型

图 6-12 所示为弗劳恩霍夫数字孪生参考模型。

11）国内学者提出的数字孪生模型

图 6-13 所示为北京航空航天大学陶飞提出的数字孪生的五维模型。

图 6-14 所示为刘检华提出的产品数字孪生模型。

图 6-15 所示为广东工业大学刘强提出的数字孪生产线。

图 6-16 所示为笔者提出的基于拟态的数字孪生模型。

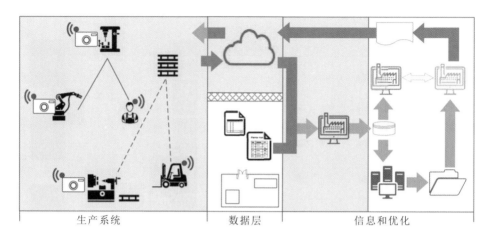

| 生产系统 | 数据层 | 信息和优化 |

图 6-12 弗劳恩霍夫数字孪生参考模型

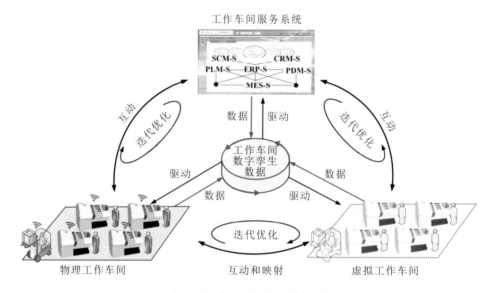

图 6-13 数字孪生的五维模型

总体来说,无论采用哪种孪生技术都需要创建一个高度复杂的虚拟模型,它是物理对象的精确复制(或孪生体)。

在本书中,将数字孪生模型定义为物理对象在虚拟空间中的映射模型,它是以数字化方式表达的虚拟模型,强调物理对象与虚拟模型之间的一一对应关系。而数字孪生指的是实现虚实间交互与融合的技术、方法,强调物理空间与虚拟空间之间的融合过程。

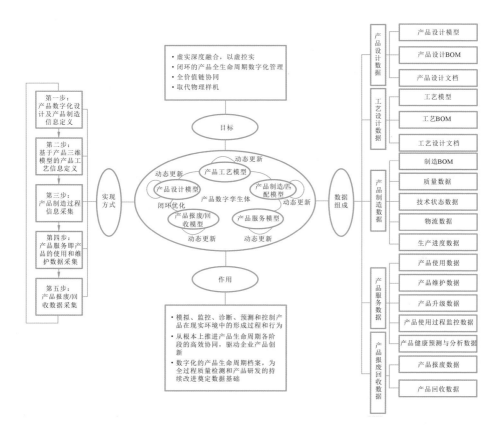

图 6-14 产品数字孪生模型

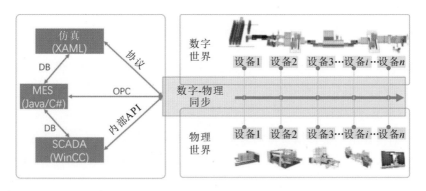

图 6-15 数字孪生产线

数字孪生概念的落地是用三维图形软件构建的"软体"去映射现实世界中的物体来实现的。这种映射通常是一个多维动态的数字映射,它通过安装在物体上的传感器或模拟数据来洞察和呈现物体的实时状态,同时也将承载指令的

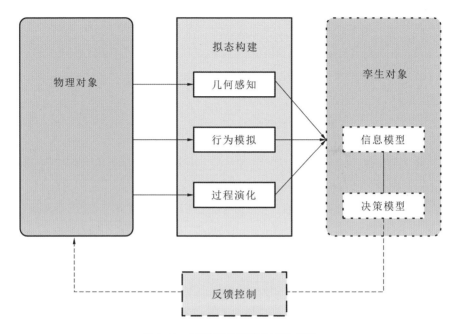

图 6-16　基于拟态的数字孪生模型

数据反馈回物体,导致运行状态变化。数字孪生是现实世界和数字虚拟世界沟通的桥梁。数字孪生体现了软件、硬件和物联网反馈的机制:运行中实体的数据是数字孪生的"营养液"输送线。很多模拟或指令信息都可以通过数字孪生的连接输送到实体,以达到诊断或者预防的目的。这是一个双向进化的过程。

6.1.2　智能制造系统的数字孪生模型

数字孪生技术为产品提供了设计阶段、制造阶段与服务阶段的数字化制造的信息载体。图 6-17 所示为基于数字孪生的产品生命周期数字化定义过程。

1) 产品设计阶段

产品设计是指根据用户使用需求,经过研究、分析和设计,提供产品生产所需的全部解决方案的工作过程。根据产品设计目的不同,可将产品设计阶段细分为产品需求分析、产品概念设计和产品详细设计三个阶段。在需求分析阶段,设计人员收集用户需求数据、产品的历史使用数据和故障数据、工艺人员及制造人员反馈数据,并撰写产品需求分析报告;在概念设计阶段,设计人员根据需求分析报告确定产品优化目标,同时进行产品功能定义;在详细设计阶段,设计人员在考虑优化目标和设计约束的条件下,利用集成的三维实体模型定义产

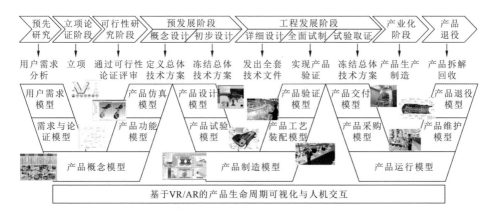

图 6-17　基于数字孪生的产品生命周期数字化定义过程

品信息,包括几何信息、非几何信息与管理信息,利用该产品模型进行虚拟验证,包括应力分析、疲劳损伤分析、结构动力学分析等,并产生仿真测试数据、仿真优化数据、性能预测数据等。

2) 产品制造阶段

产品制造模型的构建表现为设计模型的重构。从毛坯到成品之间需要多道工序,因此产品制造模型是一系列模型的集合,它包括从毛坯模型经一系列加工过程最终形成零件模型这一过程中所有的模型。根据产品加工的工艺路线,在制造阶段会重构多个制造模型,不同的制造模型根据该道工序的加工需求定义了不同的加工设备信息、工装信息、工艺信息、检验测试信息等,这些非几何信息可通过制造 BOM 与每个实体模型进行关联。

3) 产品服务阶段

产品服务阶段为产品全生命周期中的最终阶段,因此该阶段的模型包含上游全部的设计信息和制造信息,并添加了产品的安装数据、使用数据、维护数据,可结合车间的信息系统管理这些数据。

产品数字孪生模型具有三种属性:可计算性、交互性和可控制性。模型的可计算性主要表现为可借助仿真工具真实地反映物理产品的状态。模型的交互性表现在两个方面:一是可通过与物理产品的交互,不断完善数字孪生模型,提高模型的精确性;二是可与其他数字孪生模型(如机床数字孪生模型)交互,完成产品的加工过程仿真。模型的可控制性即可通过分析产品全生命周期过程中的数据,控制物理空间中产品的行为和状态。

6.1.2.1 面向设计的数字孪生模型

利用面向产品设计的数字孪生模型(见图 6-18),通过超高拟实度的虚拟仿真模型,融合大数据的产品全生命周期分析手段,可完成产品虚拟样机分析验证,包括有限元分析、结构动力学分析、热力学分析、疲劳损伤分析等。利用 VR/AR 技术,实现产品设计模型的可视化展示以及与用户的交互,通过逼真的三维可视化效果增强用户的沉浸感与交互感。

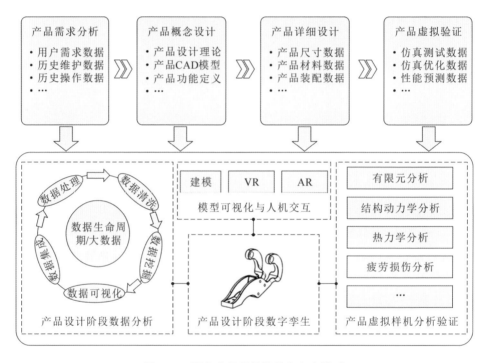

图 6-18　面向产品设计的数字孪生模型

6.1.2.2 面向制造的数字孪生模型

在生产制造阶段,需要将现实世界中产品的生产实测数据(如加工进度数据、加工设备数据、在制品质量数据)传递到虚拟世界中的虚拟产品上并实时展示,实现基于产品模型的生产实测数据监控和生产过程监控(包括设计值与实测值的比对、设计物料特性与实际使用物料特性的比对、计划完成进度与实际完成进度的比对等)。另外,基于生产实测数据,通过物流和进度等智能化的预测与分析,实现质量、制造资源、生产进度的预测与分析;同时智能决策模块根据预测与分析的结果制定出相应的解决方案并反馈给实体产品,从而实现对实体产品的动态控制与优化,达到虚实融合、以虚控实的目的。

实现复杂动态的实体空间的多源异构数据实时准确采集、有效信息提取与可靠传输是实现数字孪生体的前提条件,近几年物联网、传感网、工业互联网、语义分析与识别等技术的快速发展为满足这一前提条件提供了一套切实可行的解决方案。人工智能、机器学习、数据挖掘、高性能计算等技术的快速发展,为数字孪生体在产品数据集成展示、产品生产进度监控、产品质量监控、智能分析与决策(如产品质量分析与预测、动态调度与优化)等方面的应用提供了重要的技术支持,如图 6-19 所示。

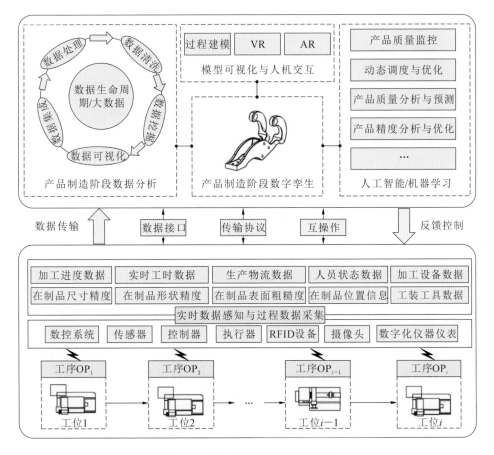

图 6-19 面向制造的数字孪生模型

6.1.2.3 面向运行性能的数字孪生模型

智能产品和智能工厂在运行过程中会产生大量的有关其利用率和有效性

的数据。面向运行性能的数字孪生模型(见图 6-20)可从运行中的产品和工厂中捕捉这些数据并对其进行分析,从而为生产活动提供决策支持。利用面向运行性能的数字孪生模型,企业可以:

(1)提升创新力;

(2)获得改进虚拟模型的洞察力;

(3)捕捉、聚合和分析运营数据;

(4)提高产品和生产系统效率。

图 6-20 面向运行性能的数字孪生模型

6.1.3 基于 VR/AR 的数字孪生系统与关键技术

在汽车、制造业领域,VR/AR 数字孪生技术最常用于维修与维护、设计与组装,便于操作人员查阅数字参考资料、寻求远程专家帮助、查看无实体零部件的数字模型以及将详细操作步骤投射至工作台上查看。在数字孪生产品方面,企业可使用 VR 和/或 AR 技术查看数字组装步骤,模拟产品在极端条件下的表现,对基础设施进行多角度视觉化呈现以及将设计组件叠加至已有模块上。

可以断言,利用 VR/AR 等沉浸式技术、数字孪生可视化技术远程了解物理对象的状态,实现对制造过程的透明化管理,可使整个产品生命周期的数据紧密关联,生产过程将更加高效和智能。

6.1.3.1 信息高完整度的建模技术

数字孪生模型要求足够精确。产品的信息模型是对产品的形状、功能、技术、制造和管理等信息的抽象理解和表示。在并行工程中,统一的产品信息表达和交换是并行设计的基础。产品全生命周期的信息模型是对产品全生命周期研制过程中的信息的形式化描述,除了包含几何形状及拓扑信息、非几何信息等设计制造信息之外,还包含描述产品功能、逻辑、机电液压性能、结构、技术规范等更高层次内容的总体信息等。全生命周期信息模型包括客户需求模型、需求与论证模型、产品概念模型、产品功能模型、产品仿真模型、产品设计模型、产品试验模型、产品制造模型、产品工艺装配模型、产品验证模型、产品交付与确认模型、产品采购模型、产品运行模型、产品维护模型以及产品退役模型等。图 6-21 所示为高完整度信息的数字孪生示意图。

图 6-21 高完整度信息的数字孪生示意图

基于 MBD 的数字孪生产品模型连接产品不同生命周期阶段的数据、过程等企业资源,利用 SysML、Modelica、OSLC 等语言,数字孪生模型正逐步取代文档成为产品研制沟通的主要手段。建立功能、逻辑模型后仿真再验证,模型本身即成为过程管理的对象,进而实现全生命周期内各专业领域模型的一致性、可追踪性、可验证性和关联性。图 6-22 为采用 SysML 进行基于 MBD 的数字孪生信息建模示例。

针对制造业产品生命周期信息追溯,为解决信息分散、不同阶段信息量不对称、信息属性不一致,以及阶段转换导致的信息不连续等问题,可建立面向产品全生命周期的信息模型,支持各个阶段产品信息的收集、表示及可追踪性的实现。图 6-23 所示为面向产品全生命周期的信息模型的结构。下面将分别从生命周期、产品结构和信息表示三个维度对数字孪生模型中产品信息的表示、集成和资源映射加以解释。

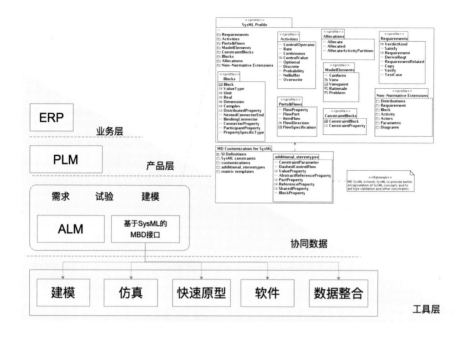

图 6-22 采用 SysML 进行基于 MBD 的数字孪生信息建模

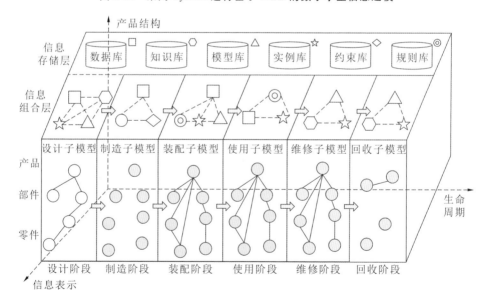

图 6-23 面向产品全生命周期的信息模型

在产品结构维度,每个产品可分为三层,即产品、部件和零件,在模型中以节点表示。层次间存在着父子关系,表示产品的装配关系,即产品由哪些部件、零件组成,部件由哪些零件组成,在模型中以节点间关系表示。每个节点在产品生命周期中都有唯一的标识,承载着与该节点相关的生命周期信息并存储在节点的属性里。由于产品还处在制造阶段,未经过装配操作,零件、部件之间还未存在父子关系,因此子模型中只有一些散落的节点;而在装配阶段,产品的结构已经形成,因而此时的子模型呈现树状结构;在使用和维修阶段,产品生命周期信息的增加不再与产品的结构有关,因此这两个阶段的子模型结构与装配阶段形成的树结构相同,只是节点承载的信息量及信息属性不同;回收阶段由于拆分操作,模型中包含了分支与一些散落的点。

在生命周期维度,产品生命周期被划分为设计阶段、制造阶段、装配阶段、使用阶段、维修阶段和回收阶段。每个阶段包括相应的产品阶段子模型,分别对应设计子模型、制造子模型、装配子模型、使用子模型、维修子模型和回收子模型。这六个子模型统一构成了面向产品全生命周期信息模型。子模型间存在着映射和转换的关系,设计和定义了一系列操作映射规则来保证生命周期信息在各个阶段转换时的一致性、连续性和可追踪性。

在信息表示维度,以产品生命周期子模型为基础,承载在节点以及节点关系上的生命周期信息在持久化层上可能分布在多个数据源中。为了实现灵活的配置、多数据源的集成以及基于资源服务的信息访问,在信息模型支持下,将持久化层中的数据配置映射为资源,供上层访问和调用。

6.1.3.2　高可信多规律建模技术

多规律建模包括多物理性建模和多学科性建模。

(1)多物理性建模:产品数字孪生模型是基于物理特性的实体产品数字化映射模型,不仅需要描述实体产品的几何特性(如形状、尺寸、公差等),还需要描述实体产品的多种物理特性,包括结构动力学特性、热力学特性、应力特性、疲劳损伤特性以及产品组成材料的刚度、强度、硬度、疲劳强度等特性。

(2)多学科性建模:产品数字孪生模型涉及计算科学、信息科学、机械工程、电子科学、物理等多个学科的交叉和融合,具有多学科性。在复杂产品研发过程中,往往伴随着多物理、多学科的协同,需要建立面向多学科的高可信物理模型,如图 6-24 所示。

为了对不同领域物理系统的模型进行统一表述,实现统一建模,并支持层次化结构建模,美国密歇根大学开发了 OpenMDAO 系统,其可以实现高可信

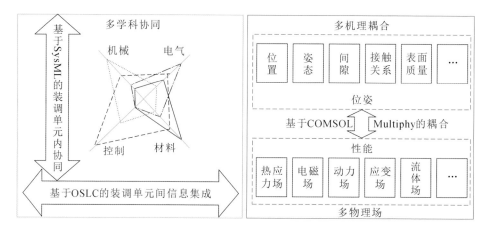

图 6-24　高可信物理模型

度的多学科优化,但是其通用性还不够。这里简要介绍基于 Modelica 语言建立复杂机械系统多领域统一可视化模型的基本方法。

1) Modelica 语言

Modelica 是一种开放的、面向对象的、以方程为基础的语言,可以跨越不同领域,方便地实现复杂物理系统的建模,包括机械系统、电子系统、电力系统、液压系统、热系统、控制系统及面向过程的子系统模型。Modelica 作为开放标准语言,有可重用的机、电、液、控、热、流等领域的标准库(Modelica standard library,MSL)和扩展库,目前在汽车、航空和机器人等复杂机械系统的仿真建模中多有应用。

功能模型接口(functional mockup interface,FMI)为通用模型标准接口,用于连接不同设备供应商提供的各种不同的行为模型设备与标准控制器的软件/硬件/模型,进行半实物实时仿真测试。FMI 标准定义了模型描述格式和数据存储格式,解决了异构仿真软件由于接口技术的不统一而产生的诸多联合仿真问题,如图 6-25、图 6-26 所示。基于 FMI 标准封装的仿真模型称为功能样机单元(functional mockup unit,FMU),可实现模型知识产权保护。基于 Modelica 语言构建跨多学科的系统仿真平台,可通过 FMI/FMU 技术实现系统仿真平台与各类型工程仿真软件的有机集成,进而形成复杂系统,涵盖模型在环、软件在环、人员在环的综合仿真环境。FMU 内部包含 FMI 标准接口函数的模型文件、描述模型变量属性的模型描述文件(. xml)。

图 6-25 基于 FMI 标准的文件交换

(a) FMI联合仿真方法

图 6-26 FMI 联合仿真方法

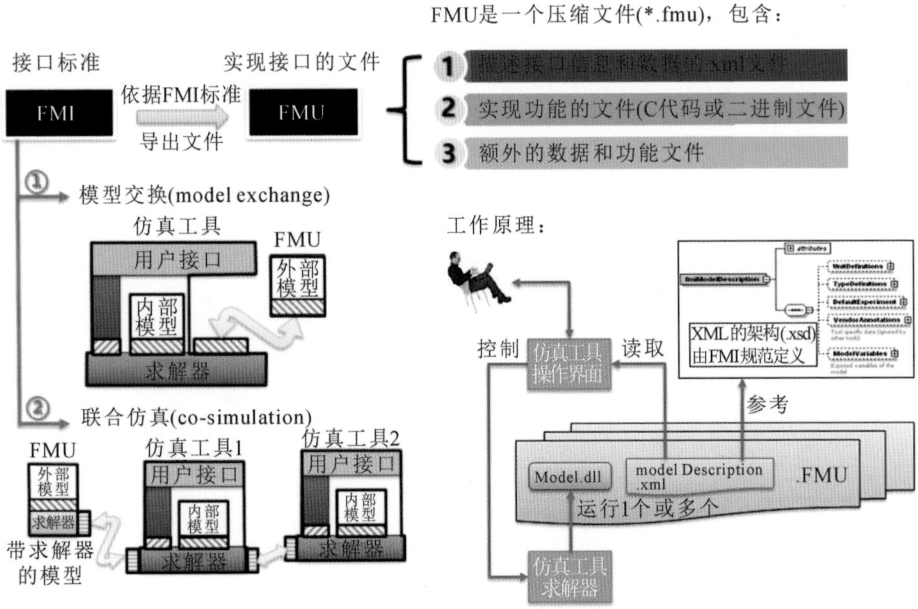

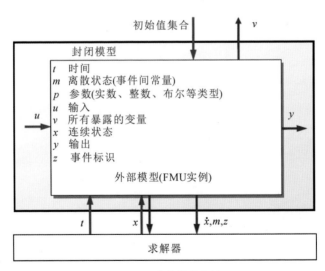

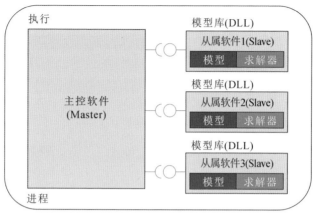

(b) 实现方式1：代码导出方式

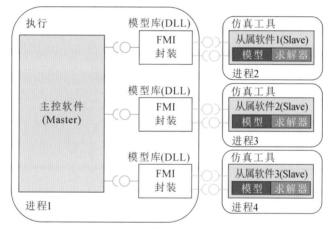

(c) 实现方式2：工具耦合方式

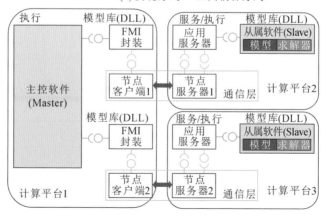

(d) 实现方式3：分布式方式

续图 6-26

2）多学科联合建模

基于 FMI 的应用通过仿真总线连接在一起，并在 Simulink 中实现联合仿真。仿真总线通过可视化接口接入 VR/AR 系统，如图 6-27 所示。

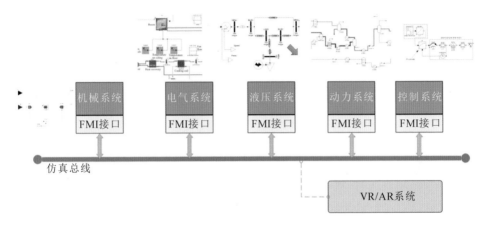

图 6-27　多学科联合仿真模型体系

6.1.3.3　高鲁棒性的虚实映射技术

1. 物理车间设备通信协议

当前工业网络主流总线有以下几种。

（1）以太网总线　在办公和商业领域，以太网是当今最流行、应用最广泛的通信技术，具有价格低、通信速率高、带宽大、兼容性好、软硬件资源丰富、有广泛的技术支持基础等诸多优点，并具有强大的持续发展潜力。

（2）PROFINET 总线　PROFINET 是基于工业以太网的开放的现场总线标准，它独立于供应商，用于生产自动化与过程自动化。采用 PROFINET 总线可以提高工业以太网应用的灵活性，大幅提升生产效率，稳步提升设备性能。

（3）工业无线通信总线　无线通信技术为工业通信技术开辟了新的应用领域。目前主流的工业无线通信总线有：ZigBee 总线和 WirelessHART 总线等。

2. 制造异构数据转换标准——MTConnect

在统一标准协议下的制造系统必须要有相应互联互通数据标准的支撑。下面介绍当前国际上具有影响力的互操作数据转换标准 MTConnect。

MTConnect 是由美国制造技术协会（The Association for Manufacturing Technology，AMT）提出的用于不同设备和系统之间的一种易于扩展的数据转换标准。它只规定了制造设备间通信的语言与交互信息结构，并通过一个标准化接口访问制造数据以实现互操作,而不对数据传输方式做严格限制。因此,MTConnect 是在制造业已经成熟的车间数据采集方案的基础上,最大限度地实现异构数据源间的高度互操作,非常适合用来解决当前车间异构信息的集成问题。MTConnect 标准基于 HTTP 与 XML,提供了一个词汇表和一组定义的词,使机床能够以被应用程序识别的公共语言来"表达自己",实现机床设备的互联互通。

1) 基于 MTConnect 的制造过程监测系统架构

作为一种针对多源异构信息的互联标准,MTConnect 还提供了一套软件解决方案。如图 6-28 所示,基于 MTConnect 的制造过程监测系统基于客户端/服务器模式对多源异构信息进行标准化采集。适配器(adapter)作为智能设备与监控终端沟通的"翻译器",把数据转换为标准格式;代理器(agent)作为缓冲器存储来自适配器的标准化数据,并通过网络将数据以 XML 格式分发到与MTConnect 系统兼容的各应用领域中。

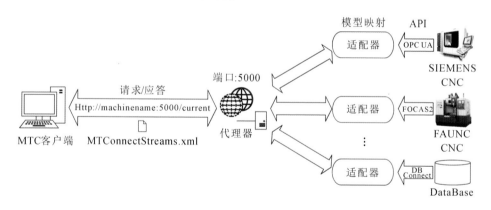

图 6-28　基于 MTConnect 的制造过程监测系统架构

（1）适配器　MTConnect 系统的典型体系结构由 MTC 客户端和代理器两个软件元素组成,但由于目前大多数数控机床厂家还未设计出针对 MTConnect 标准的数据采集接口,故需要专门定制数据转换单元对目前的数据采集接口进行复用与扩展。

针对不同来源的数据如传感器数据、数据库数据,需要分别定制数据转换单元即适配器程序。适配器程序用于监控加工设备或其他软硬件生成的数据,同时具有"翻译"转换功能,是 MTConnect 系统重要的连接枢纽。适配器是位于现场硬件设备和上层监控管理系统间的通用服务系统,有着标准的程序接口,负责设备与上层系统的通信和联系,并可屏蔽软硬件平台、通信协议、操作系统和各硬件接口的异构性,实现不同硬件和系统平台上的数据共享和互操作。

适配器程序连接器可以安装在数控设备的控制单元上,也可以安装到一台联网的个人计算机或服务器上,它会将从设备采集到的数字信号解析成 MTConnect 代理器可理解的数据格式,如图 6-29 所示。经过适配器转换的数据可以通过网络连接上标准的代理程序,实现多源数据的进一步整合。

```
• Samples and Events
  <timestamp>|<data_item_name>|name 1|value 1|name 2|value 2|name 3|value 3|…
  2016-06-15T00:00:00.00000|pover|ON|execution|ACTIVE|line|412|Xact|-1.1761875153|Yact|1766618937
• Conditions
  <timestamp>|<data_item_name>|<level>|<native_code>|<native_severity>|<qualifier>|<message>
  2016-09-29T23:59:33.460470z|htemp|WARNING|HTEMP|1|HIGH|Oil Temperature High
• Messages
  <timestamp>|<data_item_name>|<native_code>|<message>
  2016-09-29T23:59:33.460470z|message|CHG_INSRT|Change Inserts
• Time Series
  <timestamp>|<data_item_name>|<count>|<sample rate>|<message>
  2016-09-29T23:59:33.460470z|current|10|100|1 2 3 4 5 6 7 8 9 10
```

图 6-29 MTConnect 适配器转换数据流示例

由不同数据源采集到的数据可以分为结构化数据(例如数字、符号)、非结构化数据(例如文本、图片、音频、视频、超媒体信息、地理位置、加工日志、质检报告等)和半结构化数据(例如 XML、HTML 格式数据等)。结构化数据表现为二维形式,即以"属性-值"键值对(K-V)的形式存在,而非结构化数据常以二进制数据形式存在。

OPC UA 地址空间中存储的是变量类型。变量中存储的数据是典型的结构化数据,这种类型数据转化为 MTConnect 适配器中的字符串信息较为简单,只需把节点"属性-值"数据按照顺序以"|"符号分割,排列并形成一条字符串信息,再在字符串的开头加上采样时间即可。对于采样频率较高的传感器数据,可以采用 TimeSeries 类型并指定采样个数,依次排列存储。而对于制造现场可能存在的非结构化的视频、图像等数据,应当对键值对进行结构化数据处理,即应直接传输二进制文本内容。

(2)代理器　可扩展标记语言(extensible markup language,XML)是一种移植性较好且容易解释的半结构化数据格式,在存储结构化数据和非结构化数据时,只需要将其作为节点以 XML 形式保存即可。因此,XML 等半结构化数据格式非常适合用于制造过程信息的存储,可以解决制造过程信息集成问题。

而 MTConnect 恰恰采用 XML 对制造过程数据进行编码,用于搭建机床数据的层次化结构。同时采用基于 W3C 标准的 XML Schema 语言 XSD(XML schema definition),定义和描述 XML 文档的结构与内容模式。采用 XSD 可以准确描述 MTConnect 中元素和属性间的关系,并定义元素和属性的数据类型、默认值等。XML 与 XSD 文档组成了一个具有一定表达能力的结构化信息模型。

代理器是监控客户端与智能终端的中间服务器,负责把采集到的数据按照统一的信息模型进行编码,并转换成 XML 格式文件,使其能够在网络上传输和解析。XML 本身的可扩展性使得 MTConnect 信息模型的搭建非常灵活,采用标准的代理器和一致的 XML 信息模型,将不同信息源产生的数据映射进同一个 XML 模型,即可实现异构信息的统一表现。

一个代理器可以同时存储多个适配器采集的信息,通过不同适配器 IP 地址和端口进行区分。代理器将适配器发送的变化数据保存在一个适当的缓冲存储器中并为 MTC 应用程序提供网络接口,等待应用程序发出读取请求。如图 6-30 所示,缓冲存储器以类似队列的形式增删数据,缓存区内只存储一定数量的数据信息。

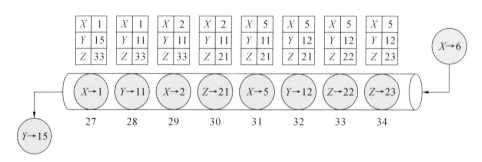

图 6-30　MTConnect 代理器缓存原理示意图

(3) MTC 客户端　适配器和代理器相当于一个 MTConnect 服务器,一个最简单的 MTC 客户端可以是一个网络浏览器,也可以是一个能够解析 XML 数据并做进一步处理(数据可视化、分析诊断等)的应用程序。值得注意的是,目前 MTConnect 客户端还不支持数据的写入操作。

数控系统的数据采集通过客户端与代理器间的请求/应答实现,应用程序通过 HTTP 传输协议向代理器提出数据请求,代理器返回相应 XML 数据流。客户端查询请求由适配器 IP、查询类型及查询约束组成,查询类型主要包括 probe、

current、sample、asset 四种基本类型,除此之外还有 debug、version、storesample 等
查询类型。如表 6-2 所示,针对客户端不同类型的查询请求,代理会返回五种
XML 数据流,其中 MTConnect Error 是查询出错时的应答内容。

表 6-2   MTConnect 查询请求类型及内容

查询类型	请求内容	应答内容(XML 文档)
probe	设备的组件结构和数据项描述	MTConnectDevices 或 MTConnectError
current	设备当前或最近时刻数据项	MTConnectStreams 或 MTConnectError
sample	设备一段时间内的数据项	MTConnectStreams 或 MTConnectError
assets	设备资产(如刀具、工件夹紧系统、固定装置)的当前或最近状态	MTConnectAssets 或 MTConnectError

2)基于 MTConnect 的"机床-刀具-在制品"信息模型

MTConnect 可以解决制造过程信息集成问题,但纷繁复杂的制造数据的
大量无效存储只会加大后期的数据处理难度。因此利用 MTConnect 提供的信
息建模工具,在 MTConnect 已有信息模型的基础上建立符合刀具健康状况监
测需求的信息模型至关重要。

刀具是产品加工过程的"见证者",从工艺设计到机床加工再到产品质量检
测,会产生大量关乎刀具健康状况的数据。脱离制造过程的工序设计信息没有实
际意义,而工序设计信息常常会体现在数控机床的监测数据如主轴转速、进给倍
率等中。因此,应该同时考虑机床、工序、刀具以及在制品相关信息,构建"机床-刀
具-在制品"复合映射模型,全方位地预测刀具的健康状况,如图 6-31 所示。

从多种渠道获得的大量制造信息中充斥着许多重复或无用数据,若不加选
择地全部保存只会加大监测终端数据库的存储负担,不利于制造过程的监测与
刀具状况的预测。为了实现基于"机床-刀具-在制品"复合映射模型的刀具健康
状况预测,必须构建机床-刀具-在制品统一信息存储模型。

(1)机床 MTConnect 信息模型   针对复杂系统的信息建模往往会涉及模
型的集成,模型内不同信息应既彼此独立,又能按功能需求进行耦合。MTCon-
nect 引入面向对象建模机制来描述信息间关系,具有很好的封装性和拓展性。
机床信息模型由机床组件和一个个具体的数据项属性组成。通过比较各类机

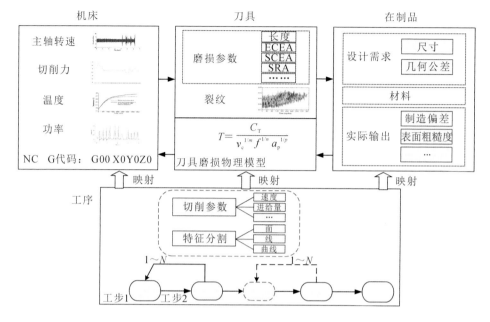

图 6-31 加工过程复合映射模型

床结构特征和功能特征，使用组件来表述各种数据源之间层叠、嵌套关系。用于描述 MTConnect 设备的结构被定义为嵌套 XML 标签的树形结构，包括 Devices（设备集）、Device（设备）、Components（组件集）、Component（组件）、DataItems（数据项集）、DataItem（数据项）。

与机床制造过程紧密相关的数据项属性包括机床型号、主轴运行信息（转速、加速度、驱动功率）、在制品序号、当前刀具号等。按照变化频率的不同数据项属性信息可以分为连续型数据和非连续型数据两种。连续型数据（采样型，如 x、y、z 轴坐标值，主轴驱动功率等）变化频率较高，数值类型为实数。而非连续型数据又可分为状态型和事件型两种，状态型数据用于描述开关状态和逻辑值，事件型数据则用于描述取值跳变的状态，如加工程序名、主轴运转模式以及报警信息等。

图 6-32 所示是在 MTConnect 原有机床数据模型基础上重新构建的机床信息模型。在制造过程中，机床信息中充斥着大量的在线及离线数据，这些数据与刀具及在制品信息时刻保持同步。

数控机床由轴组件、控制器组件和系统组件三个部分组成，其中：轴组件包含大量传感器数据，是判断刀具健康状况的有力依据。控制器组件包含机床此

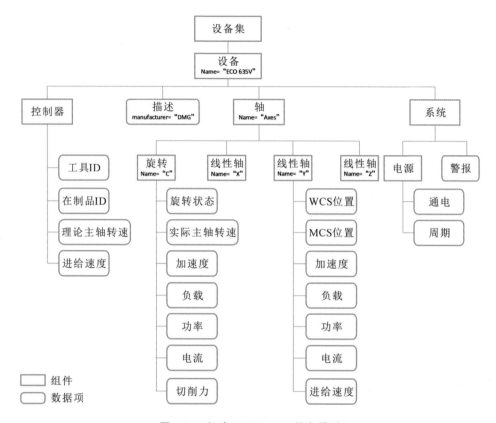

图 6-32　机床 MTConnect 信息模型

时正在使用的刀具和在制品的索引,用于关联查询机床本体以外的刀具、在制品资产的详细信息,同时也可以通过修改索引值切换加工工件与刀具。系统组件是指数控系统相关信息,包括机床启停信息、报警信息等。

(2) 刀具资产 MTConnect 信息模型　刀具与加工过程密切相关,在不影响机床功能情况下可以移除,对于不同的加工类型,刀具的信息结构千差万别,很难采用一种统一的信息模型进行差异化描述。因此,引入资产概念来描述这类信息。资产虽不属于设备本身的组件,但在机床加工中需要用到。如图 6-33所示,刀具结构可以分为切削组件(cutting item)、刀具组件(tool item)、适应组件(adaptive item)、辅助组件(assembly item)四个部分。

刀具健康状况对机床状态信息和在制品表面质量影响极大,若按照机床组件的分类方法进行分类,数据的逻辑关联性较差,因此采用标准《切削刀具数据的表达与交换》(ISO 13399)对刀具进行描述。该标准规定了用于识别和描述

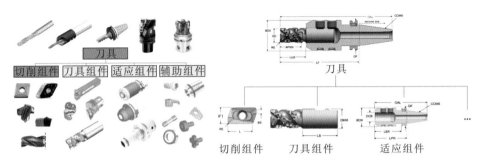

图 6-33　刀具组成

切削刀具组件的数字代码的通用格式,采用具有相同含义的术语和数字以减少
模糊性。图 6-34 所示是基于 ISO 13399 构建的铣刀信息模型。为了检测铣刀
健康状况,模型把刀具信息分为三部分,即基本描述信息、刀具生命周期信息和
位置信息,综合了机床在线数据和刀具数据库数据,按照 ISO 13399 重点对刀
具的生命周期进行描述。

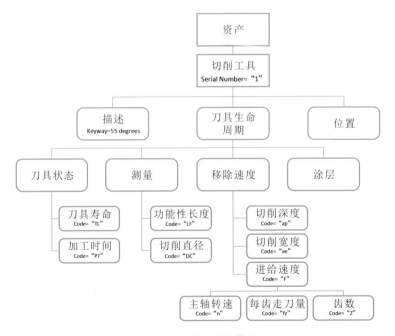

图 6-34　铣刀信息模型

（3）在制品资产 MTConnect 信息模型　按照资产的定义,在制品也属于
资产类型。图 6-35 所示是依照资产定义规则构造的一个在制品资产 MTCon-
nect 信息模型。在制品的描述围绕加工工艺展开,将每个工序结束后的在线检

测数据关联到具体的工序,在同一机床上加工所需的 NC 程序段只需与相应的工步对应即可,同一工序的工步可能会涉及不同机床,缺失的部分工步信息在后续机床加工后再填充到在制品信息模型内。

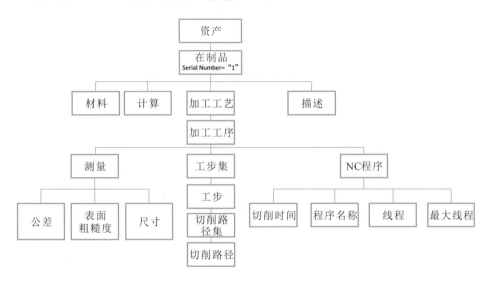

图 6-35　在制品资产 MTConnect 信息模型

3. 数字孪生模型互操作技术

在智能制造系统内,产品设计、工艺规划、设备管理等生产活动在不同时间、不同地点、不同信息系统间进行,因此需要产品数字孪生、设备数字孪生、过程数字孪生模型间能满足互操作的需求,以实现对物理空间中产品的加工过程、状态和行为的模拟、监控、诊断及优化。根据 IEEE 的定义,互操作性是两个或多个系统交换信息并且使用所交换信息的能力。数字孪生模型间的互操作是指数据、信息在数字孪生模型间传递与共享的过程。数字孪生模型间的互操作行为主要是通过提供注册、访问、传输、调用服务来实现的。图 6-36 所示为数字孪生模型间的数据传输与集成模式。在毛坯转变为成品的整个过程中,各环节的数字孪生体依靠服务总线进行关键数据的双向交互和传输。如对于在制品 i 的产品数字孪生体 DP_i,可将产品加工行为信息模型中的设计参数通过服务总线传输到设备数字孪生体 EDT 中,从而确定设备的加工参数。过程数字孪生体模拟 P_0 至 P_1 的数据流、信息流和工艺流,并将加工过程中的设备间协作信息传递到操作数字孪生体 ODT_0,操作数字孪生体依靠其算法内核,对加工过程进行分析计算,并将计算结果通过服务总线传输至物理空间,以指导生产活动,从而实现产品生产过程的闭环反馈控制与虚实空间的双向连接。

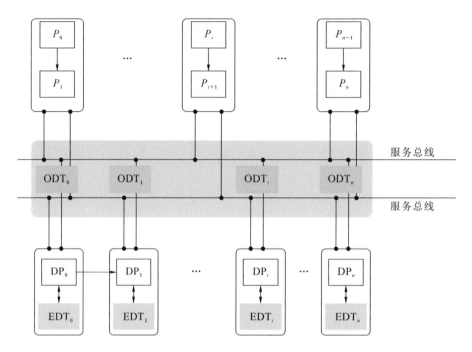

图 6-36　数字孪生模型间数据传输与集成

注:P_i—工序 i 对应的过程数字孪生体;DP_i—在制品 i 的产品数字孪生体;

ODT_i—工序 i 对应的操作数字孪生体;EDT_i—加工在制品 i 时使用的设备数字孪生体

图 6-37 中,服务总线是数字孪生体间接收请求、数据传输、服务注册、服务调用、服务配置的连接通道。可采用基于 SOA 的 Web 服务技术来实现服务总线。相比于其他各类信息交互的消息中间件,SOA 是一种松散耦合、粗粒度的分布式软件服务架构,它以服务为最核心的抽象描述手段,定义了与业务功能或业务数据相关的接口,使得服务可以通过标准的方式进行交互,并可通过标准的 HTTP 协议进行访问。SOA 架构以实现服务为核心目的,支持封装的业务功能(即服务)发布、查找、绑定、调用,通过松耦合、可扩展、可复用、可互操作的服务(如 Web 服务)满足生产系统运行过程中的各种需求。

服务总线连接的数字孪生体间数据传输与集成步骤如下。

步骤 1:根据产品、设备、过程、操作数字孪生模型的数字化描述,各类模型的数据、信息以文本文档、数据库表单、网络资源等形式存储,构成了异构数据源。将各个异构数据源封装为 Web 服务,形成数字孪生业务功能或业务数据

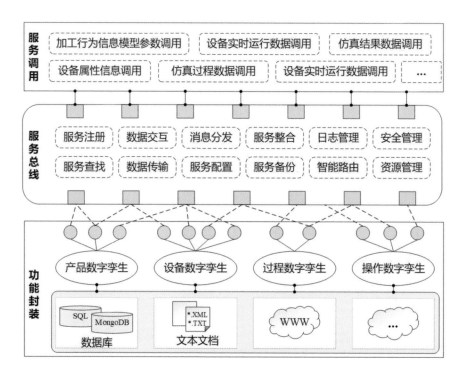

图 6-37　服务总线应用方法

服务。

步骤 2：根据 Web 服务标准及规范，定义各类数字孪生 Web 服务收发的相关操作和消息，将数字孪生提供的服务描述为一组端点和接口，从而使各类数字孪生模型在交互过程中屏蔽服务的内部逻辑结构。

步骤 3：利用 SOAP 通信协议，形成一种适用于离散制造环境的轻量、实时的交换结构化和序列化消息的机制，实现对不同节点的数字孪生服务的实时访问和远程通信。

步骤 4：根据生产过程的实际需求，对服务总线发起请求，服务总线对接收到的请求进行解析，反馈请求的数据结果。

基于 Web 服务的服务总线使得各数字孪生模型间可直接进行实时的数据交互和信息通信，一个数字孪生模型可根据生产活动及业务流程需求与另一数字孪生模型进行通信并获得其相关的数据信息。其中，数字孪生模型自身的数据、属性更新可通过服务总线同步实现。

4.车间信息安全技术实现

高鲁棒性虚实映射的基础支撑之一为可靠与安全机制,包括物理车间协同生产数据操作安全机制、数据可靠传输与交互安全机制、系统平台运营安全机制等。对车间信息安全技术的研究主要可从以下方面展开。

(1)区域划分与边界防护:从企业和数字化车间系统整体角度来考虑信息安全,通过区域划分和边界防护来实现纵深防御。

(2)身份鉴别与认证:用于防止未经授权的访问,如用户名与密码形式的身份鉴别与认证。

(3)使用控制:防止未经授权的使用,即使用户、软件等实体通过甄别。不同用户、软件等实体对数字化车间生产系统的操作与使用不得超越其所分配的权限。

(4)资源控制:用于保证数字化车间生产系统的可用性、生产连续性等性能。

(5)数据安全:数据包括静态数据和通信数据。静态数据主要是指存储在物理介质中的数据;通信数据是生产系统组件或者生产系统之间进行交互的数据。

未来基于区块链的数据集成安全技术[46]将在制造业有较大发展。

6.1.3.4 高沉浸性可视化技术

高沉浸性技术是 VR/AR 技术发展的最新成果。借助头戴式显示设备,高沉浸性可视化技术能将用户的视觉和听觉封闭起来,产生虚拟的视听效果。同时,高沉浸性可视化技术可借助数据手套为用户提供虚拟的触觉感受,通过语音识别器为用户提供一个可以替代真实环境的理想模型。

在制造场景中,AR 技术融合产品的设计过程和生产过程,在实际场景的基础上融合一个全三维的沉浸式虚拟场景平台,通过虚拟外设,使开发人员、生产人员在虚拟场景中的感知均与现实世界完全同步,因此可以通过操作虚拟模型来影响物质世界,实现产品的设计、产品工艺流程的制定、产品生产过程的控制等操作。

高沉浸性可视化是一种全新的 VR/AR 体验方式,它是以人为中心、连接制造过程所有媒介形态,实现制造信息无时不在、无处不在的查看与交互技术。它使人完全专注于个人的动态定制的信息传递过程。它所实现的是一种新型的虚实超越时空的泛在体验。

实现高沉浸感(高沉浸性可视化技术位于人-机-环境融合的交叉点,见图 6-38(a))的主要技术包括:

(1) 网络信息互联技术:高沉浸感需要各种数据随时互联,数据随人的交互实时可得。

(2) 快速计算技术:获取的数据随时可以计算,没有延迟,人机协同自由顺畅。

(3) 虚实信息融合技术:人沉浸在其中,要让虚拟对象和真实对象尽可能逼近,拟实感强。

(4) 虚实无缝拼接技术:将虚拟对象叠加在实物上,虚拟对象的位姿、色彩、光照和阴影随视点变化而随时变化,实现无缝拼接,如图 6-38(b)、(c)所示。

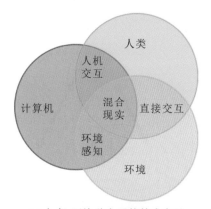

(a) 人-机-环境融合下的技术交叉

(b) 无实时渲染

(c) 光线追踪与阴影

图 6-38 基于 AR 的高沉浸性可视化

AR 通过增强人们的视觉、嗅觉、触觉和听觉感受,打破人与虚拟世界的边界,加强人与虚拟世界的融合,进一步模糊真实世界与计算机所生成的虚拟世界的界限,使得人可以突破屏幕中的二维世界而直接通过虚拟世界来感知和影响真实世界。AR 技术与产品数字孪生技术的融合将是数字化设计与制造技术、建模与仿真技术、VR 技术未来发展的重要方向之一,是更高层次的虚实融合。

6.1.3.5　高实时性的虚实人机交互技术

人机交互协同是先进智能制造模式中另外一个典型的应用场景,通过人机交互可以提高机器使用的灵活性,并减轻手工作业的工作量。基于数字孪生的人机交互是指构建与实际物理车间完全映射的数字孪生虚拟环境,虚拟系统通过高速、高可靠性的通信技术识别工人通过触摸、手势或者声音等下达的指令,能够迅速调整工作计划,以做出能够配合工人生产作业的动作,并实时更新虚拟车间的制造进程。相较于传统的制造车间生产模式,数字孪生系统中的人机交互具有高实时性的特点,如图 6-39 所示。

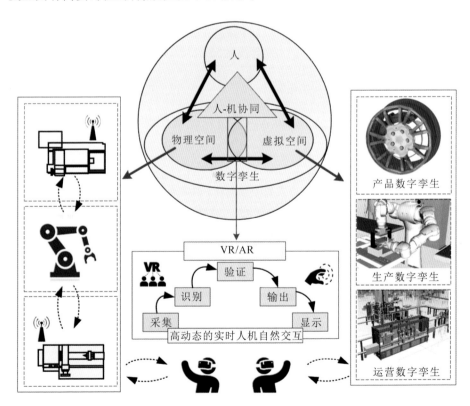

图 6-39　数字孪生中的实时人机交互

（1）全要素交互融合　从传统的人与生产线设备之间的一对一交互,转变为虚拟车间与车间孪生数据驱动的车间全要素的联动交互融合,包括机-机融合、人-机协同融合。

（2）VR/AR 辅助的人机交互　通过 VR/AR 技术,将虚拟信息叠加到真实的生产制造环境中,两种信息相互补充、叠加,能够直观地显示出操作步骤和工艺,协助人员进行加工制造,从而提高生产效率。

（3）复杂环境自学习　从传统生产线制造设备固定条件下的固定动作响应,转变为基于虚拟车间高保真度仿真的复杂环境自学习、自适应。复杂环境自学习包括采集、识别、验证、输出、显示五个步骤。该部分是数字孪生中知识生成的关键。

6.2　基于 VR/AR 的产品数字孪生

6.2.1　产品数字孪生驱动下的外观评估

基于三维数字模型的虚拟产品开发,将设计过程信息化、三维化、交互化,让用户在虚拟环境中能自主漫游,多视角观察产品外观,对产品设计方案进行实时互动编辑,大幅提升设计的参与感和趣味性。

产品数字孪生的 VR/AR 可视化功能主要包括数字化模型创建、产品外观评价、虚拟原型仿真、文件管理等几个子功能,如图 6-40 所示。其中数字化模型创建主要是创建产品零部件三维模型,并对三维模型进行旋转、缩放、移动等操作,从而方便用户快速、直观地对产品三维模型进行配置;产品外观评价主要是对三维模型进行视图切换,从多方位、多角度,以逼真的三维可视化效果观察产品外观,完成对产品设计方案的实时互动编辑,同时便于后续对传感器进行布局和便于用户实时查看测点;虚拟原型仿真主要是在三维可视化 VR 环境中运行仿真产品,从而为用户提供直观动态的产品运行过程;文件管理主要是指对传感器测点数据以及数据文件进行实时查看、读取、导入、导出、保存等操作。

对虚拟原型进行仿真是产品性能分析与评价的主要手段,其中部分仿真需要通过外观进行表达。产品性能分析与评价是针对被测产品某种或某些状态参量进行的实时或非实时的定性或定量分析,是生产各项活动正常有序、高效

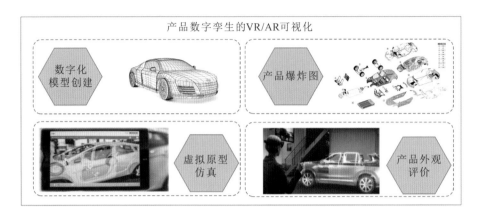

图 6-40　产品数字孪生的 VR/AR 可视化功能示意图

高质进行的必要保障。VR/AR 环境下的产品性能分析与评价是在虚拟空间中构建高保真度的测试系统及被测对象虚拟模型,借助测试数据实时传输、测试指令传输执行技术,在历史数据和实时数据的驱动下,实现物理被测对象和虚拟被测对象的多学科、多尺度、多物理属性的高逼真度仿真与交互,从而直观、全面地反映生产过程全生命周期状态,有效支撑基于数据和知识的科学决策,如图 6-41 所示。

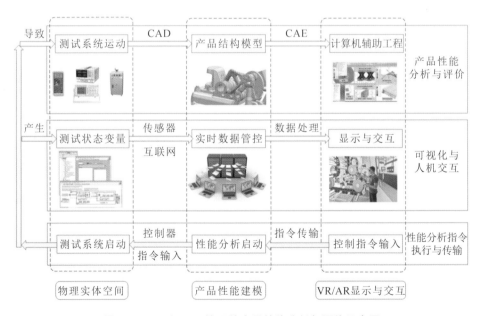

图 6-41　VR/AR 环境下的产品性能分析与评价示意图

6.2.2 产品数字孪生驱动下的装配作业指导与评估

针对装调紧耦合产品的复杂装配,要求一边装配一边调试,需要装配过程具有高度实时性,并需要装配质量要素约束高度耦合。而在实际的装配过程中,受制造工艺和测量技术的制约,精密产品零件特征参数的实际值与理想值存在误差,这会直接影响装配后的产品质量与特性;同时,对于复杂、变化的装配条件与装配对象,通用的设计工艺无法满足加工需求,应进行自适应性的变化与调整。为此,需在高度融合的孪生数据的基础上,进行数据挖掘与建模,对孪生数据所包含的装配过程中的实测数据、性能数据、模拟数据、仿真数据、偏差数据(如形状偏差、尺寸偏差)进行分析与推演。在装配前,根据特定的工况条件、零件的实际特征、相应的加工工艺,预测出成品的质量特性,避免无效装配出现;在加工过程中,针对对应的工况条件、零件的实际特征,实现装配工艺的动态调整与实时优化。两者高度融合,协同保证产品的装配质量,如图 6-42所示。

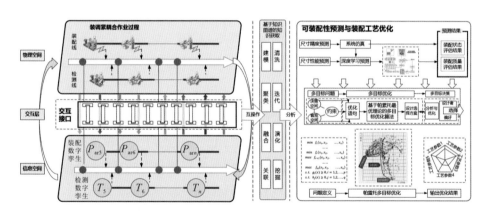

图 6-42 数字孪生装配操作技术的路线

1. 孪生数据驱动的可装配性预测方法

孪生数据驱动的可装配性预测是针对目前缺乏分析和预测装配过程累积误差、零件制造误差对装配质量的影响的方法等问题,利用深度神经网络预测模型实现的基于虚实融合的孪生数据的可装配性预测。

在由物理实测数据、虚拟仿真数据融合所形成的孪生数据的基础上,将最新检验和测量数据、进度数据、性能数据、装配过程状态参数实测值等关联、映射至数字孪生模型,基于已建立的集成模型、关键技术状态参数理论值以及预测分析模型,可实时预测和分析物理产品的装配进度、精度和性能,具体方法如图 6-43 所示。

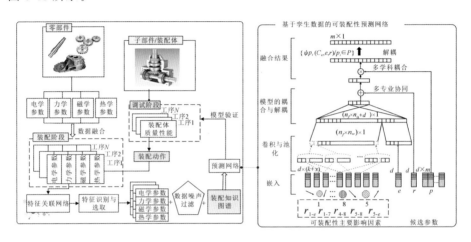

图 6-43　基于孪生数据的可装配性预测网络

2.投影式 AR 方法

Gulfstream 公司采用投影式的 AR 技术,利用三维数据安装和检测紧固件。在飞机装配过程中铆钉、螺钉和螺母等紧固件数量多,安装非常繁复。传统方法是把所有紧固件的位置人工画在一块尼龙布上面,然后把尼龙布蒙到机体上面进行安装或检测。如今则是基于 AR 技术,建立产品数字孪生模型,根据三维模型定义,提取紧固件的位置、种类、型号、需要的工具和预先钻好的孔等信息,然后用三维激光投影仪精确"弯曲"这些影像,严丝合缝地投影到机体上。安装人员只需要按照投影信息就可以轻松完成安装操作并进行检测。由于所有数据都是基于三维模型定义的数据,因此不需额外编写复杂的安装手册。如果设计有调整,那么投影也自动更新。这种基于产品数字孪生驱动模型的方式不仅使得安装更加准确清晰,而且可大量节省时间和经费。图 6-44 所示为投影式 AR 方法在飞机铆接装配中的应用。

图 6-44 投影式 AR 方法在飞机铆接装配中的应用

6.2.3 产品数字孪生驱动下的制造偏差评估

1. 点云在数字孪生模型中的存储

针对产品数字孪生驱动下的制造偏差评估,数字孪生模型不仅包括传统的三维模型、BOM、层次关系,而且完整定义了特征、约束关系、公差信息,并融合了装配过程的物理规律(变形、装配力等)、制造信息(偏差、间隙等)属性。半实物模型偏重考虑静态特性和海量离散测量点云数据,有效地将装配部件、零件的几何特征、装配约束、顶点、边、面和拓扑关系等和离散点云有机集成起来。

针对产品数字孪生驱动下的制造偏差评估孪生模型采用 XML 描述框架(见图 6-45),定义了装配主模型 Schema 文档,包括过程定义文档(Process. xml)、属性定义文档(Attribute. xml)、约束定义文档(Constraint. xml)等。几何描述部分采用国际标准 3DXML 进行描述,定义了点云在模型中的存储形式(PointCloud. xml)。模型的映射方法包含在 ModelMapping. xml 中。模型的各种设置、描述、属性集合定义在 Setting. xml 中,如图 6-45 所示。

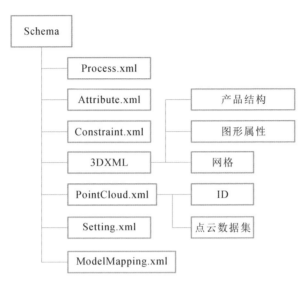

图 6-45　数字孪生模型 XML 描述框架

点云由空间点组成。每一个空间点都具有 x、y、z 坐标值。点云在数字孪生模型中以 XML 格式文件存储，包括二进制形式的 XML 文件和文本形式的 XML 文件。

1) 二进制形式的 XML 文件

下面为利用二进制形式的 XML 文件存储点云的例子：

```
< ! - - Binary- - >
< PointCloud id= "3">
< PointsBinary n= "5" sizeElement= "24">
ANwUZdaTPcD9///9B/QzwCx7CR2wKypAZHlAwox0PcAFAADwH+ gzwAzaS+
jAVipAwMzMQlZVPcAFAADKR9wzwBsAABAzgSpAsZfQ3jI2PcAJAACAf
9AzwJvQXkIHqypAfJtijiIXPcD+ //8Fx8QzwHkvoH6kywJvQXhLj
< /PointsBinary>
< /PointCloud>
```

二进制形式的 XML 文件各字段含义如表 6-3 所示。

表 6-3　二进制形式的 XML 文件各字段含义

字段名称	字段类型	描述
@id	unsignedInt	唯一的模型实体标识符
\<body\>	base64Binary	以 Base-64 格式编码的二进制数据

续表

字段名称	字段类型	描述
@n	unsignedInt	n 表示此组件中的元素个数
@sizeElement	unsignedInt	sizeElement 表示存储在组件中的每个元素的大小(以字节为单位)。二进制数组的总大小表示为 n · sizeElement

2) 文本形式的 XML 文件

下面为利用文本形式的 XML 文件存储点云的例子:

```
< ! - - Binary- - >
< PointCloud id= "3">
< Points n= "4">
- 1.16929133858268 - 0.78740157480315 0.511811023622047
- 0.883047171186937- 0.687746062992126 0.638852435112278
- 0.63918051910178- 0.620078740157481 0.622630504520268
- 0.259113444152814 - 0.551181103362205 0.374744823563721
< /Points>
< /PointCloud>
```

文本形式的 XML 文件各字段含义如表 6-4 所示。

表 6-4　文本形式的 XML 文件各字段含义

字段名称	字段类型	描述
@id	unsignedInt	唯一的模型实体标识符
<body>	base64Binary	以 Base-64 格式编码的二进制数据
@n	unsignedInt	n 表示此组件中的元素个数

2. 数字孪生模型几何特征类型定义

几何特征包括点、线、面、旋转面、拉伸体特征。在数字孪生模型中通过离散点云,定义半实物装配中的几何特征的关键要素、构成和组织。定义四种半实物几何特征类型,如表 6-5 所示。装配几何特征从 CAD 中变迁到半实物装配模型中,CAD 模型与相应的数字孪生模型显著的区别是后者维度有所增加。

表 6-5　数字孪生模型几何特征定义与分类

特征	示意图	数字孪生表示
点	设计轮廓上的点　约束矢量　测量点	包络球,并且含有与基准间构成的约束矢量
线	包络线　测量点　理论线	圆柱
平面	测量点　理论平面　平面任意截面测量情况如下:　包络平面　测量点　理论线	长方体
圆	包络线　测量点　理论线	环

3.点云与 CAD 模型配准

1) 点云与 CAD 模型配准流程

航天舱段是航天器的主要组成部分,其外形尺寸大、涉及部件多,以下以航天舱段为例介绍点云与 CAD 模型的配准流程。

点云与 CAD 模型配准技术路线如图 6-46 所示。具体配准步骤如下。

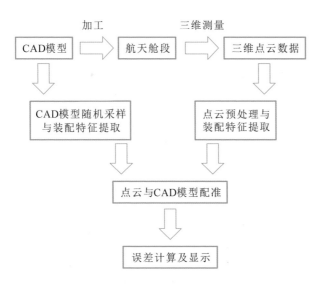

图 6-46　点云与 CAD 模型配准技术路线

步骤 1：CAD 模型数据提取。提取 CAD 模型中的装配特征数据，并对 CAD 模型进行等密度采样，获得参考点云。

步骤 2：三维测量。使用大尺寸结构件激光扫描系统对工件进行扫描，得到高精度点云。

步骤 3：预处理及特征提取。对点云进行组织管理、去噪、区域分割及特征提取等工作，得到点云与理论 CAD 模型匹配所必需的数据。

步骤 4：点云配准。利用改进的最近点迭代（ICP）算法对点云与 CAD 模型进行匹配，令其达到最好的拟合效果。

步骤 5：误差计算与显示。计算点云中每个点到 CAD 模型上对应点的距离，获得加工误差，并以颜色点云图的形式将误差分布呈现出来。

2）点云与 CAD 模型配准结果

将模型的实例的点云与 CAD 模型匹配。在原始 ICP 算法中，对应点对的搜索非常耗时，同时为了达到理想的匹配效果，需要进行大量的迭代计算。笔者提出了一种基于装配特征权重因子的 ICP 算法，可以极大地缩短对应点的搜索时间，大量减少算法迭代次数，并提高算法的配准精度。在改进的 ICP 算法中，为了加速算法收敛，利用基于区域映射的 K-d 树方法进行对应点对的搜索。配准结果如图 6-47 所示。

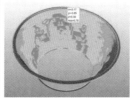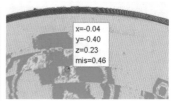

图 6-47　点云与 CAD 模型配准结果

6.2.4　典型应用案例

1. 基于质量信息体系的加工误差 AR 可视化

传统的 CAD 设计模型无法融入实际加工数据,且使用传统的测量方法较难测量大尺寸结构件的加工数据。利用基于点云处理的软件系统对点云与理论 CAD 模型进行匹配,然后计算点云中每个点到 CAD 模型的法向距离,此距离即为加工误差,并且最终以颜色云图的形式将加工误差直观地显示出来。将此误差提取方法用于误差提取,可得出关键点各处的加工误差。德国 Action 公司给出了一种基于 MBD 的自动测量方法,参考该方法,笔者提出一种基于质量信息体系(quality information framework,QIF)的加工误差分析与 AR 显示方法,如图 6-48 所示。

图中的基本 MBD 数模包括几何特征、标注、元数据、产品特性数据等要素。而基于 QIF 的 MBD 模型包括几何特征、标注、可视化元数据和特征清单(BoC);进行误差评价和分析需要更多的信息,包括几何特征、标注、可视化元数据、特征清单、几何偏差、质量预测和加工工艺参数估计,这些信息在数字孪生模型中通过 AR 方式进行叠加显示。

2. 基于数字孪生的柔性线缆装配 AR 可视化

北京理工大学刘检华研究了柔性线缆的装配,该方法可以扩展到数字孪生装配,如图 6-49 所示。通过基于数字孪生的柔性线缆装配能够提高复杂机电产品布线的质量和装配可靠性,保证多分支线缆的柔性特征并解决复杂拓扑结构导致的装配仿真困难的问题。

波音公司使用由 Skylight 公司提供 AR 眼镜来指导技术人员装配飞机。可穿戴式显示器可帮助技术人员仅利用目视和语音识别来准确连接数百根电线,从而控制应用程序。因此,波音公司将生产时间缩短了 25%,并将错误率降至接近零。波音公司的 AR 应用如图 6-50 所示。

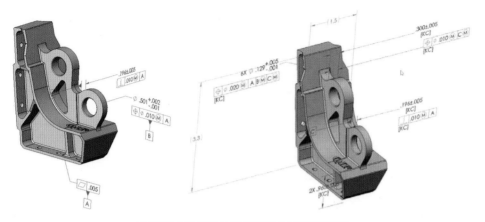

(a) 基础MBD模型与基于QIF的MBD模型对比

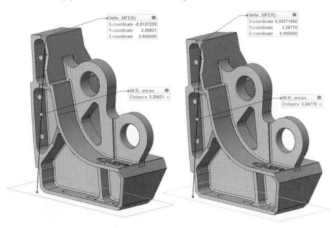

(b) 误差评价和分析

(c) 基于AR的产品数字孪生误差可视化分析案例

图 6-48　基于 QIF 信息的加工误差分析与 AR 显示

　　将 AR 技术应用到工业现场时,可以采用简单的语音控制系统来降低 AR
应用程序执行复杂任务的交互成本,也可以加入最小化界面元素以降低用户的

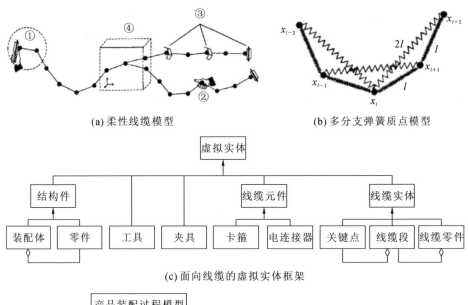

(a) 柔性线缆模型

(b) 多分支弹簧质点模型

(c) 面向线缆的虚拟实体框架

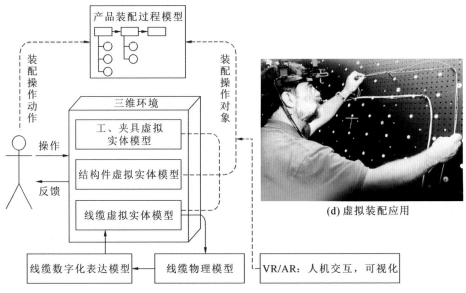

(d) 虚拟装配应用

(e) 柔性线缆装配的数字孪生模型

图 6-49 基于数字孪生的柔性线缆装配

认知负担,最大限度地减少中断,并减少干扰。

AR 技术能够改变客户和工人的培训方式并引入新信息,从可用性的角度来看,设计师不仅需要考虑 AR 可视化系统在视觉上呈现给用户的内容,还需要考虑大脑如何解释与现实重叠的复杂信息。

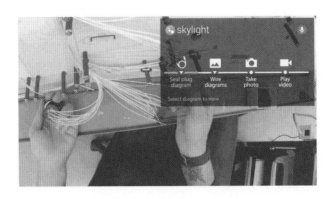

图 6-50 波音公司的 AR 应用

6.3 基于 VR/AR 的制造数字孪生技术

产品制造过程不仅涉及工厂、设备环节,还涉及供应链环节,制造数字孪生也是基于这三个环节来实现信息的交互与预测的。在供应链环节要完成对供应链类型的选取,从规划到设计,再到虚拟通信,最后到信息交互,实现对可能供应链类型的计划管理;在设备环节,需要对设备进行管控;在工厂环节,需要规划工厂,主要从工厂运营角度进行分析,最终构建出真正存在的工厂,实现虚拟与现实的通信与交互、产品的制造以及预防性维护和工厂运营优化,具体过程如图 6-51 所示。

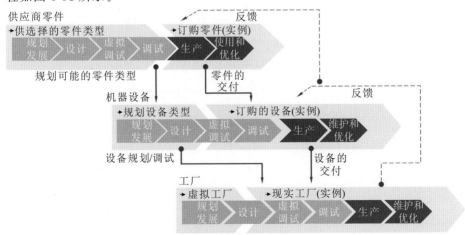

图 6-51 制造数字孪生应用流程

6.3.1 制造数字孪生驱动下的加工过程监控

为了实现制造数字孪生驱动下的加工过程监控,需要建立方便可行的监测系统。下面以基于 MTConnect 的刀具健康状况监测为例介绍制造数字孪生驱动下的加工过程监控技术。

基于 MTConnect 的刀具健康状况监测系统的开发需要结合计算机技术、网络技术、传感器技术等,该监测系统应能在制造现场对数控机床进行多参数在线监测,在监测上位机中进行数据的存储与集中分析,并提供友好的人机界面。

为了实现实时可靠的刀具健康状态监测,首先必须收集加工过程中产生的多源信息,这些信息主要包括来自机床本体的信息、刀具和工件信息、外置传感器信息、日志信息,以及人工录入的刀具零件质检信息等。

如图 6-52 所示是数字孪生驱动的机床加工过程监控系统结构,该系统主要由基于 OPC UA 通信协议的西门子 840D 数控系统数据采集模块即 OPC UA 服务器、OPC UA-MTConnect 适配器、MTConnect 代理以及实现可视化监测和刀具健康状况预测功能的 MTConnect 客户端组成。首先该系统应该与数控机床以及传感器等建立可靠的连接,实现数据采集,在建立连接前需要进行以下操作。

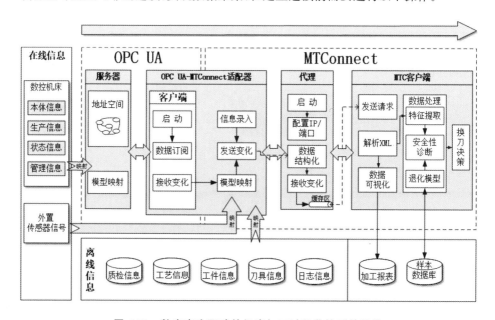

图 6-52 数字孪生驱动的机床加工过程监控系统结构

（1）配置 MTConnect 代理：添加设备连接的 OPC UA-MTConnect 适配器的 IP 和监控设备的设备名，并采集端口信息，然后启动代理。

（2）启动 OPC UA-MTConnect 适配器：适配器会建立与 OPC UA 客户端的连接，与 OPC UA 服务器保持通信状态，并设置数据订阅类型和数据采样频率。

（3）MTConnect 客户端打开：发送 Current 请求给代理，等待数据变化后传递上来的数据。

通过以上配置可以实现监控系统与制造物理实体的连接。如图 6-53 所示，数据采集系统采用订阅方式获取数控机床内部数据，具体采集流程如下：

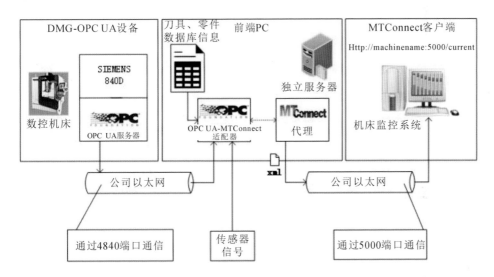

图 6-53　数控机床数据采集流程

（1）数控机床内部数据与传感器数据采集卡接收的数据发生变化，触发 OPC UA 客户端的数据订阅请求，数据被传送到 OPC UA-MTConnect 适配器中。

（2）OPC UA 客户端读取变化数据的绑定信息（如单位、采样频率、时间戳等），并将这些信息与变化数据流一起打包发送给代理。

（3）代理时刻监听 OPC UA-MTConnect 适配器的数据状态，当适配器发送数据变化通知时，数据通过网络发给代理。代理获得数据并按照事先准备好的信息模型文档对其进行 XML 结构化操作。结构化的变化数据流存储在代理缓存区中,MTConnect 客户端生成的 XML 数据会立即被传送给已经发送 Current 请求的 MTC 客户端。

除了传感器和数控系统数据采用这种订阅方式采集外,对于数据库读取或人工录入的加工信息,适配器会立即对读取/录入信息进行 XML 结构化处理并把数据发送至适配器。

以钛合金关键结构件加工过程的刀具健康状况实时监测为例,在批量生产中,频繁更换刀具不仅会造成生产中断,还会增加刀具的使用成本,而刀具更换周期过长又会增加刀具故障的概率,影响工件加工质量甚至导致机床故障,进而增加额外的维护成本。刀具健康状况实时监测的最终目的是精准把握刀具换刀的时机。

鉴于有不同精度要求的工件所能允许的最大刀具磨损值不同,故对于所有工件均要求在刀具严重磨损时才换刀是不合理的。加工变形和表面粗糙度是用于评估钛合金关键结构件加工质量的两个主要参数。高速铣削钛合金薄壁件过程中,刀具的氧化磨损、黏着磨损和扩散磨损情况尤其严重,导致刀具寿命急剧缩短,工件的加工变形严重、表面精度变差以及表面粗糙度变大。因此,这里同时采用刀具磨损值 VB 和表面粗糙度 Ra 两个指标作为刀具换刀决策的依据,来保证工艺系统的安全。

如图 6-54 所示,以数据驱动的方式采用深度学习方法实现"机床-刀具-在制品"复合映射模型,预测刀具健康状况及工件表面质量,最终根据预测结果做出换刀决策。在金属切削试验过程中提取机床和工序信息参数,得到切削用量三要素信息,作为分类器的输入。离线测量刀具和在制品质量参数即 VB 和工件表面粗糙度 Ra,二者分别作为分类器的预测输出。以反映刀具健康状态的 VB 值与 Ra 值作为刀具是否换刀的决策依据。

美国国家标准与技术研究院给出了一个制造数字孪生案例,采用数字孪生加工技术可以在 15 s 内仿真一个加工特征的加工过程,如图 6-55 所示,所有特征仿真在 80 s 内完成。

通过获取实际的加工数据,基于制造数字孪生模型,可以对加工特征进行在线分析,检测具体的加工工艺对加工特征的实际影响。

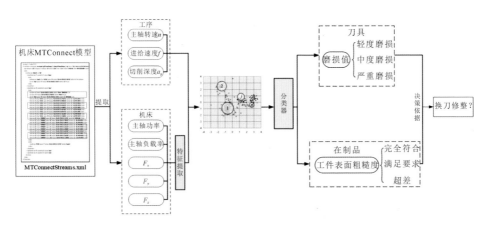

图 6-54 制造数字孪生复合映射模型

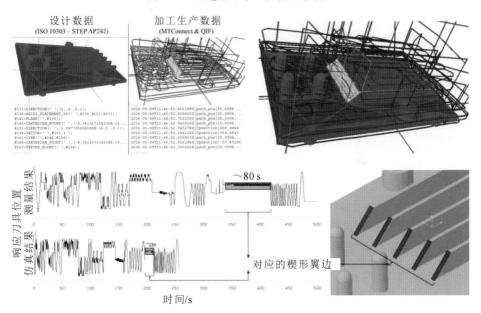

图 6-55 制造数字孪生案例

6.3.2 制造数字孪生驱动下的制造物流调度

1. 基于数字孪生的物流设备作业调度

数字孪生旨在将物理实体及过程以数字化形式呈现,通过孪生数据驱动物理世界与信息世界的融合,借助孪生数据模拟物理实体在现实情况下的运作流程。目前物流设备的运行存在大量未使用的数据,为数字孪生技术在物流设备作业调度中的使用奠定了一定的基础。笔者基于数字孪生提出的物流设备作业调度基础架构如图 6-56 所示。

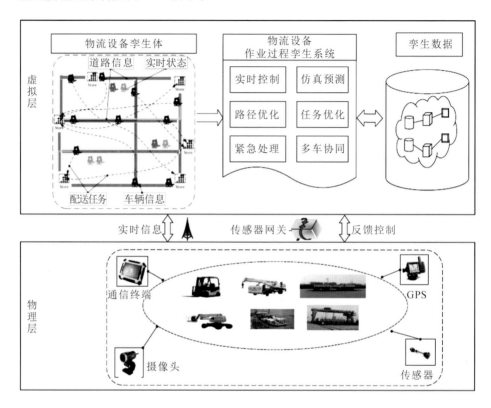

图 6-56 基于数字孪生的物流设备作业调度基础架构

物流设备作业调度基础架构主要包括两层,从下至上分别为物理层和虚拟层。

1) 物理层

在基于数字孪生的物流设备作业调度系统物理层,物理实体即配送车辆需要具备决策和通信能力。配送过程由传统的"黑箱"模式转换为配送过程中的配送车辆状态、人员状态和构件状态等实时状态的透明化模式,实现配送的实时跟踪和监控,从而满足生产物流精准配送的要求。系统实时采集各种物流设备以及路况等信息,具体包括物流设备的位置信息、速度状态信息、发动机状态信息、驾驶人员操作信息和路况条件等关键参数信息。针对需要采集的不同类型参数信息,所需要的感知技术包括:

(1) 传感器技术 传感器用于测量物体特定的某些物理量或者化学量,在物流设备配送过程中为了获取物流设备的发动机信息和驾驶员的操作信息,使用传感器和摄像头对车辆发动机信息进行实时感知以及对驾驶员操作进行实时监控,并通过无线传感模块实现数据的实时上传。传感器技术已经十分先进,可以满足物流设备配送过程中信息采集的要求。

（2）卫星导航技术　使用地理信息系统（GIS）实现对物流设备具体位置信息、速度信息和行驶路线的采集,同时将地图信息和地理信息结合来实现配送跟踪和监控。

（3）无线 RFID 技术　无线 RFID 技术是一种以唯一标志来识别目标对象的技术。在配送取货和配送到达堆场后可以使用无线 RFID 技术来确认配送的准确性。RFID 技术具有目标识别快速、能在恶劣环境工作以及成本低的特点,很适合在企业物流设备调度任务中使用。图 6-57 所示是物流设备作业调度系统的网络架构。通过 GPS、传感器、摄像头和手持客户端同时收集用户端和配送端的相关信息,收集到的信息通过无线 WiFi 增强模块和 3G/4G 模块上传至网络平台。无线 WiFi 增强模块和 3G/4G 模块极大地增加了系统联网的速度。

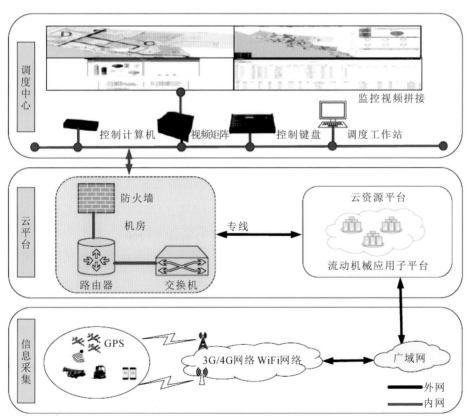

图 6-57　物流设备作业调度系统的网络结构图

2）虚拟层

虚拟层是整个数字孪生驱动的物流设备作业调度系统基础架构中最为关键的一个层次。虚拟层以底层物理层采集的数据为基础，为系统应用层提供各种所需求的信息服务，包含数据的存储、运算和决策这三个主要服务部分。

虚拟层由三个模块构成。

（1）物流设备孪生体模块　其主要用于支持虚拟空间内物流设备作业调度过程中所进行的虚拟作业调度活动，包括虚拟作业调度空间中物流设备多维度信息模型。多维度信息主要是指物流设备的运行状态信息、位置信息、行驶里程和路径规划信息等，其作用是为虚拟空间下作业调度活动的仿真、分析、优化和决策等提供支持。

（2）孪生数据模块　孪生数据模块主要指的是物流设备作业调度中的孪生数据服务平台。其主要任务是为数字孪生驱动的物流设备作业调度的物理调度系统和虚拟调度以及作业调度服务系统运行提供数据支撑服务。此外，孪生数据模块还应能实现作业调度活动中孪生数据的生成、处理、集成和相互融合等，具备整个作业调度过程中数据全周期管理和处理的功能。

（3）物流设备作业过程数字孪生系统模块　孪生系统主要依靠智能算法来实现对孪生数据的处理、预测和实时的交互反馈，达到改变传统中央系统分配作业调度任务的决策方式，实现生产配送的透明化。

虚拟层主要是为具体作业调度中涉及的精准配送、过程控制和路径规划提供决策支撑，实现作业调度过程中的有序安全管理，使配送过程更加透明化、合理化。

虚拟层是基于云计算平台而搭建的，虚拟层数据的存储、数据的处理全部由计算中心完成，云计算分布式处理的工作方式可以将数据以最直接的现实方式呈现在用户的面前。

虚拟层中的实体通过可视化的方法，将这些实体间的物流关系用曲线连接起来，用来直观反映物料的流经关系。Post 等人给出了一种三维可视化方法，如图 6-58 所示。

2.算法内核应用

数字孪生驱动下物流设备作业调度系统的算法内核应用如图 6-59 所示，该系统相当于是在原有的物流设备作业调度系统基础上添加一个虚拟层面的作

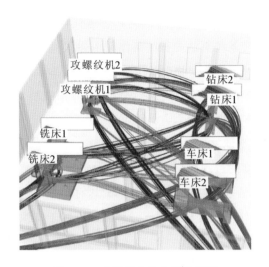

图 6-58　虚拟层中的物料流视图

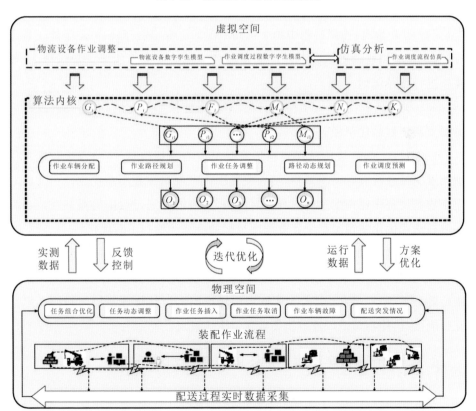

图 6-59　算法内核应用

业调度系统而构成的。空间算法内核起到了迭代优化的作用。数字孪生驱动下物流设备作业调度系统算法内核的具体应用如下。

1）多任务组合优化

在配送订单确定的情况下，调度系统可以由算法内核任务订单自动生成车辆作业调度安排和车辆路径规划方案。

2）作业调度动态调整

在车辆作业调度的过程中难免会出现各种突发情况，主要有以下几种。

（1）插单：在车辆正常调度中出现新的配送订单。

（2）缺单：安排好的配送任务由于各种因素不能正常执行，需要重新进行此任务的作业调度安排。

（3）车辆故障：由于车辆故障，正在执行或者未被执行的配送任务不能正常执行，需要进行动态调整。

（4）道路状况：作业过程中由于道路状况的影响，某一路段可能不能正常通行，制定好的作业调度任务中经过此条路径的配送任务不能够正常执行，需要重新进行路径规划。

（5）操作规范：由于人工操作问题，车辆未能按照规定的路线行驶，发现后需要重新规划最优路径。

以上情况下，算法内核需要根据实时反馈的物理信息、结合孪生数据对作业调度安排进行实时动态调整，从而使整个生产配送流程不断优化。一方面对整个物流设备作业调度过程进行实时监控，另一方面通过数据的循环反馈和算法内核迭代优化实现对整个作业调度过程的持续调整和不断优化。

通过构建与现实车间同步运行的虚拟车间，实现对车间内部设备运行数据、生产状态数据的实时监控，从而对生产资源数据、设备运转效率、工厂经营指标等开展统计、分析，引入 VR 技术构建虚拟工厂与物理工厂之间的人机交互智能接口，使物理工厂进一步朝着智慧工厂发展。

6.3.3　制造数字孪生驱动下的制造计划执行监控

为了实现制造数字孪生驱动下的制造计划执行监控，需要构建从企业规划到生产能力顶层设计，生产线设计与布局、建造、集成测试、运行维护，再到生产线重构与处置的生产生命周期业务全过程的数字主线。一方面，以数据贯穿从企业联盟(供应链)、企业管理(ERP)、生产管理(车间/生产线)到控制执行(设备、操作)的生产生命周期业务层级;另一方面,在对生产生命周期业务过程中任务分工(产品订单)和原料供应(物流)、生产线和制造工艺、资源设备和人力等物理要素进行数字化建模与仿真的基础上,开展基于大数据的分析与优化。实现基于数字主线和数字孪生的模型连续传递与持续验证的生产生命周期技术体系,完成对制造计划执行过程的监控。

图 6-60 所示是数字孪生驱动下的车间制造计划监控总体设计架构,其涉及的关键技术主要有三种:物理车间数据的实时感知与采集技术;虚拟车间的建模、仿真可视化技术;数字孪生与大数据驱动的车间预测技术。

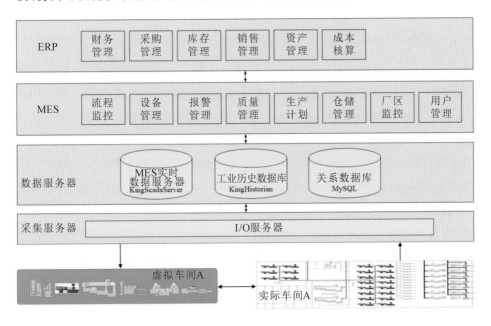

图 6-60　数字孪生驱动下的车间制造计划监控总体设计架构

1. 物理车间数据的实时感知与采集

如何有效采集、组织和管理车间产生的大量数据,是车间智能化面临的关键问题之一。随着物联网、传感器以及无线技术的不断发展,以 RFID 技术为代表的物联网技术在制造/装配车间得到广泛应用。与传统条码识别相比,RFID 具有极高的信息采集与处理速度,使用操作较为便捷,且在抗干扰、适应环境等方面的能力强。

物理车间制造资源的实时感知是数据实时采集、管理和控制的基础。具有感知设备的制造资源,不仅有助于用户/操作人员实现自己的业务逻辑,而且还可以与其他制造资源进行交互式协同工作。在理想状态下,物理车间的所有制造资源都可以贴上可实现感知功能的标签(如 RFID 标签),这些制造资源可以是制造操作者、中间产品零部件、制造工装夹具以及测量设备等。通过这种方式,可以使制造资源从单一的实体变为具有交互功能的智能体。

物理车间采集的数据分为三类:实时感知数据、生产过程数据和生产活动计划数据。实时感知数据主要指制造资源数据。生产过程数据是指与制造过程相关的数据,包括制造进度数据、工时数据、制造质量数据、制造物料数据、制造站位状态数据等。生产活动计划数据包括制造计划数据和物料分配计划数据。将数据采集的结果反馈到数字孪生制造车间,通过虚拟车间的仿真运行、验证与优化,促使车间管理人员动态优化生产活动计划,生成生产活动计划相关数据。最后,将优化后的车间生产活动计划反馈给实际制造车间,再指导物理制造车间的生产。这样,在物理制造车间与数字孪生制造车间之间就形成了一个闭环的数据流。

2.虚拟车间的建模、仿真可视化

构建数字孪生车间的关键在于利用数字建模技术进行虚拟车间构建。所构建的虚拟车间既是物理车间的数字化镜像,又是在信息流、物料流、控制流方面与物理车间一致的虚拟体。构建数字孪生车间时从三个层次进行考虑:元素、行为和规则。在元素层面,数字孪生车间由车间生产要素的几何模型和物理模型构成,主要包括车间模型、生产线模型、加工站模型、制造资源模型(包括装配、检验、测量、测试设备模型,操作人员模型,材料模型,产品模型等)。元素层面的建模工具主要为三维几何建模工具,如 CATIA、Pro/E、AutoCAD、SolidWorks 等。在行为层面,数字孪生车间主要包括数字孪生车间组的元素的行为和反应机制,如虚拟化模型中的人员操作、设备操作和材料运输。在这一层面最常用的建模工具是 Tecnomatix、DELMIA 等。在规则层面,数字孪生车间由模型中元素之间的关联规则、车间操作规则和演化规则组成,这些规则是保证数字孪生车间的运行机制与物理车间的运行机制一致的基础,从而真实模拟物理车间的行为、状态、操作和演变。基于以上三个层面构建的数字孪生车间可以真正实现运行、验证、预测并指导生产优化。

在实现虚实映射的基础上,将车间的具体运行情况通过 VR/AR 的方式展现在操作人员面前,可以清晰地观察到车间制造计划的执行情况,实现车间实际运行可追踪,同时提供人机交互的接口,使得车间制造计划执行情况更加人性化。

3.数字孪生与大数据驱动的车间运行状况预测

数字孪生车间犹如一个数据池,车间各种数据汇聚融合,如何对这些数据进行应用分析从而达到指导生产、优化生产的目的,是数字孪生车间技术应用的关键。当前迫切需要基于数字孪生车间数据实现制造车间的预测管理与控制。

与传统的"小"数据分析工具相比,大数据应用具有以下特点:

① 有利于实现主动预测。利用车间大数据,可以进行车间生产扰动的提前预测。

② 有利于实现关联分析。利用大数据,可将优化决策的分析模型从因果关系分析模型转换为关联分析模型。这为产品/过程优化和决策特别是大规模资源组合和优化,提供了一种新的途径。

在大数据驱动的车间运行状况预测中,主要需采集物理车间的实时数据。对于特定的预测需求,调用封装在服务平台中的相应预测模型,其输入包括历史数据、经验、知识以及物理车间收集的实时数据,输出是理论预测值或理论结果。

数字孪生驱动的车间运行状况预测过程是:构建与物理车间运行机制一样的数字孪生车间,基于物理车间的实时数据,进行虚拟车间的仿真,得到虚拟车间仿真结果。具体步骤是:首先,采集物理车间的实时数据,在此基础上,通过车间数字孪生系统,动态地跟踪和监视实际车间的运行状况。然后,基于数字孪生车间服务平台驱动虚拟车间以数字孪生形式模拟物理车间的生产运行状况。最后,将车间数字孪生系统仿真运行结果反馈给车间服务平台,优化生产运行。

预测结果的比较、分析与优化是将基于大数据的理论分析结果与基于数字孪生技术的仿真结果进行比较,从而实现对预测精度的有效评价,同时改进基于大数据的预测模型和基于数字孪生的预测模型,以实现更准确的预测。

6.4　VR/AR 环境下的产品在役运行数字孪生

6.4.1　性能数字孪生驱动下的设备健康状况维护

多年以来，人们一直采用定期维护方式进行设备维护，该维护方式的缺点在当下已变得显而易见。波音公司的一项研究表明，尽管定期进行维护，但高达 85% 的航空部件仍然出现了故障。基于性能数字孪生技术，人们可以采取更积极主动的方式来制定维护策略，这种维护方式的本质是使用智能设备和系统在问题发生之前进行故障预测和解决潜在问题（预测性维护，predictive maintenance），而不是在修理（反应性维护，reactive maintenance）或执行严格的基于时间的维护计划（预防性维护，preventive maintenance）之前等待设备出现故障。

在役运行数字孪生驱动下的设备健康状况维护系统架构主要包括满足制造关键技术装备应用业务需求的上层平台与面向数据信息处理的底层平台两部分。

1. 上层平台功能规划

上层平台功能规划如图 6-61 所示。上层平台的核心任务为建立产品、设备的性能数字孪生模型，并有四个核心功能：故障模式识别、设备故障诊断、寿命预测和预测性维护状态侦测。围绕这三个核心功能，配备设备数据管理、产品数据管理、生产数据管理模块，形成性能数字孪生驱动下的设备健康状况维护的远程运维上层平台。

上层平台包括数据存储功能模块、数据分析功能模块、分析诊断模块、执行功能模块。数据存储功能模块用于对底层平台输送来的描述故障模式的数据进行存储；数据分析功能模块用于对故障模式数据（包括连续数据和离散数据）进行算法分析，得出数据特征规律，以方便分析系统处理；分析诊断功能模块用于根据数据特征分析结果，采用专家系统、人工判断等方式，进行故障诊断、故障预测，并给出解决方案；执行功能模块用于根据分析系统给出的解决方案，将偶发故障处理方案、例行维护方案发送给工厂，并给予维修提示。

2. 底层平台功能规划

底层平台主要有以下功能：

（1）提供制造数据平台接口与集成功能，实现数据导入与导出；

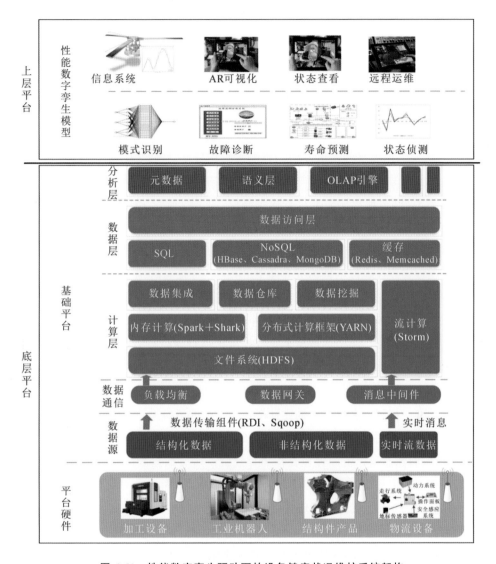

图 6-61 性能数字孪生驱动下的设备健康状况维护系统架构

（2）提供制造数据平台管理组件，实现平台权限的综合管理；

（3）实现生产数据存储与组织，为上层应用提供可靠、可复用的数据；

（4）制造数据查询，实现企业现有信息系统数据库与信息模型新建数据库的组合查询；

（5）提供制造数据基础算法，对车间设备关键指标进行统计计算。

6.4.1.1 设备资产数字孪生信息模型

随着制造业不断向智能化方向发展,人们对作为车间生产核心单元的数控机床的智能化操作(多源信息智能决策、加工过程智能监控等)模式提出了更高的要求。在传统的生产模式下,对数控机床的操作仅限于物理空间,加工过程的控制与决策完全依赖于操作人员的经验。随着信息物理机床(cyber-physical machine tool,CPMT)概念的提出,集成机床信息模型、加工过程、计算、网络的CPMT 成为机床未来的发展方向。以航天结构件制造车间为例,为构建资产数字孪生信息模型,首先要有一种能够完整表达数控机床加工过程状态要素的集成信息模型,以实现数控加工状态智能监控、加工数据智能决策、加工过程反馈控制的智能化操作。

参考工业 4.0 参考架构模型(RAMI 4.0)的定义与描述:管理壳利用数字化技术将物理实体在虚拟空间内完整表达,并使之具备通信、推理、判断、决策的能力,与物理实体相关的控制信息和业务流程信息能够被实时地传输、交互和处理,最终在企业层面实现各类资产间的互连与互操作。这里引入资产管理壳(asset administration shell,AAS)的概念来对数控机床进行建模与描述。图 6-62 所示为资产管理壳的总体结构。资产管理壳是一个结构化、层次化的模型,主要由头部(header)和主体(body)组成。头部包含管理壳的唯一标识以及管理壳所对应的物理资产的唯一标识。主体包含描述资产各类特征的子模型,每个子模型都具有层次化的属性列表,并在组件管理器中进行集中管理,用以描述资产的属性信息、运行过程、实时状态等。资产管理壳作为存放资产所有数据和信息的容器,使得物理资产有了数据描述,从而可以实现资产数字孪生体与物理资产之间的交互。

需要说明的是,在资产管理壳中,资产指代物理实体(此处的资产为数控机床),管理壳指代虚拟部分,表示对物理实体进行数字化描述的各类子模型,可以是 CAD 模型、数控机床信息模型、MES 连接信息模型等。

6.4.1.2 数字孪生驱动下的设备预防性维修

数字孪生驱动下的设备预防性维修利用各种工业物联网采集设备实时数据,根据失效模式定义与异常识别算法对设备健康状况进行评估,预测设备故障及剩余寿命,从而将传统的事后维修转变为事前维修。数字孪生驱动下的设备预防性维修是在孪生数据的驱动下,基于物理设备与虚拟设备的同步映射与实时交互以及精准的服务而形成的设备健康管理新模式,能实现故障现象快速捕捉、故障原因准确定位,以及维修策略合理设计和验证。如图 6-63 所示,在数

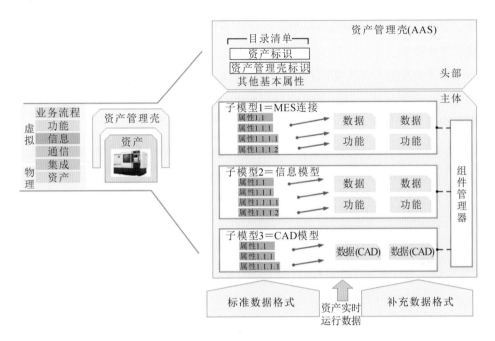

图 6-62 资产管理壳的总体结构

字孪生驱动下的设备预防性维修中,物理设备实时感知运行状态与环境数据,基于 VR/AR 的虚拟设备在孪生数据的驱动下与物理设备同步运行,并产生设备评估、故障预测及维修验证等数据;数字孪生驱动下的设备预防性维修系统融合物理与虚拟设备的实时数据及现有孪生数据,能够根据需求精准地调用与执行四个核心预测算法,以保证物理设备的健康运行。

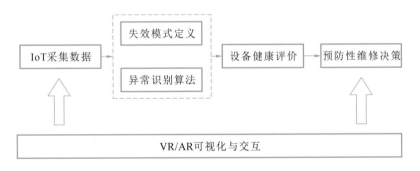

图 6-63 数字孪生驱动下的设备预防性维修方法

1) 预防性维修算法

预防性维修算法主要针对系统的异常和失效。对于异常,需读取设备生成的数据,并从正常运行条件中获取任何变化情况。对于失效,则侧重于基于与预定义故障模式的相似性来检测潜在故障的数据模式。图 6-64 所示为预防性维修算法流程。

　　系统出现异常和失效时都会产生警报,基于隐半马尔可夫模型(HSMM)的失效模式定义和异常识别算法构成了状态维护和预测性维护等高级维护策略的基础。

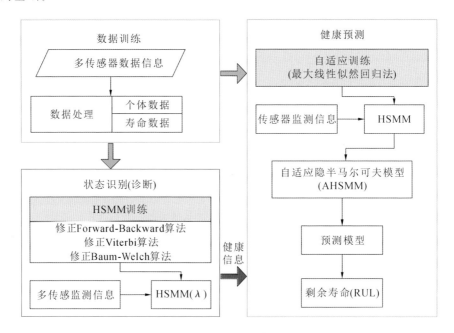

图 6-64　预防性维修算法流程

　　基于 VR/AR 的数字孪生主要采用 VR/AR 技术手段,以三维图形和虚拟环境的形式将原来用数字图表表示的数据、书面维修知识和不能用数据表示的维修场景展示出来,给人一种"亲临现场"的感觉,提供直观、形象的设备信息,使维修人员有一种在现场操作的感觉,提高设备状态的可理解性、故障检测准确性和系统的可操作性。图 6-65 所示是基于 HoloLens 全息眼镜的设备预防性维修场景。

　　2) 基于 AR 的设备预防性维修可视化

　　基于 AR 的设备预防性维修可视化主要包括两方面的内容:

　　(1) 警告数据提醒与位置显示;

　　(2) 基于 AR 的设备维修指导。

　　基于 AR 的设备预防性维修场景如图 6-66 所示。

图 6-65　基于 HoloLens 的设备预防性维修场景

图 6-66　基于 AR 的设备预防性维修场景

6.4.2　性能数字孪生驱动下的制造系统性能分析

传统的制造系统性能分析主要包括三个方面内容:一是传统的产品可靠性(PR)研究;二是设备可靠性(ER)研究;三是制造系统可靠性(MSR)研究。对制造业而言,可靠性可统称为制造全过程可靠性(MOPR)。

（1）产品可靠性研究 产品可靠性是产品性能能力的体现，或是产品性能能力的维持特性，也即产品质量在使用时间上的体现。产品可靠性针对的是产品使用而非制造过程，主要和产品的设计可靠性有关。而产品设计可靠性要靠制造过程来保证。

（2）设备可靠性研究 设备可靠性研究可以分为两种：一种等同于产品可靠性研究，某个设备或者机床就是一个产品，将关于这个设备的使用寿命或维修特性作为其可靠性来进行内容研究；另一种以设备可靠性作为影响整个制造系统可靠性的主要因素来进行研究，低的设备可靠性将影响生产线的效率或导致停产。

（3）制造系统可靠性研究 制造系统可靠性可以理解为制造系统功能可靠性。这里的功能可靠性主要是指产品制造过程中除了要保证上面所说的产品的设计可靠性即质量之外，还要保证制造企业获得效益，主要包括生产能力及交货周期的保证。

图 6-67 所示为制造过程可靠性关系。

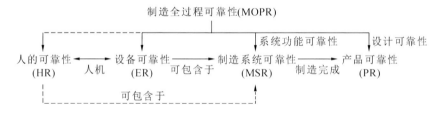

图 6-67 制造过程可靠性关系

简单来说，制造系统是人、设备设施以及物料流和信息流的一个组合体。它的功能或者说存在的目的是将一定的输入转变为输出，即将原材料转变为产品供给客户并获得收益。

性能数字孪生驱动下的制造系统性能分析如图 6-68 所示。

6.4.2.1 基于数字孪生的作业流程与运动联合仿真

作业过程的时序（流程）与作业过程设备和人员的运动实际上是同一过程的不同侧面，前者反映时间特性，后者反映空间特性。作业流程仿真属于过程仿真，可以用物流指标来衡量，它属于典型的离散事件仿真问题。通过流程仿真可以获得如下信息：

① 给定时间内的产能/产量；

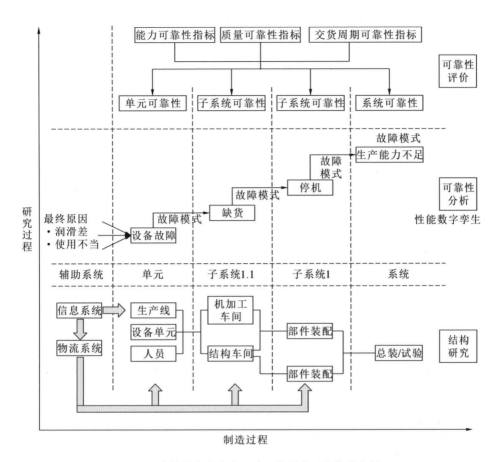

图 6-68　性能数字孪生驱动下的制造系统性能分析

② 给定时间内某种物料的变化情况；

③ 给定时间内边库/缓冲区的物料数量变化情况；

④ 工序间平衡情况、瓶颈工序；

⑤ 设备占用率、人员忙闲率、物流路线上的冲突和阻塞情况。

这些信息能够用于分析作业流程和物流方案的合理性，也可以间接用于分析工艺布局方案的合理性。作业过程运动仿真主要用于分析作业动作的合理性，可以获得如下信息：

① 制造车间中设备的空间信息，如间距和所成角度；

② 运动过程中物流设备的距离、速度、加速度；

③ 运动过程中的干涉和碰撞情况；

④ 运动过程中人员和设备的位姿状态。

这些信息能够用于分析作业动作本身的合理性、不同作业动作之间的相互影响、作业过程中人员运行和设备状态是否正常等。由于作业流程与作业过程中设备和人员的运动本质上是一个过程的两个侧面，理论上应该同步实现。然而由于生产系统本身、逻辑建模与仿真、运动过程仿真都非常复杂，目前流程仿真和运动仿真是分别进行的。

各类离散事件仿真软件都可以用于流程建模仿真和分析，而生产系统运动仿真软件发展并不成熟。数字样机仿真软件只适用于单个或少量设备运行仿真；工艺布局仿真软件因为缺乏底层特征模型难以用于设备仿真，只能以三维动画形式模拟设备运行。为了实现流程和运动联合仿真，可以将两类软件结合起来，通过开发它们之间的运行接口实现联合仿真，其实现方案如图 6-69 所示。依据上述方案，首先在布局与运动仿真软件中建立基本布局模型，通过数据接口发送到流程建模与仿真软件中；然后在布局与运动仿真软件中创建设备、工位、生产模型，并根据工艺执行过程信息规划执行动作；在流程建模与仿真软件中建立流程逻辑模型，并根据工艺设计方案设置其运行时序；开始联合仿真，流程仿真软件将运行时序通过通信接口实时发送到布局与运动仿真软件，后者根据时序执行预定义的执行动作。

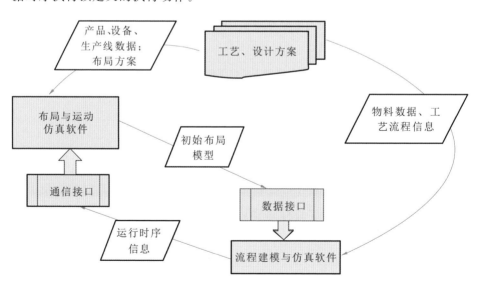

图 6-69　流程与运动联合仿真方案

未来的生产系统仿真将不再区分流程仿真与运动仿真，而是直接建立工艺过程模型,用户可以控制它们的细化程度,在初期主要着眼于流程逻辑模型,然后再逐步添加执行过程设备和人员的执行信息。笔者所研发的软件工艺建模与仿真系统就同时包含了时序和具体动作执行规划。如上文所述,根据工艺设计方案运行时序,根据工艺执行过程信息、规划执行动作,通过通信接口实时传输仿真信息,可以将上述两类仿真合二为一。

6.4.2.2 基于数字孪生的某型商用航空发动机脉动线作业流程仿真实例

本实例针对某型商用航空发动机脉动线的装配过程进行物流仿真和运动仿真并进行集成,利用仿真结果进行反复迭代优化。笔者使用 Plant Simulation 系统建立脉动线装配流程模型,在加工设备、操作人员等资源恒定的情况下,通过优化生产线配送网络,改变加工工艺顺序,在物流仿真结果基础上重新规划了生产线布局。利用自主研发的仿真平台与 Plant Simulation 系统集成实现联合仿真,脉动线运动过程仿真可以更加直观、清晰地显示设备和工装的实际动作过程,同时检查碰撞干涉,验证仿真方案的合理性。

1. 总装工艺过程简介

该商用航空发动机的总装对象主要包括核心机、低压涡轮、边支架、附属传动组件、外部附件、提前装配的零部件、外部管路、电缆、支板和安装节。由于发动机结构复杂,零组件种类多,数量大,发动机的装配工艺步骤繁多,流程复杂。主要难点在于:工艺串并联组合存在多样性;设备工装有数量限制;工位工作量分配困难。

2. 总装脉动线建模与仿真方案

梳理总装工艺路线图,理清主线和辅线的状态,结合上部运输系统的构造,按生产专业化角度建立脉动线的二维模型,建立物流配送路线模型,对模型中的各个对象进行定义。根据设备利用率、年产量、生产节拍等系统评价指标对仿真结果进行评价,验证仿真方案的合理性。应用 Plant Simulation 系统创建工艺流程模型,应用自主开发平台,建立脉动线的三维运动仿真动画,并与流程仿真软件建立通信。通过数字孪生接口连接、传输数据,实现联动。

3. 实现方法

1)数据准备

该商用航空发动机总装脉动线工艺布局包含上部运输系统、脉动线工位布置等。脉动线上的设备布局及人员配置呈线形流水线布置,各设备及工位之间具有串联关系,属于排队系统模型,如图 6-70 所示。

图 6-70 工艺布局

考虑到脉动线尺寸结构和人员配置,将工位数定为 5。整条脉动线主要通过上部运输结构来完成运输和装配,发动机主机通过上部系统 A 车在线上循环运输,其余大型零部件通过与 A 车配合的 B 车进行运输和与主机进行装配。根据工位和工艺的基本情况,大部件即核心机和低压涡轮分别在工位 1 和工位 2 安装,因此在工位 1 和工位 2 各安排 2 部 B 车。

装配工艺数据包括工步和工时(见表 6-6),在仿真模型中 5 个工位的工序主要包括核心机装配、低压涡轮装配、外部附件装配、管路装配、电缆装配等。在起始状态下,风扇机匣单元体上线,依次与核心机、低压涡轮进行对接;外部附件包括安装边支架、附件传动组件、提前装配的零组件等;在装配管路时,将管路分为两类,系统管路及燃油管路、滑油/引气/放气管路,各部分内部采取两人并行装配。电缆在装配时,基本互不干扰,采取两人并行装配。在所有装配流程结束后,需要对发动机进行旋转检测,检查装配是否合格,以减少返修率。

表 6-6 装配工艺数据

序号	工步	时间/min	序号	工步	时间/min
1	核心机安装前准备	240	10	安装高压涡轮后轴螺母	120
2	核心机预安装	120	11	安装四支点后密封静止组件	30
3	正式安装前准备	60	12	安装中央传动齿轮箱附件	120
4	安装核心机主单元体	120	13	安装一、二号支点组件	180
5	安装大螺母	90	14	安装固定回油管及收油管	60
6	尺寸检查	30	15	测试传感器及线束	120
7	核心机安装边安装	60	16	低压涡轮安装前准备	240
8	核心机安装后检测	60	17	低压涡轮预安装	120
9	安装四号支点喷嘴组件	30	18	正式安装前准备	60

序号	工步	时间/min	序号	工步	时间/min
19	安装低压涡轮主单元体	120	31	安装附件齿轮箱(AGB)处附件	480
20	安装大螺母	66	32	安装附件传动组件	240
21	尺寸检查	30	33	安装燃油/滑油/空气管路	140
22	低压涡轮安装边安装	60	34	安装电子控制器	60
23	低压涡轮安装后检测	60	35	安装传感器	190
24	五号支点封严	60	36	安装提前装配的零组件	240
25	安装空气冷却管组件	60	37	安装系统管路及燃油管路	600
26	安装风扇轴内孔盖板	6	38	安装滑油、引气、放气管路	1050
27	安装外涵静子叶片	240	39	安装电缆	705
28	安装风扇增压级组件	240	40	安装支板	225
29	安装风扇叶片及进气锥	240	41	安装上下安装节	240
30	安装 12 圈安装边支架	665	42	整机旋转检测	90

2)工艺流程的逻辑建模

梳理总装的工艺路线图,从生产专业化角度进行建模,主要的装配过程物流系统可分为以下三种。

(1)简单加工过程单一物流系统,如图 6-71(a)所示。图中 W 表示加工过程,M 表示半成品、成品物流,P 表示物流单位。这种物流系统生产流程较简单,可重构性较低。

(2)复杂加工过程串联物流系统,如图 6-71(b)所示。这种物流系统生产品种较单一但是产量大,生产重复性很高,对应多组物流单位。

(3)复杂加工过程并联物流系统,如图 6-71(c)所示。这种物流系统生产种类较多,生产规模较大,并且每种类别下有多种批量,生产具有可重构性、复杂性。

该型发动机的装配过程物流系统属于复杂加工过程并联物流系统。本体装配中,核心机以及低压涡轮部分需要严格按照串行方式装配,作为两个独立部分,分别分配至工位 1、2;外部附件装配中,安装边支架与附件齿轮箱(AGB)、传动组件装配相互不干扰,且安装时长相近,AGB、传动组件必须串行装配,则安装边支架与这两部分按照并行方式在工位 3 装配;燃油/滑油/空气管、电子控制器、传感器、提前装配的零组件互不干扰,考虑工位时间分配至工

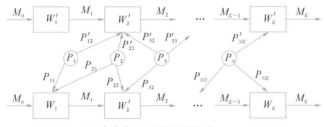

(a) 简单加工过程单一物流　　　　　(b) 复杂加工过程串联物流

(c) 复杂加工过程并联物流

图 6-71　产品加工过程单元与物流单元关系图

位 3 并行装配;在上述附件装配完成后,根据工位间平衡,分配系统管路及燃油管路至 3 工位;其余管路、线缆、支板、安装节在工位 4 严格按照串行方式装配;在工位 5 进行整机旋转检测。构建装配网络,如图 6-72 所示。

手动建立物流仿真模型耗费的时间和人力成本较高,利用批处理工艺流程会极大地提高工作效率,但需要统一采用标准文件来规范仿真模型。在生产工艺的细节改动时,根据标准文件来修改物流模型更加方便容易。在 Plant Simulation 中,使用 active X 插件可以读取外部 Excel 文件,而对于工步流程众多的装配过程,Excel 格式的文件也更加容易处理。Excel 的内容包括源类、实体源、工步内容及时间、工装及缓冲区、连接线和拆卸路径表。统一的表格更加易于与工艺规程文件对接。

手动建立表格非常烦琐费时,尤其在连接线上,逻辑的处理非常必要。Plant Simulation 的工艺模型逻辑是基于连接线的,通过开发中间建模工具 JHIM/ProcessModelling,利用该工具读入工艺规程形成的工艺文件,使零件和工装成为工步的自带属性,读取工艺文件,批量生成工步,最后根据用户连接设置工步之间的逻辑关系,即可建立工步模型。在输出标准文件时,导出零件、工装设备、工步过程、连接线数据以及拆卸表,工步自带属性与工步间的连接线数据即形成整个物流模型的工艺逻辑建模基础。Plant Simulation 读入 Excel 标准文件,经批处理形成源、工步、连接线等,再进行仿真和分析。

在 Plant Simulation 中进行脉动线建模时,除了工位装配工艺内容,对脉动

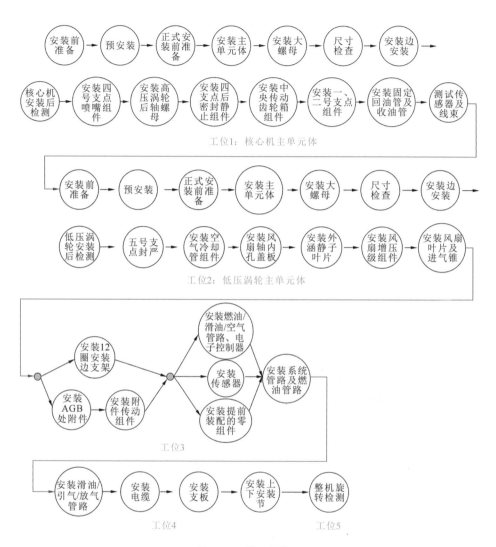

图 6-72 装配网络图

线上部运输设备的尺寸、行车速度、行车循环也要进行设置,最终上部运输系统模型如图 6-73 所示。

图 6-73 上部运输系统模型

将最终模型导入 Plant Simulation,生成的脉动线工艺流程仿真模型如图 6-74 所示。

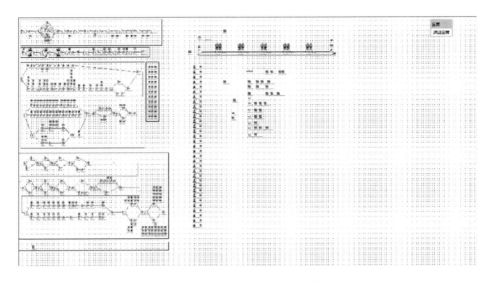

图 6-74　脉动线工艺流程仿真模型

物流逻辑建模主要是设置模型参数和选择物流逻辑方法,在 Method 中调用数据表格设置装配和拆卸关系、工位出入口等。

(1) 装配和拆卸关系设置　当装配站上有多个零件来源时,需要按照顺序将零件组装起来。在 Plant Simulation 中,主物料单元(MU)在装配线上始终保持在节点 1 上,每一个节点的前驱节点和后继节点序号在连接时根据连接顺序确定,即确定装配顺序,因此单步装配站的装配表按照前驱节点表执行。在拆卸站上,根据发动机的装配性质,选择"MU 独立于其他 MU 退出",在拆卸前确定拆卸路径并写入表格,通过读取表格,批处理完成拆卸站的设置。拆卸站的设置程序如图 6-75 所示。

(2) 工位出入口　各工位的加工时间互异,而发动机的装配线属于脉动线,行车需同时进站和出站,因此需对工位的加工和等待进行设置,并统计各工位时间。工位出入口参数设置如图 6-76 所示。

3) 物流仿真与运动仿真集成

物流仿真系统利用收集的数据制成图表,构建模型、布局等来表达发动机脉动线装配物流系统内部的状态。运动仿真模型根据物流仿真模型的内部过程建立流程。物流仿真模型和运动仿真模型构建完成后,在两者之间建立通信

```
for var objPtr:=1 to 拆卸表.YDim
    var obj:=str_to_obj(拆卸表["名称",objPtr]);
        obj.Sequence:="MUs exiting independent of other MUs";    // 独立退出
        obj.DismantleList:=NULL;
/*      for var i:=obj.DismantleList.YDim downto 1
            obj.DismantleList.cutRow(1);
        next*/
        for var i:=2 to obj.NumSucc
            obj.DismantleList["MU",i-1]:=str_to_obj(".Part."+拆卸表[i+1,objPtr]);
            obj.DismantleList["Successor",i-1]:=i;
            obj.DismantleList["Number",i-1]:=1;
        next
    end

    obj.ExitingMUMode:="New MU";                 // 退出新的MU
    obj.NewMU:=str_to_obj(".Part."+拆卸表["退出主MU",objPtr]);


next
```

图 6-75　拆卸站的设置程序

```
//行车出口
root.MoveReady-=1;
var WorkFinishTime,WaitFinishTime:time;

WorkFinishTime:=EventController.SimTime;

current.WorkingTimeCircle:=WorkFinishTime-current.InTime;
current.WorkingTime+=current.WorkingTimeCircle;

if root.MoveReady=0
    print "[",WorkFinishTime,"]",current.Name,"执行完毕(",current.WorkingTimeCircle,"),行车出发";
else
    print "[",WorkFinishTime,"]",current.Name,"执行完毕(",current.WorkingTimeCircle,"),等待剩余",root.MoveReady,"个工位";
end
waituntil root.MoveReady=0;
WaitFinishTime:=EventController.SimTime;
OutTime:=WaitFinishTime;
current.WaitingTimeCircle:=WaitFinishTime-WorkFinishTime;
current.WaitingTime+=current.WaitingTimeCircle;

//print current.Name,"本次工作时间",current.WorkingTimeCircle,"本次等待时间",current.WaitingTimeCircle;
//print current.Name,"当前平均工作时间",current.WorkingTime/self.~.statNumIn,"当前平均等待时间",current.WaitingTime/self.~.statNumIn;

current.TimeTable["WorkingTime",self.~.statNumIn]:=current.WorkingTimeCircle;
current.TimeTable["WaitingTime",self.~.statNumIn]:=current.WaitingTimeCircle;
@.move
```

图 6-76　工位出入口参数设置程序

连接,利用仿真时间指令驱动运动仿真模型与物流仿真模型同步执行仿真活动。要实现物流仿真与运动仿真的结合时,需要开发通信接口,测试通信方式和输出的数据。测试通信方式主要是测试 Socket 通信函数,在 Plant Simulation 和虚拟工厂布局软件平台 VRLayout 进行通信之前,首先分别在 Plant Simulation 和 VRLayout 中创建端点,使二者能建立联系并相互通信,然后编写 Socket 函数,不断进行测试,通过传输过程和输出结果检查 Socket 函数是否有问题。

在 Plant Simulation 的二维模型与 VRLayout 的通信接口与数据接口开发完成后,Plant Simulation 和 VRLayout 通过 TCP 协议连接并传输数据。两者的联合仿真过程如下。

（1）建立连接：VRLayout 运行后在指定端口监听，Plant Simulation 模型运行时连接 VRLayout 监听端口，建立连接。

（2）仿真时间同步：Plant Simulation 模型运行时，每 10 s（仿真时间）与 VRLayout 做一次时间同步，将当前仿真时间发送到 VRLayout 中，VRLayout 接收到仿真时间后更新当前的工艺仿真时间。

（3）工艺初始布局同步：Plant Simulation 模型运行或者复位时，发送初始化信号给 VRLayout，VRLayout 根据初始信息调整设备、工装等的初始位姿。

（4）工艺开始与结束同步：Plant Simulation 在工艺开始执行时，将当前工艺的名称、开始时间、持续时间发送给 VRLayout，VRLayout 调用相应的工艺文件，按照工艺仿真时间播放仿真工艺流程；Plant Simulation 在工艺结束时发送停止信号给 VRLayout，VRLayout 停止对应的仿真工艺流程。

（5）工装设备使用状态同步：Plant Simulation 在工装/设备状态（共有 0、1、2 三种状态，其中 0 代表空闲状态，1 代表工作状态，2 代表故障状态）改变时，发送信号给 VRLayout，VRLayout 记录该工装/设备的当前状态，显示在界面上，通过 Plant Simulation 的复位功能或者重启软件来恢复初始状态。

4.仿真与优化

1）物流仿真

搬运时间忽略不计，假设零部件可不间断提供，生产时间按照每月 22 个工作日、每天工作时间 8 小时计算。设置仿真总时间为 $12 \times 22 \times 8$ h＝2112 h。设定仿真控制器，模型开始仿真运行。在仿真开始后，1 号行车出发，首先吊起发动机本体进入工位 1，在工位 1 装配结束后，1 号行车出站进入工位 2，同时 2 号行车进入工位 1，直至每个工位都有行车出入。每个行车同时进入工位，在该工位装配工作结束后，等待所需时间最长的工位（瓶颈工序）结束装配，五个行车同时出站，出发去下一工位，形成脉动线。在行车从工位 5 出来后，通过出货悬轨进入出货区、缓冲区，最后进入物料终结区，至此该发动机的整个装配过程结束。最终得到年产量如图 6-77 所示。

由于在仿真时，工位 1 最先开始工作，其次是工位 2，依次往下，最后是工位 5 开始工作，因此会有部分时间损失掉。发动机产能情况如表6-7所示。

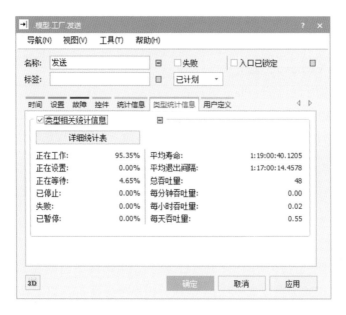

图 6-77 年产量

表 6-7 发动机产能情况

产品	仿真总时间/h	产量/台	节拍/(小时/台)	有效时间/h
发动机主机	2112	48	41	1968

Plant Simulation 仿真结果(部分)如图 6-78 所示,各工位出入口时间统计如表 6-8 所示。

图 6-78 Plant Simulation 仿真结果

表 6-8 各工位出入口时间统计 (单位:h)

序号	1	2	3	4	5
脉动线主体设备 A 车单次加工时间	24	28	26	41	1.5
脉动线主体设备 A 车单次阻塞时间	17	13	15	0	39.5

续表

序号	1	2	3	4	5
脉动线主体设备 A 车总加工时间	1248.04	1427.90	1300.92	2009.03	73.53
脉动线主体设备 A 车总阻塞时间	841.13	637.13	736.11	0	1896

从表 6-8 可以看到,工位 1、2、3 的出入口时间比较均衡,在 26 h 左右,而工位 4 出入口时间较长,工位 5 出入口时间非常短,造成极大不平衡,瓶颈工序在工位 4。则生产线平衡率为

$$P = \frac{S}{D \times \mathrm{CT}} \times 100\% = \frac{T_1 + T_2 + T_3 + T_4 + T_5}{5 \times 41} \times 100\% = 58.78\%$$

式中:S 代表各工序时间总和;D 代表工位数;CT 代表生产节拍;T 代表每工位的工作时间。

可以得到平衡损失率 $= 1 - P = 41.22\%$。生产线平衡率在 $50\% \sim 60\%$ 之间,相应生产模式为粗放式生产;生产线平衡率至少在 85% 以上,才认定为实现了"一个流"生产。工位 4 出入口时间即瓶颈工序决定了加工周期,由于工位 5 仅有整机旋转检测工步,造成该工位冗余,考虑调整工位 4 的工序至工位 5,但其出入口时间仍然与工位 1、2、3 出入口时间无法接近,所以重新调整各工位加工内容,例如减少不必要的步骤,将部分工序转至部装进行等,以提高总装产能和生产线平衡率。

2)运动仿真

物流仿真模型与运动仿真模型建立连接后,Plant Simulation 端向 VRLayout 端传输数据。数据采用"数据头+内容+校验位"(数据头为 16,表示该消息的长度;内容为消息实际传输的数据,包括消息类型和实际内容;校验位用于检验该消息的正确性,采用固定码验证,值为 0x0C)的形式,每次先传输固定的 4 个字节,表示这条消息的总长度;接收时也是先固定接收 4 个字节,然后按长度接收消息所有的内容。

传输数据的具体格式如表 6-9 所示。

表 6-9　传输数据格式

指令	消息长度	类型	内容	校验位
仿真时间指令	4	SIMTIME	当前仿真时间	
工艺流程启动	4	PROCBEGIN	工艺名称,持续时间	0x0C
设备使用状态	4	USAGE	设备/工具名称,使用状态	
恢复指定状态	4	RESETRUN	状态文件	

VRLayout 端接收到消息后返回验证消息,具体格式如表 6-10 所示。

表 6-10 验证消息格式

数据头	内容		校验位
4	验证是否通过,1 为通过,0 为失败	错误代码,0x0000 为无错误,0x0001 为验证失败	0x0C

流程与运动联合仿真结果如图 6-79 所示。图中左侧状态栏显示的是各共用工装或设备的当前占用情况,黄色表示占用,绿色表示空闲。

图 6-79 基于 VR 系统的流程与运动联合仿真

3) 脉动线优化及仿真结果

对优化前模型进行分析过后,缩短核心机和低压涡轮部分工序时间,将一、二支点组件和风扇增压级调整至部装进行装配;调整 AGB 处附件、附件传动组件、安装边支架至部装进行装配,再将剩余工序按顺序和串并联关系进行重组。重组时保证脉动线布置更加合理,各工位时间均衡,将各工位时间平衡至 15～17 h,以提高生产线平衡率。最终平衡结果如图 6-80 所示。

Plant Simulation 优化仿真模型如图 6-81 所示。

设置仿真总时间为 2112 h,最终得到年产量为 120 台。发动机产能情况如表 6-11 所示。

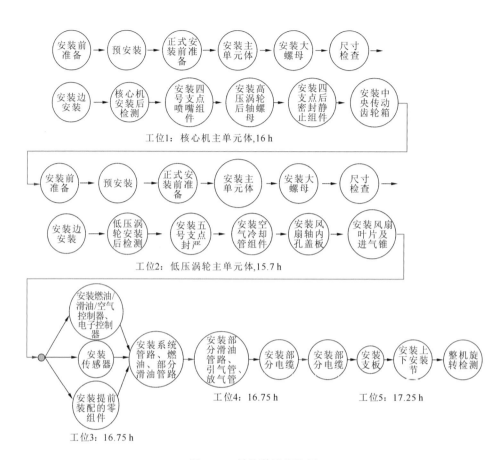

图 6-80 最终装配网络图

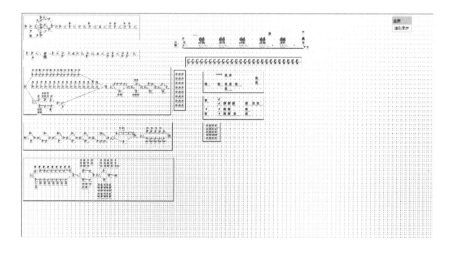

图 6-81 脉动线仿真模型

表 6-11　发动机产能情况

产品	仿真总时间/h	产量/台	节拍/(小时/台)	有效时间/h
发动机主机	2112	120	17	2040

有效时间为 $T_w = Q \times CT = 2040$ h。Plant Simulation 仿真得到优化后各工位出入口时间如表 6-12 所示。

表 6-12　优化后各工位出入口时间统计　　　　　　　　（单位:h）

序号	1	2	3	4	5
脉动线主体设备 A 车单次加工时间	16	15.7	16.75	16.75	17
脉动线主体设备 A 车单次阻塞时间	1	1.3	0.25	0.25	0
脉动线主体设备 A 车总加工时间	1984.21	1931.31	2043.83	2027.15	2040.20
脉动线主体设备 A 车总阻塞时间	121.85	158.4	29.88	29.80	0

从表 6-12 看到,5 个工位的出入口时间已经非常接近(排除由于加工工艺原因造成的时间差),出入口时间最长的工位为工位 5,但已减少至 17 h,生产节拍大大加快,产能大幅度提高。生产线平衡率为

$$P = \frac{S}{D \times CT} \times 100\% = \frac{T_1 + T_2 + T_3 + T_4 + T_5}{5 \times 17} \times 100\% = 96.71\%$$

平衡损失率 $= 1 - P = 3.29\%$,损失时间较少。生产线平衡率达到了 85% 以上,可以认定为实现了"一个流"生产。工位之间等待时间短,产能接近一致,平衡损失时间少,设计效率高。工装/设备的利用率得到明显提升,但是使用频次、时间对效益的影响不大,主要影响效益的是始终在脉动线上的行车 A 车,属于线上流水式作业,其损耗、寿命、利用率等与发动机的产量和企业效益有着密不可分的关系。线上共 7 台车,定义设备效益系数 γ,评定优化前后的效益:

$$\gamma = \frac{年产出台数}{在工位时间} \times 100\%$$

计算所得行车效益如表 6-13 所示。

表 6-13　行车效益

方案	利用率	在工位时间/h	单台行车年产出发动机数量/台	设备效益系数
优化前	71.43%	1435	6.86	0.478
优化后	71.43%	1457.29	17.14	1.176

由表 6-13 可知,在年产量增加的情况下,设备一年的工作时间略有增加,但

变化不大,单台行车的年产出发动机数量有了接近 3 倍的增长,设备的效益系数增幅较大,脉动装配线的生产效益得到提升。

综上所述,在本实例中,笔者通过缩短工作时间,调整装配工艺顺序的方式,优化了生产网络,改善了物流仿真方案,使脉动装配线的年产量、节拍等评价指标得到提升,减少了个别工位流动停滞、在制品滞留时间过长的情况。在物流系统性能方面,提升了整体生产线平衡率,使粗放式生产转变为科学生产,提升了生产线效率并降低了生产现场的各种浪费。在本实例中,设备工装的利用率也得到了提升,提高设备利用率是降本增效和企业发展的需要。

6.4.3 结语

目前,VR 与 AR 的工业应用已到达一个临界点,我们与数据交互的方式正在发生历史性变革,基于数字孪生的虚实融合技术将推动新的设计模式、新的制造范式出现,这预示着一个新的交互时代的到来。以下三大技术将突破与数字现实系统的融合,推动数字孪生加速发展。

(1)透明界面技术:融合声音、肢体及目标定位能力,用户可与数据、软件应用及其周围环境进行交互活动。在制造场景中增强界面自然真实效果,可以洞察制造过程。

(2)泛在接入技术:5G 时代已经来临,VR/AR 或将实现"无时无刻""无处不在"的因特网连接或企业网络连接,就像现在的移动设备一样。

(3)自适应交互技术:VR/AR 能够自适应加载与显示生产中的海量数据流,将能够根据用户偏好、位置或活动定制数据服务,将数据叠加到现实场景中,使得现场决策更便捷准确。

当然这些颠覆性技术的发展并非一蹴而就,数字现实所包含的内容仍在不断变化,相应的标准和管治策略亦须进行调整。

第7章
基于 VR/AR 的制造大数据可视化

　　智能制造是以数字化为基础、以网络化为支撑、以智能化为目标、以虚实融合为主要特征、以数据为生产要素,通过工业互联将制造过程中的人、物、环境和过程融合,实现数据的价值流动,最终以数据的智能分析为基础,实现智能决策和智能控制,以及制造过程的优化和智慧化运营的技术。制造过程伴随着大量密集的数据,有静态的、动态的,瞬时的、长期的,结构的、非结构的数据,也有不同时空、不同尺度的数据,它们构成了制造大数据。本章将介绍制造大数据技术,讨论如何使用 VR/AR 技术有效分析这些数据,根据这些数据洞察物理的制造过程,并将制造过程全面、快速、真实、透明地展示出来,如图 7-1 所示。

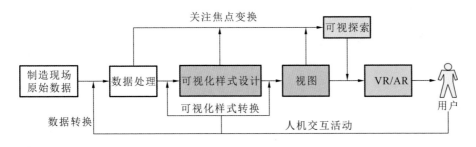

图 7-1　制造大数据 VR/AR 应用流程

7.1　制造大数据概述

7.1.1　制造大数据特征

　　大数据是工业互联网的核心要素。《中国制造 2025》明确指出,制造大数据是我国制造业转型升级的重要战略资源,要根据我国工业的特点有效利用制造大数据来推动工业升级。一方面,我国是世界工厂,实体制造业比重大,但技术含量低、劳动密集、高资源消耗制造业的比重也大,实体工厂和实体制造业升级迫在眉睫;另一方面,我国互联网产业发展具有领先优势,过去十多年消费互联网的高速发展使互联网技术得到长足发展,互联网思维深入人心,要充分发挥这一优势,并将互联网与制造业紧密结合,促进制造业升级和生产性服务业的发展。当前,以大数据、云计算、移动物联网等为代表的新一轮科技革命席卷全球,构筑了信息互通、资源共享、能力协同、开放合作的制造业新体系,极大拓展了制造业创新与发展空间。新一代信息通信技术的发展驱动制造业迈向转型升级的新阶段——制造大数据驱动的新阶段,这是在新技术条件下制造业生产全流程、全产业链、产品全生命周期数据可获取、可分析、可执行所带来的必然结果。

1.“5V”特征

IBM 公司最早提出大数据的“5V”特征:Volume、Velocity、Variety、Veracity、Value。在制造业中,“5V”有明确的工程含义。

Volume(大量):制造过程产生的数据体量大。一图胜千言,对大量数据的理解必须借助可视化的手段。

Velocity(高速):制造过程以高速、动态的方式产生数据,同时数据具有时效性。

Variety(多样):指制造过程数据形式多(包含文字、影音、串流等结构性、非结构性的数据)。多元数据的展示方式是目前大数据可视化的研究热点。

Veracity(真实性):大数据的准确性和可信度低,即数据的质量差。用数据进行人机决策时,数据展示的形貌和样式合理,将大大降低数据噪声和错误的影响。

Value(价值):制造大数据的价值密度值低。制造数据应能转换为高价值决策数据。数据如果不能使用,就没有价值。随着工业物联网的广泛应用,信息感知无处不在,如何结合制造业务逻辑并通过强大的机器算法来挖掘数据价值,并用 VR/AR 的方式呈现数据价值是工业大数据时代最需要解决的问题。

2.“3V3M”特征

东华大学张洁教授在“5V”特征的基础上,针对晶圆制造大数据的特点,总结出“3V3M”特征。

(1)多样性(variety) 在晶圆制造过程中,数据的多样性体现在数据的类型与数据的结构上。从晶圆工期数据的类型上看,晶圆的工序清单是结构化的数据表类型,而质量检测的晶圆图属于 Bin 图类型,晶圆的工艺配方及规格要求是文本类型,这些数据类型各不相同。在晶圆工期调控中,晶圆 Lot 的生产状态数据中有时间、比例、数值、次序参数等,其参数类型也不相同。从数据的组织形式与数据结构上来看,晶圆制造系统的运行数据具备多样化特性。在晶圆工期调控中,与晶圆工期相关的参数包括:生产设备状态、物流系统状态、在制品状态与订单状态等。其中,晶圆的优先级与晶圆工期之间是典型的一对一线性结构;晶圆各工序的完工时间与各搬运小车的负载之间是多对多的图形结构;晶圆完工时间与各道工序的加工时间之间是一对多的树形关系。数据结构的多样化特性使得数据库的关系组织极为复杂。当前,晶圆制造系统采用关系型数据库来实现数据的组织与存储,其中来自 ERP 系统、MES 和制造数据采集(MDC)系统等系统数据库的数据表约有 3000 个,其中建立的外键关联约束约有 4800 多对,数据组织结构极为复杂。因此,在系统的运行分析中,从多样化的数据结构中进行数据提取与转换,为数据分析提供可靠的源数据是重点。

(2)规模性(volume) 晶圆制造生产线在制品多、工艺多、产品多、设备数量大、参数多、数据采集频繁,使得累积存储的数据量巨大。月产 10 万片晶圆的中型晶圆制造厂,每分钟约要完成 1000 道工序。每道工序产生的数据包括:流转记录数据、计划数据、质量检测数据、所用设备的状态监控数据、原料数据等。以每道工序产生的数据量为 4 MB 计算,该厂 1 天的生产数据达到 6 TB,一年的数据量就达到了 2 PB。与互联网大数据不同,晶圆制造过程的数据之间主外键关联多,数据结构复杂。由于数据体量巨大,数据的查询、编辑耗时极长。对仅包含一个月晶圆工序流转的信息的数据表(约 500 万条记录)进行单词查询,耗时就接近 50 s。在晶圆工期调控方法中,仅对一组晶圆 Lot 进行数据预处理,需要对该库查询约 5000 次,若采用传统的数据库方案,将耗时 70 h。因此在当前的晶圆制造系统中,信息技术人员往往采用数据差异化备份、列式数据库、并行化存储与计算等方式来维持信息系统的正常运转。晶圆制造企业往往通过建立企业私有数据中心来实现海量数据的高效存储与处理。

(3)高速性(velocity) 晶圆数据的高速性体现在数据的产生速率与分析频率上。晶圆生产节奏快、效率高,数据在制造过程中不断产生,数据的产出具备高速实时的特点。在月产 10 万片晶圆的制造系统中,一分钟内完工的工序可达上千道,这些工序产生的数据可达 10 万条,数据产生速率达到近 2000 条/秒。从数据的分析频率来看,晶圆制造系统的生产规模大、节拍短,使得对产品质量、工期与设备状态的分析频率高。仅产品管理部门对在制品准时完工率的分析与优化需求就达到 10000 次/天,为满足这些需求,对系统 MES 核心数据库的日调用频率约在百万级。

晶圆工期数据除了具有大数据的"3V"特性之外,还表现出多来源、多噪声和多尺度的"3M"特性,具体如下。

(1)多来源(multi-source) 晶圆制造中的产品订单数据、产品工艺数据、制造过程数据、制造设备数据、产品质量数据分别来自 PDM 系统、MES 系统、MDC 系统、SCADA 系统和良率管理系统(YMS),不同的系统具有不同的数据接口,从而产生了不同的数据结构与存储方式。

(2)多噪声(multi-noise) 晶圆生产中的电磁干扰和恶劣环境使感知数据带有高噪声的特点。在晶圆制备过程中,工序的开始与结束时间由位于工位出入口的 RFID 阅读器对附于晶圆 Lot 容器上的 RFID 芯片进行感知,并存储于系统中。在感知过程中,RFID 阅读器易出现漏读与误读现象。此外,由于在传输、数据提取等过程中,数据接口不一与网络干扰等因素,数据易出现缺失与异常值。在晶圆工期关键参数滤取所用的晶圆批量交易数据集中,所采集到的 800 万条数据内约 5000 条含有空缺数据,空缺记录占比约为 0.63‰;约 1500 条数据含有超出界限的异常值,异常记录占比约为 0.19‰,因此需要针对晶圆工期数据中的异常值与空缺数据进行数据预处理,以保障关键参数滤取算法的高效运行。

(3)多尺度(multi-size) 多尺度是指晶圆工期数据包括不同采样频率、不同时空维度的数据。

7.1.2 制造大数据来源及类型

制造大数据是指在制造领域中,围绕典型智能制造模式,在从客户需求、订单、计划、研发、设计、工艺、采购、制造、供应、库存、发货和交付、售后服务、运维到报废或回收再制造的产品全生命周期过程中,各个环节产生的各类数据及相关技术和应用的总称。制造大数据以产品数据为核心,极大拓展了传统工业数据的范围。制造大数据的主要来源有如下三类。

(1)生产经营相关业务数据 生产经营相关业务数据来自传统企业信息化部门,存储在企业信息系统,包括传统工业设计和制造类系统、企业资源计划系统、产品生命周期管理系统、供应链管理系统、客户关系管理系统和质量管理系

(QMS)等中。企业信息系统累积了大量的产品研发数据、生产性数据、经营性数据、客户信息数据、物流供应数据等。此类数据是工业领域传统的数据资产,是高度结构化的、具有高价值的数据,通常存储在关系型数据库中。

(2) 设备物联数据　设备物联数据主要指工业生产设备和在制品在物联网运行模式下,实时产生的涵盖操作和运行情况、工况状态、环境参数等体现设备运行和产品过程状态的数据。此类数据是制造大数据新的、增长最快的部分。狭义的制造大数据即指该类数据。此类数据存在时间序列差异,包括图片、视频监控、测量点云等非结构化数据,通常存储在非关系型数据库和 K-V 数据库中。

(3) 外部数据　外部数据指与工业企业生产活动和产品相关的来源于企业外部互联网的数据,例如,外部市场销售反馈数据、质量反馈数据、产品市场的社会与经济预测数据等。此类数据也是非常重要的,制造大数据的质量溯源、制造过程往往需要根据外部数据来及时响应。但是这部分数据非常复杂,往往通过网络爬虫来获取。

制造大数据技术是使制造大数据中蕴含的价值得以展现的一系列技术,包括数据规划、采集、预处理、存储、分析挖掘、可视化和智能控制技术等。制造大数据应用则是对特定的制造大数据集,集成应用制造大数据系列技术与方法,获得有价值信息的过程。研究制造大数据技术的根本目的就是从复杂的数据集中发现新的模式与知识,挖掘出有价值的新信息,从而促进制造型企业的产品创新,提升企业经营水平和生产运作效率,以及促进企业拓展新型商业模式。

传统大数据主要指互联网等行业的大数据,这些数据主要来源于门户网站、电商平台、社交网络、搜索引擎等,通过大数据分析,可使用户有更好的产品体验,从而可创造更大的商业价值。

制造大数据以工业过程为核心,贯穿产品全生命周期,相比于传统大数据更注重数据的质量。

制造大数据具有鲜明的时间连续性特征:同一制造流程在时间上连续、各个制造工序流程具有先序约束。制造大数据往往需要基于 BOM 来规划从产品设计到产品销售的流程,实现整个流程的连续性。当前基于 MBD 的统一数据源技术正成为制造业数字化转型中的重要技术,将快速推动制造大数据技术的应用。传统大数据和制造大数据在数据采集、处理、存储、分析、可视化等环节都存在不同,如表 7-1 所示。

表 7-1　制造大数据与传统大数据的区别

环节	传统大数据	制造大数据
采集	主要通过电商平台、社交网络采集各种浏览、交易、点评、关系数据等,时效性要求不高	通过制造现场布置的传感器获取来自驱动器、PLC、设备等的工业实时信息,对数据实时性要求高,数据采集频率变化大
处理	数据清洗和过滤,需要去除大量不重要的垃圾数据,不需要数据非常完整	以工业软件 SCADA 为基础,完成数据格式的转换,注重数据处理后的质量,结构化要求高,要求数据具有真实性、完整性和可靠性
存储	数据间关联性不大,存储自由	数据之间关联性强,存储要求高
分析	有通用的大数据分析算法,可用来分析数据相关性,对算法精度和可靠性要求不高	针对制造不同的场景,需要建立专用的分析模型,不同工业领域涉及的算法差别很大,对算法精度和可靠性要求相对较高
可视化	只需展示数据分析结果	需要和三维工业场景的可视化技术集成(见图 7-2),要求实时性高,并且可实现预警、预测趋势可视化,对 VR/AR 有直接的需求

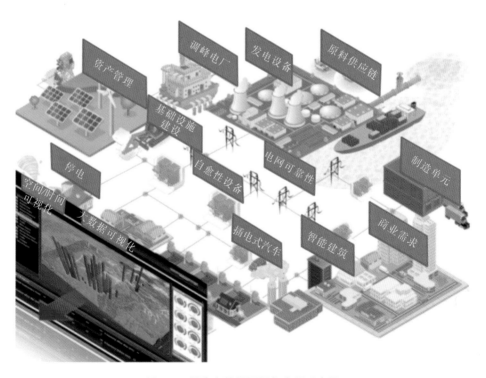

图 7-2　制造大数据可视化应用示意图

7.1.3 制造大数据体系与关键技术

无论制造模式如何改进,制造过程的复杂性都不会发生变化,其中的隐形损耗和不确定性始终存在。工业物联网收集海量数据,通过信息空间建立的数字模型,充分逼近真实制造过程。传感器、二维码、RFID 技术等存在于各种工业产品和设备中,使得制造数据越来越多,类型也越来越多,涵盖整个制造过程。通过对数据的透彻分析可洞察真实工业生产过程,实现制造信息空间与物理世界全方位连接,将传统工业体系中隐形因素透明化,将生产流程和操作经验充分阐释,并通过大数据分析技术,提高生产效率、降低决策成本。更为重要的是,通过分析制造大数据,可对设备与原材料等生产资源进行灵活配置,构建面向未来大规模定制化的生产环境,实现生产线的优化调度和柔性化生产。制造大数据的价值还体现在可以为设备提供精准预测维修服务,使设备运行更安全,效率更高。

7.1.3.1 制造大数据架构

大数据来源可以从智能制造参考模型的三个维度——生命周期与价值流维度、系统级别维度和活动层维度来分析,如图 7-3 所示。具体解释见表 7-2。

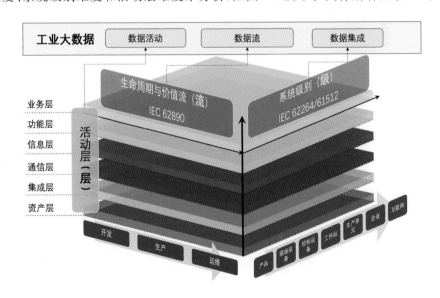

图 7-3 基于 RAMI 4.0 的大数据整合框架

表 7-2　三个维度的大数据框架

维度	层别	解释
生命周期与价值流维度	开发领域	研发数据由研发人员在研发设计过程中不断积累而得到,其来源于产品生命周期各个环节,包括用户需求大数据、研发知识大数据、产品重用大数据、研发协同大数据等,具有跨产品和跨行业、种类繁多的特性。在此领域,可通过充分利用制造大数据实现诸多典型应用创新
	生产领域	生产大数据不仅包括产品生产制造过程中采集的产品生产信息、订单信息、设备信息、控制信息、物料信息、人员工作排程信息,还包括企业内部管理信息流、资金流、产品生产上下游的供应商及客户管理等相关辅助生产管理信息,生产数据的采集依托于企业已有资源管理、制造执行、工控管理、供应链管理、供应商管理、客户管理、商务管理等信息系统。这些数据具有时序性和强关联性
	运维领域	运维与服务领域的数据来源有很多,主要包括:在客户允许的情况下,由嵌在产品中的传感器采集的产品实时运行状态数据及周边环境数据;由商务平台获得的产品销售数据、客户数据及相应的产品评价或使用反馈信息;客户投诉及相应处理记录;产品退货/返修记录及相应的维修记录。对这些数据进行分析、挖掘及预测,可帮助制造企业不断创新产品和服务,发展新的商业模式
系统级别维度	产品	制造企业的产品,主要用三维形式表达
	现场设备	现场设备捕获和控制的数据流,其中的数据包括传感数据、分析数据和警报数据
	控制设备	控制设备是制造业的大脑,通常为用于管理输入/输出命令的机器/传感器,例如可编程逻辑控制器、分布式控制系统、GUI
	工作站	操作员执行管理活动以检查事件和过程(SCADA)的操作。例如,协调各种产品组装过程(移动组件)并监控基于实时信息解释的所有结果(通信、设备交互、发电)。保存制造信息,定义生产状态,监督原材料到产品的制造中间过程,它有助于决策者提高生产质量
	企业	通常用 ERP 来定义业务管理流程,包括生产计划、服务交付、营销和销售、财务管理、零售等环节
	互联网	这是所有层级的最高层级,主要与利益相关者如供应商、客户和服务提供商相关联。它用于共享产品销售、营销策略、业务统计信息,例如产品的促销和广告信息

维度	层别	解释
活动层维度	业务架构	业务架构定义了业务战略、管理、组织和关键业务流程,是企业全面的信息化战略和信息系统架构的基础,是数据、应用、技术架构的决定因素。业务架构是把企业的业务战略转化为日常运作的渠道,业务战略决定业务架构
	信息系统架构	为充分发挥制造大数据价值,避免形成"信息孤岛",需要构建统一的信息系统架构,以实现各应用系统及数据的用户访问和互操作。基于制造大数据业务战略的信息系统架构是一个体系结构,它反映制造企业的信息系统的各个组成部分之间的关系以及信息系统与相关业务、信息系统与相关技术之间的关系
	信息技术架构	信息技术架构是指导大数据应用实施的蓝图,它将信息系统架构中定义的各种应用组件映射为相应的可以从市场或组织内部获得的技术组件,是信息集成的最后一步

制造大数据可以按照多个维度来组织,图 7-3 所示只是其中一种方法。清华大学王建民给出了基于 BOM 的大数据组织方式,如图 7-4 所示[49]。在水平维度上,将数据按产品全生命周期的三个阶段(分别是生命周期初期、生命周期中期、生命周期末期)来组织;而在垂直维度上,将数据按装备制造企业和装备使用企业来组织。该组织方式针对装备制造业的大数据组织,非常清楚地给出了数据的传递过程。

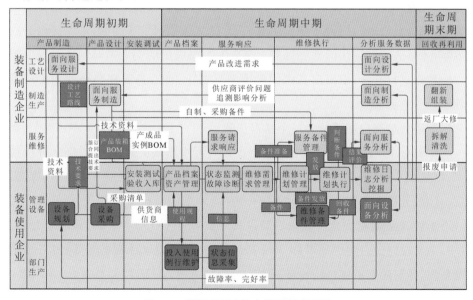

图 7-4 基于 BOM 的大数据组织架构

波音公司以数据为中心,实现了数据驱动的制造模式,如图 7-5 所示。

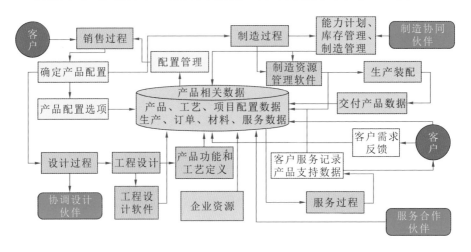

图 7-5　数据驱动的制造模式

通过制造大数据技术,在可接受的时间内对海量制造数据进行分析,从中挖掘出潜在价值,实现趋势预测,再结合 VR/AR 技术,可实现对工厂环境、工业设备等的模拟,获得增强体验。

图 7-6 所示为智能车间大数据整体框架。

7.1.3.2　制造大数据关键技术

推动智能制造发展的并不是大数据本身,而是其分析技术。大数据自身的价值只有通过分析、挖掘才能显现出来,通过分析数据发现问题,进而提供解决方案,才是大数据应用的核心目的。制造大数据应用的实质是对制造过程中产生的数据进行分析,挖掘出其中的价值并反馈于生产,进而提高企业的生产管理水平与产品质量。

制造大数据应用可分为三个基本步骤。

步骤 1:把问题转换成数据。针对生产过程中出现的问题,建立问题分析模型,收集相关数据,形成能反映问题本质的有逻辑关系的数据,并对其进行采集、过滤、分析和管理。

步骤 2:把数据转化为知识。通过算法或者可视化的方法,分析历史数据,挖掘隐藏在制造过程中的事件、异常线索、缺陷原因以及流程瓶颈等,进行预防性预测,并与决策系统进行连接。

步骤 3:把知识转换为决策信息。通过深度挖掘数据,分析数据和问题之间

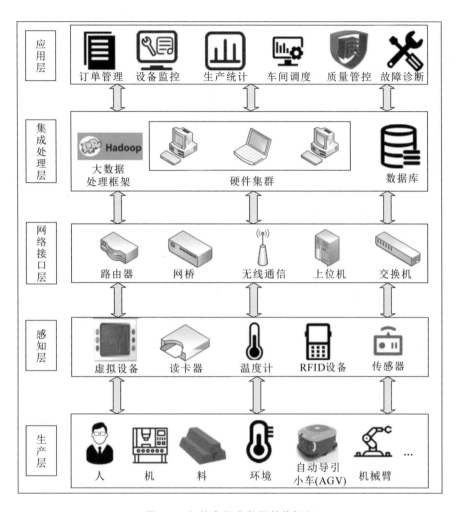

图 7-6 智能车间大数据整体框架

的相关性,形成决策信息和控制信号,给设备和作业者提供信息,实现在环的生产流程优化。

车间大数据从采集到应用的整体架构如图 7-6 所示。目前大数据技术已经被应用在某些具体的车间生产场景,包括车间调度、工艺优化、故障追踪、过程优化等中,然而制造大数据应用的深度和广度都比较有限。根据制造大数据的应用流程,其关键技术主要有三个,其中制造大数据的可视化表达是目前制造大数据应用需要突破的瓶颈之一。

制造大数据应用基本流程如图 7-7 所示。

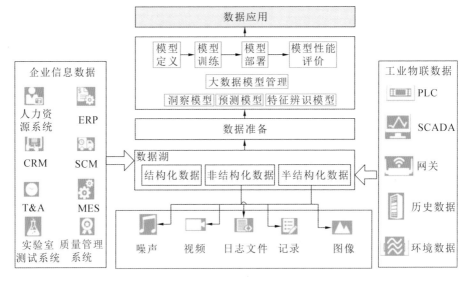

图 7-7 制造大数据应用基本流程

1. 制造大数据管理技术

1）多样性数据的采集技术

工业软硬件系统本身具有较强的封闭性和复杂性,不同系统的数据格式、接口协议都不相同,同一设备、同一型号而不同出厂时间的产品所包含的字段数量与名称也会有所差异,这给采集系统(数据解析)和后台数据存储系统(数据结构化分解)带来了巨大的挑战。由于协议的封闭性,有时甚至无法完成数据采集。在数据可以采集的情况下,在一个制造大数据项目实施过程中,通常至少需要数月的时间来对数据格式与字段进行梳理。挑战性更大的是多样性非结构化数据的采集,由于工业软件的封闭性,数据通常只能用特定软件才能打开,从中提取更多有意义的结构化信息的工作通常很难完成。这一问题需要通过工业标准化的推进与数据模型自动识别、匹配等大数据管理技术的进步来共同解决。

2）多模态数据的管理技术

各种工业场景中存在大量多源异构数据,例如结构化业务数据、时序化设备监测数据、非结构化工程监测数据等。每一类型数据都需要高效的存储管理方法与支持异构存储的引擎,但现有大数据技术难以满足全部要求。以非结构化工程监测数据(包括海量设计文件、仿真文件数据,以及图片、文档等小文件数据)为例,需要按产品生命周期、项目、BOM 结构等多种维度对数据进行灵活有效地组织、查询,同时需要对数据进行批量分析、建模,而目前在分布式文件系统和对象存储系统等方面均存在技术盲点。另外从使用角度来看,对于异构数据,需要实现数据模型和查询接口的一体化管理。例如在物联网数据分析中,需要大量关联传感器部署信息等静态数据,而在此类操作中通常需要将时间序列数据与结构化数据进行跨库连接,因而需要对多模态制造大数据的一体化查询协同功能进行优化。

3)高通量数据的写入技术

随着计算机与网络技术的发展,越来越多工业信息化系统以外的数据被引入大数据系统,特别是针对传感器产生的海量时间序列数据,一个装备制造企业同时接入的设备数量可达数十万台,数据的写入吞吐量达到了百万数据点/秒至千万数据点/秒,大数据平台需要具备与实时数据库一样的数据写入能力。如图 7-8 所示,由于大数据平台要对数据进行长时间存储,其应具备高效的数据编码压缩方法以及低成本的分布式扩展能力。另外,大数据平台不仅应能对数据在时间维度进行简单地回放,而且应能有效地进行数据的多条件复杂查询与分析性查询。针对数据写入方面的挑战,大数据平台需要同时考虑面向查询优化的数据组织和索引结构,并在数据写入过程中进行一定的辅助数据结构预计算,实现读写协同优化的高通量数据写入。

4)全流程的数据融合技术

制造大数据分析更关注数据源的完整性,而不仅仅是数据的规模。由于"信息孤岛"的存在,这些数据源通常是离散的和非同步的。制造大数据应用需要实现物理信息融合、产业链融合和跨界融合。

(1)物理信息融合:表现在设计开发阶段主要是管理数字产品,而在制造服务阶段主要是管理物理产品,跨生命周期管理则需要融合数字产品和物理产品,从而构建工业信息物理系统。

(2)产业链融合:在互联网大数据环境下,以资源整合优化为目标的云制造模式得以迅速发展,智能产业链需要突破传统企业边界,实现数据驱动的业务过程集成。

(3)跨界融合:在"互联网+"环境下,企业需要将外部跨界数据源进行集

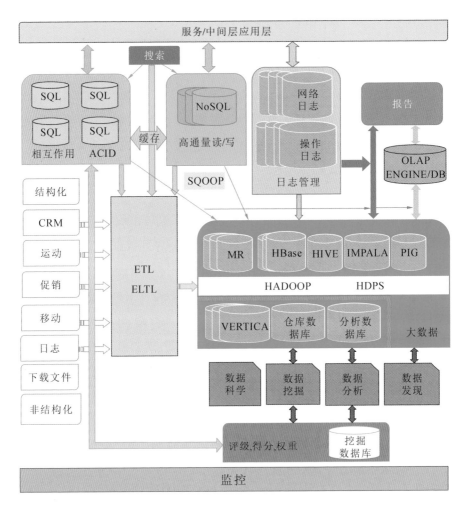

图 7-8　大数据体系结构

成,比如,美国某农机公司综合利用天气数据、灌溉数据、种子数据以及农机数据,为农场提供粮食增产服务。

　　由上述可知,制造领域的数据融合不仅仅需要从数据模型层面,更需要从制造过程、BOM 结构、运行环境等多类型工业语义层面对制造大数据进行一体化整合管理,其中 BOM 是产品全生命周期数据集成的关键。BOM 定义了企业信息系统数据的核心语义结构。对于装备物联网数据和外部互联网数据,可以根据其绑定的物理对象(零部件或产品)与相应的 BOM 节点相关联,从而以 BOM 为桥梁来关联三个不同来源的制造大数据。具体实现机制可以分为三个层面:逻辑层负责统一数据建模,定义数字与物理对象模型,完成底层数据模型到对象模型的映射;概念层实现数据语义层面的融合,通过语义提取与语义关联,形成资源描述框架(RDF)形态的知识图谱,提供基于 SPARQL 的查询接口;操作执行层负责异构数据管理引擎的查询协同优化,对外提供 SQL 以及 REST API 形式的统一查询接口。

2. 制造大数据处理与分析技术

针对工业数据的强机理、低质量和高效率要求,制造大数据处理与分析技术主要有强机理业务分析、低质量数据处理与数据高效率处理技术。

1) 强机理业务分析技术

工业过程通常基于"强机理"的可控过程,存在大量理论模型,这些理论模型刻画了现实世界中的物理动态过程。另外也存在着很多的闭环控制/调节逻辑,让过程朝着设计的目标逼近。在传统的数据分析技术研究中,人们很少考虑机理模型(完全采用数据驱动),也很少考虑闭环控制逻辑的存在。强机理对分析技术的挑战主要体现在以下三个方面。

(1) 机理模型的融合:将机理模型与数据模型融合,比如机理模型为分析模型提供关键特征,分析模型用于机理模型的后处理或多模型集合预测。

(2) 计算模式的融合:机理模型计算任务通常是计算密集型(CPU 多核或计算集群并行化)或内存密集型(GPU 并行化)的,而数据分析任务通常是 I/O 密集型(采用 Map-Reduce 等机制)的,二者的计算瓶颈不同,需要分析算法甚至分析软件予以特别的考虑。

(3) 与领域专家经验知识的融合:扫除现有生产技术人员的知识盲点,实现过程痕迹的可视化。比如,对于物理过程环节,重视知识的"自动化",而不是知识的"发现"。对领域知识进行系统化管理,通过大数据分析进行检索和更新优化;对于相对明确的专家知识,借助大数据建模工具提供的典型时空模式描述与识别技术,进行形式化建模,在海量历史数据基础上进行验证和优化,不断萃取专家知识。

2) 低质量数据处理技术

在大数据分析中,人们期待利用数据规模弥补数据质量低的缺陷。由于工业数据中变量代表着明确的物理含义,低质量数据会改变不同变量之间的函数关系,给制造大数据分析带来灾难性的影响。事实上,制造企业的信息系统数据质量存在大量的问题,例如 ERP 系统中物料存在"一物多码"问题。物联网数据质量也堪忧,无效工况、重名工况、时标错误、时标不齐等数据质量问题在很多真实案例中占比达 30% 以上。这些质量问题大大限制了对数据的深入分析,因而需要在数据分析工作之前进行系统的数据治理。

3) 数据高效率处理技术

在分析过程和运算的效率方面主要存在两个技术难点:

(1) 工业应用特定数据结构带来新的需求。通用的数据分析平台大多针对记录性数据或独立的非结构化数据(适合交易、业务运营管理、社交媒体等场景)。然而工业应用常常依赖于大量时序或时空数据(传感器数据)和复杂的产品结构(如层次性的离散 BOM 结构、线性连接结构),这就需要制造大数据分析软件在底层数据结构设计、基础分析算法和建模过程上提供充分的支持,例如采用复杂 BOM 结构的离散装备的分析建模技术、多变量非线性时间序列特征提取与处理(信号分解、降噪、滤波、序列片段切割)算法等。

(2) 工业应用模式对分析处理效率的要求。工业应用模式通常是大规模分布式(空间)、实时动态(时间)的,异构性强(连接)。这对大数据分析平台软件提出了新的挑战。在实时处理方面,大数据分析平台应能够支持面向大规模数据状态下的低等待时间复杂事件检测。在离线分析方面,前台分析建模应与后台的制造大数据平台很好地结合,支持大数据的挖掘。

7.2 基于 VR/AR 的制造大数据可视化技术

显然,制造业催生了超越以往任何年代的巨量数据,制造业已经进入了大数据时代,体量巨大、类型繁多、时效性强的制造大数据如果不经过处理,可能表现为图 7-9(a)所示形式,利用可视化技术,通过维度、视角变化可以洞察隐藏在数据背后的知识,如图 7-9(b)所示。

如果不进行分析,则制造业的海量数据的价值为零。图 7-10 所示为大数据价值链图,其中大数据分析层包括两部分:大数据分析工具和 VR/AR 可视化工具。大数据的表达方式,尤其是使用 VR/AR 的方式,是实现大数据价值的关键。

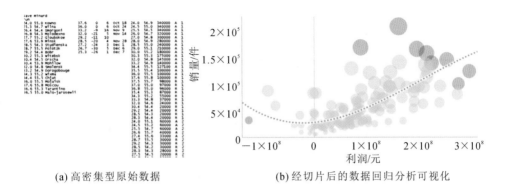

(a) 高密集型原始数据   (b) 经切片后的数据回归分析可视化

图 7-9 大数据及其可视化处理

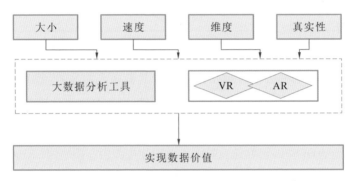

图 7-10 大数据价值链图

7.2.1 大数据可视化技术

大数据中隐藏着信息,信息中蕴含着知识。从数据到知识的发现过程,纯粹通过数值、数字和表格来表达就会非常不清晰、不具体。人类从信息中发现的知识,约 70% 来自视觉通道。Koch 等人的研究成果表明,人类的视觉系统每秒可以处理 10 Mb 的图像信号,在模式识别、注意力导向、扩展联想和形象化思维能力方面要远远超过目前计算机的水平。未来人们的决策将日益依赖于大数据分析的结果,这些结果需要展现为全局化的视图,而非单纯依靠经验和直觉来获得。

大数据可视化技术主要包括信息可视化(information visualization)技术。Stuart K. Card 等人在 1999 年给出了信息可视化的定义:对抽象数据使用计算机支持的、交互的、可视化的表示形式,以增强认知能力。基于 VR/AR 的大数据可视化的定义是:使用 VR/AR 技术实现信息可视化,进行人机自然交互,采取沉浸式的、与实际场景叠加的方式直观地展示抽象数据,如图 7-11 所示。

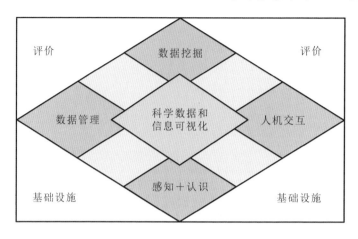

图 7-11 大数据可视化分析

基于 VR/AR 的大数据可视化技术是多学科融合的技术,涉及人机交互技术、信息科学、计算机图形学以及认知科学。与科学数据可视化研究不同,信息可视化研究更加侧重于通过可视化图形呈现数据中隐含的信息和规律,所研究的是创新性可视化表征方法,旨在建立符合人的认知规律的心理映像(mental image)。

智能制造的一个重要研究方向就是透明工厂,其中可视化分析是核心技术,其交叉融合了信息可视化、人机交互、认知科学、数据挖掘、信息论、决策理论等技术,如图 7-12(b)所示。Thomas 和 Cook 在 2005 年给出定义:可视化分析是一种通过交互式可视化界面来辅助用户对大规模复杂数据集进行分析推理的科学与技术。可视化分析的运行过程可看作"数据—知识—数据"的循环过程,中间经过两条主线:可视化技术和自动化分析模型,从数据中洞悉知识的过程主要依赖两条主线的互动与协作,如图 7-12(a)所示。自 2006 年起,美国电子与电气工程师学会(IEEE)开始每年举办"可视化分析科学与技术"会议(IEEE Conference on Visual Analytics Science and Technology,简称 IEEE VAST)。可视化分析由此成为一个独立的研究分支。可视化分析概念提出时拟定的目标之一是面向大规模、动态、模糊或者常常不一致的数据集来进行分析,因此可视化分析的研究重点与大数据分析的需求相一致。

Card 等人认为信息可视化是数据的一系列转换过程,包括从原始数据到可视化图形,再通过人的感知、认知系统获得知识等各个环节。如图 7-13 所示,信

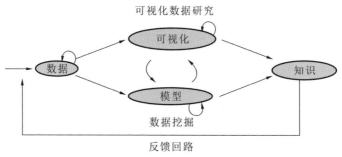

(a) 可视化流程知识挖掘

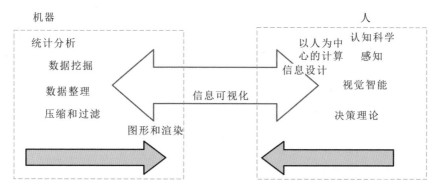

(b) 人机交互的可视化

图 7-12 可视化分析整合

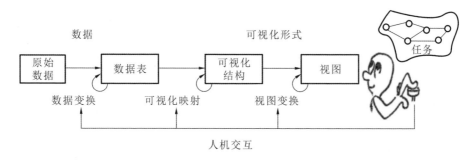

图 7-13 信息可视化参考模型

息可视化分为三步。

（1）数据变换：将原始数据转换为数据表。

（2）可视化映射：将数据表映射为可视化结构，可视化结构由空间基准、标记以及标记的图形属性等可视化表征组成，如图 7-14 所示。可视化映射可以分为两部分。

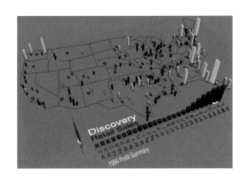

图 7-14　信息可视化形式[50]

① 数据处理:进行数据清洗、数据规范、数据分析。首先把脏数据、敏感数据过滤掉,其次再剔除和目标无关的冗余数据,最后将数据结构调整为系统能接受的形式。数据分析方法包括求和法、中值法、方差法、期望算法、标准化(归一化)方法,以及采样、离散化、降维、聚类等方法。

② 设计视觉编码:视觉编码的设计是指使用位置、尺寸、灰度值、纹理、色彩、方向、形状等映射要展示的每个数据维度。

(3) 视图变换:将可视化结构根据位置、比例、大小等参数显示在输出设备上。

在信息可视化参考模型上,人机交互占据了重要的位置,它贯穿在信息可视化的过程中。

人机交互系统可以是各类机器系统,也可以是计算机和软件系统。图形用户界面(graph user interface,GUI)或人机界面是人机交互所依托的介质和对话接口,通常包含硬件和软件系统。VR/AR 本质上就是一种交互式的图形用户界面范式,其强调图形化、智能化。关于 VR/AR 用户界面,主要的研究内容包括:符合认知科学的用户界面模式、交互方式、交互技术和交互过程的数据等。在大数据可视化领域,由于数据量大、数据的历史周期长,需要采用人机交互技术来进行数据的深度挖掘,并通过图形化界面,以互操作的方式探索和发现异构的数据源。

7.2.2　基于 VR/AR 的大数据可视化表达

大数据可视化技术涉及传统的科学计算可视化和信息可视化,本书将重点讨论信息可视化,这是因为在设计阶段我们关注更多的是科学计算可视化;而在制造阶段,我们关注制造过程的大数据,偏向信息可视化,将掘取制造信息和洞悉制造过程知识作为目标;在企业实际工程中,我们也发现信息可视化技术与 VR/AR 技术的融合,将对大数据可视化技术的发展产生重要的影响。

信息可视化技术与 VR/AR 技术融合的主要作用体现在:

(1) 使得密集型数据间形成相关性;

(2) 将海量数据压缩到视觉可接受的轻量化范围内;

(3) 提供多种视角来洞察数据;

(4) 使用多种层次来挖掘数据的细节;

(5) 支持视觉图形的高效率对比;

(6) 用数据来叙事(tell stories about the data),将隐性的数据显式化地表达出来。

大数据可视化分析是指在大数据自动分析挖掘的同时,利用支持信息可视化的用户界面以及支持分析过程的人机交互方式与技术,有效融合计算机的计算能力和人的认知能力,获得对大规模复杂数据集的洞察力,这种洞察力是基于 VR/AR 的,如图 7-15 所示。

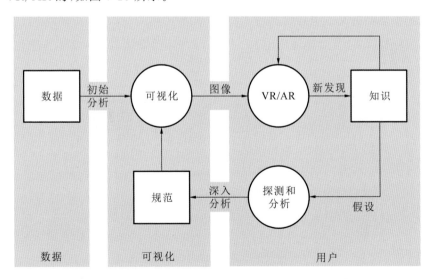

图 7-15　基于 VR/AR 的制造大数据可视化框架

制造大数据的快速发展,尤其是物联网、传感网络在企业的快速普及,使得制造过程中产生了大量结构化数据、半结构化数据和非结构化数据。基于 VR/AR 的信息可视化技术可分为:

- 基于一维信息的可视化技术；
- 基于二维信息的可视化技术；
- 基于三维信息的可视化技术；
- 基于多维信息的可视化技术；
- 基于层次信息的可视化技术；
- 基于网络信息的可视化技术；
- 基于时序信息的可视化技术。

当前对信息可视化的新方法和新技术的研究已经相当深入，随着 VR 技术和 AR 技术现场应用的逐步深入，在大数据的可视化方面将开展以下研究，以保证真实性和高度交互性。

7.2.2.1 文本信息可视化

文本数据是大数据时代非结构化数据的典型代表，文本信息是物联网各种传感器采集后生成的制造业车间管理信息之一。在人们的日常工作和生活中使用最多的电子文档是以文本形式存在的；另外，在车间生产过程中，各种工艺信息也是以文本形式存在的，特别是工序卡和工艺文档。而文本信息可视化的意义在于能够将文本中蕴含的语义特征（例如词频与重要性、逻辑结构、主题、动态演化规律等）直观地展示出来。图 7-16 所示为制造过程中文本可视化分析流程。

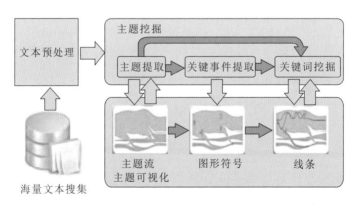

图 7-16　文本可视化分析流程

制造过程的文本数据分为三种：单文本数据、文档集合数据和时序文本数据。制造过程的文本可视化可分为四类：简单类型文本可视化、文本内容可视化、时序关系的可视化、文本多层面信息可视化。

1. 简单类型文本可视化

最简单常见的文本可视化,就是将文本以表单的方式绘制出来,如图 7-17 所示。

图 7-17　简单类型文本可视化

车间装配过程的简单类型文本可视化方法如图 7-18 所示。当关键词数量规模不断扩大时,如果不设置阈值,将出现布局密集和重叠覆盖问题,此时需要提供交互接口,允许用户对关键词进行操作,例如根据加工工艺可以知道当前工件后续的流转情况以及前面的加工情况,将这些情况通过文本的形式显示出来。

图 7-18　设备状态的 AR 可视化表达

2. 文本内容可视化

1)标签云

少量的文本数据可以通过简单类型文本可视化方法来展示,但是对于多源数据该方法就明显不合适。比如,对于某一设备,在一段时间内影响其运行性能的特征词有多个,一般是基于标签云(word clouds 或 tag clouds)来实现这些特征词的可视化,即将关键词根据词频或其他规则进行排序,按照一定规律进行布局,用大小、颜色、字体等图形属性对关键词进行可视化。Minwoo Park 等人给出了一种可扩展的标签云(tag cloud ++)的布局方法,其主要原理如下。

对于布局的数学描述,可以通过图 7-19 来进行多边形定义。

$$S = \{p_i = (x_i, y_i) \mid 0 \leqslant i \leqslant N\}$$

$$R = \{r_c(i) = [s_c(i), e_c(i)] \mid [y_{min}] \leqslant c \leqslant [y_{max}], 0 \leqslant i < M\}$$

式中:S 为标签文字容器的轮廓点集;R 是最终构建的一系列字符间的间隙集合,其要满足不碰撞、不重叠要求。

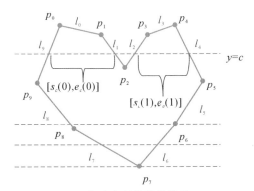

(a) 任意布局的数学描述

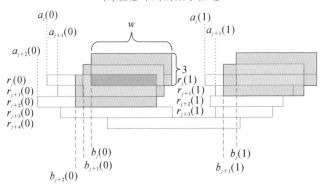

(b) 可行位置范围

图 7-19　可扩展的标签云的布局方法

如图 7-20(a)所示,矩形为 R 集合中文字可用的位置范围。因此,多个文字的组合布局,其实可以简化为一个二维的装箱问题。该方法支持文字水平放置的情况,如图 7-20(b)所示。其中关键词用大字体显示。标签云方法主要用于互联网,以快速识别网络媒体的主题热度,在制造业中应用并不广泛。

(a)   (b)

图 7-20   标签云实现原理

2) 基于关键词的文本内容可视化

(1) DocuBurst 文本可视化:加拿大安大略理工大学的 Christopher Collins 针对文本的语义结构,给出了 DocuBurst 可视化方法,该方法以放射状层次圆环的形式展示文本结构。其按技术特征来说是基于关键词的文本可视化方法,不过它还通过径向布局体现了词的语义等级。如图 7-21 所示,外层的词是内层词的下义词,用颜色饱和度的深浅体现词频的高低。为了实现可视化文本聚类效果,通常将一维的文本信息投射到二维控件中,以便对聚类中的关系予以展示,实现基于层次化点排布的投影方法。

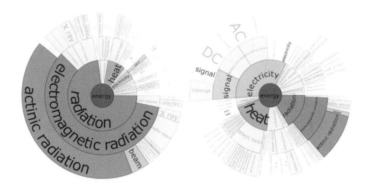

图 7-21   DocuBurst 文本可视化

(2) DAViewer 文本可视化:加拿大多伦多(Toronto)大学的 Zhao Jian 研究了 DAViewer 可视化系统。如图 7-22 所示,DAViewer 文本可视化是将文本的叙述结构语义以树的形式进行可视化,同时展现相似度分析、修辞结构以及相应的文本内容。DAViewer 文本可视化分五步完成:

① 双邻接矩阵准备;

② 矩阵融合;

③ 融合后矩阵序列化;

④ 局部排序;

⑤ 可视化映射。

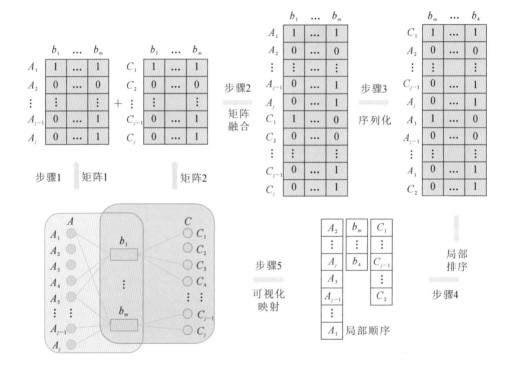

图 7-22　DAViewer 文本可视化原理

图 7-23 所示为 DAViewer 文本可视化效果。

3.时序关系可视化

制造本身就是动态的,其间产生的非结构化的文本中蕴含着业务逻辑层次结构。这些非结构化文本数据为时序数据,具有时间或顺序特性,可以叙述某一个工序的"故事"。比如在装配工艺的执行过程中,不仅存在着大量的装配作业顺序约束关系,而且还存在装配过程中的"人机料法环"信息,其中包括车间物流配送的动态信息。可以通过位置信息来可视化物流设备的运行路径。静态文本通过

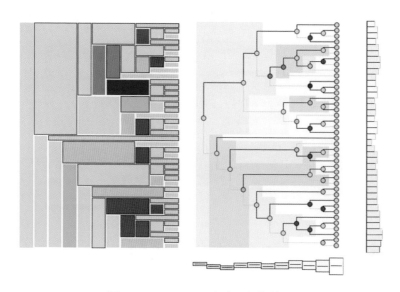

图 7-23　DAViewer 文本可视化效果

简单可视化方法显示即可,动态文本则与数据分析、处理紧密联系在一起,目前主要采用的是引入时间轴来实现基于 VR/AR 的文本可视化的方法。

1) ThemeRiver 可视化

ThemeRiver(主题河流)可视化方法是经典的时序文本可视化方法,用河流来隐喻时间的变化,几乎所有人都能理解。如图 7-24 所示,横轴表示时间,每一条不同颜色线条可视作一条河流,每条河流则表示一个主题,河流的宽度代表其在当前时间点上的一个度量(如主题的强度)。这样既能在宏观上表示多个主题的发展变化,又能在特定时间点上表示主题的分布。

2) LDA 方法

结合标签云,通过主题分析技术——隐狄利克雷分配(latent Dirichlet allocation,LDA),将文本关键词根据时间点放置在每条色带上,用词后括注该词出现次数的形式来表示关键词在该时刻出现的频率,如图 7-25 所示,可以帮助用户快速分析文本具体内容随时间变化的规律。

3) TextFlow 可视化

TextFlow(文本流)可视化方法是 ThemeRiver 方法的拓展,不仅可表达主题的变化,还可表达各个主题随着时间的分裂与合并情况,如某个主题在某一时刻分成了两个主题,或多个主题在某一时刻合并成了一个主题,如图 7-26 所示。

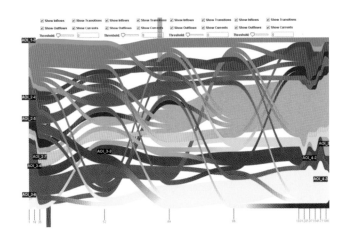

图 7-24　ThemeRiver 可视化

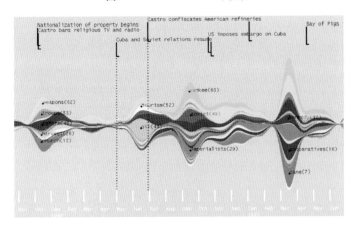

图 7-25　基于 LDA 的主题分析

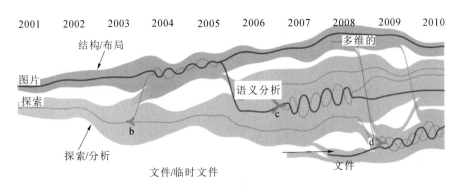

图 7-26　TextFlow 可视化方法

4）HistoryFlow 可视化

HistoryFlow 可视化方法适用于文档内容随时间而变化的情况。以维基百科一个词条的更新为例，如图 7-27 所示，纵轴表示文章的版本更新时间点，每一种颜色代表一个作者，在同一个时间轴上色块代表相应的作者所贡献的文字块，并且色块的位置代表该文字块在文章中的顺序，纵览全图可以轻易地看出文章在哪些位置有修改。

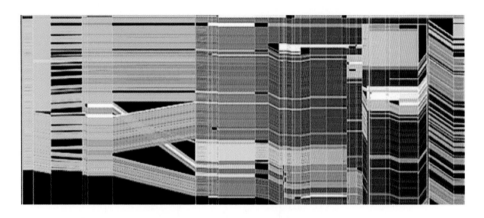

图 7-27　HistoryFlow 可视化方法

5）StoryFlow 可视化

StoryFlow 可视化方法可针对时间线类型的数据序列，通过层次渲染的方式，生成一个 StoryLine 布局。每条线是一条对象（比如物流搬运小车）线，当两个对象在"剧情中"有某种联系（同时出场或有其他交集）时会在图中相交，如图 7-28 所示（横轴表示时间）。StoryFlow 可视化方法还允许用户进行实时交互操作，包括捆绑、删除、移动以及直线化操作等等。

6）情感分析可视化

情感分析指从文本中挖掘出人们的心情、喜好、感觉等主观信息。现在人们把各类社交网络当作感情、观点的出口，分析社交网络中的文本就能了解人们对于一个事件的观点或情感的发展。图 7-29 所示为基于矩阵视图的客户反馈信息的情感分析可视化示例，其中行是文本（用户观点）的载体，列是用户的评价，颜色表达的是用户评价的倾向程度，红色代表消极，蓝色代表积极，每个方格内的小格子代表用户评价的人数，评价人数越多小格子越大。

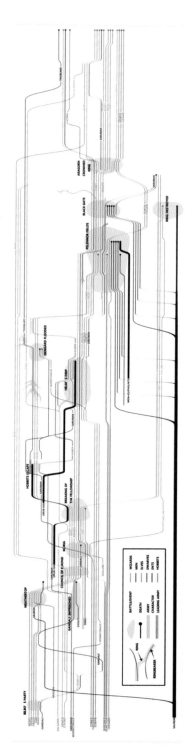

图 7-28 StoryFlow 可视化方法

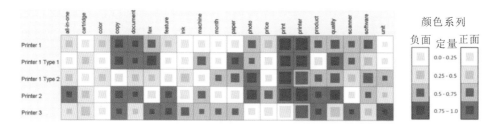

图 7-29　情感分析可视化示例

7）ThemeScape 可视化

如图 7-30 所示,ThemeScape(主题地貌)可视化是把等高线加入投影的二维平面中,具有一定相似度的字符串放在一个等高线内,再用颜色来进行文本分布密集程度的编码,把二维平面背景变成一幅地图,这样就把文字信息变成了一座座山丘。文本分布的密集程度或其他属性和等高线相关。

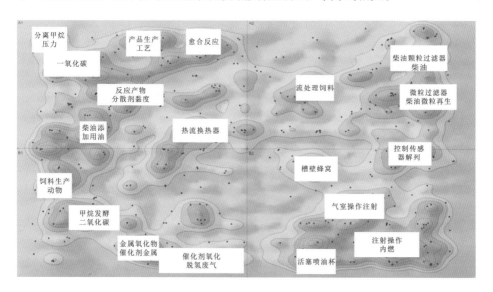

图 7-30　ThemeScape 可视化效果

4. 文本多层面信息可视化

文本多层面(或多维度)分析是指从多个角度或提取多种特征对文本集合进行分析。FaceAtlas 方法是典型的文本多层面信息可视化方法,其结合了气泡集和节点-链接图两种视图,用于表达文本各层面信息内部和外部的关联。每个节点表示一个实体,用核密度估计(KDE)方法刻画出气泡图的轮廓,然后用线将同一层面的实体连接起来,一种颜色代表一种实体。图 7-31 所示为医疗健康文档的 FaceAtlas 可视化效果,展示了病名、病因、症状、诊断方案等多层面的信息,两个阴影分别代表 1 型和 2 型糖尿病,连线表示二者之间的并发症。

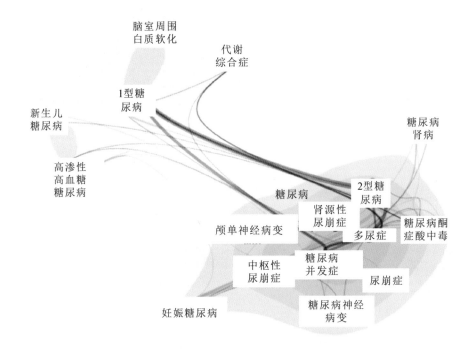

图 7-31　FaceAtlas 可视化效果

7.2.2.2　面向制造流程的图结构信息可视化

制造过程中的各流程相互衔接,有关联关系的数据比比皆是,例如车间的物流配送网络、车间传感网络中的数据等。图类数据结构主要包含图节点和节点间的连接,但在工业领域中一般转换为层次结构,如图 7-32 所示。

对静态的网络拓扑关系进行可视化,可直观地展示网络中潜在的模式关系,例如节点或边聚集性。可视化的方式为:用颜色代表分类,用不同颜色的线表示连接关系;汇聚节点的大小根据汇聚数多少绘制;图的布局使用动力学刚度进行计算设置,以实现节点避碰。图 7-33 所示为静态网络拓扑关系的大数据可视化效果。

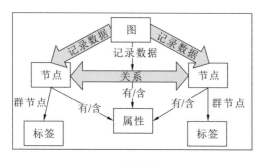

(a) 知识图谱

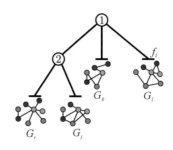

(b) 树形结构

图 7-32　图类数据结构

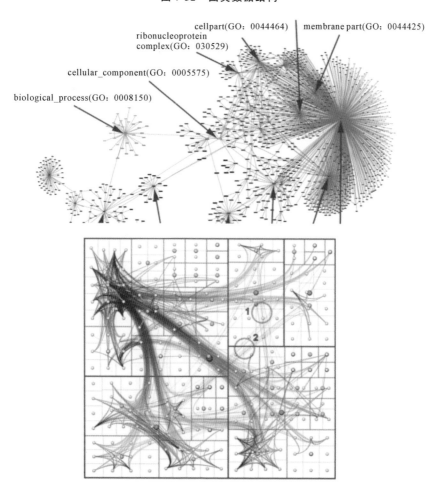

图 7-33　静态网络拓扑关系的大数据可视化效果

制造大数据的鲜明特征之一就是相关网络之间往往具有动态演化性,在制造过程中随着环境因素,以及产品加工类型和班次等诸多要素的变化不断变迁。

AR 技术通过识别自然标识对具体的节点进行扩散显示,确保信息部分显示,可以大大压缩数据,从而节省大量显示空间。在研究图可视化的基本方法和技术的过程中,基于节点和边的可视化是主要的图可视化经典方法,其中包括具有层次特征的图可视化。

1. 可视化类型

可视化类型包括 H 状树(H-tree,见图 7-34)、圆锥树(cone tree,见图 7-35)、气球图(balloon view,见图 7-36)、放射图(radial graph,见图 7-37)、三维放射图(见图 7-38)、双曲树等。对于具有层次特征的图,空间填充法是常用的可视化方法,如树图(TreeMaps,见图 7-39)等。另外,基于矩形填充、Voronoi 图(见图 7-40)填充、嵌套圆填充的树可视化也是应用很广泛的图(网络)可视化方法。

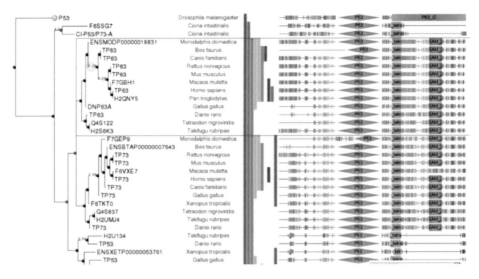

图 7-34　H 状树

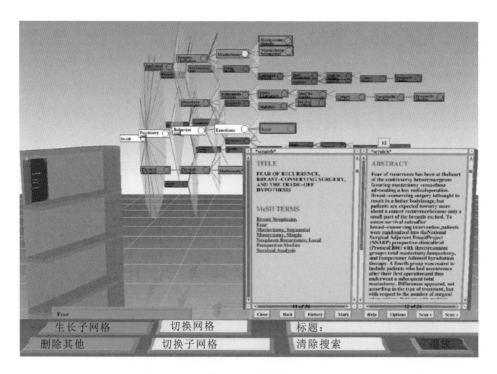

图 7-35　圆锥树

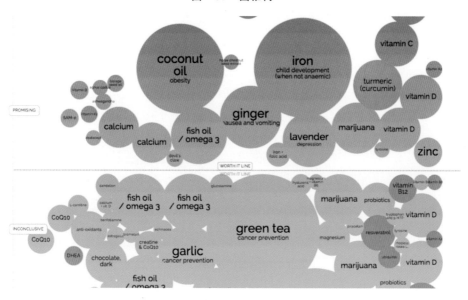

图 7-36　气球图

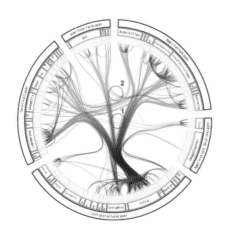

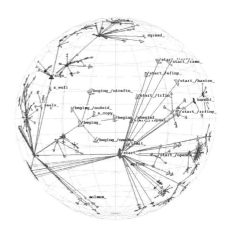

图 7-37　放射图　　　　　　　　　图 7-38　三维放射图

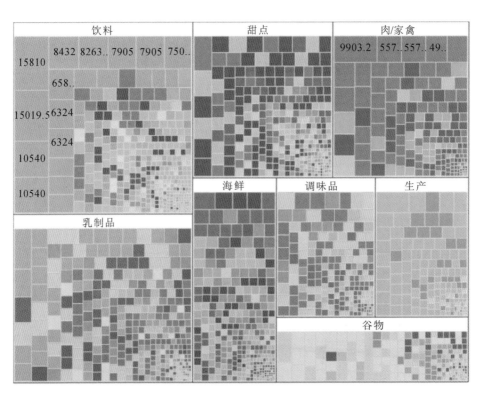

图 7-39　树图

2.可视化布局

　　制造车间的可视化具有时空特性,需要对可视化的图形进行空间布局,目前主流布局方式有图 7-41 至图 7-46 所示的几种[51]。

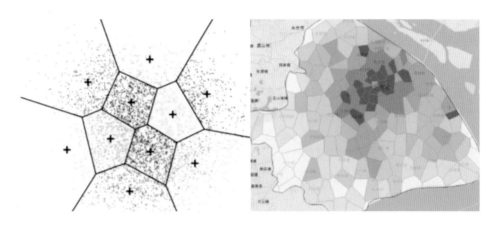

图 7-40　Voronoi 图

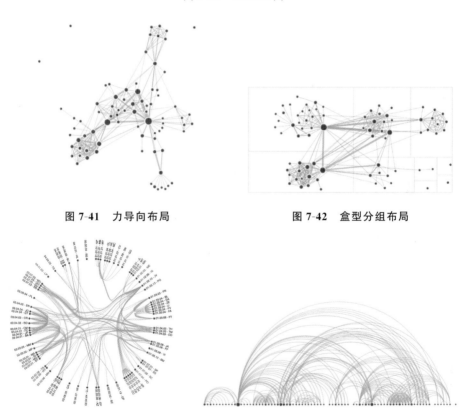

图 7-41　力导向布局　　　　　图 7-42　盒型分组布局

图 7-43　放射式布局　　　　　图 7-44　弧线连接图布局

这些可视化布局技术的特点是直观地表达了图节点之间的关系,但算法难以支撑大规模(如百万以上节点)图的可视化,并且只有当图的规模在界面像素

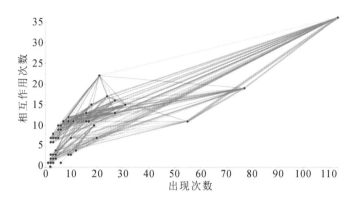

图 7-45   语义图布局

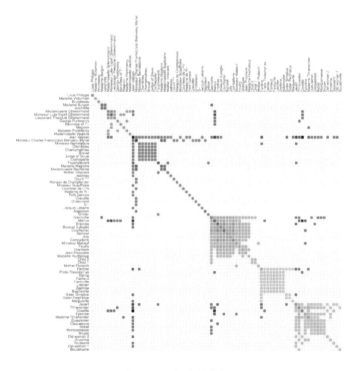

图 7-46   矩阵图布局

规模范围之内时效果才最好（例如百万以内），因此为实现制造大数据的图可视
化，需要对这些方法采用计算并行化、图聚簇简化可视化、多尺度交互等技术进
行改进。在制造场景的大规模网络中，随着节点和边的数目不断增多，例如规
模达到百万以上时，可视化界面中会出现节点和边大量聚集、重叠和覆盖问题，
使得分析者难以辨识可视化效果。

3. 图可视化方法

1）基于边捆绑的图可视化方法

采用基于边捆绑（edge bundling）的图可视化方法可使复杂网络可视化效果更为清晰。图 7-47 展示了四种基于边捆绑的大规模密集图可视化效果。

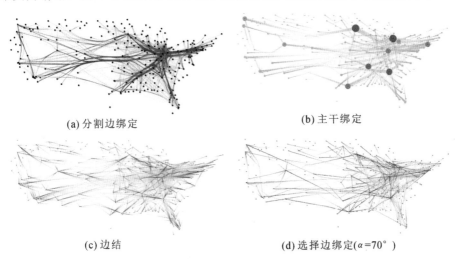

(a) 分割边绑定   (b) 主干绑定

(c) 边结   (d) 选择边绑定($\alpha=70°$)

图 7-47　基于边捆绑的大规模密集图可视化

2）基于骨架的图可视化方法

实现高密度大规模数据的图可视化的主要方法是根据边的分布规律计算出骨架，然后再基于骨架对边进行捆绑，如图 7-48 所示。

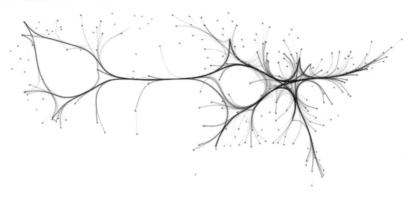

图 7-48　基于骨架的图可视化

3）基于层次聚类与多尺度交互的图可视化

将大规模图结构转化为层次化树结构，并通过多尺度交互来对不同层次的图数据进行可视化，如图 7-49 所示。

(a) (b)

图 7-49   基于层次图聚类与多尺度交互的图可视化

7.2.2.3   时空数据可视化

时空数据是指带有地理位置与时间标签的数据。传感器与移动终端的迅速普及,使得时空数据成为大数据时代典型的数据类型。时空数据可视化与制造领域相结合,重点对时间与空间维度以及与之相关的信息对象属性建立可视化表征。大数据环境下时空数据的高维性、实时性等特点,也是时空数据可视化要表现的重点。通常通过信息对象的属性可视化来展现信息对象随时间进展和空间位置所发生的行为变化。流式地图法是一种典型的时空数据可视化方法,将时间事件流与地图进行融合,使用流式地图对整个生产过程中的物流进行描述,通过价值流图详细记录制造过程的每一个步骤。

Xu Panpan 等人给出了一种装配线的虚拟诊断可视化方法,该方法基于马累图,支持装配线性能的实时跟踪和历史数据探索,以识别低效率、定位异常等情况,并分析其形成原因和影响的范围,如图 7-50、图 7-51 所示。

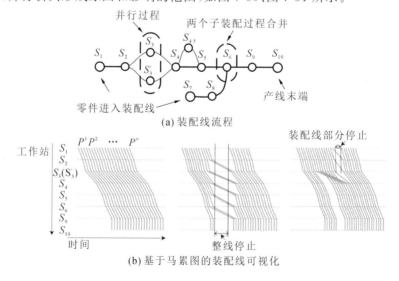

图 7-50   基于马累图的装配线可视化系统[52]

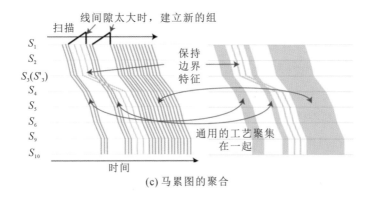

(c) 马累图的聚合

续图 7-50

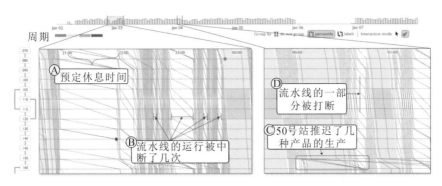

图 7-51　实际可视化案例

　　将数据投射在二维平面有诸多局限。采用时空立方体,对物流进行可视化,能够直观地对物流过程中的地理位置变化、时间变化、物流设备变化以及特殊事件进行立体展现。德国凯泽斯劳滕大学 T. Post 等人提出了 CPPS 环境下的用户指导可视化方法,用来可视化产品制造流[53]。

　　但是,时空立方体可视化方法存在大规模数据造成的密集杂乱问题。对时空立方体进行切片分析是目前主流的时空立方体可视化方法,如图 7-52 所示。

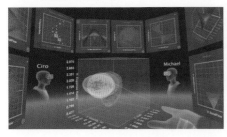

图 7-52　切面为散点图与密度图的时空立方体可视化

7.2.3 基于 VR/AR 的制造大数据挖掘与交互

VR/AR 技术和制造大数据只有协同发展,才能真正服务于实体经济。数据的挖掘和交互技术是 VR/AR 技术与制造大数据协同的重要支撑技术。面向信息可视化的 VR/AR 交互技术主要可概括为五类:

① 动态过滤技术与动态过滤用户界面技术;

② 整体+详细(overview+detail)技术与整体+详细用户界面技术;

③ 平移+缩放(panning+zooming)技术与可缩放用户界面(ZUI)技术;

④ 焦点+上下文(focus+context)技术与焦点+上下文用户界面技术;

⑤ 多视图关联协调(multiple coordinated views)技术与关联多视图用户界面技术。

根据与可视化分析相关任务建模的讨论,对于大数据可视化分析中涉及的人机交互技术,除了讨论上述几大类交互技术的融合的基础与发展之外,还需要重点研究为可视化分析推理过程提供界面支持的人机交互技术,以及更符合分析过程认知理论的自然、高效的人机交互技术。

7.2.3.1 大数据交互组件

在用于大数据可视化分析的用户界面中,仅有数据的可视化表征是远远不能满足问题分析推理过程中各环节任务的需求的,还需要提供有效的界面隐喻来表示分析流程,同时提供相应的交互组件,以供分析者使用和管理可视化分析的过程。图 7-53 所示为 ViSTA 可视化组件系统框架,在该系统中,可通过可重用的交互模块来设计三维用户界面。根据支持分析过程的认知理论,界面隐

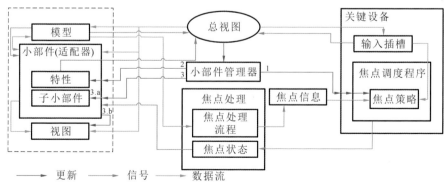

图 7-53　ViSTA 可视化组件系统框架

喻和交互组件应包含支持分析推理过程的各个要素,例如分析者的分析思路、信息觅食的路径、信息线索、观察到的事实、分析记录和批注、假设、证据集合、推论和结论、分析收获(信息和知识等)、行为历史跟踪等。

对可视化信息探索过程中的分析推理过程进行建模,并建立基于三种视图(数据视图、知识视图、导航视图)的可视化分析界面模型与 Aruvi 原型系统。如图 7-54 所示,Aruvi 原型系统主界面中部显示了数据的散点图可视化效果,主界面右部是对分析者在推理过程中所获知识的记录,主界面下部是分析推理过程的历史追踪管理显示,其中采用了基于时间线和关键节点的界面隐喻。分析者利用 Aruvi 原型系统可以追踪分析过程中的关键节点,保持思维的连续性。

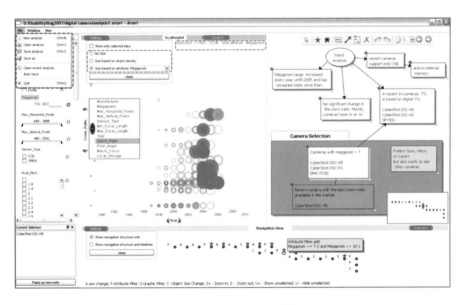

图 7-54　Aruvi 原型系统

根据认知理论,笔者建立了对分析推理流程、假设和证据进行组织管理的用户界面,在该用户界面中采用了类似思维导图的可视化隐喻,使得分析者能够有效地管理分析推理的思维过程,并能对分析推理过程中的不确定性因素进行可视化展示,以及使用不确定性流图(uncertainty flow)对不确定性因素进行分析和管理。

为了更为直观地概览分析推理过程中的关键节点,并快速返回分析历史中的某个场景,笔者设计了书签缩略图的界面,书签缩略图将展示所分析的历史场景中的信息可视化状态、相关的交互行为、分析摘要等。可视化分析推理的过程由一系列连续的书签缩略图排列组成,有助于分析者回忆历史场景。其中针对文本的可视化分析工具,使用可交互的摘要对不同的文本主题进行标注,并与摘要进行交互,支持主题的排序和对比等。

7.2.3.2 面向交互焦点的信息聚焦技术

1. 多尺度界面与语义缩放技术

当数据的规模超过屏幕像素的总和时,用户界面往往无法一次性将所有的数据显示出来。多尺度界面(multi-scale interfaces)是解决这一问题的有效方法。它使用不同级别的空间尺度(scale)组织信息,将尺度的层次与信息呈现的内容联系起来;将平移与缩放技术作为主要交互技术,各种信息可视化对象的外观可随着尺度的大小进行语义缩放(semantic zooming)。语义缩放目前已经广泛用于二维地图可视化系统中,对于大数据可视化分析,语义缩放技术将成为从高层概要性信息到低层细节性信息的分层次可视化的重要支撑技术。通过语义缩放,可采用矩阵网格形式对不同尺度的图节点进行可视化,从而实现百万字节以上规模的图的可视化。

2. 焦点+上下文技术

焦点+上下文技术起源于广义鱼眼视图(generalized fisheye views)。该技术将用户关注的焦点对象与上下文环境同时显示在一个视图内,通过关注度(degree of interest,DOI)函数对视图中的对象进行选择性变形,突出焦点对象,从而将上下文环境中的对象逐渐缩小。这一技术的认知心理学基础是:人在探索局部信息的同时,往往需要保持整体信息空间的可见性。焦点+上下文技术的另一个认知心理学基础是:若信息空间被划分为两个显示区域(如 overview +detail 模式),人在探索信息时需要不断切换注意力和工作记忆,导致认知行为低效。

人们针对焦点+上下文技术开展了大量研究,提出了双焦点变形技术(bifocal display)、鱼眼视图技术及其各种扩展技术、双曲几何变换技术(hyperbolic geometry)等技术,并开发出了放射图(radial graph)、关注度树(DOI tree)、动态扇形图、DOI-Wave、Sigma 透镜等工具。其中,对鱼眼视图技术的研究最为广泛,相关研究成果包括文本鱼眼菜单(fisheye menus)、搜索引擎结果鱼眼列表工具 WaveLens、PDA 手持设备鱼眼日历 DateLens、图像鱼眼等。鱼眼视图技

术如密集树图多焦点 Balloon 技术、大规模树结构的嵌套圆鱼眼视图技术等也
应用于密集网络节点的可视化。大数据环境下,焦点+上下文技术因能在突出
所关注焦点的同时保持上下文整体视图的连贯性,将为密集型可视化界面和强
调上下文关联的搜索分析行为提供有力的支持。同时,将焦点与上下文之间单
纯的距离概念拓展到语义层面,结合挖掘与学习算法计算语义距离来动态获得
与焦点语义相关的上下文,并做出智能自适应性可视化反馈,也将是焦点+上
下文技术研究的重点。

3. 多视图关联技术

数据对象往往具有多个信息侧面,这种数据对象称为信息多面体。为了分
析信息多面体多侧面之间的语义关联关系,有研究者提出了多侧面关联技术,
其基本思想是:建立针对多个信息侧面的视图,在交互过程中对多侧面视图中
的可视化对象进行动态关联,以探索内在的关系。其中经典的可视化分析工具
PivotSlice,可针对信息多面体中多侧面之间的关系进行分析。图 7-55 所示为
PivotSlice 的可视化分析界面,界面上部是分析过程的历史追踪记录,界面中部
展示了多个侧面的视图,用户与任意一个视图中的节点交互时,均可动态链接
到其他视图中具有语义关联的节点集合。

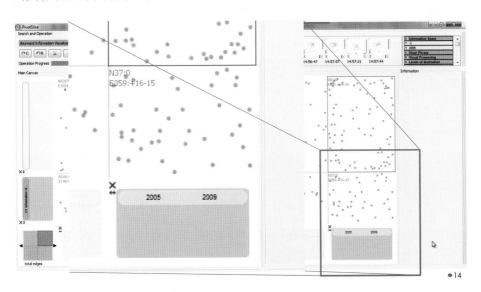

图 7-55 PivotSlice 的可视化分析界面

7.2.3.3 大数据自然人机交互

根据分析过程的认知理论,分析者在分析推理过程中需要保证思维的连贯性,而连续的思维不应被交互操作频繁打断。因此,可视化分析所采用的交互技术应是贴近用户认知心理的、支持直接操纵的、自然的交互技术。自然交互能够保证分析者的主要关注点在分析任务上,而不需过多关注实现任务的具体操作方式和流程。传统的 WIMP(window/icon/menu/pointing device,窗口/图标/菜单/指点设备)交互技术以鼠标和键盘作为主要交互工具,使用户在执行任务时需将很大一部分时间花在操作上,因此并不是支持可视化分析的最佳交互技术。Post-WIMP 交互技术极大地提升了交互方式的自然性,例如多通道交互、触摸式交互、笔交互等,尤其适应可视化分析的应用需求。

基于触摸、手势以及笔交互的界面目前已经比较普遍。有研究者针对基于笔和触摸的交互式白板的交互技术进行了比较和分析实验,在实验中研究者可以采取触摸交互的方式,利用手势来操纵界面中的可视化对象,同时可以用笔对分析推理过程的思维进行记录。实验结果表明,基于笔和触摸的交互技术能够使分析推理过程更为流畅。受人们日常行为习惯的启发,Broll 等人提出了一种基于折叠动作的自然交互技术,用于可视化分析中数据的对比。如图 7-56 所示,分析者可以像翻开并折叠一页纸一样与界面中的可视化对象交互。

图 7-56　基于 VR/AR 的触摸交互

德国弗劳恩霍夫应用信息技术(FIT)研究所给出了一种 AR 人机接口,如图 7-57 所示。

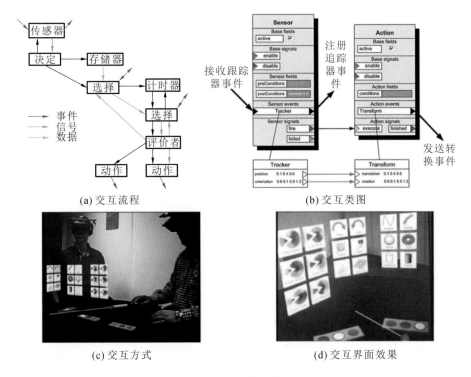

(a) 交互流程　　　　　　　　　　(b) 交互类图

(c) 交互方式　　　　　　　　　　(d) 交互界面效果

图 7-57　AR 人机接口

7.3　制造大数据可视化工具

7.3.1　WebXR 技术

传统桌面系统采用的可视化工具(如 VTK 等)在大数据可视化中不常见，这主要是因为数据量很大，后端数据处理开发工具欠缺。本节介绍基于 WebXR 的数据可视化工具，该工具可用于大数据分析的 VR/AR 展示。

WebXR 源于 WebVR，其技术规范由 Mozilla 公司提出。WebXR 基于一组 WebXR Device API 实现，通过集成虚拟环境和上下文信息显示，提供在浏览器中搭建 AR 项目的功能。为了让用户更方便地操纵虚拟空间，WebXR 支持不同种类的用户输入，包括语音和手势。将早先 AR 平台的全局感知能力移植到 Web 中，开发人员就可以确定表面的位置，而不需要在电池驱动的设备上运行复杂的计算机视觉代码。目前 WebXR 的 API 可实现多种功能，包括亮度

测量、眼动跟踪、天空盒、静态 3D 图标、控制器支持、计算机视觉等。可以通过
网页检测和查询 VR/AR 设备的方向和位置，并在沉浸式的 AR 会话中根据所
需的帧率产生图形帧。图 7-58 所示为基于 WebXR 的数据可视化流程。

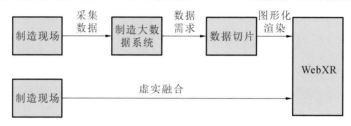

图 7-58　基于 WebXR 的数据可视化流程

WebXR 给出了新的 WebGL 窗口渲染框架，依据该框架可以优化渲染路
径，充分利用多视图等新功能，如图 7-59 所示。

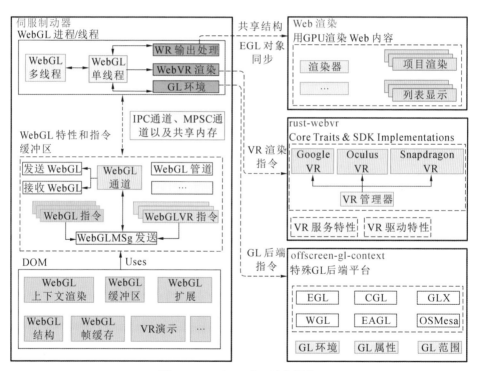

图 7-59　WebGL 窗口渲染框架

7.3.2　基于 WebVR 的可视化开发工具

本书基于 Plotly 公司的开源数据可视化工具 Dash 来实现 Web 方式的
VR/AR 应用。该工具基于 Web 方式实现，可以方便地与现有 VR/AR 系统集

成在一起,同时可以使用 Python、R、MATLAB 等多种语言来实现,通过调用 Plotly 的函数接口,将数据可视化,底层实现完全被隐藏,便于初学者掌握。下列例程描述了一个基于 Plotly 的基本可视化框架(基于 Plotly 实现)。

```
1   import dash
2   import dash_core_components as dcc
3   import dash_html_components as html
4   import plotly.graph_objs as go
5   import pandas as pd
6   trace1 = go.Bar(x=pv.index, y=pv[('Quantity', 'declined')], name='Declined')
7   trace2 = go.Bar(x=pv.index, y=pv[('Quantity', 'pending')], name='Pending')
8   trace3 = go.Bar(x=pv.index, y=pv[('Quantity', 'presented')], name='Presented')
9   trace4 = go.Bar(x=pv.index, y=pv[('Quantity', 'won')], name='Won')
10  app = dash.Dash()
11
12  app.layout = html.Div(children=[
13      html.H1(children='Sales Funnel Report'),
14      html.Div(children='''National Sales Funnel Report.'''),
15      dcc.Graph(
16          id='example-graph',
17          figure={
18              'data': [trace1, trace2, trace3, trace4],
19              'layout':
20              go.Layout(title='Order Status by Customer', barmode='stack')
21          })
22  ])
```

Dash 和 WebVR 的开发框架如图 7-60 所示。WebXR 负责 VR/AR 的场景处理和渲染,Dash 负责获取数据,渲染制造数据切片的多种可视化图形。

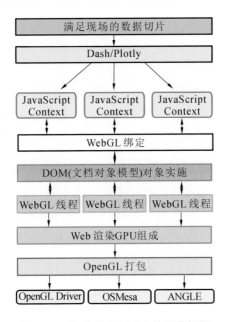

图 7-60 Dash 和 WebVR 的开发框架

　　获取制造现场的数据后,可使用 AR 开发包集成处理数据,显示效果如图 7-61 所示。

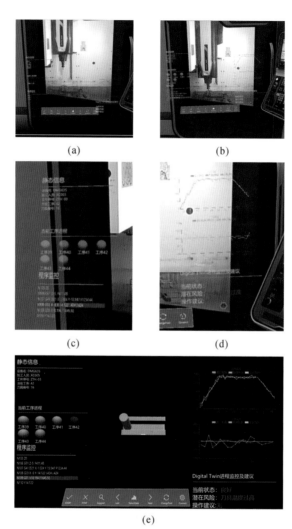

图 7-61　制造大数据 VR/AR 显示效果

第8章
基于 VR/AR 的典型智能制造应用案例

VR/AR 在制造业落地难。在产品设计阶段已经有很多很完善的设计软件,如果不是用于协同设计场合或大范围多专业设计评审,只不过是把显示器换成 VR 显示装置,这样做实际上对提升工作效率的帮助并不大。而 AR 应用仍然受头戴式显示装备便利性、计算能力所限,在制造现场应用还不普遍。本章内容系笔者近年来完成的一些实际应用案例,供读者参考。

8.1 航空发动机智能辅助装配

8.1.1 案例介绍

装配是航空发动机制造过程中的最后环节,也是最为重要的制造环节之一,它包括安装、调整、检查和试验等,部分复杂装配工艺同时对人员、技术和工具设备有着极高的要求。目前国内发动机装配都是由装配人员现场翻阅纸质文档或查看电子手册完成的,装配质量和效率完全取决于装配人员的技能和经验,企业普遍缺乏装配过程实时监控能力。我国商用发动机制造目前仍处于科研试制阶段,工艺规程的频繁变更和改进将导致上述问题更为突出,迫切需要配备现场实时指导、全过程监控、全面可追溯等保障手段。

此外,在部分传统装配工艺中,在一些封闭狭窄空间内的装配操作往往还是采取"盲装"方式,由于工人在操作时很难看清腔体内的实时作业情况,工具与发动机结构件很容易发生磕碰和摩擦。以高压组合转子连接螺母拧紧工序为例,由于连接螺母位于转子内腔,拧紧过程中需将孔探仪装于工装上来观察螺母的位置,孔探线在操作过程中因无约束常常发生缠扭,需要有专人控制孔探仪,这样十分影响装配的效率和质量,因此迫切需要引入"盲装透明化"技术以降低装配难度并提高装配效率。

近年来,逐渐发展成熟的 AR 技术以其虚实结合、实时交互、三维注册等特点有望成为解决航空发动机制造过程中所存在的问题的有效手段。随着 AR 系统在摄像机校正算法、头盔显示器的设计、视觉跟踪技术等方面逐步取得重要突破,AR 技术将在数字化信息协助、远程遥控、复杂环境下的导航、状态监控、装配检查、装配培训等领域发挥巨大的作用。

本小节针对某航空发动机装配操作步骤繁多、工序复杂、部分操作需在狭小封闭空间内进行等特点,研究基于三维数字化装配工艺以及 AR 技术的复杂装配过程辅助操作系统,以提高复杂装配环境下的作业质量和效率。以某型航空发动机高压组合转子连接螺母拧紧工序作为应用验证对象,验证相关技术和所研发系统的正确性及有效性,实现航空发动机装配典型场景盲装透明化显示和现场自主培训两大功能,从而有力地支持航空发动机装配过程的操作和训练,并为将其应用于航空发动机的其他装配操作探索使用模式,获取使用经验。

该航空发动机辅助装配技术要求如下。

1. 三维作业指导书编制要求

(1)选取《核心机试验件本体装配(C1H-101)》工艺规程中的"高压涡轮单元体的装配"工序中的部分工步(10J.1~10J.z)以及"静子机匣同轴度测量"工序作为装配培训内容,依据指定的工序及工步范围编制自主培训功能模块应用的三维作业指导书。

(2)三维作业指导书中的所有内容应既可以显示在普通微机终端,也可以显示在现场用户的 AR 眼镜或其他现场大屏幕上。三维作业指导书应可由现场装配人员通过手势操作来查阅,为盲装透明化和自主培训功能提供三维数字化模型支持。

(3)三维作业指导书应包含三维数字化模型、装配工艺流程模型和装配工序内容。三维数字化模型包含与高压转子连接螺母拧紧操作相关的发动机零部件、拧紧工具/工装/设备、装配场地/车间厂房等要素;装配工艺流程模型能以图形化工具来辅助用户规划装配流程;装配工序包含各装配工步的具体内容,应描述工位内部的操作顺序和操作动作组合,系统可基于一个工序用到的工装/设备、零部件、工位环境等规划具体动作内容,并写入操作要求、技术参数要求等内容。

（4）三维作业指导书的编制工具应可兼容甲方现有的数字化工艺设计系统所产生的工艺模型与文件。

2.高压组合转子连接螺母的盲装操作透明化功能要求和技术指标

（1）使用专用工装在转子内腔内选择拧紧目标时，应能够通过 AR 眼镜同步观察到专用工装的拧紧头在转子内腔内的实时位姿。

（2）使用专用工装在转子内腔内选择拧紧目标时，应能够通过 AR 眼镜同步观察转子内腔内高压压气机和高压涡轮连接面以及连接面上待拧紧的各个螺母。

（3）在利用拧紧头选择目标时，应能够通过透明化显示头盔看到当前对准的螺母，并且显示螺母的编号。若目标选择错误，则系统应能够根据工艺进行判断，并给出同步提示。

（4）系统应能够提供两种方法来实现工具在转子内腔内的位姿跟踪：

① 基于图像识别的方法。若装配过程需要伸入转子内腔内的工具或工装有部分外露，则采用该方法。基于图像识别方法的性能指标如下。

a.工具位姿跟踪速度不小于 24 次/秒。

b.工具位置跟踪误差不大于±1.5 mm，无累积误差。

c.工具姿态跟踪误差不大于±0.1°，无累积误差。

② 基于工具内集成位姿测量传感器的方法。若装配中使用的工具可完全伸入转子内腔内，则采用这种方法。该方法的性能指标如下。

a.工具位姿跟踪速度不小于 24 次/秒。

b.工具位置跟踪误差不大于±0.5 mm。

c.工具姿态跟踪误差不大于±0.1°。

d.传感器体积尽可能小，其体积最大时也不影响工具正常运动和操作。

e.装配过程所涉及的三维数字化模型在真实场景中与对应的真实物体之间的位置误差在±2 mm 以内。

f.装配过程中，专用工装和工具的三维数字化模型与对应的真实物体之间的三个姿态角误差均在±0.1°以内。

3.自主培训功能要求

（1）应可实现基于三维作业指导书的装配演示学习。

用户选择进入学习模式,通过选择要学习的装配操作条目启动装配演示学习,此时系统将为用户进行动态的装配操作演示,演示情景显示在 AR 眼镜上,并能同步输出到其他显示设备。

(2) 应可实现基于三维作业指导书的装配仿真训练。

8.1.2　软硬件系统

8.1.2.1　系统框架

复杂装配辅助 AR 系统以三维装配作业指导书为基础,将基于 AR 技术的虚实注册、用户视点跟踪等技术用于盲装透明化显示以及装配仿真训练,主要由装配作业场景管理模块、三维作业指导书模块、三维场景管理模块、AR 解算模块、AR 显示模块、VR 显示模块,以及传感器通信接口组成,如图 8-1 所示。

以下介绍复杂装配辅助 AR 系统的主要功能。

1) 装配作业场景管理

装配作业场景管理是整个系统的核心功能,用于对装配场景结构、装配任务、用户操作等进行统一的结构化描述,用数学模型对装配结构进行表达,在系统中负责装配逻辑的处理、与其他各个功能模块之间的数据通信、指令解析、流程控制等。

2) 三维作业指导书显示

三维作业指导书是以超文本形式组织的装配作业手册,手册内容包括文本、图片、视频、三维数字化模型等格式,按照装配需求组织起来。本案例中的作业指的是中航工业商用航空发动机有限责任公司制造高压组合转子时连接过程的螺母拧紧以及静子机匣同轴度测量作业,三维数字化模型包含与两种工艺相关的三维模型,以及基于工具的操作流程和动作。

三维作业指导书的所有内容既可以显示在显示器上,也可以显示在现场用户的 AR 眼镜上;三维作业指导书可由现场装配人员通过语音或手势操作来查阅。

3) AR 虚实注册

无论是盲装透明化显示还是用户自主培训,在应用前都应进行虚实注册,如果前一次注册时的标志点未发生变化,则可直接使用前一次注册形成的虚实注册文件。

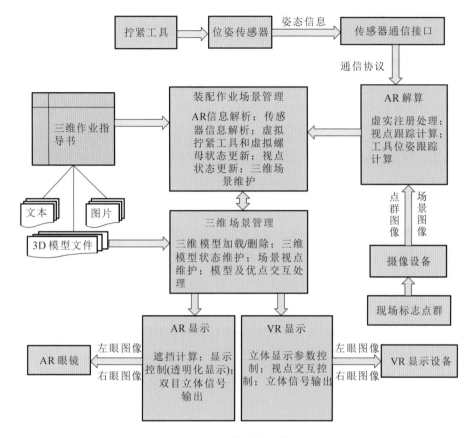

图 8-1　总体技术路线图

用户在真实场景中特定位置(工装、机匣、工具等)贴上纸质标志点,随后在软件的三维环境中找到对应位置,设置虚拟标志点;将注册用的摄像头对准真实场景中的标志点,系统即可根据拍摄的图像完成初始虚实注册,生成一个以日期和时间命名的注册文件。

4)用户视点跟踪

系统使用 AR 眼镜上的摄像头或用户头部佩戴的其他摄像头来进行用户视点捕捉,根据摄像头采集到的图像,提取其中的标志点图像,进行位姿计算,确定用户头部相对于标志点的位置和姿态,再反算虚拟场景中用户观察点位姿。

5)工具位姿跟踪

盲装透明化显示时,需要跟踪拧紧工具的位置和姿态,从而设置虚拟工具的位置和姿态。

跟踪方式一：在工具外露出机匣部分贴上标志点，利用 AR 眼镜上的摄像头或用户头部佩戴的专用摄像头来捕捉标志点图像，计算工具相对于头部的位姿，再根据头部位姿计算它在场景中的位姿。此方法对于无外露的工具不适用。

跟踪方式二：在工具上集成额外的位姿传感器，系统根据传感器获得的工具位姿信息来计算它在场景中的位姿，然后据此设置虚拟工具位姿。此方法需要能够在机匣内正常工作，并且能将测量信息实时传输出来的传感器。

6）盲装透明化显示

当用户进行机匣内拧紧操作时，系统根据虚实注册信息、用户视点跟踪信息、工具位姿跟踪信息确定机匣内被操作螺母、拧紧工具等对象的位姿，并根据三维作业指导书来显示附加信息。

此时系统将根据遮挡关系以及要显示的拧紧操作内容来控制模型的显示状态，包括机匣本体虚拟模型显示状态、机匣内连接法兰边、连接螺栓与螺母、拧紧工具等对象的虚拟模型显示状态，保证用户可以同步观察到实际操作过程。

7）用户自主培训

系统利用三维作业指导书向用户提供自主学习、自主培训与考核功能。

自主学习时，用户选择要学习的工序内容，系统以 AR 或 VR 方式动态演示该工序的操作过程及操作过程参数或其他操作要领。

自主培训或考核时，用户选择要培训或考核的内容，自行操作，系统根据用户的操作判断用户操作的正确性。

在考核模式下可以限制考核时间、记录用户操作内容、支持在线用户操作、提交操作内容文件。

8.1.2.2 硬件系统

在现场操作过程中，用户不能经常为了操作终端设备而中断装配任务。用户将精力集中在装配任务上才能提高效率，终端设备不应该成为装配操作的障碍。可穿戴式装配辅助终端的人机交互模式与传统的交互模式相比，具有以下三个特征。

（1）轻便小巧：可穿戴式硬件要求人机交互设备小巧轻便、使用顺手。用户连续使用过重的设备会产生疲劳感,而由于体积过大的设备有较大的外形突起,在狭窄的空间中使用时会给用户带来不便。

(2)释放双手:可穿戴式交互设备不需要手持,普通的交互操作也应该避免通过点击图标的方式进行。用户的双手从人机交互过程中解放出来,操作相关仪器设备或者使用装配工具就没有了阻碍。

(3)高效安全:装配现场存在许多安全隐患,交互设备必须充分考虑安全问题。人机交互设备不能完全屏蔽用户的视觉与听觉,为了保障自身安全,用户必须继续保持对周围环境的感知能力。

可穿戴式装配辅助终端在使用时直接由装配操作人员携带,便携式计算机装在小型背包内,通过电源和数据线与透视显示眼镜、高清摄像头、手势识别传感器连接,辅助定位标志贴在真实装配对象零部件的特定位置。该终端通过姿态交互技术、语音交互技术与头戴显示技术实现能够解放装配人员双手的人机交互模式。其结构如图 8-2 所示。

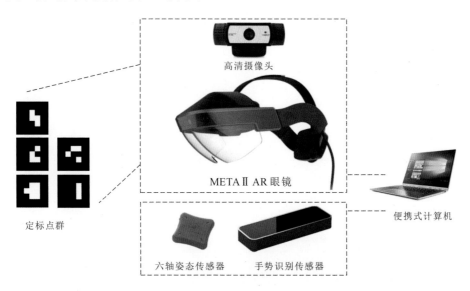

图 8-2 可穿戴式装配辅助终端结构

可穿戴式硬件系统具体包含如下设备:

(1)便携式计算机——小型笔记本式电脑,负责数据的集中计算与处理。

(2)AR 眼镜——大视野显示的透视显示眼镜,左右眼分别对应一个显示区。

（3）高清摄像头——集成到透视显示眼镜上，用于初始注册和装配过程中标志点的识别与跟踪，以及现场视野共享时的视频源捕捉。

（4）辅助定位标志——有特定图案和编号的标志点贴纸，用于初始虚实注册和头部位姿跟踪修正。

（5）手势识别传感器——使用深度摄像头识别手的动作以及姿态，并转换成对应的手势，用于诱导过程的控制。

（6）六轴姿态传感器——集成到透视显示眼镜上，用于当前头部姿态的实时获取。

8.1.2.3 软件系统

复杂装配辅助 AR 系统主要由高压组合转子连接螺母拧紧工序三维作业指导书模块、盲装透明化操作模块、自主培训模块组成。采用 QT 作为界面 UI 开发库，使用 HTML 格式组织文字、图片等信息，采用 OpenSceneGraph 为引擎进行三维场景组织与渲染，视频与电子图片均采用独立的控件进行显示。复杂装配辅助 AR 系统框架如图 8-3 所示。

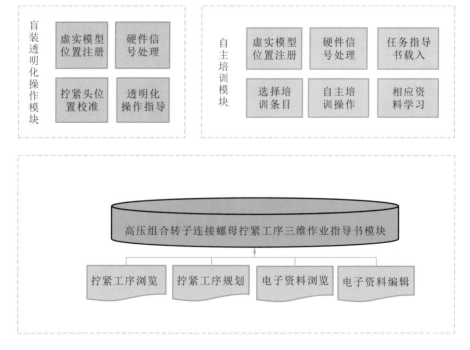

图 8-3　复杂装配辅助 AR 系统框架

8.1.3　基于 AR 的辅助装配

8.1.3.1　三维作业指导书

三维作业指导书是包含系统、部件装配操作说明在内的一种技术手册,其中的资料信息被划分为许多信息对象,按照一定的技术标准规定的格式存储在数据库中。三维作业指导书模块具有良好的交互能力和较强的专家智能。当用户进行信息检索时,信息数据能够以文字、表格、图像、图纸、声音、视频和动画等多种形式展现。

三维作业指导书模块包含装配手册编辑器、装配手册浏览器、结构化装配数据三部分(见图 8-4)。装配手册编辑器为用户提供交互界面以制作数字化手册,将三维素材、二维电子图、视频、三维模型等按照实际装配过程组织成装配手册,并保存为结构化的装配数据。装配手册浏览器能够读取结构化装配数据中的装配案例,浏览、查询装配手册。

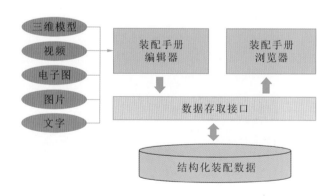

图 8-4　三维装配指导书方案

1. 装配手册编辑器

装配手册编辑器的特点如下。

(1)利用装配手册编辑器可定制一个完整的装配流程,并可预定义产品的结构、拆卸与装配的流程。

(2)利用装配手册编辑器可定制装配中的所有流程和每一步的标准装配处理过程。用户可使用该功能定制新装备的各个装配任务,包括编辑文字、定义装配流程、插入图片和视频、预定义三维模型的动作、保存最终的任务文件。

(3)装配手册编辑器支持使用工具、仪器等进行装配,提供了基本的装配工具库。用户能够在装配任务中加入工具和仪器，并定义使用工具与仪器的三维装配工艺流程。

图 8-5 所示为装配手册编辑器界面。

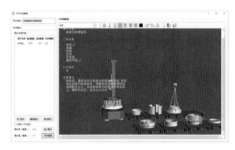

图 8-5　装配手册编辑器界面

2．装配手册浏览器

装配手册浏览器与装配手册编辑器采用同样的内核技术，针对用户学习与浏览的方式进行界面优化显示。装配手册浏览器界面如图 8-6 所示。

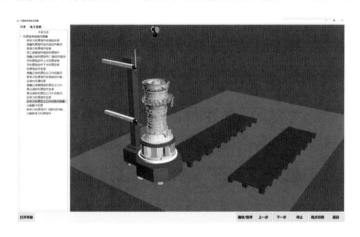

图 8-6　装配手册浏览器界面

3．装配结构化数据

系统按照不同的方式对装备结构化数据进行存储，对不同形式的数据采用不同的结构化存储方式，保证系统能够高效地对数据进行读写与管理。具体数据储存方式如表 8-1 所示。

表 8-1　数据存储结构

数据格式	存储方式	数据优化方式
三维模型	统一的轻量化三角网格模型	模型三维网格化 纹理压缩
视频	视频二进制文件	H264 压缩方式
二维电子图	矢量化图形文件	
图片	图像二进制文件	PNG、JPG 等压缩方式
文字	html 格式	
装配结构信息	xml 格式	

8.1.3.2　基于 AR 的自主培训

基于 AR 的自主培训模块与可穿戴式硬件系统终端配合,实现装配培训的各项功能。基于 AR 的自主培训软件主要包含如下功能模块。

1) 装配工艺管理模块

装配工艺管理模块具有以下功能。

(1) 装配逻辑控制:对装配逻辑进行描述,建立零件结构树、装配工艺序列之间的逻辑关系,对用户的装配过程进行控制与记录。

(2) 装配工艺管理:记录装配过程中每一步骤的工艺信息,包括装配对象、操作工具、注意事项、装配工艺动画等,为装配逻辑控制提供数据支持。

(3) 数据存取接口:读取装配数据库中保存的装配工艺信息,并将用户的实时装配操作信息保存到数据库中。

2) AR 指导模块

AR 指导模块具有以下功能。

(1) 多标志定位:通过二维码图案标志对物体以及摄像头进行定位,能够使用多个标志标定同一个物体,系统通过采集的标志图像快速计算物体的位置。

(2) 透视视觉标定:通过佩戴透视头盔方式对操作者的视野范围进行标定,分别计算摄像头与左眼、右眼视野的对应关系,使用户能够获得正确的虚实图像叠加效果。

3) 三维图形渲染模块

三维图形渲染模块具有以下功能。

(1) 虚实融合处理:通过多标志定位结果,在三维环境中将虚拟三维物体叠加到摄像头采集的图像上，在佩戴头盔时，通过 MR 视觉标定结果将三维物体叠加到用户观察到的实际物体上。

（2）虚实遮挡计算：通过深度信息判断三维物体和实际物体的相对位置关系，计算虚拟物体与实际物体之间的遮挡关系，正确显示在三维场景中。

（3）图像畸变校正：对 Meta2 头盔显示器的曲面显示屏上的投影图像进行处理，校正投影到曲面上而失真的图像。

4）人机交互操作模块

人机交互操作模块具有以下功能。

（1）手势交互操作：通过 Leap Motion 传感器检测手的姿态，并根据多个手的姿态以及运动轨迹计算用户手势。计算得出的用户手势用于用户发送指令或交互操作指令。

（2）语音识别处理：通过麦克风对声音进行捕获，并识别用户说出的特定命令词。用于用户发送指令或交互操作指令。

（3）三维交互菜单：利用三维交互菜单（见图 8-7）辅助用户进行操作，通过姿态传感器对头部位置进行跟踪，使菜单能够固定在三维场景中的特定位置，也能通过手势实现移动、缩放等操作。

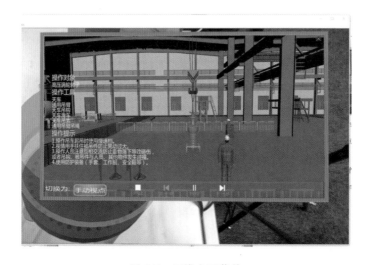

图 8-7　三维交互菜单

8.1.3.3　装配过程 AR 智能化辅助

装配过程 AR 智能化辅助软件利用 AR 物体跟踪技术进行工具初始位姿

标定和实时姿态计算,采取虚实叠加的方式将工具工作头的虚拟模型叠加到实际工具位置上,能够使操作者看到实际场景中被发动机缸体遮挡住的工具工作头,使原先的盲装操作透明化,提高操作的效率和准确性。使用装配过程 AR 智能化辅助软件进行拧紧操作引导的原理如图 8-8 所示。

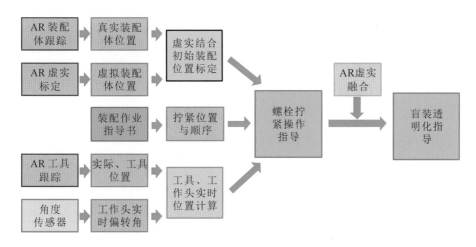

图 8-8 AR 智能化辅助操作实现过程

装配过程 AR 智能化辅助软件主要包含以下功能模块:

1) 装配过程逻辑控制模块

装配过程逻辑控制模块具有以下功能。

(1) 工艺逻辑表达:使用数学模型对装配操作逻辑进行表达,对操作流程进行描述,调用其他各个模块和接口,实现盲装透明化操作过程。

(2) 数据通信管理:装配过程逻辑控制模块可作为通信中心联系其他各个模块,使用消息队列与其他各个模块进行通信;负责消息的收发、解析、处理,将各个模块产生的消息发送到对应的接收模块。

(3) 场景管理:负责构建虚拟场景并建立与真实场景之间的对应关系,管理虚拟场景中的各个装配和操作对象、工具等。

2) AR 物体跟踪模块

AR 物体跟踪模块具有以下功能。

(1) 视点跟踪:通过捕捉的视频图像,解算标志点在场景中的位置,并根据标志点在世界坐标系中的位置,反算出摄像头视点在世界坐标系下的位置以及姿态。

（2）装配体位置跟踪：通过装配体上的标志点及其在世界坐标系中的位置，计算出装配体在世界坐标系下的位置与姿态。

（3）工具位置跟踪：通过工具上的标志点及其在世界坐标系中的位置，计算出工具在世界坐标系下的位置与姿态。

3）AR 虚实标定模块

AR 虚实标定模块具有以下功能。

（1）摄像头标定：根据摄像头初始位置以及标志点在世界坐标系下的位置，计算出初始状态下摄像头的位置和姿态。

（2）装配体虚实标定：将虚拟物体的图像与实际摄像头拍摄的图像显示在同一场景中；在真实装配体上贴上标志点贴纸，通过虚拟装配体上虚拟标志点以及真实装配体上真实标志点的对应关系，计算出虚拟装配体与真实装配体之间的相对位置关系。

4）AR 虚实融合模块

AR 虚实融合模块具有以下功能。

（1）虚实物体叠加：通过 AR 虚实标定模块确定的虚拟装配体与真实装配体之间的相对位置关系，将由虚拟物体渲染得到的图像叠加到实际摄像头捕捉到的画面上，实现虚实融合。

（2）虚实遮挡关系计算：根据虚拟物体渲染得到的像素深度值，计算虚拟物体以及图像中环境和其他物体之间的遮挡关系，并将遮挡后的虚拟物体显示在三维场景中。

5）数据接口模块

数据接口模块具有以下接口。

（1）装配作业指导书接口：读取装配作业指导书中的工艺流程，解析连接螺母的拧紧顺序以及每个工步中螺栓的位置，并提供给装配过程逻辑控制模块。

（2）角度传感器接口：通过蓝牙适配器连接无线六轴传感器，并实时读取当前工具绕 Z 轴（垂直于地面）的转角，并实时发送给装配过程逻辑控制模块。

图 8-9 所示为航空发动机某组件的盲装透明化操作场景。右上角为实际操作场景，用户可以通过一个特殊工装对壳体中的零件进行盲装操作。主画面为用户通过 Meta2 眼镜观察到的情景，此时壳体已经透明化，用户可以直接看到工装操作头在壳体中的移动情况和位置，系统通过角度传感器数据计算工作头

到目标零件的角度,在左上角以红色文本方式显示出来,引导用户操作。

图 8-9　盲装透明化指导

图 8-10 所示为某型航空发动机的机匣装配场景,图中右上角为实际操作场景,主画面为眼镜观察到的场景。此时用户在光学透视 AR 眼镜中可看见系统指示的装配操作目标,系统能对操作工具进行跟踪,判断其操作位置是否正确。

图 8-10　航空发动机连接螺母拧紧操作中的 AR 智能化引导

8.2　基于 AR 的线缆装配

线缆装配是一项复杂的工作,在整个布线设计过程中涉及大量的元器件、插件,不同类型线缆(尺寸、长度、直径、折弯角度等不同的线缆)的设计和线缆在设备内部的空间布局,需要保证结构件装配要求及线缆的空间位置合理,同时连通各种部件、接插件和元器件,满足设备的电气和电磁兼容等性能指标要求。复杂机电产品的线缆装配需要遵循各种布线规范,满足各环节的基本要求,如布局设计、敷设工艺、线缆功能、整机性能、维修以及检测等方面的要求,受到的物理约束主要是力学性能和电气性能方面的约束。

8.2.1 基于 AR 的线缆装配平台

1) 硬件平台

基于 AR 的线缆装配硬件平台如图 8-11 所示。

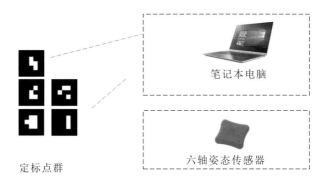

图 8-11 基于 AR 的线缆装配硬件平台

2) 软件平台

基于 AR 的线缆装配软件平台主要包括开展线缆虚实融合装配活动必不可少的各种基础软件系统,包括:CAD 软件(如 Pro/E 软件、CATIA 软件、UG 软件等),主要用于创建刚性结构件、柔性线缆零件、管路零件等装配对象;装配工艺规划软件,主要用于完成装配序列规划、装配路径规划、工装夹具使用方案确定等;用于进行线缆平面分支图的生成、材料清单的生成、装配工艺的可行性验证等的装配过程仿真软件(如 IC. IDO 等);用于进行线缆虚实融合装配工艺数据管理软件(如 PDMLink、Intralink 等)。软件平台主要用来进行前期的线缆布线设计、安装模拟、可装配性验证、操作工具的可达性检查等。

图 8-12 所示为基于 AR 的线缆虚实融合装配系统架构。

3) 线缆装配功能

(1) 虚实融合装配环境一致性建模:主要解决几何一致性和光照一致性的问题,实现真实装配对象与虚拟装配对象的光照效果融合;同时,通过装配零件的三维注册功能实现几何一致性,通过坐标系间的转换实现虚拟线缆与真实装配场景的正确融合。

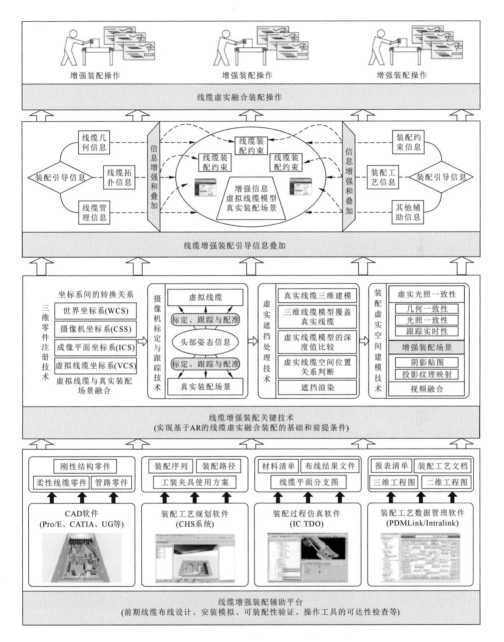

图 8-12　基于 AR 的线缆虚实融合装配系统架构

（2）摄像机标定与跟踪功能：摄像机的位置和朝向在线缆增强装配过程中必须得到精确估算，以使虚拟的装配对象、摄像机获取的视频图像与跟踪器的姿态信息实现精确配准。

（3）增强装配对象虚实遮挡处理功能：主要解决待装配虚实对象的正确遮挡关系问题。

（4）线缆增强装配引导信息的叠加：装配信息是线缆增强装配过程中非常重要的部分。其主要可以分为线缆几何信息（如线缆的空间位置姿态、线缆分支特性、不同分支的空间路径分布、线缆截面形状和大小等）、线缆拓扑信息（如主干线缆与分支线缆的拓扑关系、单根导线与主干线缆的拓扑关系、单根导线与分支线缆之间的拓扑关系等）和线缆管理信息（如线缆名称、线缆代号等）。可通过建立一个面向线缆增强装配引导的信息模型，在增强装配场景中叠加文字注释等信息，引导布线工人将线缆零件装配到目标位置。

8.2.2　线缆虚拟装配流程

基于 AR 的线缆虚实融合装配借助 VR 技术来构建线缆虚拟装配场景和人机交互界面，同时为了显示静态的布线图片或实时的线缆敷设视频，在所生成的虚拟装配场景中再增开一个真实装配场景窗口。通过引入 AR 技术，实现将虚拟场景中的虚拟零件模型（包括待装配的柔性线缆、刚性结构件、管件模型等）、几何特征模型、线缆装配路径、线缆装配文字指导信息等实时地叠加到真实装配场景中并同步显示，在装配导航方面为布线人员提供虚拟和真实的双重感知体验。线缆虚拟装配管理系统组成与信息流图如图 8-13 所示。

8.2.2.1　线缆虚实融合装配实现步骤

1. 线缆虚实融合装配场景构建

线缆虚实融合装配场景由布线人员看到的真实装配场景和叠加于真实装配场景上的计算机生成的虚拟对象（如虚拟零件模型、布线路径、指导性文字注释信息等）组成。虚拟的装配对象会对装配场景的真实性起到增强作用，布线人员对真实装配场景的感知和认识将会得到提高。在线缆虚实融合装配场景中，大量的真实环境信息蕴含其中，处在线缆虚实融合装配场景中的布线人员在各自的感知和交互区域中往往会有不同的视点和交互形式，从而使得线缆虚实融合装配场景需要描绘不断变化的多方位真实环境。在线缆虚实融合装配场景构建中，需要获取真实装配环境的多方位信息，在此基础上对所获取的信息进行表示，利用多个视频序列描绘线缆虚实融合装配场景的真实环境，最终构建面向布线人员操作的线缆虚实融合装配场景。

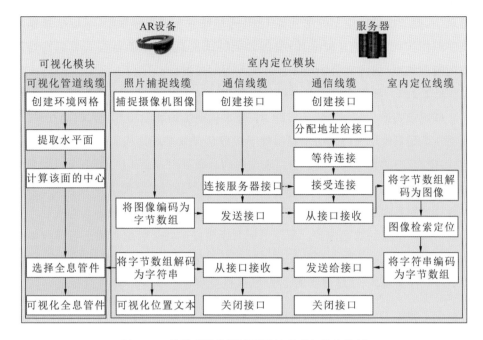

图 8-13 线缆虚拟装配管理系统组成与信息流图

2. 线缆虚实融合装配场景实时融合绘制

在线缆虚实融合装配场景中,深度信息的差异是线缆零件等装配对象所固有的,布线人员视点的位置变化会造成装配对象之间出现不同的遮挡关系。在线缆虚实融合装配系统中,所绘制的每一个虚拟线缆零件在场景中的位置均需要准确地计算出来,同时与其他的零部件装配对象进行交互,确保遮挡关系和交互关系正确。基于正确的遮挡关系,系统能够生成令布线人员感觉逼真的线缆增强装配环境,并能够使布线人员在合成场景中获得合乎自然的空间感受。在线缆虚实融合装配场景实时融合绘制中,主要利用线缆增强装配场景的虚实融合注册技术,获取场景中虚拟零件物体与周边不同物体的深度信息并对场景深度做出实时估计,实现有效的遮挡处理和渲染绘制。

3. 线缆增强装配引导信息模型建立与叠加

装配操作的顺利进行离不开信息,其中装配信息在线缆增强装配过程中具有非常重要的作用。要想使布线人员在与系统进行人机交互时,能够更为准确地理解整个装配任务,需要在线缆虚实融合装配场景中叠加所需的装配信息,引导布线人员进行线缆装配。线缆增强装配引导信息模型建立与叠加主要包括:建立一个面向线缆增强装配引导的信息模型,在虚拟线缆零件注册信息的基础上,叠加虚拟线缆零件的几何模型;通过建立布线文字模型、三维信息框和文字贴图实现文字信息的叠加;叠加装配特征信息,以帮助布线人员识别场景中的装配约束,引导其将线缆零件装配到目标位置。

8.2.2.2　线缆虚实融合装配作业流程

线缆虚实融合装配主要是借助 AR 技术构建虚拟装配场景和人机交互界面,同时在该场景中增开一个用于显示静态线缆敷设效果图片或实时线缆装配视频(含解说声音)的真实装配场景窗口来实现的。通过引入 AR 技术,将虚拟场景中的虚拟零件模型、相关几何特征模型、线缆布线空间路径、装配指导文字信息等实时地叠加到真实装配场景中并同步显示,在视觉体验与装配导航方面为布线人员提供虚拟和真实的双重体验。基于 AR 的线缆虚实融合装配系统运行流程如图8-14 所示。该系统主要包括装配环境场景信息采集模块、虚拟场景生成模块、摄像机跟踪注册模块、线缆虚实融合模块、人机交互与显示模块等。

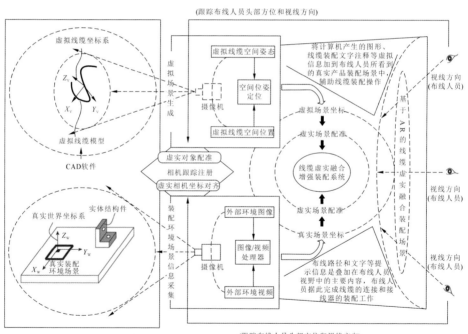

图 8-14　线缆虚实融合装配系统运行流程

装配环境场景信息采集模块主要利用真实摄像机对真实线缆装配环境进行信息的采集,如采集外部装配环境的图像及视频信息等,并利用图像/视频处理器对所采集的信息进行后处理,并将结果供虚实融合模块调用。虚拟场景生成模块主要完成虚拟线缆模型及其坐标信息采集,获取虚拟线缆的空间姿态和空间位置,实现虚拟线缆的空间定位。摄像机跟踪注册模块主要完成对布线人员头部方位和视线方向的跟踪,进而实现虚实摄像机坐标的对齐和虚实对象的配准。线缆虚实融合模块基于上述装配环境场景信息采集模块、虚拟场景生成模块以及摄像机跟踪注册模块所生成的结果完成虚实场景的配准,建立面向线缆虚实融合的增强装配系统。人机交互与显示模块主要面向现场的布线人员,通过交互设备实现人与装配场景的互动,最终完成线缆的装配操作。

需要指出的是,线缆虚实融合装配系统通过在虚拟空间坐标系与物理空间坐标系之间建立正确的转换关系,使得虚拟线缆能够合并到真实装配场景的正确位置上。在装配过程中,布线人员的位置会不断变化,系统要实时地根据布线人员的视场重建坐标系的关系。摄像机跟踪注册模块通过跟踪布线人员头部方位和视线方向来完成上述任务。线缆的三维敷设路径和装配过程的文字信息提示是叠加在布线人员视野中的主要内容,布线人员根据所提供的上述信息完成线缆的装配工作。

线缆虚实融合装配操作主要是指在虚实融合装配场景中,布线人员借助相应的装配工具在装配引导信息的辅助下将线缆正确地装配到目标位置上。叠加的装配引导信息包含布线的路径、文字注释等信息。

图 8-15 所示为汽车线束故障诊断案例。当汽车线缆(线束)发生故障时,工人只需用 iPad 对着故障区域,就可通过 iPad 直接向工人演示操作方法。图 8-16 所示则是通过 AR 技术将产品装配的引导信息叠加在装配环境中,由装配工人根据叠加在眼前的装配引导信息完成装配任务的实例。

图 8-15　汽车线束故障诊断案例

叠加在装配
环境中的装
配引导信息

图 8-16　虚实融合装配实例

8.3　复杂装备诱导维修

8.3.1　案例介绍

随着技术的发展,现代大型复杂机械装备的维修、拆卸和装配工艺日趋复杂,操作人员单纯依靠自身经验、技术和知识难以高效地完成复杂机械装备的拆卸、维修和装配。纸质和电子技术手册当前被广泛用于存储、查询拆装维修工艺和技术信息,操作人员需边操作设备边手动查看手册,操作难度大且效率低,并且注意力需要在手册和设备之间频繁切换,易受周围环境影响,从而造成拆装维修差错等问题。为提高操作人员维修水平,降低维修难度,减少作业差错,笔者将可穿戴式维修引导、远程专家在线支持等方法与 VR/AR 技术相结合,开发了基于光学透视眼镜和三维数字化手册的智能化 AR 诱导维修系统,对维修人员进行培训和指导。

所开发的 AR 诱导维修系统主要为某型装备理论学习和实践平台。它应用 AR 虚实注册(定位)与虚实融合技术构建了一个虚实融合环境,该虚实融合环境中既有真实维修环境和维修对象,又有电子维修手册、虚拟维修对象的各种零部件和虚拟维修工具。该 AR 诱导维修系统可用于真实维修过程的电子维修手册随时查阅、目标零部件定位指示、维修操作虚实融合引导,也可用于复杂维修对象的模拟维修训练。

维修人员通过自然交互手段感知周围场景和维修对象的状态变化,利用 AR 三维注册显示和跟踪定位技术将所需要的数字化维修信息根据自然交互指令(手势、语音等)无缝实时地显示在光学透视眼镜上,从而解放作业人员双手,使之专注于维修工作;同时将现场图像和声音实时传输给远程的专家服务端,远程专家基于同一套三维数字化维修手册,采用共享视景、协同操作和语音对话方式对现场维修人员进行指导。AR 诱导维修系统是利用 AR 技术、人机自然交互技术、虚拟样机技术和交互式电子手册技术等构成的针对大型复杂机电系统的维修指导/培训系统。维修人员通过自然交互手段感知周围场景和维修对象状态变化,利用 AR 三维注册显示和跟踪定位技术将所需要的数字化诱导维修信息根据自然交互指令(手势和语音等)无缝实时地显示到光学透视式头盔上。

AR 诱导维修系统可实现真实维修任务与虚拟指导信息之间的同步,尽可能地使人和虚拟信息环境之间达到“无缝连接”。这种“无缝连接”包含两层含义:其一是将维修人员所在的物理空间与虚拟诱导维修信息空间统一为增强信息空间;其二是诱导维修信息能够对维修人员的工作起到指导作用,但不会对维修人员的操作产生干扰。在实际的维修过程中,用户本身是系统的组成部分,频繁地与虚拟场景中的实体对象发生交互作用,信息的流动是双向的:一方面,用户发出指令影响场景中其他实体对象的行为;另一方面,用户感受场景的行为变化,同时也对这种变化做出反应。维修人员的具体操作处于一个动态的闭环反馈之中,不断受外界变化信息的影响,场景内的实体对象行为大部分都属于反应式行为,即接收人体动作行为信息,并按照自身的状态、特性对信息做出响应。AR 诱导维修系统交互方式如图8-17所示。

表 8-2 所示为传统的虚拟维修系统与 AR 诱导维修系统特点的对比。

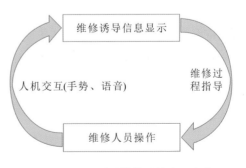

图 8-17　AR 诱导维修系统交互方式

表 8-2 传统的虚拟维修系统与 AR 诱导维修系统特点的对比

对比项目	传统的虚拟维修系统		AR 诱导维修系统
表现形式	虚拟人修理虚拟产品	真实人修理虚拟产品	真实人修理真实产品
实现方式	控制算法驱动人体模型	VR 外设驱动人体模型	AR 三维注册算法
维修对象	虚拟样机	虚拟样机	真实设备
维修工具	虚拟工具	虚拟工具	真实工具
维修人员	三维人体模型	真实维修人员	真实维修人员
使用时间	产品早期设计阶段	产品使用前期培训	产品后期维护阶段
主要用途	设计性能评估	虚拟维修训练	真实维修支持、训练
交互方式	接口设备(硬件接口为主)		自然交互(以手势、语音交互为主)
系统理念	先培训、后作业		培训、作业过程智能化引导
关键技术	VR 技术(虚拟沉浸)		AR 技术(虚实结合)
系统软件	虚拟样机、控制(驱动)算法		虚拟样机、三维数字化手册
系统硬件	VR 头盔、位置跟踪器、数据手套等		AR 光学透视眼镜、位置跟踪器、摄像头

8.3.2　软硬件系统

8.3.2.1　案例总体方案

对 AR 诱导维修系统的主要指标要求如下。

(1) 在计算机硬件不构成限制条件时,诱导维修软件模块和电子手册子系统可实时处理由 2000 万多边形构成的三维模型数据,刷新率不低于 20 Hz(非立体显示)或 15 Hz(立体显示)。

(2) 诱导维修软件模块和三维数字化手册子系统均应具备纹理模型处理能力。

(3) 在通信不构成限制条件时,现场视频可实时传输到后方终端,后方终端的图像刷新率不低于 20 Hz;语音通信无明显滞后。

(4) 在定标点群的设置符合软件手册规定的条件下,虚实注册误差在±3 mm 以内。

(5) 虚实融合显示时,虚实物体具有互相遮挡效应,即可以根据它们的实际空间位置实现互相遮挡。

根据实现框架,AR 诱导维修系统可分为两大部分:一是现场诱导维修子系统,二是远程专家指导子系统,如图 8-18 所示。

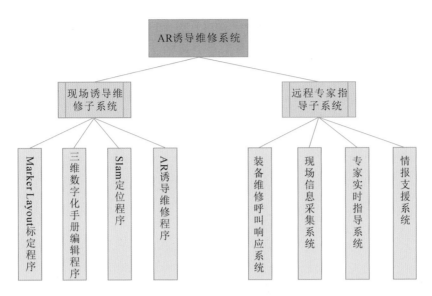

图 8-18　AR 诱导维修系统划分

8.3.2.2　硬件系统

AR 诱导维修系统现场端所需可穿戴式设备硬件如图 8-19 所示。

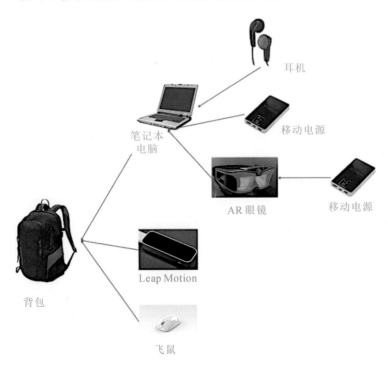

图 8-19　现场端所需可穿戴式设备硬件

为获取现场端的实时视频,还需要设置四个摄像头;为给操作者提供一个更好的观看视角,需要在现场端设置一个大屏幕。AR 诱导维修系统硬件主要包括四台含有显示器的计算机、四个配套的显示屏;另外为实现通信,需要一套路由器以提供网络环境。表 8-3 所示为 AR 诱导维修系统所需硬件。

表 8-3　AR 诱导维修系统所需硬件

位置	机位编号	设备
现场端(设备区)	0 号机	摄像头五个; AR 透视眼镜一副; Leap Motion 一套; 头部姿态传感器一个; 背包一个; 移动电源两个; 固定显示屏(非必要); 笔记本电脑一台; 平板电脑(独立使用)
专家端(后援区)	1 号机	计算机一台(含显示器); 显示屏
	2 号机	计算机一台(含显示器); 显示屏
	3 号机	计算机一台(含显示器); 显示屏
	4 号机	计算机一台(含显示器); 显示屏
	其他	路由器

8.3.2.3　软件系统

现场诱导维修子系统模块包含以下四个子模块。

(1) Marker Layout 标定程序模块:用于虚拟模型的初始化注册。

(2) 三维数字化手册编辑程序模块:用于诱导维修手册的编辑。

(3) Slam 定位程序模块:用于实物标志点的实时定位。

(4) AR 诱导维修程序模块:用于帮助操作人员在现场进行诱导维修操作。

远程专家指导子系统模块包含以下四个子模块。

(1) 装备维修呼叫响应系统模块:管理远程专家端的多个终端与现场端的连接,维护和保存维修对象的参数信息和维修记录。

(2) 现场信息采集系统模块:实时采集和显示现场维修对象的参数信息,并在维修过程中同步接收和显示维修现场的音频和视频信息。

（3）专家实时指导系统模块：专家与现场维修人员之间共享三维场景，进行维修指导和操作演示，并将操作指令发送到现场终端。

（4）情报支援系统模块：用于为专家提供维修对象的相关情报支持。

8.3.3 基于 AR 的诱导性维修

8.3.3.1 诱导维修手册

数字化诱导维修手册是包含系统、部件维修操作说明在内的一种技术手册，在数字化维修手册中的资料信息被划分为许多信息对象，按照一定的技术标准规定的格式存储在数据库中。数字化诱导维修手册具有良好的交互能力和较强的专家智能，当用户进行信息检索时，信息数据能够以文字、表格、图像、图纸、视频和动画等多种形式呈现。数字化诱导维修手册采用了轻量化模型，即在保留三维模型基本信息、保证必要精度的前提下，将原始的格式文件压缩转化，易于集成到网络环境、办公自动化环境以进行查看和批注等便利性交互操作，实现数字化模型在不同人员之间的快速传输，同时也可以为模型快速复用提供基础的技术条件。

三维数字化手册编辑程序模块包括以文本、二维电子图、视频、三维模型表示的维修手册模型，以及该模型的调用和维护部分，具有以下功能。

（1）手册内容制作与编辑：三维素材制作，将多种素材编辑成数字化手册。

（2）手册内容管理：手册内容文件的导入/导出。

（3）手册内容查询：根据用户的操作要求，向后台维修场景管理模块发送手册相关内容。

8.3.3.2 现场诱导维修指导

现场诱导维修子系统提供了基于现场 AR 设备的虚实场景注册功能，该功能是虚实融合和目标识别的初始条件和计算依据；系统能够基于运动捕捉设备和维修对象零部件的虚实注册信息，帮助用户寻找和识别产品的具体零部件。在虚实注册完毕后，系统能够基于三维虚拟模型以及虚实定位关系，将三维虚拟零部件与用户观察到的真实零部件融合显示，以此作为维修过程提示的基础。现场维修人员可以通过手势来操作和控制维修引导信息，从而在嘈杂的环境中也可以专注于维修工作；还可以通过语音来操作和控制维修引导信息，从而解放双手。

在进行远程连接后,现场维修人员能通过佩戴的 AR 眼镜上的摄像头获取现场情景实时图像,同时系统将这些实时图像以视频流方式发送到后方的维修指导中心,使得后方专家能够同步观察维修现场。在前后方建立联系后,双方可以进行语音对话。而且这种对话可以与三维场景协同,现场的视频传输与后方观看等应用互不影响,所以可以是同时发生的。现场诱导维修系统共有两种应用方式,分别为便携式 AR 应用方式和平板式 AR 应用方式。

1. 便携式 AR 应用方式

在便携式电脑的 ARMaintance 软件中导入挂弹车三维数字化维修手册文件包,然后通过 AR 眼镜、语音交互和手势交互来进行故障排除内容选择和排除操作。在操作过程中可以激活手册来查看手册内容或二维电子图纸。图 8-20 所示为现场诱导维修系统的便携式 AR 应用。

图 8-20   便携式 AR 应用

2. 平板式 AR 应用方式

在手持 Surfacer 4 平板电脑的 ARMaintance 软件中导入模拟挂弹车三维数字化维修手册文件包,通过语音或触摸操作方式来进行故障排除内容选择和排除操作。图 8-21 所示为基于手持平板的 AR 应用实例。

8.3.3.3   远程专家指导

装备维修呼叫响应系统是一个专门的通信监测终端,以三维数字地图方式实时显示当前正在和专家端建立通信联系的用户位置、名称、通信速度(每秒字节数)、新用户呼叫提示(用户标志在某个具体位置闪烁,同时语音提示某地、哪个单位用户请求通信)。专家端的现场信息采集系统是一个专门用于采集现场

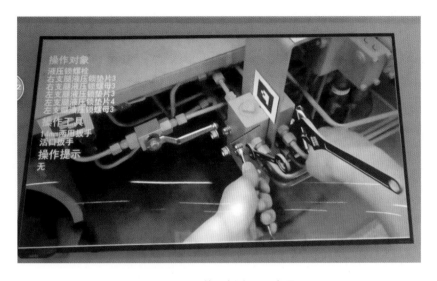

图 8-21　手持平板式 AR 应用

维修设备参数以及监测维修现场情景的终端。在后方专家对前方维修人员进行在线维修指导时,为专家实时提供现场维修情景,使后方专家能够同步观察维修现场。同时,专家实时指导系统可以使后方专家和前方维修人员基于同一个三维数字化维修手册的三维模型进行在线协同。专家在三维场景中进行维修指导和操作演示,并将操作指令同步发送到现场终端,驱动现场终端上的三维模型和视点对象,使得维修人员可以利用专家的指导信息完成维修任务。专家端还有一个专门的情报支持终端。在后方专家对前方维修人员进行在线维修指导时,通过三维数字化维修手册为专家提供维修设备的参数信息支持,如提供原理图、设计图等。此时现场准备与现场诱导维修操作相同,专家端要先运行通信与数据管理软件、视景导调软件、专家在线指导软件、维修资料支持软件,在后三个软件中均导入模拟挂弹车三维数字化维修手册文件包,应用通信与数据管理软件进行通信测试。

装备维修远程专家指导过程为:现场用户发出专家指导请求;通信与管理服务器的电子地图显示用户信息以及请求提醒,此时专家端可以查看该用户具体信息;视景导调服务器与现场用户连接,接入用户的实景视频和语音信息,实现专家与用户视野同步;专家在线指导服务器上,专家可以根据自己的判断立刻编辑一个操作指导过程,该过程以指令组的形式发送到现场用户端的 AR-Maintance 中,用户即可如同使用手册指导一样实现诱导操作。专家随时在维修资料支持软件中查看相关支持情报,如图 8-22 所示。

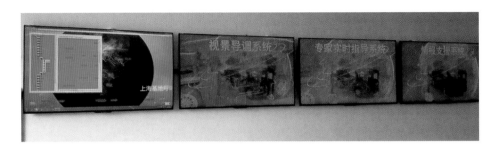

图 8-22　远程协助应用

8.4　基于 VR 的航天薄壁件制造过程仿真

8.4.1　案例介绍

航天薄壁件的加工难度高,质量要求严。舵机舱多位于导弹中后段,内部安装翼面转轴和操作机构,在工作时舵机舱需承受较大的集中力,因此,为保证舵机舱使用性能,在设计阶段通常采用整体式结构,并将舵机和舵面转轴安装在受力较大的隔框上。某防空导弹舵机舱壳体(其模型见图 8-23)为典型的航

天薄壁件,工件材料为铸造钛合金 Ti6Al4V,整体高度为 410 mm,筒壁直径为 300 mm,壁厚最薄处为 2 mm。在舵机舱壳体制造之前进行仿真优化,在制造过程中进行监控作业非常有必要。本小节以该舵机舱壳体制造为例,介绍基于 MBD 模型的集成仿真和加工过程的多尺度模型的 VR 可视化应用。

图 8-23　某防空导弹舵机舱壳体模型

传统的虚拟仿真系统与基于 VR 的多尺度仿真系统的特点如表 8-4 所示。

表 8-4　传统的虚拟仿真系统与基于 VR 的多尺度仿真系统的特点

特点	传统的虚拟仿真系统	基于 VR 的多尺度仿真系统
表现形式	纯数字化仿真	虚实结合

特点	传统的虚拟仿真系统	基于 VR 的多尺度仿真系统
实现方式	流程固定的动作仿真	数据驱动的仿真
使用时间	产品早期设计阶段	设计和制造过程
主要用途	设计性能评估	在线监控
接口	以 CAD 接口为主	CAD 接口,设备接口
交互方式	通过接口设备(硬件接口为主)实现人机交互	
系统理念	先培训、后作业	
关键技术	VR 技术(虚拟沉浸)	
系统软件	虚拟样机、控制(驱动)算法	
系统硬件	VR 头盔、位置跟踪器等	

8.4.2 软硬件系统

8.4.2.1 系统框架

1. 编程框架

采用 Microsoft 公司开发的 .NET Framework 框架,该框架主要支持在 Microsoft Windows 平台上运行。此开发框架包含一个大型框架类库(framework class library,FCL),并支持 C、C++、C♯、VB 等多种高级编程语言的跨语言集成互操作(每种语言都可以使用由其他语言编写的代码)。使用 .NET Framework 编写的计算机代码(也称为托管代码)的编译运行采用虚拟机应用平台,此执行环境也称为通用语言运行库(CLR),通过 CLR 将多种高级语言编译为中间语言,即可实现跨语言集成。FCL 和 CLR 一起构成 .NET Framework 框架,.NET Framework 框架在自身强大的功能基础上结合新技术,可支持可视化开发和各种业务流程。

2. Hoops 图形内核

制造业所涉及的各种三维系统,不论是设计过程中的 CAD 系统,还是工艺设计过程中的 CAE 及 CAPP 系统,都以造型技术为核心,而图形的显示处理和交互则是基础。也就是说,除了三维造型,CAX 软件还需要图形显示和人机交互功能模块。目前,主流图形内核应用平台主要包括 ACIS、Parasolid、Open-

GL、Hoops 和 CAS 等。对比这几种图形内核,可以发现不同的平台所具有的特点和功能也各有千秋:ACIS 在几何造型方面的表现较出色,而在可视化和人机互操作方面则较为逊色;OpenGL 在图形和人机交互方面都表现良好,但是缺少必要的几何工具库;Hoops 作为一个优质的图形内核平台,有效克服了上述几种平台的不足之处,在图形显示、交互操作和数据结构等方面的应用效果均较好,满足了本书中基于 MBD 多尺度模型的航天薄壁件 VR 可视化应用平台的功能需求。

本案例借助 Visual Studio 2015 集成开发环境,在 C♯语言下通过利用基于 Windows 的用户界面框架——WPF(Windows presentation foundation),调用相关组件实现了基于 MBD 多尺度模型的航天薄壁件 VR 可视化应用平台框架(见图 8-24)搭建。其中多尺度信息模型数据存储于 Neo4j 图数据库中,通过 Neo4j DBAccess 类实现与数据库的连接,调用 Hoops 图形接口,在开发平台中实现 MBD 模型的可视化。

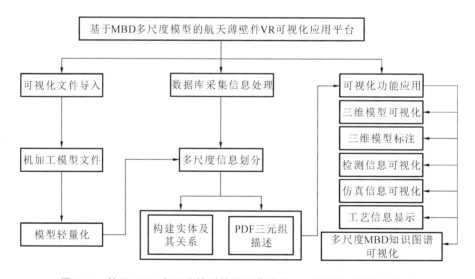

图 8-24　基于 MBD 多尺度模型的航天薄壁件 VR 可视化应用平台框架

8.4.2.2　系统数据要求和准备

基于 MBD 多尺度模型的航天薄壁件 VR 可视化应用平台需要集成多尺度 MBD 数据集,该数据集主要包含两种类型的数据信息。

(1)几何信息:包括零件的形状尺寸及坐标、公差和定位信息等。通过 CAD 软件建立产品的三维结构模型,实体通过点、线、面的拓扑结构来描述,作为非几何信息的载体。

（2）非几何信息：由产品三维模型上的各类标注信息组成，包括工艺流程、表面处理要求、加工技术要求、注释及各类仿真信息结果云图等。这些非几何信息对应着相应的实体特征，并通过这种关联性实现可视化。

8.4.2.3　硬件系统

可穿戴式系统通过六轴姿态传感器与手势识别传感器获取人手的动作，从而实现人机交互，并利用头盔显示器系统实现 MBD 模型的可视化，如图 8-25 所示。

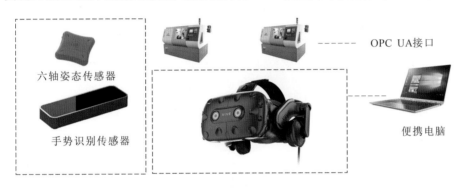

图 8-25　可穿戴式系统

8.4.3　多尺度信息 VR 可视化系统

8.4.3.1　图形用户界面

系统界面共包含 5 个功能区，如图 8-26 所示。顶部区域 1 为菜单栏，包括打开和保存工程、导入模型及模型数据更新等功能；左侧区域 2 显示的是舵机舱壳体的工艺流程；中间上部区域 3 为模型显示区域；中间下部区域 4 用来显示工序所对应的工步顺序；右侧区域 5 则显示当前工步加工要求及加工参数等信息。区域 3 可以全屏显示到 VR 系统中（投影到大屏幕或者头盔显示器系统）。

8.4.3.2　宏观模型可视化

导入舵机舱壳体模型，在对舵机舱三维模型的 STEP 文件进行解析后，在 Hoops 图形内核中实现其三维模型的重构，可以显示设备的各种设计信息。人机交互设备可以实现模型缩放、模型视图方向选择和渲染等操作。图 8-27 所示为此舵机舱壳体中舵轴孔在三轴加工中心中的某工序的工步。

图 8-26　基于 VR 的多尺度信息可视化系统用户界面

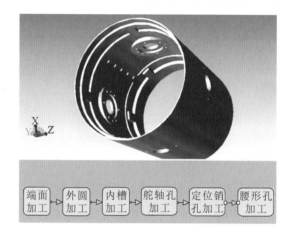

图 8-27　舵机舱壳体三维模型可视化

　　表 8-5 所示为舵机舱壳体孔加工工序。4 个舵轴孔呈环形分布于筒壁四周,孔径为 42 mm,尺寸显示由一个带箭头的信息框表示,信息框第一行显示两点空间直线距离,下面三行依次显示 X、Y 和 Z 方向上的两点距离。舵轴孔高度为 232 mm,采用 φ10 的钻头和铣刀依次完成加工。加工参数在右侧显示。

表 8-5　航天舵机舱壳体孔加工工序基本信息

工序	工步和要求	刀具	加工 G 代码
孔加工	加工 4 个舵轴孔,保证表面粗糙度 Ra1.6,尺寸 232±0.1	φ10 钻头 铣刀(切深为 3 mm)	S 500,F 60,Z－2010 S 600,F 60,Z－15
	加工 24 个销孔,保证尺寸 2.5±0.1,60°±3′,30°±3′	钻头 倒角刀	S 600,F 50,Z－16 S 600,F 50,Z－10.2
	加工销孔、腰形孔,保证尺寸 42±0.02,42±0.02,1	钻头	S 600,F 50,Z－18

舵轴孔加工完成后,需要进行定位销孔的加工,每个舵轴孔配有 6 个定位销孔,以实现各类线缆及元器件的安装定位,如图 8-28 所示,其直径为 6 mm。相关工艺参数也在界面中显示,可供工艺人员查看。

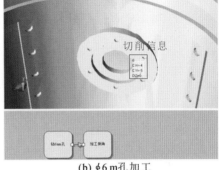

(a) φ42 mm孔加工   (b) φ6 m孔加工

图 8-28 钻 φ42 舵轴孔工艺及加工参数可视化

8.4.3.3 介观尺度信息可视化

在介观层次信息中选取表面粗糙度进行可视化展示。作为衡量零件表面完整性的关键因素,表面粗糙度对零件使用性能、耐磨性、疲劳强度、耐蚀性和使用寿命都有着举足轻重的影响。图 8-29 所示为导弹舵机舱内槽在不同进给量下的已加工表面形貌,可以看到,随着进给量的增大,零件表面易出现裂纹等缺陷,因此,在加工薄壁件时,需防止进给量过大造成工件损坏等问题。

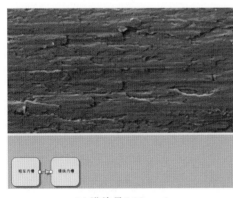
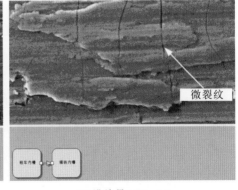

(a) 进给量f=10 mm/r   (b) 进给量f=30 mm/r

图 8-29 内槽加工特征表面形貌可视化

对获得的加工数据、仿真数据进行多尺度融合。基于时间序列,加工数据采集系统每隔一段时间采集一次数据,图 8-30(a)、(b)分别为铣削加工 42 mm

舵轴孔 400 s 时及 1200 s 时的零件应力分布云图。可以看出,在加工舵轴孔后及一段时间内航天薄壁件总应力绝对数值都较小,对整体加工变形影响不大。

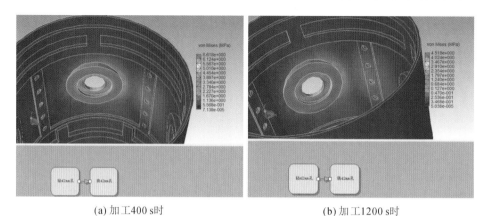

(a) 加工400 s时   (b) 加工1200 s时

图 8-30   铣削 42 mm 舵轴孔应力分布云图可视化

8.5   火箭箭体制造车间实时管控

8.5.1   案例介绍

本案例的目标是:建立某火箭制造有限公司的火箭箭体制造车间的 5 个制造单元包含的所有制造资源的数字化功能模型、车间厂房的三维数字化模型、5 个制造单元的三维数字化工艺布局模型;通过用户单位内部网采集车间内各设备的实时运行信息(设备运行数据、工艺执行信息),通过设备运行信息在用户单位的 CAPP 系统的工艺数据库获取工艺文件;建设一个用于车间运行集中可视化监视的硬件环境,其中包含大屏幕 VR 显示设备、数据和图形服务器、一般沉浸式 VR 设备;开发支持车间数字化建模与运行集中可视化监视的软件系统,与上述车间数字化模型及通信接口集成,形成火箭箭体制造车间集中可视化子系统。

车间数据采集与集中可视化子系统,具有火箭箭体制造车间的 5 个制造单元的所有制造资源(厂房、设备、工装夹具、在制品与成品等)数字化功能模型,以及与车间集中数据采集系统通信的接口、与车间中单个设备通信的接口、与用户单位 CAPP 系统的工艺数据库通信的接口,它们部署于一个集中监控硬件环境中,能够从各制造单元获取设备运行数据和工艺执行信息,这些数据与车间的制造资源数字化模型结合,以实现数字化模型与真实对象同步运行、数据与信息实时显示,从而能在监控端直接监视车间运行状态。

8.5.2　软硬件系统

8.5.2.1　火箭箭体制造车间数字化要求

对火箭箭体制造车间的数字化要求体现在以下几个方面。

(1) 设备与工装数字化模型:5 个制造单元(车间)内与火箭箭体制造相关的所有设备、工装、容器等对象的数字化功能模型,模型形状、结构、功能和运行参数与真实对象一致。

(2) 工艺布局数字化模型:5 个制造单元(车间)内的生产工位、站位、生产线的工艺布局数字化模型,模型空间布局、内部运行时序逻辑与真实车间内的对象一致。

(3) 厂区布局数字化模型:包括火箭制造的厂区环境三维模型、所有厂房和主要建筑物外形三维模型、厂区主要道路模型,支持用户在厂区漫游。

8.5.2.2　集中监控硬件环境

在本案例中要建设一个集中监控中心和两个一般用户端,其中集中监控中心采用大屏幕 VR 显示方式,如图 8-31 所示。一般用户端采用普通计算机＋VR 运动头盔方式和移动终端方式。如果用户方有保密要求,不允许将移动终端通过网络方式接入,一般用户端就变为两个普通计算机＋VR 运动头盔方式。集中监控中心硬件环境组成如图 8-32 所示。

图 8-31　集中监控中心的大屏幕显示

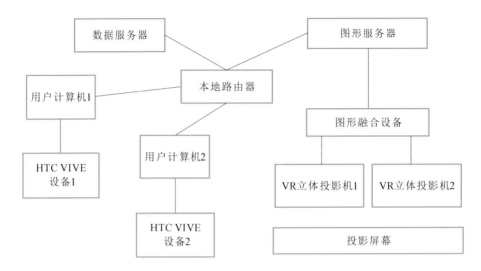

图 8-32　集中监控中心硬件环境组成示意图

1) 集中监控中心硬件配置

(1) VR 显示系统:包括大型的 VR 显示屏幕及高亮度、高分辨率激光投影设备、硬件图像融合设备、主动立体信号发送设备、液晶光闸式 VR 眼镜。

(2) 交互式沉浸 VR 系统:包括 HTC VIVE 运动捕捉头盔、手持式交互设备、运动捕捉信号发射设备。

(3) 计算机系统:包括图形服务器、数据服务器。

(4) 中央控制系统:包括计算机、矩阵控制器等。

(5) 其他设备:包括机柜、一般交互操作设备。

2) 火箭箭体制造车间的运行数据采集与通信接口

(1) 与车间集中数据采集系统通信的接口:能够从车间内的集中数据采集系统获取设备运行数据和工艺执行信息;支持多个用户通过公司内部网络获取这些数据,集中监控中心用户和一般用户均可通过该接口获取数据。

(2) 与车间中单个设备通信的接口:能够通过网络直接连通车间内某台设备,从设备中直接获取设备运行数据和工艺执行信息;支持多个用户同时通过网络访问一台或多台设备。

(3) 与用户单位 CAPP 系统的工艺数据库通信的接口:能够根据从车间获取的工艺执行信息及工艺文件版本号,通过网络以基于 Web 的服务方式访问公司 CAPP 系统的工艺数据库,获得对应的工艺文件。

8.5.2.3　软件系统

1. 车间数字化建模

火箭箭体制造车间主要包括如下生产要素:设备、工装、工具、AGV 等生产设施;车间厂房;物料(毛坯、零件、组件、部件)。

在车间数字化建模中,首先要建立上述对象的数字化功能模型,然后基于这些模型搭建车间工艺布局数字化模型。

(1)设备对象数字化建模:首先获取组成设备构件的三维几何模型,对模型进行简化、材质设置与纹理贴图;以三维几何模型为基础构建设备功能模型(含运动机构和其他功能参数)。

(2)物料对象数字化建模:从 CAD 系统中获得各种物料对象的设计模型,转换成车间数字化建模所需的物料对象数字化模型。

(3)车间厂房数字化建模:根据车间厂房的土建图纸信息,在 3D 建模软件中建立车间厂房的组成部分的三维几何模型,包括立面、房顶、地面、内部立柱四大类,组合起来即为车间厂房数字化模型。

根据车间实际布局,应用上述数字化模型搭建火箭箭体制造车间数字化模型。

2. 车间运行数据获取及处理

车间运行数据有三种不同的获取方式:

(1)开发针对车间分布式控制系统(DCS)的通信接口,从车间 DCS 中获取设备运行数据和工艺执行信息;

(2)开发针对具体设备的通信接口,从设备控制系统直接获取设备运行信息;

(3)开发针对用户单位工艺数据库的网络通信接口,根据从 DCS 中获取的工艺文件信息,从工艺数据库中获得工艺文件,解析工艺文件即可得到各种工艺信息。

获取数据后进行预处理,与车间数字化模型中的各种对象模型结合,即可实现设备运行情况的实时、可视化监控,可视化显示的内容主要包括:某设备当前各种运行数据;数字化设备与真实设备同步运行状况;当前执行的制造工艺;当前执行的工艺步骤。

根据火箭制造的实际情况,制造现场的设备运行数据有两种采集方式:一种是车间 DCS 统一采集;一种是单独采集,针对部分设备未连入 DCS 的情况。

对于第一种情况,需要研发从 DCS 中获取数据,并能为外部多个用户提供数据服务的数据采集及通信接口软件。由于 DCS 对外只提供一个数据接口通道,为了响应外部多个监视用户的并发数据请求,需要在接口软件中设计一个多用户数据服务模块。车间 DCS 的数据接口与服务实现方案如图8-33所示。

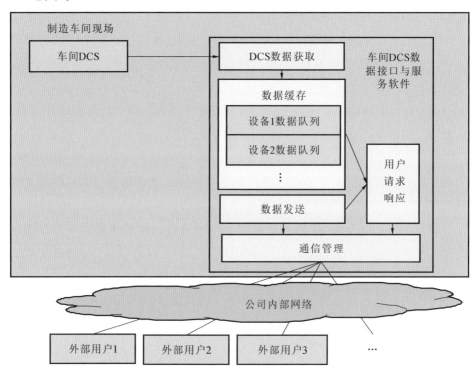

图 8-33 车间 DCS 数据接口与服务实现方案示意图

对于第二种情况,需要监视软件直接从设备获取数据,此时存在如下问题:设备只允许一个通道的数据访问,因此无法支持多用户并发数据请求响应;每个监视软件终端需要同时连接多台设备,这会带来通信和运行效率问题。为此采取如下方案:开发一个专门的数据服务器,它一方面承担从各台设备获取并临时存储数据的任务,另一方面承担为每个用户提供数据服务的任务,从而解决了"多对多"数据采集与传输问题。此时的数据接口与服务实现方案如图8-34所示,与设备之间的通信协议有 OPC、MODBUS 等几种。

3. 火箭箭体制造车间运行监控系统

火箭箭体制造车间运行监控系统分为软件系统和硬件系统,其中软件系统

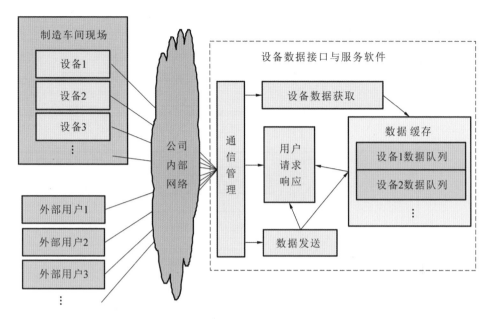

图 8-34 单独采集数据时数据接口与服务实现方案示意图

主要包括车间数字化建模与运行监视系统、车间 DCS 数据接口与服务系统、设备数据接口与服务系统、与工艺数据库连接的数据接口系统。硬件系统主要包括 VR 显示系统、计算机系统、交互式沉浸 VR 系统。

火箭箭体制造车间运行系统组成如图 8-35 所示。在车间现场,将一台计算机与 DCS 相连,在该计算机上运行车间 DCS 数据接口与服务软件;集中监控中心通过网络分别与车间及整个公司的数据库相连;在集中监控中心的图形服务器上运行车间数字化建模与运行监视软件,图形服务器与 VR 投影系统相连,通过大屏幕显示当前车间运行情况;集中监控中心还有一个设备数据接口与数据服务计算机通信,它负责访问整个车间中的设备数据,并为用户提供数据服务;一般用户端的个人计算机通过公司内部网络与车间 DCS 数据接口与服务系统、公司工艺数据库、集中监控中心的设备数据接口及数据服务计算机连接,独立进行车间运行情况监视。一般用户端还可以连接 HTC VIVE 设备,以 VR 方式使用本系统。

本案例完全按照面向对象的方法(OOB)来进行软件的设计、编码和测试。为了提高运行效率、保证兼容性和可扩展性,编程语言主要采用标准 C++ 语言;三维图形基于 OpenGL 图形 API 库开发。

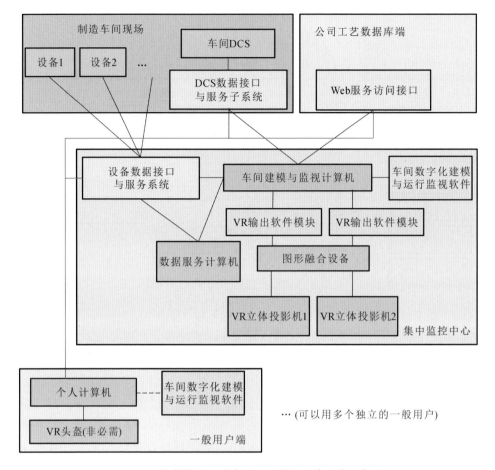

图 8-35　火箭箭体制造车间运行监控系统组成示意图

1）车间数字化建模与运行监视软件

车间数字化建模与运行监视软件分为生产系统数字孪生模块、接口模块（多个）、应用模块（多个）、工具模块（与应用相关，多个）。生产系统数字孪生模块是本软件的核心，它提供了各种生产要素的底层数据表达和建模功能；它是制造过程的数据承载者，为各类应用提供数据支撑。生产系统数字孪生模块主要包含生产系统要素模型（毛坯、零件、组件、产品）和生产系统逻辑模型（设备/工具/设施、工位/站位/栈位、生产线）两大类模型。图 8-36 所示为车间数字化建模与运行监视软件架构。

应用层含有多个应用模块，在本案例中主要包含工艺布局建模与仿真应用模块、生产过程在线监视应用模块。除了上述的基本模块以外，应用层还包括

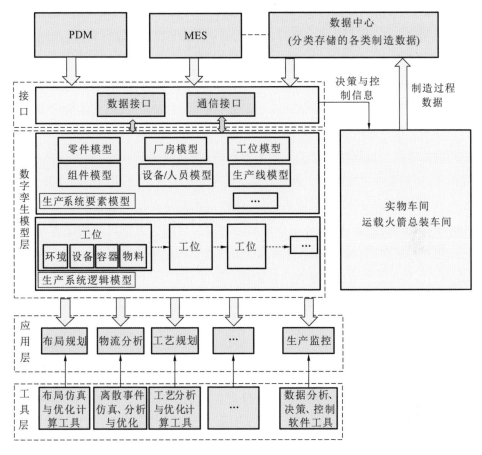

图 8-36　车间数字化建模与运行监视软件架构

一般的人机界面、VR 显示处理、VR 硬件接口等辅助功能模块。

2) 车间 DCS 数据接口与服务软件

DCS 数据接口与服务软件为各用户提供 DCS 采集的当前设备运行数据和工艺执行信息。由于一个车间只有一个 DCS,而外部需要获取运行信息的用户不止一个,而且请求时机也各不相同,该软件应能响应外部多个用户任何时刻的数据请求。针对这一要求,该软件设计了三个基本模块:DCS 数据访问模块、用户请求处理模块、用户数据发送模块。DCS 数据访问模块与 DCS 建立一对一联系,按照预设的频率访问 DCS 的静态和动态数据库,获得各设备运行数据和工艺执行信息;用户请求处理模块接收外部的用户请求,获取各用户的目标地址和数据请求说明,然后为该用户建立临时队列,该队列将保存为该用户准备的数据,并带有时间戳;用户数据发送模块负责按照预定的频率将数据发送到目标用户。

3）设备数据接口与服务软件

设备数据接口与服务软件为各用户提供具体设备运行数据和工艺执行信息。该软件基于某种网络通信协议(如西门子 OPC 协议)访问具体的设备,并为外部多个用户提供数据服务。它需要同时访问一台或多台设备,响应多个用户的数据请求。该软件设计了三个基本模块:设备数据访问模块、用户请求处理模块、用户数据发送模块。设备数据访问模块可设置待访问的一台或多台设备地址、数据获取频率、数据格式说明,该模块据此从对应的设备中获取数据,临时保存在设备数据队列中;用户请求处理模块可响应外部用户的请求,根据目标用户地址向用户数据发送模块发送设备数据队列中的数据。

4）与公司工艺数据库连接的数据接口软件

与公司工艺数据库连接的数据接口软件根据设备的工艺执行信息,从公司的工艺数据库中获取对应的工艺文件,因此需要依赖已经从 DCS 或设备获取的数据。考虑到不同的用户对从 DCS 或设备获取的信息要求可能不同,将该软件并入车间数字化建模与运行监视软件的接口模块中,使之成为一种专门的软件接口。用户方火箭制造工艺数据库提供了标准的 Web 服务访问方式,只要根据用户方提供的工艺数据库访问说明编写 Web 服务访问接口程序即可访问该软件接口。

8.5.3　火箭箭体制造车间运行实时监控

如前文所述,火箭箭体制造车间包含 5 个单元,分别位于不同的车间厂房,共有 5 个厂房、147 种设备和若干种工装。

对火箭箭体制造车间运行的实时监控一般分成虚拟车间建模、现场数据采集、数据实时装载与集成等几个环节。

8.5.3.1　火箭箭体制造车间系统数字化建模

（1）建立各设备/工装的数字化模型,主要包括:组成部件几何建模(三维造型、材质设置、贴图处理)、设备运动机构建模(各运动副建模)、设备工作参数设置、设备功能与性能规格参数设置、设备运行仿真测试。部分大型加工设备数字化模型如图 8-37 所示。

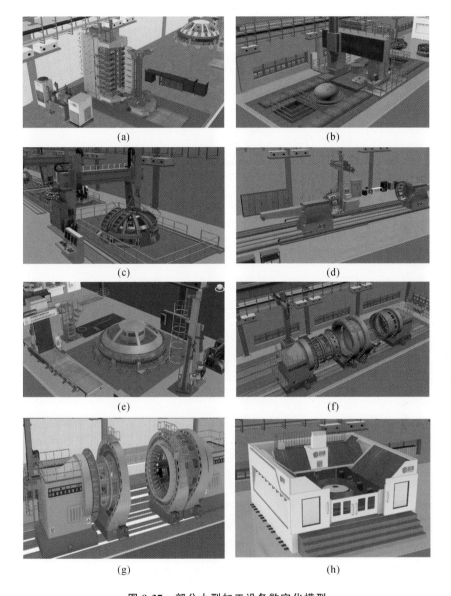

图 8-37　部分大型加工设备数字化模型

（2）车间厂房数字化建模，主要包括：厂区内主要建筑物的外形几何建模、厂房的详细建模（内外立面、地面、立柱建模与模型组合）。图 8-38 所示为某厂房内部结构。

（3）厂区环境建模，主要包括：厂区自然景物建模（几何建模、材质设置、贴图处理）、厂区主要道路建模（几何建模、贴图处理）。图 8-39 所示为某制造厂区三维数字化模型。

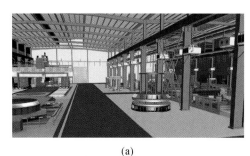

(a)   (b)

图 8-38 某厂房内部结构

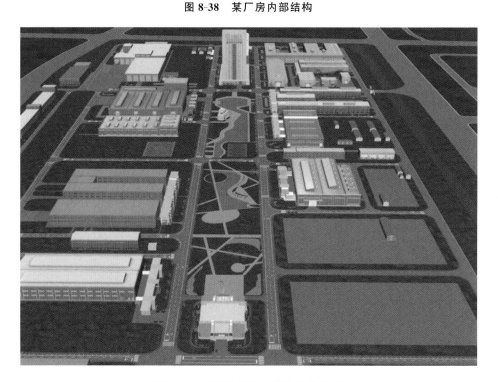

图 8-39 某制造厂区三维数字化模型

（4）将建好的各厂房模型布置到厂区环境模型中，形成厂区模型。

（5）建立 5 个目标车间的数字化模型。根据每个目标车间的设备/工装列表及其工艺布局图，将各设备模型布置在其中，包括工位布置和生产线布置，如图 8-40 所示。布置完成后进行设备协同运行仿真测试。

8.5.3.2 数据实时装载与集成

将建好的某制造厂区数字化模型、车间系统数字化模型文件包导入集中监

图 8-40　目标车间工艺布局

控中心的图形服务器中,打开车间数字化建模与运行监控文件,载入工程文件,即可将所有的厂区、车间厂房、设备工装等模型导入火箭箭体制造车间运行监控系统。初次使用时车间数据和公司工艺数据库不自动连接,需要利用系统的"监控"菜单手动连接。注意,要使车间现场的 DCS 数据接口与服务程序处于工作状态,否则连不上 DCS 系统。

如果与车间 DCS 数据接口与服务程序连接失败,则系统会提示"无法连接到车间";如果连接到服务程序,但服务程序连接不上 DCS,则提示"无法连接到DCS"。

火箭箭体制造车间运行监控系统通过位于集中监控中心的设备数据接口与服务程序与某台设备连接,如果无法连接到某台设备,则在用户请求连接时设备接口和服务程序返回的设备列表及数据中,该设备显示未连接状态,此时系统进行本地解析,提示"×××设备无数据返回",场景中仅显示设备的默认信息。

车间数字化建模与监视系统通过 Web 服务方式与公司的工艺数据库端连接,以某台设备正在执行的工艺信息(零部件图号、工艺文件版本号)为关键字进行数据库访问,获得对应的工艺文件。如果连接不上数据库,则系统提示"无法连接到数据库";如果连接到数据库但无法获得数据,则系统提示"数据库端拒绝访问"。图 8-41 所示为连接数据库成功后大屏幕显示的某车间的某台数控加工设备工作场景。

图 8-41   大屏幕显示的某车间的某台数控加工设备工作场景

8.5.3.3   基于 AR 的实际应用

以火箭箭体制造车间为对象介绍 VR 漫游、设备监控等应用。

1.用户在厂区和车间中漫游

视点操作是其他功能操作的基础,用户应能自由地到达三维场景中要操作的对象处,这样才可以进行与对象相关的各种操作。在应用测试中,本案例组测试了如下功能：

（1）在厂区和 5 个车间中按照预设路径漫游功能。预设的漫游路径是本案例组在用户方协助下设置的，厂区和 5 个车间中均预设了漫游路径。在自动漫游过程中，用户可设置或改变漫游速度，可中途退出自动漫游，也可切换漫游路径。

（2）在厂区和 5 个车间中自主交互漫游功能。此时不规定漫游路径，用户自行通过鼠标、键盘交互操作，实现在场景中的自由行进和转弯。

（3）围绕某个具体物体漫游功能。此时选择一个虚拟物体作为中心，用户通过鼠标、键盘交互操作，实现远离、靠近、围绕该物体旋转动作。

2. 设备工作状态查看

用户只有进入某个车间后才能查看其中设备的状态。可以通过漫游方式进入车间，也可以从边菜单中选择某台设备，直接转到该设备。

火箭箭体制造车间运行监控系统提供了两种查看设备状态的方式。

1）在三维环境中查看

用户可通过双击设备三维模型打开或关闭设备状态的文本显示。系统以直接文本的方式显示该设备的当前状态和工作参数。在三维环境中可以打开或关闭设备参数显示文本，设备运行动作与叠加的文本信息互不影响。图 8-42 所示为某数控机床的状态参数显示（图中黄色文字）。

在监控模式下，各设备会根据接收到的设备工作参数自动更新设备三维模型状态，据此实现三维数字化设备与真实设备的同步运行。

用户可能中途连接车间来进行监控，此时难以同步查看正在加工的工件形状，为了解决这个问题需要实时保存和更新每个工件的当前形状模型，用户连接车间后可从数据服务器获得每个工件的当前形状模型。由于工件模型多、每个模型数据量很大，数据传输负担很大，而且集中监控计算机需时刻处于工作状态。

图 8-43 所示为某铝合金连接环的加工过程同步显示，此时从设备获得工艺信息、设备工作参数，驱动数字化设备工作，实现同步切削仿真。

2）通过二维窗口查看某个设备的工作状态

由于三维场景中同时存在多台设备，以及厂房结构、工件和其他设施，文本

图 8-42　某数控机床的状态参数显示

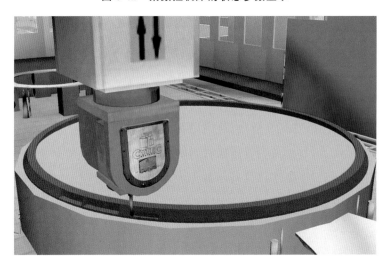

图 8-43　某铝合金连接环的加工过程同步显示

显示的工作状态参数可能被遮挡,而且随着用户视点的远近变化,有时无法看清楚文本。另一方面,工艺文件和当前执行情况无法在三维环境中显示。

为了详细了解某台设备的工作情况、正在执行的工艺文件、当前执行到哪一条 NC 指令等,需要采用二维窗口专门进行查看。此时用户只需要打开被监控设备列表,选择要查看的设备,系统即弹出对应的二维窗口显示详细信息,如

图 8-44 所示。

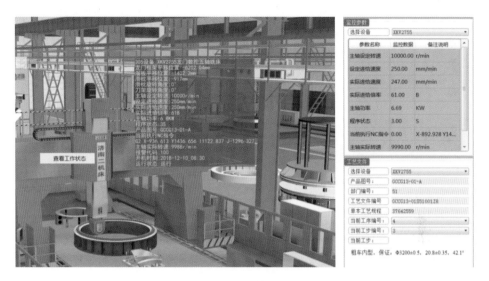

图 8-44　二维窗口工艺设置

第 9 章
VR/AR 支撑工具集

　　1999 年浙江大学建立了第一套 CAVE 型 VR 系统,2001 年上海交通大学、华中科技大学分别建成 Powerwall VR 系统,造价近千万,极其昂贵,而今天的 Oculus、HTC VR、HoloLens 专业版本也不过万余,并且已经进入消费领域。20 年前 VR/AR 软件系统开发极其复杂,需要精细地安排有限的内存来加载场景,需要编写程序控制渲染管道,以尽可能达到 24 Hz 的刷新率。当时,VR/AR 应用依靠 OpenGL 编程实现。今天高性能 GPU 与存储器成本低,VR/AR 开源软件、商业 SDK 比比皆是,开发一个简单 AR 应用可在 10 min 内完成。有理由相信,VR/AR 工具集会有新的井喷期。本章主要介绍目前主流的 VR/AR 系统和可以获得的开发工具。

9.1　VR/AR 系统

9.1.1　VR 系统

　　VR 系统可利用计算机模拟技术产生完全数字化的虚拟世界,向使用者提供关于视觉、听觉、触觉等感觉的模拟功能,让使用者如同身临其境一般,随意观察三维场景。

9.1.1.1　VR 系统组成
　　基于 VR 的虚拟沉浸系统基本结构如图 9-1 所示。
　　系统整体结构分为三部分。
　　(1) 输入部分:包括各种人机交互设备,如头部跟踪器、力传感设备、键盘和鼠标等。

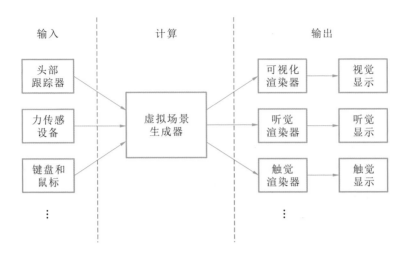

图 9-1 基于 VR 的虚拟沉浸系统基本结构

（2）计算部分：仅包括虚拟场景生成器，其作用是根据输入设备的信息，实时产生虚拟场景（主要是视觉信息，当然也包括其他通道信息）。对三维几何场景进行快速计算，提高刷新速度，会影响到沉浸体验。

（3）输出部分：根据输入信息，输出信息到视觉、听觉、触觉等通道，并输出到硬件设备，让人形成体验。

9.1.1.2　大型沉浸式 VR 系统

目前支持多人协同的大型沉浸式 VR 系统仍然造价不菲。图 9-2 所示为支持多人协同的大型 VR 环境。

图 9-2　支持多人协同的大型 VR 环境

研发支持多人协同的大型沉浸式 VR 系统在今天仍然有必要。实现多人在同一个讨论环境，进行多学科的设计协同、综合优化评估，对汽车、飞机等的设计非常有利。图 9-3 所示是德国亚琛工业大学（RWTH）开发的 CAVE 沉浸式 VR 系统。

图 9-3　亚琛工业大学开发的 CAVE 沉浸式 VR 系统

大型沉浸式 VR 系统根据投影面，分为 CAVE 系统（最多包括 6 面墙，大多为 4～5 面）、墙面投影系统（最多采用三折墙，常见的为一面巨幕）。图 9-4 分别是墙面投影 VR 系统。

（a）两折墙　　　　　　　　　　　　　（b）一面投影墙

图 9-4　墙面投影 VR 系统

9.1.1.3　头盔沉浸式系统

VR 头盔是一种头戴式显示器，提供全方位覆盖体验者视角，能营造出令体验者有身临其境感受的沉浸效果。辅以六自由度的头部位置跟踪和全身动作捕捉设备，以增强交互感和沉浸感。图 9-5 所示为目前可获得的主流 VR 头盔，造价低廉,专业版的不过 1200 美元。

(a) Oculus Rift　　(b) HTC VIVE　　(c) 三星Gear VR　　(d) Sony PlayStation VR

图 9-5　主流的 VR 头盔

9.1.2　AR 系统

AR 系统与 VR 系统略有区别,在三维显示部分相差不大,主要区别在于视景融合部分软硬件。

9.1.2.1　AR 系统基本构成

常见 AR 系统的基本构成如图 9-6 所示。

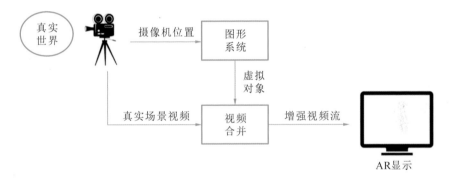

图 9-6　AR 系统基本构成

图 9-7 所示是一个常见的 AR 系统的核心工作流程。该 AR 系统包括两大部分:三维场景、跟踪系统。其中跟踪系统用于将场景中的虚拟对象注册到摄像机捕捉到的实际场景中,并合并成一个图像输出。

该 AR 应用程序的核心组件如下。

(1)摄像机:用于捕捉预览帧并将其传递给图像跟踪器。

(2)图像转换器:用于将图像格式由摄像机默认的格式转换为适合渲染和跟踪的格式。

(3)跟踪器:其可使用图像识别算法检测并跟踪摄像机预览帧中的现实世

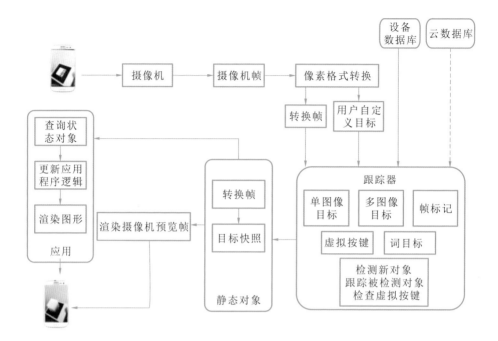

图 9-7　AR 系统核心工作流程

界对象,将结果存储在状态对象中,并传递给视频背景渲染器。

(4) 背景渲染组件:用于渲染存储在状态对象中的摄像机图像,将其增强并在摄像机屏幕上显示。

(5) 对象数据库:用于存储三维模型、视频等。

(6) 云数据库:存储 AR 标识的对象数据库,可以在运行时查询。

9.1.2.2　基于计算机显示器的 AR 系统

在基于计算机显示器的 AR 实现方案中,摄像机摄取真实世界图像输入计算机,与计算机图形系统产生的虚拟景象合成,并输出到显示器屏幕,用户从屏幕上看到最终的增强场景图片。这是当前最容易实现的一种,用户沉浸感不强。

9.1.2.3　头盔式 AR 系统

头盔显示器被广泛应用于 VR 系统,以增强用户的视觉沉浸感。AR 设备也可采用类似的显示技术,如广泛应用的穿透式头盔显示器就是采用此类显示技术的 AR 设备。根据具体实现原理,头盔显示器又可划分为两大类,即视频透视头盔显示器（video see-through HMD）和光学透视头盔显示器（optical see-through HMD），分别如图 9-8、图 9-9 所示。

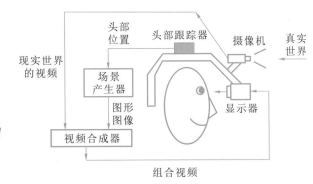

(a) 视频透视头盔显示器 (b) 视频透视式AR系统原理

图 9-8　视频透视头盔显示器及相应的 AR 系统

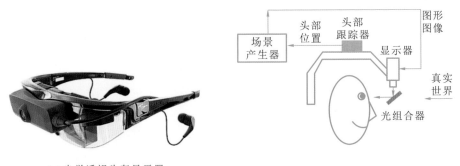

(a) 光学透视头盔显示器 (b) 光学透视式AR系统原理

图 9-9　光学透视头盔显示器及相应的 AR 系统

光学透视式 AR 系统有简单、分辨率高、没有视觉偏差等优点，但它同时也存在着定位精度要求高、延迟匹配难、视野相对较窄和价格高等不足。

9.1.2.4　投影式 AR 系统

投影式 AR 系统能将计算机产生的三维图形利用投影仪直接投影并叠加到真实场景中，从而使操作人员看到一个虚实融合的场景，如图 9-10 所示。投影式 AR 系统在工业生产领域具有广泛的应用前景。在该系统中通常需要将摄像机采集的真实场景的图像用于识别、跟踪或者监测，系统对摄像机采集到的投影图像进行特征提取、物体识别，提供给现场工人以辅助生产，如图 9-11 所示。

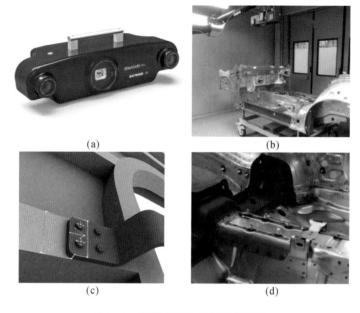

(a)

(b)

(c)

(d)

图 9-10　投影式 AR 系统及其应用

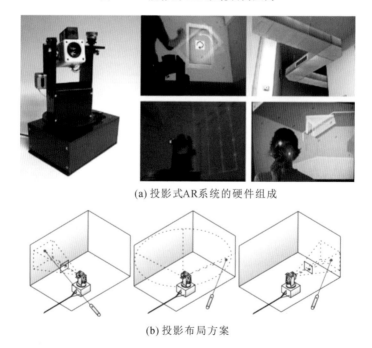

(a) 投影式AR系统的硬件组成

(b) 投影布局方案

图 9-11　投影式 AR 环境

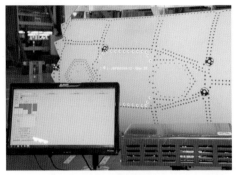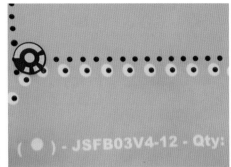

图 9-12　飞机表面投射装配加工引导的信息

9.1.3　大型沉浸式 VR 系统搭建

AR 系统的搭建非常简单,且已有系统集成度非常高,不需要进行搭建,属于开箱即用型产品。下面以国内虚拟系统集成商 RBD 公司的沉浸式 VR 系统解决方案为例,介绍大型沉浸式 VR 系统搭建,该大型沉浸式 VR 系统由 10 个分系统组成,如表 9-1 所示。

表 9-1　大型沉浸式 VR 系统

分系统名称	实现功能描述
投影系统	显示立体影像
立体信号发生系统	生成立体同步信号;传输和处理立体同步信号;切换左/右眼时序
计算机系统	应用软件运行载体;生成影像
交互系统	跟踪头部/手部的空间位置;输入手部指令
信号传输系统	传输计算机生成的数字信号
多画面处理系统	接入笔记本电脑信号
集中控制系统	控制各计算机开/关机;控制各投影机开/关机;控制灯光;控制切换左/右眼时序;控制窗帘
音响系统	音频输出
辅助设备	辅助投影机安装;辅助投影系统调试;辅助交互系统调试
应用软件系统	为多种 3D 应用程序提供 VR 接口

系统技术方案如图 9-13 所示。

投影系统的光路设计如图 9-14 所示。

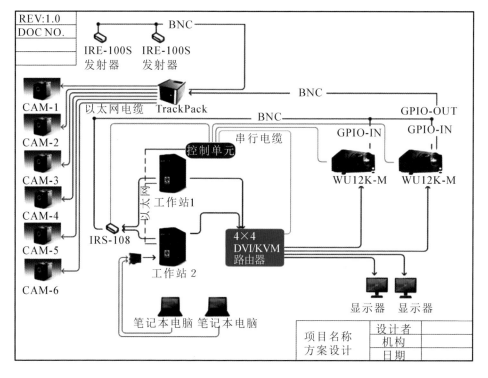

图 9-13　技术方案

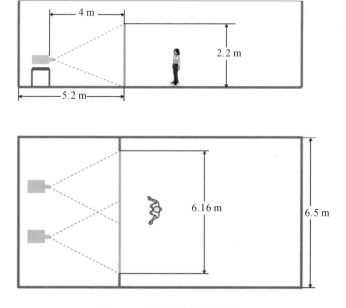

图 9-14　投影系统的光路设计

9.1.3.1　投影系统

1. 投影模式选择

投影屏幕可以是平面或弧形的。

投影模式包括主动立体投影模式和被动立体投影模式两种（见图 9-15）。主动立体投影是用一个投影机投射图像，某瞬间投射左眼看到的信号，下个瞬间投射右眼看到的信号。在投射左眼信号的瞬间，从工作站发出一个控制信号去控制主动立体眼镜的左镜片，使它打开，这时右镜片关闭；反之，当投射右眼信号时，左镜片是关闭的。主动立体投影模式下光的利用率是 16%。被动立体投影是将影像的左右眼信号输出到两台垂直叠加的投影机，一台投影机投右眼影像，一台投影机投左眼影像，两台投影机采用不同的极化方向，再通过被动立体眼镜左右眼的偏振极化镜片实现立体投影效果。被动立体投影模式下光的利用率是 38%。被动立体投影模式下光的利用率要比主动立体投影模式下的高，但是这并不能说明被动立体投影模式比主动立体投影模式要好。采用哪一种投影模式需要经过严格测算后确定。

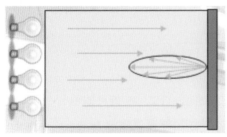
(a) 被动立体投影示意图

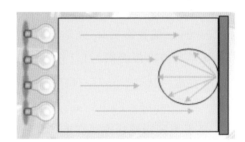
(b) 主动立体投影示意图

图 9-15　不同投影模式示意图

虽然在被动立体投影模式下光的利用率较高，但是在该模式下有效观测视角只有 11°。也就是说，只有在正对着屏幕的较为狭窄的一个区间内，观测者接收到的反射光强度是相同的，如果观测者的视角超出这一有效空间，观测者接收到的反射光强度会立刻减小。这一现象会造成观测者在有效观测视角以外看到的画面亮度与在有效观测视角以内看到的画面亮度有很大差别。采用主动立体投影模式则不会产生这样的问题。在主动立体投影模式下，入射光线到达屏幕后，反射光的漫反射角度比采用被动立体投影模式时要大 5.9 倍，此时有效观测视角为 60°。因此，采用主动立体投影模式时，即使选用弧形屏幕，也能保证亮度的一致性。

2.投影屏幕的安装方式选择

投影屏幕的安装方式有背投安装和前投安装。

前投屏幕反射的色彩与屏幕材料的质量有关,因为前投材料是不透明的反射材料,投影机的亮度及其重现色彩的精度也是重现色彩的影响因素。背投屏幕是穿透式的,所以背投机的色彩重现质量比前投机的高。不论是前投机还是背投机,重现色彩精度均取决于屏幕表面和环境光亮度。如果屏幕增益相同,那么重现色彩精度一定相同。重现色彩精度与安装方式无关。但前投时不容易控制环境光,而背投时容易控制环境光。由于背投时投影机在屏幕的背后,设计背投方案时要为投影机留一个空间,称之为黑房或者屏幕背后的房间。对黑房的要求是绝对不能有其他的环境光,即全黑。

3.光学属性计算

进行光学属性计算是为了使系统符合国际投影设计规范,使选用的投影机既不至于达不到国际投影设计规范要求的亮度,又不至于超越设计规范要求而造成资源浪费。可根据光学属性计算的结果,寻求合适的投影机。使用光通量为 10500 lm 的投影机时,光学属性计算如下:

- 单通道屏幕面积 $= 2.2 \text{ m} \times 3.52 \text{ m} = 7.744 \text{ m}^2$
- 亮度 $= 10500 \text{ lm}/7.744 \text{ m}^2 = 1355.89 \text{ lm/m}^2$
  $= 1355.89 \text{ lm/m}^2 \times 0.0929 \text{ 英尺朗伯} = 125.96 \text{ 英尺朗伯}$

根据美国影院标准对亮度的计算单位的规定,屏幕亮度应在 8～12 英尺朗伯之间。低于 8 英尺朗伯表示屏幕亮度太低,高于 12 英尺朗伯表示在全黑环境下,人眼连续观测超过 10 min 会产生疲劳感。

9.1.3.2 立体信号发生系统

1.立体显示技术

VR 系统采用的主要显示技术有两种:主动立体显示技术和被动立体显示技术。

1)主动立体显示

主动立体显示技术包括标准红外线主动立体显示技术、DLP Link 3D 立体显示技术等。

标准红外主动立体显示的原理是:将分别对应左眼和右眼的两路视频信号

（它们的频率为标准刷新率的两倍）轮流在屏幕上显示。观看者佩戴具有液晶光阀的立体眼镜,液晶光阀的开关与显示的图像同步。在显示左眼的图像时,左眼的光阀打开,右眼的光阀关闭;在显示右眼的图像时,右眼的光阀打开,左眼的光阀关闭。同步信号通过红外信号发射器传送到眼镜上,眼镜就可以在无线状态下工作。图 9-16 所示为主动立体显示原理及设备。

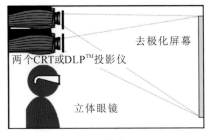

(a) 原理　　　　　　　　　　　　　　(b) 设备

图 9-16　主动立体显示原理及设备

在 VR 系统中使用主动立体显示技术需要配置相应的主动立体信号发射器(emitter)和主动立体眼镜(active stereo glasses)。多台投影机同时工作时,强制同步锁相确保所有投影机同步显示左眼或右眼图像。视频刷新率必须足够高(通常为 120 Hz 左右),以确保用户不会察觉到闪烁。采用特定的阴极射线管(CRT)显示器和三片 DLP 投影机能够提供主动立体投影效果。

DLP Link 3D 立体显示技术是一种投影机的 3D 影像技术,它由美国德州仪器公司开发。DLP Link 是一种内置于 DLP 投影机内的同步系统,支持在左右眼对应画面间加入脉冲同步信号,在 120 Hz 刷新率下,投影机每隔 1/120 s 显示一副对应左眼或者右眼的图像。投影机显示一副图像之后,DLP 芯片会发出一个白峰脉冲,3D 眼镜前端的光敏元件接收到这一脉冲,便进行左右镜片的液晶光阀交替开闭动作,从而完成同步动作。使用 DLP Link 系统的最大优点是不需要立体信号发射器。但是 DLP Link 系统不能控制左右眼时序,所以在 CAVE 显示环境中不会考虑使用 DLP Link 技术。

2) 被动立体显示

在 VR 系统中使用被动立体显示技术需要配置相应的被动立体眼镜(passive stereo glasses)和偏振片,但不需要发射器,如图 9-17(b)、图 9-17(c)所示。

被动立体显示的原理是:将影像的左右眼信号输出至两台垂直叠加的投影

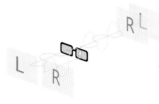

(a) 被动立体显示原理

(b) 被动立体眼镜

(c) 偏振片

图 9-17　被动立体显示原理与设备

机,一台投影机投右眼影像,一台投影机投左眼影像,两台投影机采用不同的极化方向,再通过被动立体眼镜左右眼的偏振极化镜片实现立体投影效果。图 9-17(a)所示为被动立体显示原理。被动立体显示技术主要分为极化立体显示和光谱立体显示两种技术。

(1) 极化立体显示技术:左右眼图像被分别极化,用户佩戴偏光滤光眼镜阻挡另外一眼的图像。极化立体显示技术根据所采用偏光滤光眼镜分为线性极化立体显示技术和圆周极化立体显示技术。若用户佩戴的是线性极化滤光眼镜,则光被线性极化;若用户佩戴的是圆周极化滤光眼镜,则光被圆周极化。线性极化滤光镜比圆周极化滤光镜便宜,但当用户倾斜头部时立体图像对(stereo pair)就会丢失。线性极化立体显示技术和圆周极化立体显示技术都需要维持极化的特殊屏幕。此类屏幕通常是高增益屏幕,而低增益屏幕更适用于消除太阳效应。

(2) 光谱立体显示技术:光谱按颜色被分为六个区块,每两个区块负责一种原色。每只眼睛关联到各颜色的一个区块。投影机和眼镜上的特定滤光镜用于分离左右眼图像。光谱立体显示技术对屏幕材质没有任何要求,并且允许用户自由倾斜头部,但是需要使用硬件或软件技术来纠正偏色。在 VR 系统中使用光谱立体显示技术需要配置相应的光谱立体眼镜(见图 9-18)。实现光谱立体显示有两种具体方法:

图 9-18　光谱立体眼镜

(1) 使用两台普通投影机,并在投影机镜头前安装滤光片;

(2) 使用一台主动立体投影机,在投影机上安装内置滤光片和控制器。

表 9-2 所示为主流立体显示技术的对比。

表 9-2　主流立体显示技术的对比

类型	投影机	立体设备	眼镜	屏幕	光效	优点	缺点
主动立体	一台主动立体投影机	红外立体发射器	液晶	普通	16%	设备投资低；采用普通屏幕；光效率较高	运营成本高
极化立体	两台任意投影机	偏振片	偏振	金属	38%	光效率高；眼镜便宜	管理复杂；需金属屏幕
光谱立体	一台主动立体投影机	内置滤光片、控制器	光谱	普通	9%	采用普通屏幕	运营成本高；光效率低；设备投资高
	两台任意投影机	滤光片	光谱	普通	9%	采用普通屏幕	光效率低

2. 立体信号发生系统组成

图 9-19 所示为标准红外线主动立体信号发生系统，其由红外立体信号发射器（两套）、立体信号处理器（一套）、主动立体眼镜（若干）组成。

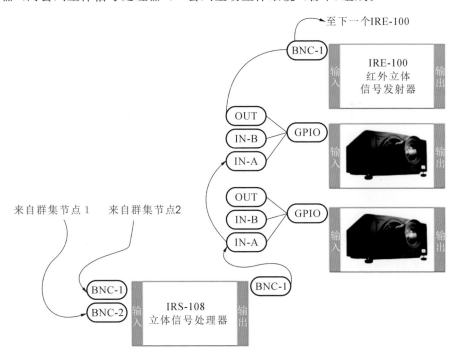

图 9-19　标准红外线主动立体信号发生系统

9.1.3.3　计算机系统

采用专业的图形工作站作为 VR 系统的图形发生器。该图形发生器大多需配置一台管理工作站,并配置两个专业显示器,在需要进行渲染工作时,两台工作站可以组成一个小型的计算集群,用于专门的渲染工作。

该图形发生器的特点如下:

(1) 每个图形节点独立运行应用程序,它们的显示画面可通过数字视频矩阵分别切换到投影机进行独立显示。

(2) 两个图形节点互为备份,一旦有图形节点产生故障,另一图形节点能够立刻作为替补运行。

(3) 两个图形节点计算机组成集群,共同运行一个应用程序。两个图形节点计算机组成 client/server(客户/服务器)结构,互相充当服务器端或客户端。

9.1.3.4 VR 交互系统

VR 交互系统提供了对操作者眼部和手部进行空间位置跟踪的功能。VR交互系统主要由两类设备组成,即空间位置跟踪设备(tracking device)、输入设备(input device),如图 9-20 所示。

图 9-20　空间位置跟踪及输入设备

为了与虚拟场景交互,必须确定真实世界物体对象的位置。空间位置跟踪设备负责对眼部和手部位置进行跟踪。输入设备类似于一种特殊的鼠标,主要负责手部操作信号的输入。

常用的运动捕捉设备按工作原理可分为机械式、惯性式、电磁式、主动光学式和被动光学式。不同工作原理的运动捕捉设备各有其优缺点,如表 9-3 所示。

表 9-3　不同工作原理的运动捕捉设备

设备类型	工作原理	优点	缺点
光学式	使用光学感知来确定对象的实时位置和方向	速度快,刷新率较高,延迟较小,较适合实时性强的场合,在小范围内工作效果好	容易被遮挡

续表

设备类型	工作原理	优点	缺点
惯性式	通过惯性盲推得出被跟踪物体的位置	不存在发射源、不怕遮挡；没有外界干扰、有无限大的工作空间	会快速累积误差
机械式	使用连杆装置	价格便宜、精确度较高；响应时间短，可以测量对象整个身体的运动，没有延迟；不受声、光、电磁波等的干扰	结构笨重、不灵活，有惯性；工作空间受限制
电磁式	利用磁场的强度进行位置和方位跟踪	价格较低、精度适中；采样率高(可达 120 Hz)；工作范围广(可达 60 m)	易受电子设备、磁场干扰；测量距离加大时误差会增大；时间延迟大、有抖动

1. 交互系统的组成

本书给出的交互系统选用 ART TrackPack/E 运动跟踪系统，主要组成如下：

(1) 6 个 ART TrackPack/E 摄像头；

(2) FlyStick2 操作手柄、TrackPack 控制器、DTrack2 软件；

(3) FingerTracking 数据手套；

(4) Oculus 数据头盔显示器、头部跟踪标志。

2. 交互系统工作原理

如图 9-21 所示，ART TrackPack/E 运动跟踪系统利用多个摄像机组成捕捉空间，摄像机上的近红外 LED 照射目标物上的反射标志点，摄像机对标志点进行红外成像，提取标志点的二维信息，系统根据多个摄像机对同一标志点反馈的空间数据，计算出标志点的三维位置信息。运动跟踪系统将完成对目标物的动作连续拍摄、图像存储、分析和处理，完成对运动轨迹的实时记录。

3. 交互系统覆盖区域分析

在建立交互系统之前，需要分析交互设备的可用区域，图 9-22 为可交互区域覆盖图。

4. 交互系统主要设备

交互设备有多种跟踪发生器，这里给出主流的跟踪设备，如图 9-23 所示。

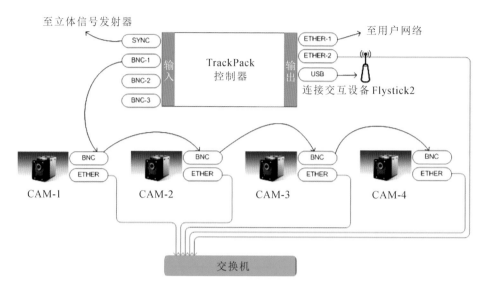

图 9-21　ART TrackPack/E 运动跟踪系统

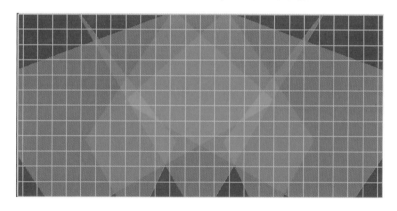

图 9-22　可交互覆盖图

(a) TrackPack　　　　(b) Flystick2　　　　(c) FingerTracking

图 9-23　主流的跟踪设备

ART 公司可为各种类型的立体眼镜、数据头盔提供定制的跟踪标志,如图 9-24 所示。

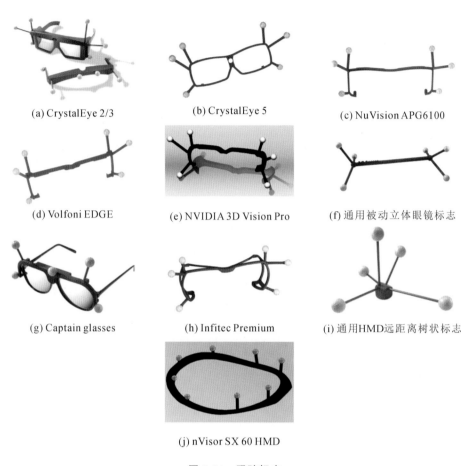

(a) CrystalEye 2/3　　　(b) CrystalEye 5　　　(c) NuVision APG6100

(d) Volfoni EDGE　　(e) NVIDIA 3D Vision Pro　　(f) 通用被动立体眼镜标志

(g) Captain glasses　　(h) Infitec Premium　　(i) 通用HMD远距离树状标志

(j) nVisor SX 60 HMD

图 9-24　跟踪标志

9.1.3.5　信号传输系统

计算机内部传输的是二进制的数字信号,如果用视频图形阵列(VGA)接口连接显示设备,就需要先把信号利用显卡中的 D/A(数字/模拟)转换器转变为 R、G、B 三原色信号和行、场同步信号,将这些信号通过模拟信号线传输到液晶显示设备内部后,还需要利用相应的 A/D(模拟/数字)转换器将其转变成数字信号,这样才能在显示设备上显示出图像。

在 D/A、A/D 转换和信号传输过程中,信号不可避免会损失和受到干扰,导致图像失真甚至显示错误。若采用数字视频接口(DVI)则无须进行转换,可大大节省时间,并且因为 DVI 的传输速度更快,可有效消除拖影现象。而且使用 DVI 进行数据传输,信号不会衰减,色彩更纯净、更逼真,可使图像的清晰度和细节表现力大大提高。图形矩阵分配器可切换到四个跨平台 DVI 双链路信号到四个 DVI 双链路显示器,提供了一种简单、可靠和高效创建并行计算机工作站的方法,在任何时候,都可通过远程控制各个工作站访问任意一台计算机或任意一个图像源,如图 9-25 所示。

图 9-25 矩阵分配器

9.1.3.6 多画面处理系统

多窗口信息显示就是为了能够让用户把自己的多台笔记本电脑或其他台式机的桌面以画中画的模式接入投影系统。实现多窗口信息显示功能有软件法和硬件法两种方法。

软件法可以通过 VNC 软件、远程桌面,或专用软件实现多窗口信息显示功能。传统的远程控制或远程桌面接入使用网络作为载体,当用户需要在接入的笔记本电脑或台式机上播放影片或运行实时三维应用时,画面的更新速率受限于网络的速度。此外,传统的远程控制或远程桌面接入需要在接入和被接入端安装特定的软件或进行特定设置。

硬件法通过硬件采集手段直接将笔记本电脑或台式机的显示信号通过硬件采集到投影系统中。通过硬件法实现多窗口信息显示时不需要在被接入端的计算机上安装任何软件。常见的通过硬件法实现窗口信息显示的解决方案主要有 BARCO 公司的 XDS 系统、科视的 SPYDER 系统。图 9-26 所示为用硬件法实现多窗口信息显示的原理。

9.1.3.7 集中控制系统

AR 系统包含各种硬件系统(如投影系统、视频显示系统、扩声系统、灯光系统等),并且结合了计算机及多种视音频输入/输出设备。操作者需要对每个设备进行控制,还要完成设备间的信号切换,同时对灯光及窗帘的配合控制也是必不可少的。

图 9-27 所示为快思聪集中控制系统,该系统可以运行最复杂的控制应用,能用于视频会议及演示大场景漫游等场合。

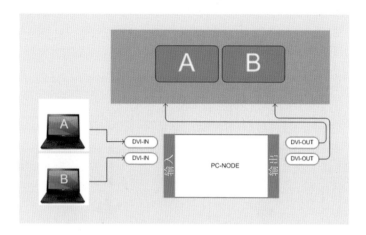

图 9-26 用硬件法实现多窗口信息显示的原理

图 9-27 快思聪集中控制系统

9.1.3.8 声音系统

声音系统可使用集中控制的音箱,配置数字功放,为虚拟场景提供多种音效。图 9-28 为德国亚琛工业大学配置的大型音效系统原理。

9.1.3.9 辅助设备

激光定位点用来标识跟踪系统的坐标点。当系统配置有跟踪系统时,精确标识出坐标系的原点非常重要。通过激光点对跟踪系统空间坐标系的原点或其他重要参考点进行标识后,在再次对跟踪系统进行校正时,可以避免重复测量,从而快速找到参考原点。

在投影系统调试过程中,可以将激光矩阵和全站仪配合使用,帮助固定全站

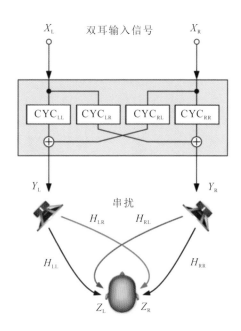

图 9-28 德国亚琛工业大学配置的大型音效系统原理

仪在屏幕上找到的精确坐标点。利用激光矩阵，可以通过激光点，永久保留屏幕上参考坐标点的位置。在投影图像发生偏移后，当再次需要对投影系统进行调试时，仅需打开激光矩阵，就能指引出原来测量过的参考坐标点位置，从而避免再次使用全站仪进行测量，简化校正过程。图 9-29 所示为瑞比度公司激光矩阵系统。

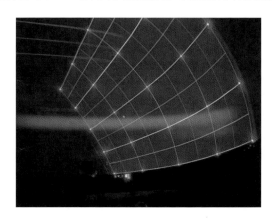

(a) 矩阵装置   (b) 激光投影

图 9-29 瑞比度公司激光矩阵系统

9.2 典型商业开发工具

9.2.1 Unity3D

Unity3D 是一个用于创建诸如三维视频游戏、实时三维动画等类型互动内容的综合型创作工具,是一个全面整合的专业游戏引擎。对制造系统的虚拟仿真来说,Unity3D 功能简单而强大,有多个 VR/AR 开发包接口,是当前最流行的商用开发工具。

1. 虚拟场景的对象资源

Unity3D 内置的基本的三维体素包括立方体(cube)、球(sphere)、胶囊(capsule)、圆柱(cylinder)、平面(plane),以及坐标等。

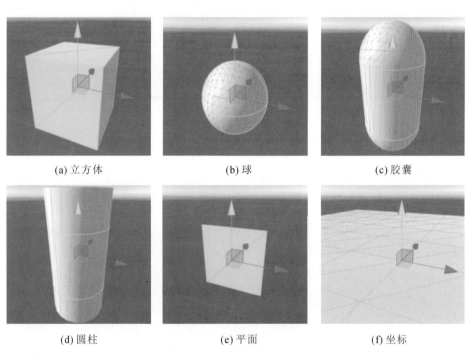

(a) 立方体　　　　　　　　(b) 球　　　　　　　　(c) 胶囊

(d) 圆柱　　　　　　　　(e) 平面　　　　　　　　(f) 坐标

图 9-30　Unity3D 内置的基本的三维体素

2. 场景资源

制造系统仿真需要导入多种建模后的模型和资源。图 9-31 所示为

Unity3D中导入模型和资源的操作示例。

(a) 导入   (b) 资源类型

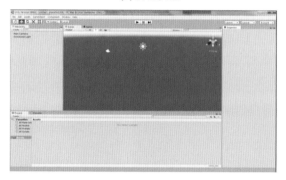

(c) 资源列表   (d) 可视化

图 9-31 Unity3D 中导入模型和资源的操作示例

3. 项目设置

Unity3D 提供了强大的场景创造功能,通过简单设置,即可完成相关场景的建立(见图 9-32),具体参见 Unity 官方手册。

4. VR/AR 的窗口设置

如果要获得 VR/AR 系统的支持,可以在 Unity3D 的 Scene 菜单中设置 VR/AR 选项,如图 9-33 所示。

5. 制造要素动作定义与动画

通过定义制造要素的动作,可以在 Unity3D 中定义关节和关键帧动画,甚至不需要写代码。在 Unity3D 中进行动作定义与关键帧动画设置如图 9-34 所示。

6. Unity3D XR 基本类库结构与开发接口

Unity3D 提供了完整的 XR 类接口(见图 9-35),用于开发 VR/AR/MR 的

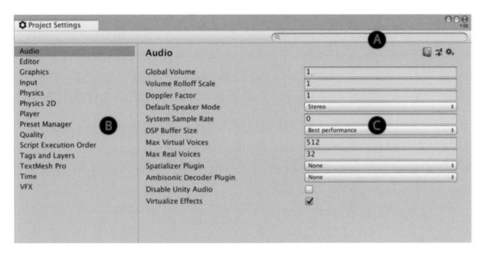

图 9-32　利用 Unity3D 建立相关场景

图 9-33　Unity3D 窗口设置

模块——UnityEngine. VR 模块,该模块主要包含的类如表 9-4 所示。

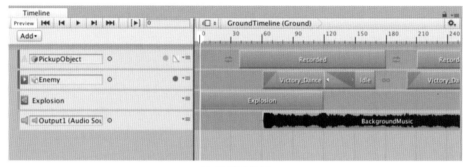

(a) 时间线设置

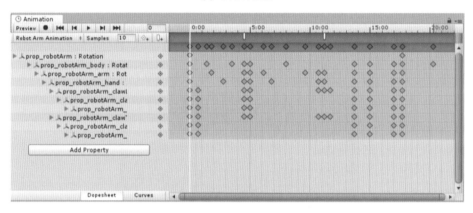

(b) 关键帧动画

图 9-34 动作定义与关键帧动画设置

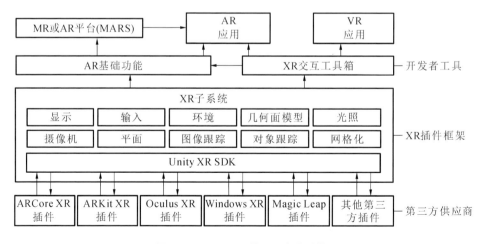

图 9-35 Unity3D 的 XR 类库结构

表 9-4　UnityEngine.VR 模块主要包含的类

名称	说明
GestureRecognizer	带有 API 的 Manager 类,用于识别用户手势
HolographicRemoting	借助 HolographicRemoting 界面,可以将应用程序连接到远程全息设备,并在应用程序和该设备之间传输数据
HolographicSettings	全息设置
InteractionManager	提供对用户通过手、控制器和语音设备输入命令的访问权限
PhotoCapture	用于从网络摄像头捕捉照片并将其存储在内存或磁盘上
PhotoCaptureFrame	从网络摄像头捕捉信息
SurfaceObserver	Unity3D 中空间映射功能的主要 API 门户
VideoCapture	用于将来自网络摄像头的视频直接录制到磁盘
WebCam	包含有关网络摄像头当前状态的一般信息
WorldAnchor	该类允许将 GameObject 的位置锁定在物理空间中
WorldAnchorStore	持久化 WorldAnchor 的存储对象
WorldAnchorTransferBatch	包含一批 WorldAnchor,可以在应用程序之间导出和导入
WorldManager	表示现实世界跟踪系统的状态
XRDevice	包含与 XR 设备相关的所有功能
XRSettings	用于进行全局 XR 相关设置
XRStats	获取 XR 子系统的运行状态信息和其他统计数据

7. Unity3D 事件函数执行流程

开发 Unity 的 VR/AR 应用流程如图 9-36 所示,共分为 12 个步骤。

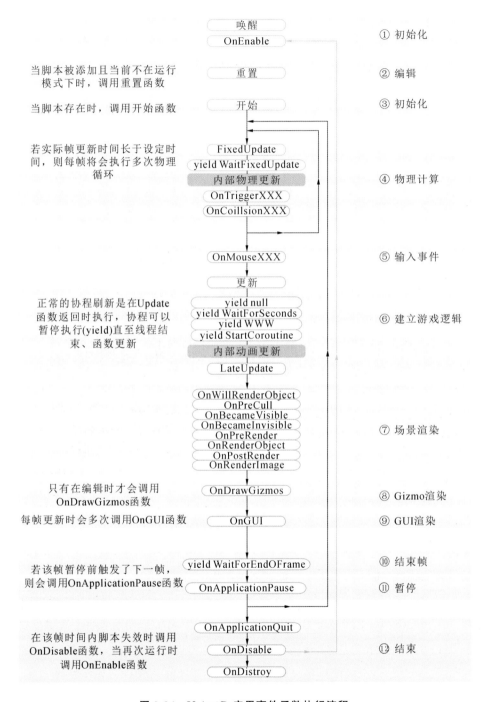

图 9-36 Unity3D 应用事件函数执行流程

9.2.2　达索 3DExcite Deltagen

达索 3DExcite Deltagen 是全球领先的高性能可视化软件,可以提供可实时交互的高度逼真的 3D 可视化演示功能,该软件系统的前身多用在汽车领域。

达索 3DExcite Deltagen 系统采用了 Stellar 渲染引擎,其影子烘焙功能可使计算速度提高两倍,并优化 UV 解包器。Stellar 专为阴影贴图而设计,可生成质量好到令人难以置信的阴影,如图 9-37 所示。全局光渲染器和 Stellar 基于物理的渲染器组合,允许创建可在任意 VR 设备上体验的高端 VR 内容。Stellar 的高级渲染功能还可用于输出多个通道并生成场景变体,以便直接在大型 VR 系统中体验使用。

图 9-37　影子烘焙实例

针对复杂的数据集,通过优化器自动搜索和删除不必要的零件组以及减小场景树的深度,可以极大地提升场景渲染性能(见图 9-38)。减少场景的形状计数可以进一步降低硬件要求,这可以通过具有相同材料值的对象的组合来实现。阴影贴图也可以组合成大纹理的图集,以减少阴影纹理上未使用区域的文件数量和开销。新的多边形抽取器可以使模型中的多边形数量显著减少,同时保持高视觉质量,从而创建令人惊叹的桌面,并带来移动的沉浸式体验等。

除达索 3DExcite Deltagen 外,还有很多优秀的商用系统,如 Autodesk 等,本书对其不展开介绍。

图 9-38　模型优化

9.3　典型开发工具包

9.3.1　OpenSceneGraph

OpenSceneGraph(简称 OSG)是一个开源的三维引擎,被广泛应用在可视化仿真、游戏、科学计算、三维重建等领域。OSG 由标准 C++语言和 OpenGL 编写而成,可运行在所有的 Windows、OSX、GNU/Linux、Solaris、Android 等操作系统中。

9.3.1.1　开发框架与主要类库

图 9-39 所示为 OSG 核心框架。

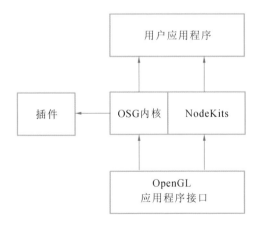

图 9-39　OSG 核心框架

OSG 完全基于场景图(有向图)来组织仿真场景,一个完整的 OSG 应用由下面的核心类、工具类组成,如图 9-40 所示。

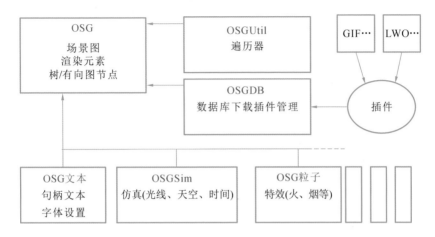

图 9-40　OSG 的 API 结构

OSG 共有三大类库,分别为 OSG、OSGUtil、OSGDB 类库。

9.3.1.2　基本实现流程

利用 OSG 创建 VR/AR 仿真应用的基本流程如下。

(1) 创建 Viewer,主要程序如下:

```
1  Viewer viewer = new Viewer();
2  viewer.setUpViewer(VIEWERViewerOptions.STANDARD_SETTINGS_Val);
```

(2) 创建场景几何对象,主要程序如下:

```
1   // 创建模型
2   Group root = new Group();
3
4   Geometry pyramidGeometry = new Geometry();
5   Vec3Array pyramidVertices = new Vec3Array();
6   pyramidVertices.push_back(new Vec3fReference( 0,-5, 0));
7   // left front (0)-5, 0));
8   // right front (1)5, 0));
9   // right back (2)5, 0));
10  // left back (3)
11
12  pyramidGeometry.setVertexArray(pyramidVertices);
```

(3) 对几何面进行处理,主要程序如下:

```
1   //定义5个面
2   { //基面
3     short indices[] = {3, 2, 1, 0};
4     ShortPointer indices_ptr = new ShortPointer(indices);
5     pyramidGeometry.addPrimitiveSet(
6       new DrawElementsUShort(PRIMITIVESETMode.QUADS_Val,
7         indices.length,indices.ptr));
8   }
9   { // side 1
10    short indices[] = {0,1,4};
11    ShortPointer indices_ptr = new ShortPointer(indices);
12    pyramidGeometry.addPrimitiveSet(
13      new DrawElementsUShort(PRIMITIVESETMode.TRIANGLES_Val,
14        indices.length,indices.ptr));
15  }
16  // side 2, 3 and 4 同样设置
```

（4）定义法向,主要程序如下:

```
1   Vec3Array normals = new Vec3Array();
2   normals.push_back(new Vec3fReference(-1f,-1f, 0f));
3   normals.push_back(new Vec3fReference( 1f,-1f, 0f));
4   normals.push_back(new Vec3fReference( 1f, 1f, 0f));
5   normals.push_back(new Vec3fReference(-1f, 1f, 0f));
6   normals.push_back(new Vec3fReference( 0f, 0f, 1f));
7   pyramidGeometry.setNormalArray(normals);
8   pyramidGeometry.setNormalBinding(
9     GEOMETRYAttributeBinding.BIND_PER_VERTEX);
```

（5）上色与渲染,主要程序如下:

```
1   Vec4Array colors = new Vec4Array();
2   colors.push_back(new Vec4fReference(1f,0f,0f, 1f)); // red
3   colors.push_back(new Vec4fReference(0f,1f,0f, 1f)); // green
4   colors.push_back(new Vec4fReference(0f,0f,1f, 1f)); // blue
5   colors.push_back(new Vec4fReference(1f,1f,1f, 1f)); // white
6
7   UIntArray colorIndexArray = new UIntArray();
8   IntReference intref;
9   intref = new IntReference();
10  intref.setValue(0);
11
12  colorIndexArray.push_back(intref);
13  intref = new IntReference();
14  intref.setValue(1);
```

```
15   colorIndexArray.push_back(intref);
16   // 2, 3 顶点类似设置
17
18   pyramidGeometry.setColorArray(colors);
19   pyramidGeometry.setColorIndices(colorIndexArray);
20   pyramidGeometry.setColorBinding(
21      GEOMETRYAttributeBinding.BIND_PER_VERTEX);
```

（6）将几何对象加入场景，主要程序如下：

```
1   // 创建geode搭载几何元素
2   Geode pyramidGeode = new Geode();
3   pyramidGeode.addDrawable(pyramidGeometry);
4   //加载geode到model
5   root.addChild(pyramidGeode);
6   //将模型加载到视图
7   viewer.setSceneData(root);
```

（7）运行 Viewer，主要程序如下：

```
1   viewer.realize();// 创建窗口并运行
2
3   while(!viewer.done()) {// 事件循环
4       // 绘制过程
5       viewer.sync();
6       viewer.update();
7       viewer.frame();
8   }
```

9.3.2　PTC Vuforia

Vuforia 是一款用于移动设备的 AR 软件开发套件，可用于创建 AR 应用程序。Vuforia 开发套件提供了丰富的图像识别、跟踪和注册接口，开发人员可调用移动设备的摄像机，并使用计算视觉技术来实时识别和跟踪平面图像、简单三维对象等，将虚拟对象的定位和朝向与真实世界的锚点位置进行匹配和对齐，从而实现虚实融合。Vuforia 通过扩展 Unity3D 游戏引擎，提供了 C++、Java、Objective-C ++ 和 . NET 语言的应用程序编程接口。通过这种方式，Vuforia SDK 既支持 iOS 和 Android 开发，又支持在 Unity3D 中开发可轻松移植到其他平台的 AR 应用程序。

9.3.2.1 系统框架

Vuforia 主要由以下三大部分组成。

1）Vuforia 引擎

Vuforia 引擎是一个静态链接库，作为客户端封装在最终的 App 中，用来实现最主要的识别功能，支持 iOS、Android 和 UWP，并且根据不同的平台开发出了不同的软件开发工具包，可以根据需要从 Android Studio、Xcode、Visual Studio 以及 Unity3D 中任选一种作为开发工具。

2）系列工具

Vuforia 提供了一系列的工具，用来创建对象、管理对象数据库以及管理程序许可证。其中：Target Manager 是一个网页程序，开发者可以在里面创建和管理对象数据库，并且可以生成一系列识别图像，用在 AR 设备上以及云端；Licenses Manager 用来创建和管理程序许可证，每一个 AR 程序都有一个唯一的许可证。

3）云识别服务

当 AR 程序需要识别数量庞大的图片对象，或者对象数据库需要经常更新时，可以选择 Vuforia 的云识别服务。Vuforia Web 服务可以让用户很轻松地管理数量庞大的对象数据库，并且可以建立自动工作流。

9.3.2.2 开发流程

基于 Vuforia 与 Unity 的开发流程如下。

（1）安装 Vuforia 引擎。

（2）从 Unity 网站下载 Unity 软件并运行。

（3）在 Unity 界面"Unity component selection"对话框中选择"Vuforia Augmented Reality Support"（见图 9-41），然后继续安装 Vuforia 软件。

① 创建一个新的 Unity 项目，如图 9-42 所示。

② 设置 Vuforia 引擎游戏对象。

项目创建完成后，Vuforia 引擎将显示在 Unity 游戏对象菜单（见图 9-43）以及构建设置和播放器设置页面中。

③ 启用 Vuforia 引擎。

在构建 Vuforia 应用程序之前，必须激活 Vuforia 引擎。

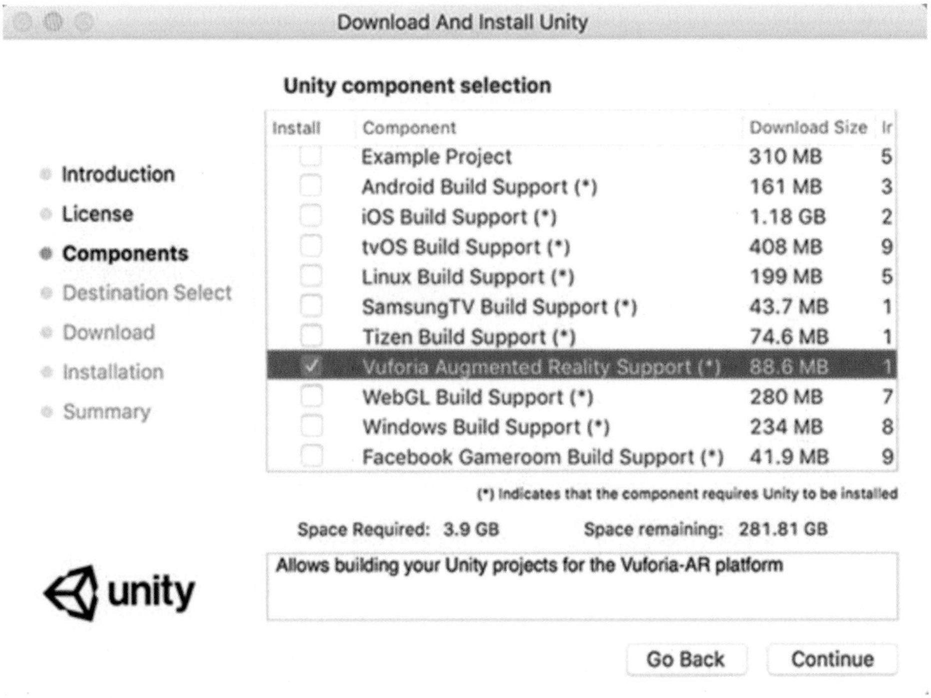

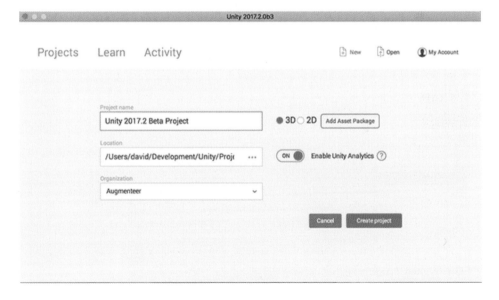

图 9-41　Vuforia 组件安装

图 9-42　创建一个新的 Unity 项目

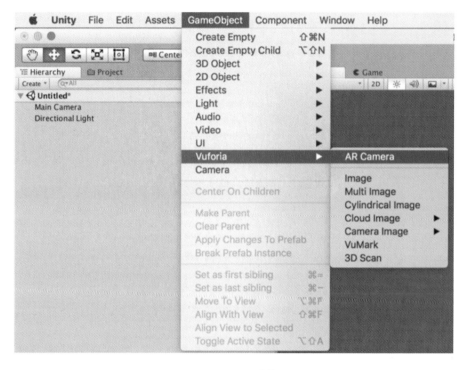

图 9-43　Vuforia 引擎显示

打开"PlayerSetting"窗口,在"XR Settings"面板中激活 Vuforia 引擎,并选中"Vuforia Augmented Reality Supported",如图 9-44 所示。

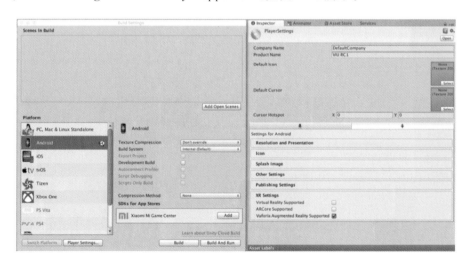

图 9-44　激活 Vuforia 引擎

④ 访问 Unity 中的 Vuforia 引擎功能。

在 Unity 中激活 Vuforia 引擎后,可以利用 GameObject 菜单向项目添加 Vuforia 引擎功能。

a. 添加一个 AR Camera,如图 9-45 所示。

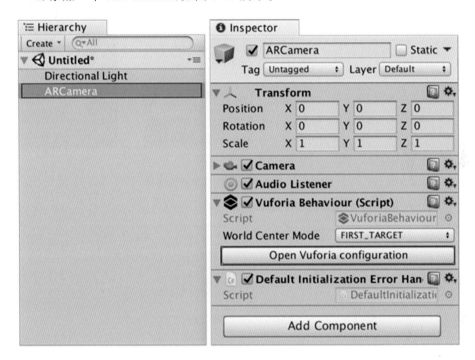

图 9-45　添加一个 AR Camera

b. 打印物理目标。Vuforia 提供了一整套高分辨率场景打印功能,如图 9-46 所示。

c. 将物理目标添加到场景中,如图 9-47 所示。

⑤ 将 Vuforia 目标添加到场景中。

可以通过在 GameObject →Vuforia 菜单中选择相关的游戏对象,将 Vuforia 目标添加到场景中,如图 9-48 所示。

⑥ 播放测试。

Vuforia 引擎在游戏视图中提供了一个模拟器,可以通过"播放"按钮激活该模拟器。可以使用此功能评估并快速构建场景原型。

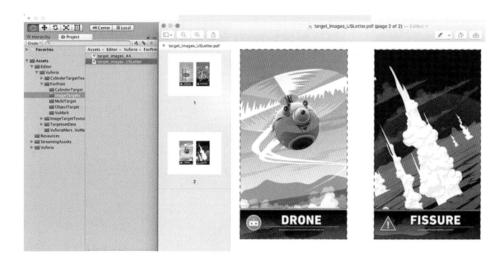

图 9-46　高分辨率场景打印功能界面

图 9-47　将物理目标添加到场景中

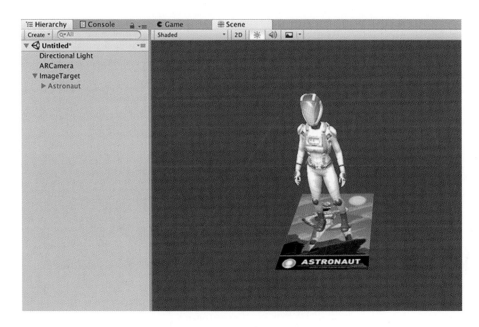

图 9-48　将 Vuforia 目标添加到场景中

9.3.3　Apple ARKit

ARKit 是 2017 年苹果公司发布的 iOS11 系统的新增框架,它能够帮助我们以最简单、快捷的方式在 iOS 系统中实现 AR 功能。

9.3.3.1　系统框架

ARKit 并不是一个能够独立运行的框架,其必须与 SceneKit 相配合:由 ARKit 来实现现实世界图像捕捉;由 SceneKit 来实现虚拟三维模型显示。

图 9-49 所示为 ARKit 核心框架。在图 9-49 中:

(1) ARKit 框架中显示三维虚拟 AR 视图。ARSCNView 继承自 SceneKit 框架中的 SCNView,而 SCNView 又继承自 UIKit 框架中的 UIView。

(2) UIView 的作用是将视图显示在 iOS 设备的窗口中;SCNView 的作用是显示一个三维场景;ARSCNView 的作用也是显示一个三维场景,只不过这个三维场景是由摄像机捕捉到的现实世界图像构成的。

(3) ARSCNView 是视图容器,它的作用是管理一个 ARSession。

在一个完整的虚拟 AR 体验中,ARKit 框架负责将真实世界画面转变为一个三维场景,转变过程主要分为两个环节:ARCamera 捕捉画面;ARSession 搭

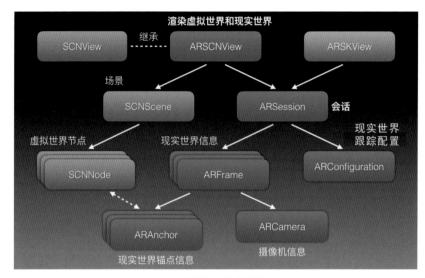

(a) ARKit大类关系图

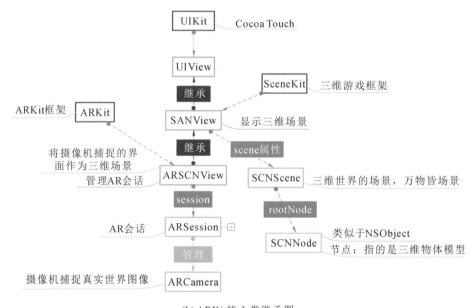

(b) ARKit核心类继承图

图 9-49　ARKit 核心框架

建三维场景。ARKit 在三维现实场景中添加虚拟物体利用的是父类 SCN-View，ARSCNView 所有与场景和虚拟物体相关的属性及方法都继承自自己的父类 SCNView，如图 9-49(b)所示。

　　对 ARKit 框架中的各个类进行介绍。

（1）ARAnchor：ARAnchor 表示一个物体在三维空间中的位置和方向。ARAnchor 通常称为物体的三维锚点。

（2）ARCamera：ARCamera 是一个摄像机，它是连接虚拟场景与现实场景的枢纽。

（3）ARError：ARError 是一个描述 ARKit 错误的类，错误原因包括设备不支持，以及摄像机常驻后台时 ARSession 断开等。

（4）ARFrame：ARFrame 主要用于跟踪摄像机当前的状态，相应状态信息不仅包括位置参数，还包括图像帧及时间等参数。

（5）ARHitTest Result：这个类主要用于 AR 技术中现实世界与三维场景中虚拟物体的交互。比如在移动、拖拽三维虚拟物体时，可以通过这个类来获取 ARKit 所捕捉的结果。

（6）ARLight Estimate：用于增强灯光效果，让 AR 场景显示更逼真。

（7）ARPlane Anchor：ARPlane Anchor 是 ARAnchor 的子类，可以称之为平地锚点。ARKit 能够自动识别平地，并且会默认添加一个锚点到场景中。

（8）ARPoint Cloud：用于产生点状渲染云，主要用于渲染场景。

（9）ARSCNView：AR 视图。ARKit 支持三维的 AR 场景和二维的 AR 场景，ARSCNView 是三维的 AR 场景视图，该类是整个 ARKit 框架中两个有代理的类之一。该类非常重要，提供了丰富的 API。

（10）ARSession：ARSession 是一个连接底层与 AR 视图的桥梁，其实 ARSCNView 内部所有的代理方法都是由 ARSession 提供的。

（11）ARSession Configuration：会话跟踪配置类，主要用于跟踪摄像机的配置。该类还有一个子类——ARWorldTrackingSessionConfiguration，与 ARSession Configuration 在同一个 API 文件中。

9.3.3.2　开发流程

基于 Apple ARKit 的开发流程如下。

1）创建一个新项目

打开 Xcode，在 Xcode 菜单中，选择 File →New →Project...→Single View App。Xcode 具有 ARKit 模板，只需使用 Single View 应用程序模板即可创建 AR 应用程序，如图 9-50 所示。

2）设置 ARKit SceneKit 视图

（1）打开 Main. storyboard 文件，在 Object Library中查找 ARKit SceneKit

Choose a template for your new project:

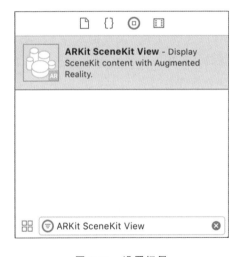

图 9-50　创建新项目

View，将 ARKit SceneKit View 拖到 View Controller 上，如图 9-51 所示。

（2）定义 ARKit SceneKit View 约束来填充整个 View Controller，如图 9-52所示。

图 9-51　设置场景　　　　　　　　图 9-52　视图控制器定义

3）连接 IBOutlet

（1）打开 Main.storyboard 文件，转到工具栏并打开助理编辑器，在 View-Controller.swift 文件的顶部添加 import 语句以导入 ARKit 模块。

（2）按住控件并将 ARKit SceneKit View 拖到 ViewController.swift 文件内。在系统出现提示时为控件 IBOutlet 命名：sceneView。

4）配置 ARSCNView 会话

（1）下一步配置会话，应用程序开始通过摄像机镜头观察世界，并开始检测环境。

（2）插入 ViewController 类，代码如下：

```
1  override func viewWillAppear(_ animated: Bool) {
2      super.viewWillAppear(animated)
3      let configuration = ARWorldTrackingConfiguration()
4      sceneView.session.run(configuration)
5  }
```

（3）在 viewWillAppear 方法中，初始化配置函数的名称为 ARWorldTrackingConfiguration，该函数用于运行场景世界跟踪的配置。

（4）设置 sceneView 的 AR 会话来运行刚刚初始化的配置，AR 会话用于管理视图内容的运动跟踪和摄像机图像处理。在 sceneView 程序中添加另一个 ViewController 类，代码如下：

```
1  override func viewWillDisappear(_ animated: Bool) {
2      super.viewWillDisappear(animated)
3      sceneView.session.pause()
4  }
```

5）允许摄像机使用

（1）运行应用程序之前，通知用户利用设备摄像机来实现 AR。打开 Info.plist，右键单击空白区域，选择添加行。将密钥设置为"Privarcy-Camera Usage Description"，将值设置为"For Augmented Reality"，如图 9-53 所示。

图 9-53　设置摄像机属性

（2）连接到 Mac 计算机，在 Xcode 上创建并运行项目，应用程序提示允许摄像机访问，说明配置成功。

6）将 3D 对象添加到 ARSCNView 类中

（1）将成员函数加入 ViewControllerClass，代码如下：

```
func addBox() {
    let box = SCNBox(width: 0.1, height: 0.1,
                     length: 0.1, chamferRadius: 0)
    let boxNode = SCNNode()
    boxNode.geometry = box
    boxNode.position = SCNVector3(0, 0, -0.2)

    let scene = SCNScene()
    scene.rootNode.addChildNode(boxNode)
    sceneView.scene = scene
}
```

（2）在 viewDidLoad() 函数中调用 addBox() 函数，代码如下：

```
override func viewDidLoad() {
    super.viewDidLoad()
    addBox()
}
```

图 9-54　浮箱

（3）运行 AR App，可看到图 9-54 所示的浮箱。

9.3.4　Google ARCore

2017 年，谷歌公司推出 Android 设备 AR 软件，即 ARCore，其是用于构建 AR 体验的软件开发套件。ARCore 的优势在于它可以在没有任何额外硬件的情况下工作，也可以在 Android 生态系统中扩展，是目前应用最广泛的 AR 开发套件之一。

ARCore 基于运动跟踪技术，使用手机摄像头来辨识关键点（又称为特征点），并跟踪这些点随时间运动的轨迹。结合这些点的移动轨迹和手机的惯性传感器，ARCore 就可以在手机移动时判定这些点的位置和走向。能识别点，自然就能识别面。在辨识关键点的基础上，ARCore 还可以侦测平面，比如桌子或地板，并估测它周围的平均光照强度。ARCore 结合这些功能可以获取关于周边现实世界的信息。ARCore 在获得周边现实世界的信息后，就可以把虚拟的物品、标注信息或其他需要展现的内容与现实世界进行无缝整合。

9.3.4.1　系统 API

表 9-5 所示为 ARCore 系统的核心类和说明。

表 9-5　ARCore 系统的核心类和说明

核心类	说明
ARCoreBackgroundRenderer	用于将设备的摄像头渲染为附加的 Unity 摄像头组件的背景
ARCoreSession	用于在 Unity 场景中管理 ARCore 会话的组件
ARCoreSessionConfig	用于保留会话配置
Anchor	用于将 GameObject 添加到 ARCore Trackable 中
AndroidPermissionsManager	用于管理 Unity 应用程序的 Android 权限
AsyncTask⟨T⟩	用于监视异步任务状态的类
AugmentedFace	描述 ARCore 检测到的人脸
AugmentedImage	用于存储由 ARCore 检测和跟踪的现实世界中的图像
AugmentedImageDatabase	用于存储由 ARCore 检测和跟踪的图像列表的数据库
XPAnchor	表示跨平台锚点
XPSession	表示跨平台的 ARCore 会话
DetectedPlane	由 ARCore 检测和跟踪到的现实世界中的平面
EnvironmentalLight	用于自动调整场景的照明设置，使其与 ARCore 估计的内容一致
FeaturePoint	ARCore 跟踪的现实世界中的一个点
Frame	提供与当前帧关联的特定时间戳的 ARCore 状态的快照
CameraImage	表示与框架的 ARCore 摄像机相关的状态容器
CameraMetadata	表示与帧的 ARCore 摄像机图像元数据相关的状态容器
PointCloud	表示与框架的 ARCore 点云相关的状态的容器
Session	表示 ARCore 会话，它是从应用程序到 ARCore 服务的附加点
SessionStatusExtensions	SessionStatus 枚举的扩展方法
Trackable	设置对象 ARCore 在现实世界中是否可跟踪
VersionInfo	用于提供对当前 ARCore SDK 运行的版本信息的访问

表 9-6 所示为 ARCore 的数据结构类。

表 9-6　ARCore 的数据结构类

结构	说明
AndroidPermissionsRequestResult	保存数据的结构,总结了 Android 权限请求的结果
AugmentedImageDatabaseEntry	用于保存 Augmented Image Database 中的条目
CameraConfig	用于保存 ARCore 访问设备摄像机传感器的配置
CameraImageBytes	用于保存 ARCore 摄像机图像,其数据可从 YUV-420-888 格式的 CPU 访问
CameraIntrinsics	在 ARCore 中提供摄像机内在函数的结构
CameraMetadataRational	遵循 NDK 中的 ACameraMetadata_rational 结构的布局
CameraMetadataValue	该结构包含摄像机元数据的值
CloudAnchorResult	用于返回云锚的云服务操作的结果
DisplayUVCoords	用于存储 UV 显示坐标,以映射显示的四个角
LightEstimate	表示对与 AR 帧相对应的环境中的照明条件的估计
PointCloudPoint	表示点云中的一个点
TrackableHit	包含有关针对 ARCore 跟踪的物理对象的光线投射的信息

9.3.4.2　开发流程

基于 ARCore 的 AR 应用开发流程如下。

1)下载和安装 ARCore SDK for Unity 软件

(1)创建一个新的空游戏对象并将其命名为"Managers",代码如下:

```
using System.Collections.Generic;
using UnityEngine;
using GoogleARCore;
using GoogleARCore.HelloAR;
public class PlaneVisualizationManager : MonoBehaviour {
    public GameObject TrackedPlanePrefab;
    private List<TrackedPlane> _newPlanes = new List<TrackedPlane>();

    void Update ()
    {
        Frame.GetNewPlanes(ref _newPlanes);
        foreach (var curPlane in _newPlanes)
        {
            var planeObject = Instantiate(TrackedPlanePrefab,
```

```
15                          Vector3.zero,
18                          Quaternion.identity,
17                          transform);
18       planeObject.GetComponent<TrackedPlaneVisualizer>().SetTrackedPlane(curPlane);
19       planeObject.GetComponent<Renderer>().material.SetColor("_GridColor",
20           new Color(   Random.Range(0.0f, 1.0f),
21                        Random.Range(0.0f, 1.0f),
22                        Random.Range(0.0f, 1.0f)));
23       planeObject.GetComponent<Renderer>().material.SetFloat("_UvRotation",
24                        Random.Range(0.0f, 360.0f));
25       }
26    }
27 }
```

2）引用跟踪平面的可视化预制件

在 Unity 编辑器中，选择 Assets →GoogleARCore →HelloARExample → Prefabs →TrackedPlaneVisualizer，进行分配，如图 9-55 所示。

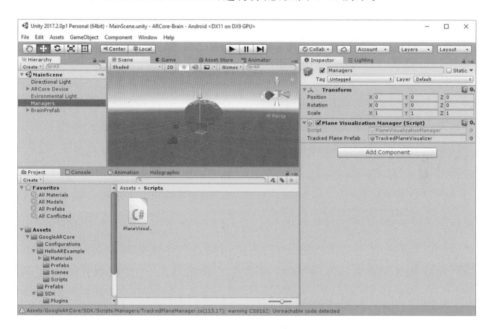

图 9-55　跟踪平面设置

静态 Frame. GetNewPlanes 方法来自 ARCore SDK，返回此帧中所有新检测到的平面的列表引用。为了使平面之间的差异更加明显，每个新平面都通过随机颜色和随机纹理旋转进行自定义。在 Unity 中生成并运行程序以编译项目，并在连接的 Android 手机上运行程序。在将摄像机指向平面的同时将手机移动几秒。片刻之后，应用程序开始匹配可视化平面。

3）处理触摸事件

创建一个名为"InstantiateObjectOnTouch"的新脚本，并将其添加到场景层次结构中的"Managers"游戏对象中。利用 Unity 编辑器建立两个公共引用：第一个公共引用是第一人称摄像机，第二个公共引用是单击 PlaceGameObject 时定义的一个实例化的游戏对象引用。相应代码如下：

```
1  public class InstantiateObjectOnTouch : MonoBehaviour {
2      public Camera FirstPersonCamera;
3      public GameObject PlaceGameObject;
4      void Update ()
5      {
6          if (Input.touchCount < 1||(touch = Input.GetTouch(0)).phase != TouchPhase.Began)
7          {return;}
8          TrackableHit hit;
9          var raycastFilter = TrackableHitFlag.PlaneWithinBounds |
10                             TrackableHitFlag.PlaneWithinPolygon;
11         if (Session.Raycast(FirstPersonCamera.ScreenPointToRay(touch.position),
12                             raycastFilter, out hit) && PlaceGameObject != null)
13         {
14             var anchor = Session.CreateAnchor(hit.Point, Quaternion.identity);
15             var placedObject = Instantiate(PlaceGameObject,
16                                 hit.Point,
17                                 Quaternion.identity,
18                                 anchor.transform);
19             placedObject.transform.LookAt(FirstPersonCamera.transform);
20             placedObject.transform.rotation = Quaternion.Euler(
21                 0.0f,
22                 placedObject.transform.rotation.y,
23                 placedObject.transform.rotation.z);
24             placedObject.GetComponent<PlaneAttachment>().Attach(hit.Plane);
25         }
26     }
27 }
```

4）将虚拟对象锚定到真实世界

触摸事件由 ARCore SDK 的 Session. Raycast()方法执行，通过跟踪平面感兴趣区域与点云进行碰撞检测。如果检测到碰撞，则该方法返回 true，并将结果存储起来。

5）实例化对象

放置在现实世界中的预制件基于命中位置和锚点实例化新对象，确保当平面移动时适应游戏对象的 y 偏移（垂直偏移）。

6）完成场景设置

将之前设置的两个公共属性链接到"Managers"游戏对象上的第二个脚本上，从场景中取出"第一人称摄像机"，然后拖动预制件以实例化"放置对象"，如图9-56所示。

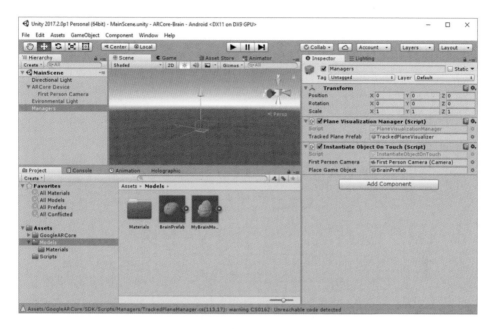

图 9-56　场景设置

7）构建并运行

编译运行程序，四处移动摄像机，直到 ARCore 系统检测到平面，点击屏幕即可将三维对象放置在指定位置。图 9-57 为基于 ARCore 的 AR 应用实例。

图 9-57　基于 ARCore 的 AR 应用实例

9.4　自主智能制造软件平台

9.4.1　系统框架

前文中 VR/AR 案例中大多采用了由笔者研发的 JHIM 自主智能制造软

件平台,它基于底层的物料、生产系统和工艺的统一对象化描述,可实现生产系统数字化建模与操作、物料模型的统一表达、工艺过程的三维数字化描述,能够用于生产系统数字化建模、三维数字化工艺规划、真实制造过程的设备运行监视和工艺执行过程监视。

如图 9-58 所示,JHIM 自主智能制造软件平台采用两级数据库架构,其中本地模型库支持用户端的数据管理,中心数据库统一管理所有生产要素数据(如生产系统、物料、工艺、运行数据),从而使 JHIM 平台能够与 PDM、CAPP、MES 等系统横向联系,形成智能制造综合支持平台。

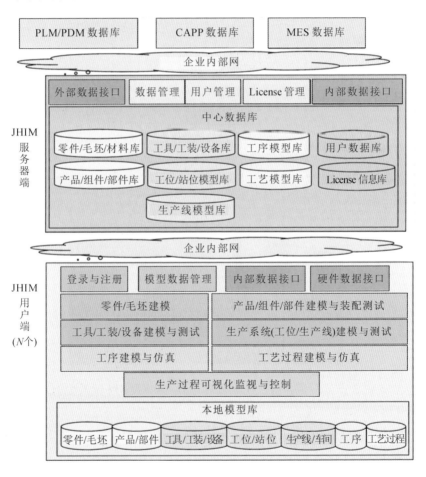

图 9-58 自主智能制造软件平台系统组成

9.4.2 主要功能介绍

JHIM 平台为用户提供了友好的人机交互界面，平台所有功能都可通过在人机交互界面进行相应操作来使用。如图 9-59 所示，该平台分为中央三维场景显示区域、左侧资源管理区、右侧属性区、底部属性区。

图 9-59　自主智能制造软件使用界面

9.4.2.1　人机交互界面

1）中央三维场景显示区域

中央三维场景显示区域通过模型文件信息显示对象几何模型，用户可通过键盘、鼠标在显示区域中对模型进行拖动、缩放等操作，从而能更直观、全面地观察模型。

2）左侧资源管理区

左侧资源管理区的结构树设计使用户能够方便地管理模型文件，模型层次结构清晰，便于进行模型文件添加、定义、管理等操作。

3）右侧属性区与底部属性区

属性区根据用户对模型的操作需求会自动弹出或隐藏，属性区提供了模型文件定义、模型文件信息显示、模型显示方式选择、模型约束创建与设置、模型显示类型选择、几何模型创建等一系列功能。

人机交互界面各个区域大小可通过鼠标拖拽调节,双击不同区域还可使区域形成独立对话框,而且用户还能够根据个人喜好设置界面风格。友好的人机交互界面、人性化的界面设计、简单明了的界面功能展示,为用户更好地使用该平台的强大功能奠定了基础。

9.4.2.2 功能模块

JHIM 自主智能制造软件平台主要有如下功能模块。

1.生产要素三维建模与管理模块

该模块主要具有以下功能:

(1)零件、毛坯、中间件的几何与物理特征建模;

(2)产品、组件、部件的逻辑与约束建模;

(3)设备、工位、生产线、车间的三维数字化功能建模与工艺布局分析。

图 9-60 为组件的逻辑建模与约束建模示例,图 9-61 为设备对象、工位库建模示例,图 9-62 为生产线建模示例。

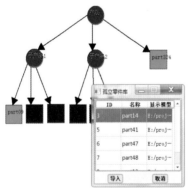

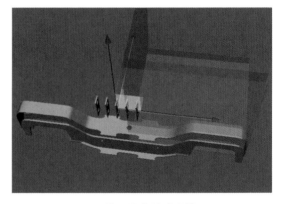

(a)组件结构树建模   (b)装配约束关系建模

图 9-60 组件的逻辑建模与约束建模示例

生产线模型除了包含多个工位或设备模型以外,还包括一个组成逻辑关系,它用于描述工位与设备之间的顺序及对应关系。用户可以使用图形化工具画出生产线的逻辑组成图(可为线形、树状或网状图),其中节点通常为固定的工位和设备,边则为固定工位之间的输送线路;之后再为逻辑图的节点和边指定具体的工位或设备。用户可以通过设置生产线中各工位、设备的运行时序和运行参数驱动生产线进行在线或离线仿真。图 9-63 为利用该软件平台建立的

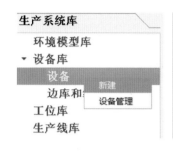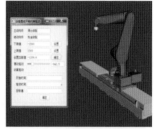

(a) 设备对象建模

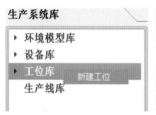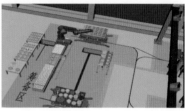

(b) 工位库建模

图 9-61　设备对象、工位库建模示例

图 9-62　生产线建模示例

某火箭制造公司厂房的生产场景。

2.三维数字化工艺规划与仿真分析模块

利用 JHIM 平台,可在产品和生产系统数字化模型的基础上,规划特定的工艺流程,编制工序内容,形成三维数字化工艺模型。

总装工艺由多个工序(工步)和它们之间的逻辑关系组成,通常依托于一个已存在的装配线模型。逻辑关系用于描述工序之间的顺序及对应关系,用户可以使用图形化工具在生产线逻辑组成图基础上定义工艺流程的逻辑结构图,随

图 9-63　某火箭制造公司厂房的生产场景

后冉为逻辑结构图的节点指定具体的工序模型。图 9-64 为工艺流程的图形化建模示例。

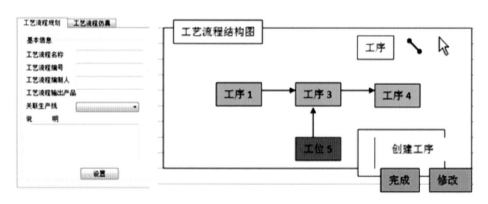

图 9-64　工艺流程的图形化建模示例

　　工序/工步是工艺的基本组成部分,用户可以在已有的工位或设备模型基础上创建工序/工步模型。在工序定义中主要完成如下工作:设置边库和缓冲区中的输入物料类型、边库的补料策略;指定上下游工序;规划本工序/工步内各设备的运行时序(见图 9-65)与运行参数。

　　在 JHIM 平台上,可基于三维数字化工艺模型进行工艺过程动态仿真(工艺过程动态仿真启动界面见图 9-66),以及工序内容的三维交互式规划、工艺流程仿真与分析等,从而可对工艺进行验证与改进。

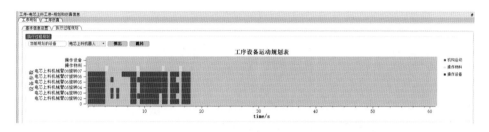

图 9-65　工序/工步内各设备的运行时序规划

图 9-66　工艺过程动态仿真启动界面

工艺过程动态仿真涉及运动过程仿真、动态干涉(碰撞检测)分析、活动空间分析等过程中的空间性能指标,以及设备/人员利用率、瓶颈工序、给定时间内产量、投入/产出比等物流效率指标。

3. 生产过程的实时、可视化监控与数据分析模块

JHIM 平台中的生产系统三维数字化模型可与真实生产过程中的实时或非实时数据结合,驱动虚拟生产系统同步运行,实现对真实生产过程的异地、实时、可视化监控(见图 9-67)。在生产监控过程中,该平台可对生产数据进行统计分析或其他专项分析,并实时快速显示或反馈分析结果。

4. VR/AR 接口与发布功能模块

JHIM 平台具有多种 VR/AR 接口,并可以将设备真实控制信号与三维数字化模型结合,实现"虚机实电"的设备调试或测试生产系统虚拟安装与运行调试;将预定生产过程的控制信息与生产系统三维数字化模型结合,在三维虚拟环境中按照真实环境中的数据安装和调试生产线,测试生产过程是否合理、设备动作是否正确和精确。

图 9-67 某战斗部装药生产线运行监控

第 10 章
VR/AR 技术发展趋势与展望

当前,新一代硬件技术、人工智能和通信技术正在快速发展,只有在这些新技术的加持下,智能制造的智能化的特征才能真正显现。VR/AR 技术被认为是上述新技术的杀手级应用,其应用前景值得期待。

10.1　5G 与 VR/AR 融合

5G 技术即第五代移动通信技术,5G 网络的传输速度可以达到 4G 网络的百倍甚至更多,其峰值理论传输速度甚至可达到 20 Gb/s。其实 5G 网络的优势不仅仅在于传输速度快。全球移动通信系统协会(GSMA)给出了 5G 网络的八项标准:

(1) 连接速度可达 1~10 Gb/s(即非理论最大值)。

(2) 端到端往返时延低至 1 ms。

(3) 每单位面积带宽为 4G 网络的 1000 倍。

(4) 连接的设备数量为 4G 网络的 10~100 倍。

(5)(感知)可用性可达到 99.999%。

(6)(感知)覆盖率可达到 100%。

(7) 网络能源使用量较 4G 网络减少 90%。

(8) 功耗低,电池寿命可达 10 年。

5G 网络的典型特征如图 10-1 所示。

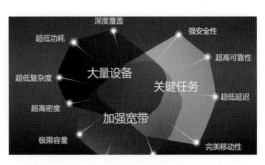

图 10-1　5G 网络的典型特征

在无线传输方面,5G 网络的关键技术包括大规模多输入多输出(massive MIMO)技术、基于滤波器组的多载波(FBMC)技术、全双工等无线传输及多址技术。在无线网络方面的关键技术则包括超密集网络(UDN)技术、自组织网络(SON)技术、软件定义网络(SDN)技术、内容分发网络(CDN)技术。

其中对 VR/AR 影响最大的 5G 核心技术为 eMBB(增强移动宽带)、uRRLC(高可靠低时延通信)、mMTC(大规模机械通信),如图 10-2 所示。

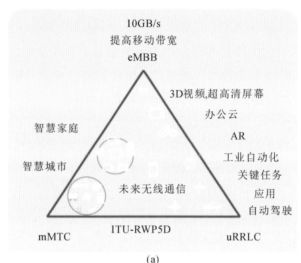

(a)

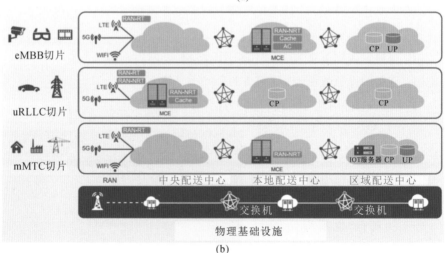

(b)

图 10-2 对 VR/AR 影响最大的 5G 核心技术

注:CP 指控制面;UP 指用户面。

5G 技术很快将得到大规模商用。高通和 ABI Research 联合制作了白皮书 *Augmented and Virtual Reality：The First Wave of 5G Killer Apps*，称 AR 和 VR 是 5G 技术的杀手级应用。华为公司也发布了《5G 时代十大应用场景》白皮书，其中云 VR/AR 排在第一位。

10.1.1 制造过程海量数据的低时延传输

5G 网络数据传输的时延不超过 1 ms（5G 网络实现低时延的原理见图 10-3），数据下载的峰值速度可以高达 20 Gb/s，这将有效解决当前制造过程海量数据存储和实时在线在位检测的难题。

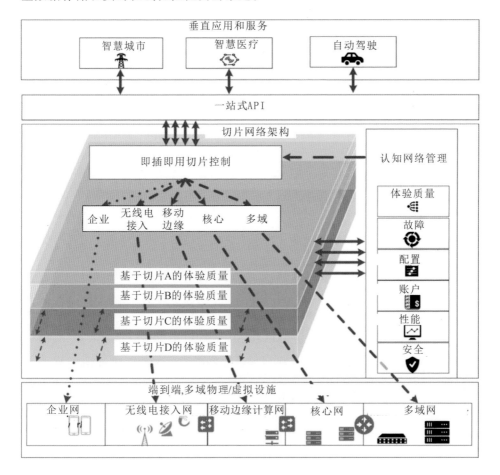

图 10-3　5G 网络通过切片实现低时延

5G 技术在 AR 和 VR 方面的优势主要体现为更大的容量、更低的时延和更好的网络均匀性。当前 VR 产品一直易给用户造成眩晕感,用户会产生眩晕感在一定程度上是因为时延,也就是在 VR 体验者做出动作后,整个系统从监测动作到将运动反映到 VR 视野中会有一定的滞后,此时用户就会感到眩晕。而应用 5G 技术后时延将极短,所以会减轻由时延带来的眩晕感,而如果是需要联网的 VR,则更需要用到 5G 网络的高速数据传播特性。某些制造场景的应用可能会更依赖上述三个优势中的某一个,但在相同网络下同时利用这三个优势是所有 VR/AR 应用的关键。

10.1.2　制造物联网的高密度互联互通

　　5G 致密化网络的每平方米区域容量为 10 Mb/s,可以保证一个工厂的上百万个传感器同时连通。增大 5G 网络吞吐量的技术有很多,如正交频分复用技术(OFDM)、低密度奇偶性校验码(LDPC)技术等。子帧设计是增大 5G 网络吞吐量的重要手段。图 10-4 所示为动态自给式子帧设计。

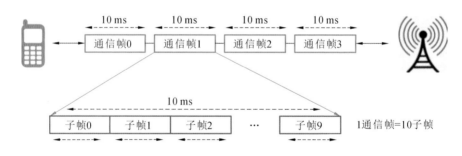

图 10-4　动态自给式子帧设计

　　在工业物联网领域,5G 网络承载了 TCP/IP 协议,要提高制造过程的服务质量还需要结合使用时间敏感网络(TSN)。把制造过程的一个数据包从 A 点传输到 B 点,中间可能经过若干个边缘网关节点转发过程,在每一个节点转发过程中都会产生时延,TSN 可以有效控制时延。这样,基于 VR/AR 的生产线设备管理、性能监控、产品质量控制等功能就可能实现实时、在位/在线处理。因此我们有理由相信基于 5G 的工业互联网赋能技术,将可能实现真正意义上的数字孪生应用,如图 10-5 所示。

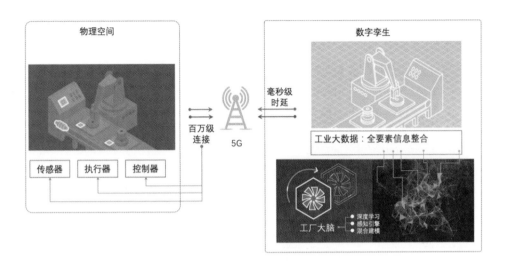

图 10-5　5G 赋能的数字孪生制造示意图

10.1.3　制造过程的"第一视角"人在回路协同

在制造过程中会产生大量的数据,然而目前可以让操作者在现场使用的数据量不到万分之一。大量离散异构的、多元/多源的、快速动态变化的制造过程数据,会造成数据爆炸,不仅不会对生产者有益,反而还会给其造成损失。实现制造过程的多视角数据可视化,以可视化工具作为数字助手实现"头号玩家"新体验,将实现人在回路。第一视角的人在回路如图 10-6 所示。

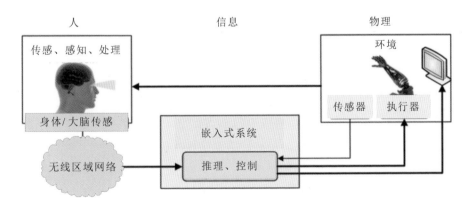

图 10-6　第一视角的人在回路

在远程手术、远程无人驾驶、AR 车载导航等应用领域,更低时延、高可靠的移动网络,可带来更高的运算效率。这对于操作安全至关重要,尤其是在一些紧急时刻,第一视角的参与感将使得用户对制造过程要素的操控更加自然、感受更加直观,宛如身在现场。基于 VR/AR 的第一视角交互方式如图 10-7 所示。

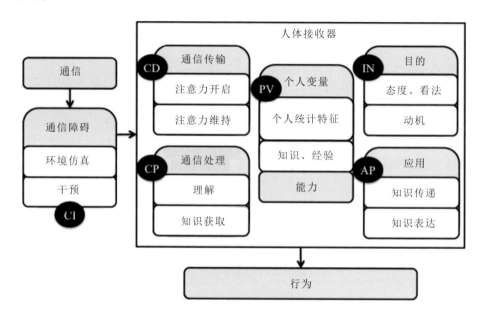

图 10-7　基于 VR/AR 的第一视角交互方式

5G 技术实现了大规模机器间的相互通信,与 VR/AR 多种模式进行融合,带来了不同领域的新体验。AR+5G 的远程无人维修、工作流辅助和所见即所得式的远程互动和指导,给用户带来沉浸式、多维度的互动体验。身处世界各地的资深技术指导专家和本地的新手操作工可以分享制造维修视角,实现第一视角的手把手指导维修。5G 网络将大幅改善对等网络的时延,类似于 VR/AR 的人机交互触觉新应用已经开始成为当前 VR/AR 技术发展的焦点。控制在 10 ms 范围内的理想对等网络时延能够推动边缘计算的应用。

10.1.4　面向制造的云 VR/AR 平台

很多制造企业都开发了自己的私有云平台,连通了工业网络互联下的设备集群和企业信息网络应用系统,逐渐实现了 IT/OT 网络互通,如图10-8所示。

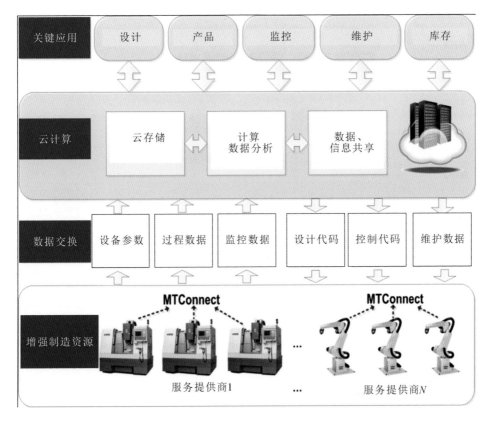

图 10-8 云制造平台

5G 网络为 VR/AR 业务提供了高带宽、低时延的基础网络平台，推进制造业场景的 VR/AR 大规模应用，要避开传统 IT 应用实施的缺陷。应该从系统角度先设计云 VR/AR 平台，以工业云平台为基础，从集成现有数据平台开始，实现制造过程的应用场景。

云 VR(如华为 Cloud VR，见图 10-9)体验优于本地 VR 应用体验，VR 体验的关键要求是 MTP(媒体传输协议)时延不超过 20 ms。VR 云化后保证 MTP 时延不超过 20 ms 有很大的难度。目前已经有技术来保障 MTP 时延不超过 20 ms，而且在实践中用户反馈云 VR 的体验(主要从真实感、交互感和愉悦感三方面考虑)优于本地 VR 体验。云 VR 平台的渲染能力、网络品质宽带优势以及云内容存储资源，对于实现培训、维修、装配引导等应用是重要利好。

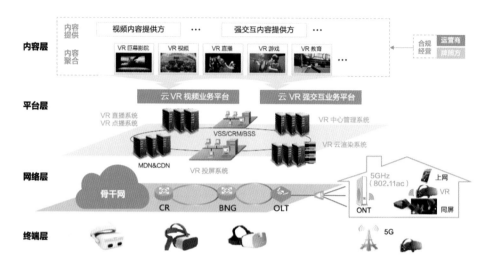

图 10-9　华为 Cloud VR 解决方案架构

10.2　AI 与 VR/AR 深度融合

国务院印发的《新一代人工智能发展规划》中明确提出,要发展 VR 与智能建模技术,实现 VR/AR 与人工智能(AI)的积极和高效互动,建立 VR/AR 技术、产品、服务标准和评价体系,推动重点行业融合应用。围绕提升我国人工智能国际竞争力的迫切需求,新一代人工智能关键共性技术的研发部署要以算法为核心,以数据和硬件为基础,以提升感知识别、知识计算、认知推理、运动执行、人机交互能力为重点,形成开放兼容、稳定成熟的技术体系。

（1）VR 智能建模技术:重点突破虚拟对象智能行为建模技术,提升 VR 中智能对象行为的社会性、多样性和交互逼真性,实现 VR、AR 等技术与人工智能的有机结合和高效互动。研究虚拟对象智能行为的数学表达与建模方法,用户与虚拟对象、虚拟环境之间的自然、持续、深入交互等问题,以及智能对象建模的技术与方法体系。

（2）VR/AR 技术:突破高性能软件建模、内容拍摄生成、AR 与人机交互、集成环境与工具等关键技术,研制虚拟显示器件、光学器件、高性能真三维显示器、开发引擎等产品,建立 VR 与 AR 技术、产品、服务标准和评价体系,推动重点行业融合应用。机械生产过程中的数字化整合和智能部件研发会产生大量数据,这些数据可以作为机器学习、数字孪生、VR 和 AR 等创新技术的基础。VR/AR 技术与人工智能技术起初并没有太大的联系,甚至现在也依旧如此,它们的研究方向不同,但是二者的紧密结合必定可以实现。

10.2.1 AI 辅助下的 VR /AR

VR/AR 技术的主要研究对象是外部环境,而人工智能技术则主要是对人类智慧本质进行探索。当这两种技术的研究水平都达到了一定层次时,二者就能够在一定程度上弥补对方的缺陷。无论是在创建虚拟世界,还是在通过虚拟智能助手改变人们的生活方式等方面,AI 技术和 VR/AR 技术的融合都是双向的,都会深刻改变我们认识世界的方式。AI 辅助下的 AR/VR 如图 10-10 所示。

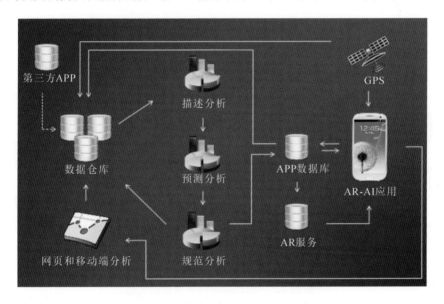

图 10-10 AI 辅助下的 VR/AR 示意图

AI 技术和 VR/AR 技术融合的好处具体表现为:

(1)可以促进实时图像和语音识别技术的发展;

(2)可以提高应用系统可用性并降低本地处理和存储的成本;

(3)可以扩展网络带宽;

(4)可以改善 AI 在云中的可用性。

1. AI 将极大地提高 VR/AR 的人机交互能力

AI 技术中的深度学习技术的两大应用领域分别是计算机视觉(CV)和自然语

言处理(NLP)。深度学习技术可以用于快速手势识别(见图 10-11)、场景语义分类和快速语音识别(见图10-12)。

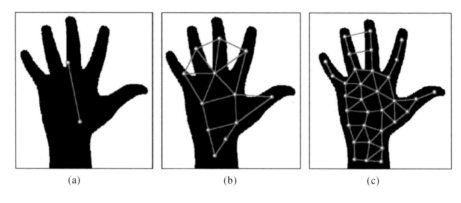

(a)　　　　　　　　　(b)　　　　　　　　　(c)

图 10-11　VR/AR 中的快速手势识别

输入视频、音频　　　　　　　　　模型　　　　　　　　　输出音频

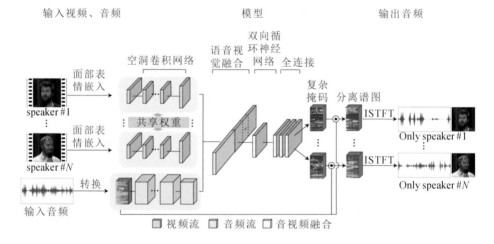

图 10-12　VR/AR 中的快速语音识别

注:ISTFI 指傅里叶逆变换。

2.AI 算力提升视觉内容质量

(1)知识发现:通过机器学习和 AI 技术在 VR 和 AR 环境中实现数据可视化,更好地了解制造过程数据。图 10-13 所示为 Virtualitics 公司的嵌入式机器学习示例,利用深度学习技术可在几秒内发现数据中的知识。

(2)场景理解:AI 技术可用于对场景进行语义分析,理解制造要素。图 10-14所示为制造现场场景分割与分类。

(3)精确计算:Pediatric 公司机器人在手术过程中,使用 AI 和VR/AR技术,

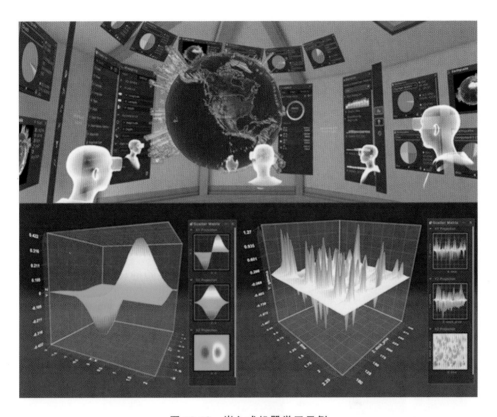

图 10-13　嵌入式机器学习示例

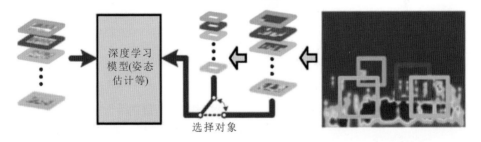

图 10-14　场景分割与分类示意图

实现了自动深度感知和即时、准确的位姿调整。图 10-15 所示为人机协同手术。

　　（4）逼真渲染：VR/AR 面临的最大挑战之一是如何使用当今的消费级硬件渲染逼真的图形。虚拟场景过于复杂会导致图像滞后，进而导致 VR/AR 佩戴者眩晕。这一问题使得大多数 VR 体验都过于简单，缺乏令人信服的细节。AI 技术在游戏渲染中的应用效果非常明显，深度学习技术可以用于完成超分辨率重建、纹理映射等任务。如 VR/AR 中机器学习算法可以用于选择性渲

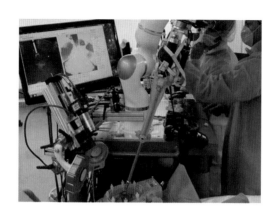

图 10-15　人机协同手术

染,仅使观看者正在观看的场景部分以完全视觉保真度动态生成,从而节省计算成本。使用 AI 技术还可以更智能地压缩图像,从而通过无线连接实现更快的传输,而不会出现明显的质量损失。可以基于注意力的深度学习模型,根据用户观察的兴趣,实时制造场景要素,实现实时渲染,如图 10-16 所示。

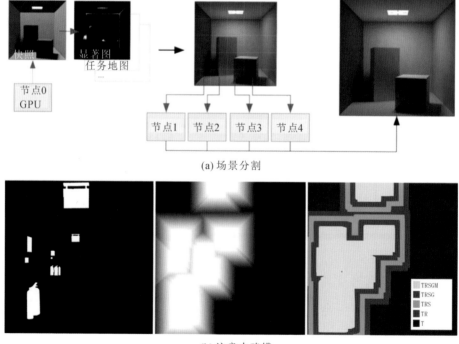

(a) 场景分割

(b) 注意力建模

图 10-16　基于注意力的深度学习场景渲染方法[57]

(c) 效果

续图 10-16

10.2.2 VR/AR 构建智能助手

VR/AR 构建的虚拟智能助手将成为制造现场日常使用的工具之一,它能独立"思考",帮助人们处理各种制造场景业务,链接并计算工业物联数据,然后通过 VR/AR 技术展现出来。如图 10-17 所示,未来的智能助手将可以辅助工人进行预防性维修。

图 10-17 基于 AR+AI 的智能检修

基于 AI 的连续图像识别结果可以实时叠加到 VR/AR 显示场景中。因此,基于 AI 的连续图像识别技术可以用于身份识别(见图 10-18)、目标和操作人员的行为识别(见图 10-19)。

深度学习技术也可用于训练系统,以识别更复杂的场景或组件。AR 摄像机根据发动机中零件的视图状态,建议技术人员进行何种维修步骤,并在图像

图 10-18　基于 AR＋AI 的身份识别

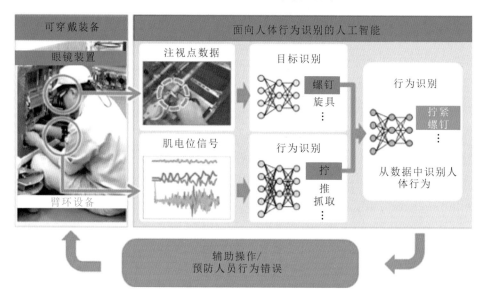

图 10-19　日立与 DFKI 的基于 AR＋AI 的智能装配(操作人员的行为识别)

上立即给出测试和允许的公差。图 10-20 所示是基于 AR＋AI 的航空发动机智能维护。

图 10-20　基于 AR＋AI 的航空发动机智能维护

10.3 VR/AR 的工业应用标准

智能制造,标准先行。

《〈中国制造 2025〉重点领域技术路线图》将 VR/AR 技术列为智能制造的关键技术之一。VR/AR 技术的核心内容是三维空间 RFID 注册定位技术,工业物联网信息三维空间搜索、显示与交互技术等。

智能制造核心信息设备是指在制造过程各个环节中实现信息获取、实时通信和动态交互,以及决策分析和控制的关键基础设备。当前在工业应用中,VR/AR 技术已成为数字化工业制造和生产流水线的重要应用技术。针对工业产品,利用该技术可优化产品设计,避免制作物理模型或减少模型数量,缩短开发周期,降低成本。同时通过建设数字工厂,企业可直观地展示工厂、生产线、产品虚拟样品以及整个生产过程。VR/AR 技术可为员工培训、实际生产制造和方案评估带来便利,使企业内各部门之间的交流变得更加容易;可使企业产品开发周期大大缩短,为产品的宣传、销售赢得先机。然而关于 VR/AR 技术的工业应用还没有国家标准,使 VR/AR 技术的发展受到限制。

10.3.1 基于 AR 的维修维护标准

对制造企业而言,设备的维修维护对保障设备的稳定运行具有非常重要的作用。然而,设备的集成度、复杂度越来越高以及操作人员缺乏经验,使得设备的维修维护变得越来越困难。但 AR 技术能够使复杂设备的维修、点检变得直观方便,可以帮助企业应对上述挑战,从而转变原有的设备维修维护方式,提升效率,保障质量。

以富士通公司为例,为了改善工厂设备维修维护工作人员的现场作业环境,该公司已经将 AR 技术应用于自身的设备点检与 24×7 的服务运营中。采用 AR 技术之前,该公司工作人员通常要在点检单上手动记录温度、压力等信息,然后再将信息录入计算机。如今,工作人员可以在现场用触摸屏录入信息、创建电子表格并共享最新的信息。AR 系统可以快速显示作业手册数据和故障历史数据。利用 AR 系统提供的文本输入功能,现场工作人员可以快速共享信息。进行现场设备点检时,无论多小的细节都可以记录下来。

利用 AR 技术,可以轻松判断哪些设备运转正常,同时结合数据分析,可以实现预防性的设备维护。另外,随着社会老龄化的程度不断加深,具备熟练技术经验的工人越来越少。采用 AR 技术,即使是能力一般、经验不足的"菜鸟",也可以准确地完成各种各样的现场维护作业,这将有助于技术、经验的传承。

当前应制定 AR 辅助装配技术通用要求等标准草案,展开面向复杂装备的可视化指导工作,推动基于 AR 的辅助装配技术的应用落地。

10.3.2 AR/VR 的物联网应用标准

物联网是新一代信息技术的重要组成部分,也是信息化时代的重要技术。目前物联网、工业互联网的很多接口标准已经发布使用,还有很多在制定或准备制定过程中,针对智能制造的互联互通开展标准化、统一化工作,将大力推动智能制造的发展。AR 技术和物联网融合在一起,可以使信息的呈现方式更加友好和直观。PTC 公司收购了原本属于高通公司的 Vuforia Engine,结合 PTC 全生命周期管理解决方案和物联网解决方案,使 AR 技术在制造企业应用的深度和广度都得到了进一步拓展。利用 Vuforia 开发平台,可以让真实产品与数字化产品之间的链接变得更加方便、直观,同时结合物联网技术,智能产品各项终端用户所使用的参数也能够直观地反映出来,从而促使智能产品的全生命周期管理变得更加完整。

因此,AR/VR 的应用只有和物联网紧密融合才会发挥巨大的工程价值。关于 VR/AR 与物联网的轻量化接口、可视化物联网产生的时序性数据、与边缘计算紧密集成等的物联网应用标准,目前还没有建立。

参考文献

［1］ PANETTAK. 5 trends emerge in the Gartner Hype Cycle for Emerging Technologies［EB/OL］.［2019-06-15］. https://www. gartner. com/smarterwithgartner/5-trends-emerge-in-gartner-hype-cycle-for-emerging-technologies-2018.

［2］ MILGRAM P, TAKEMURA H, UTSUMI A, et al. Augmented reality: a class of displays on the reality-virtuality continuum［J］. Proceedings the SPIE: Telemanipulator and Telepresence Technologies, 1995（2351）: 282-292.

［3］ ZVEI. The reference architectural model RAMI4. 0 and the industrie 4. 0 component［R］. Frankfurt: ZVEI, 2015.

［4］ Industrial Internet Consortium. The Industrial Internet Reference Architecture v1. 9［EB/OL］.［2019-06-17］. http://www. iiconsortium. org/IIRA. html.

［5］ Hewlett-Packard Japan, Ltd. Industrial Value Chain Initiative［EB/OL］. （2019-05-16）［2019-06-23］. https://iv-i. org/wp/en/about-us/whatsivi/.

［6］ Smart Grids Task Force. Towards Interoperability within the EU for Electricity and Gas Data Access & Exchange［EB/OL］.［2019-07-04］. https:// ec. europa. eu/energy/sites/ener/files/documents/eg1 _ main _ report_interop_data_access. pdf.

［7］ 德勤公司. 工业 4. 0 与数字孪生:制造业如虎添翼［R/OL］.［2019-09-14］. http://www. clii. com. cn/lhrh/hyxx/201809/P020180917100214. pdf.

基于 VR/AR 的智能制造技术

[8] GE. General Electric and in Partnership with Mashable. The possible：Hello，Robot［EB/OL］.（2017-04-01）［2019-10-11］. https://sonar-hongkong. com/en/2017/artists/the-possible-hello-robot-a-virtual-reality-vr-film-realities-d-sonar-d.

[9] 柯映林，范树迁. 基于点云的边界特征直接提取技术[J]. 机械工程学报，2004(9):116-120.

[10] 黄文明，肖朝霞，温佩芝，等. 保留边界的点云简化方法[J]. 计算机应用，2010，30(2):348-350.

[11] 孙殿柱，朱昌志，李延瑞. 散乱点云边界特征快速提取算法[J]. 山东大学学报(工学版)，2009，39(01):84-86.

[12] 徐龙，武殿梁，程奂翀. 点云数据场剖面云图绘制算法[J]. 计算机辅助工程，2011，20(4):19-24.

[13] 武殿梁，朱洪敏，范秀敏. 面向复杂产品交互虚拟装配操作的并行碰撞检测算法[J]. 上海交通大学学报，2008(10):1640-1645.

[14] COBZAS D，JAGERSAND M. Tracking and rendering using dynamic textures on geometric structure from motion［DB/OL］.［2019-05-06］. https://www. researchgate. net/profile publication 221305417_Tracking_and_Rendering_Using_Dynamic_Textures_on_Geometric_Structure_from_Motion/links/0c960530dcddeb25f8000000/Tracking-and-Rendering-Using-Dynamic-Textures-on-Geometric-Structure-from-Motion. pdf.

[15] REISNER-KOLLMANN I. Reconstruction of 3D models from images and point clouds with shape primitives[D]. Vienna：Vienna University of Technology，2013.

[16] ALI NAQVI S A，FAHAD M，ATIR M，et al. Productivity improvement of a manufacturing facility using systematic layout planning[J]. Cogent Engineering，2016，3(1):1207296.

[17] KRAFT E. Expanding the digital thread to impact total ownership cost ［R］. Gaithersburg：the NIST MBE Summit，2013.

[18] KINARD D A. Digital Thread and Industry 4. 0［DB/OL］.［2019-11-12］. https://www. nist. gov/document/2pkinarddigitalthreadi4pt0. pdf.

［19］ LU Y，MORRIS K C，FRECHETTE S. Current standards landscape for smart manufacturing systems［J］. Gaithersburg：National Institute of Standards and Technology，2016.

［20］ DOBOŠ J，SONS K，RUBINSTEIN D，et al. XML3DRepo：a REST API for version controlled 3D assets on the web［C］. Proceedings of the 18th International Conference on 3D Web Technology. ACM，2013：47-55.

［21］ 陶剑，戴永长，魏冉. 基于数字线索和数字孪生的生产生命周期研究［J］. 航空制造技术，2017，60(21)：26-31.

［22］ 林雪萍. 工业软件的十大趋势：不再是工具，而是未来工业的主宰［EB/OL］.（2019-05-18）［2019-11-15］. https://www. iyiou. com/p/100429. html.

［23］ TARAMESHLOO E，LOORAK M H，FONG P W L，et al. Using visualization to explore original and anonymized LBSN data［J］. Computer Graphics Forum，2016，35(3)：291-300.

［24］ OBOE W. MBD Implementation Dos and Don'ts［EB/OL］.（2019-05-18）［2019-11-15］. https://blogs. solidworks. com/solidworksblog/2016/04/mbd-implementation-dos-donts-organize-present-3d-pmi-clearly. html.

［25］ 容芷君，周燕学，刘悦. 基于 DELMIA 的汽车装配线建模与仿真［J］. 物流工程与管理，2011，33(12)：75-77.

［26］ KITWARE INC. VTK User's Guide［M］. 11th ed. Columbia：KITWARE INC，2018.

［27］ BROLL W，LINDT I，OHLENBURG J，et al. An infrastructure for realizing custom-tailored augmented reality user interfaces［J］. IEEE Transactions On Visualization and Computer Graphics，2005，11(6)：722-733.

［28］ GRAY J S，HWANG J T，MARTINS J R R A，et al. OpenMDAO：An open-source framework for multidisciplinary design，analysis，and optimization［J］. Structural and Multidisciplinary Optimization，2019，59(4)：1075-1104.

［29］ WOLFGANG B，STEFAN V，RAIMUN D. Augmented reality graph

visualizations[J]. IEEE Computer Graphics and Applications，2019，39
(3):29-40.

[30] GHOVANLOO M，SAHADAT M N，ZHANG Z X ,et al. Tapping into
tongue motion to substitute or augment upper limbs[DB/OL]. [2019-06-
16]. https://www. researchgate. net/publication/317072481_ Tapping_
into_ tongue_ motion_ to_ substitute_ or_ augment_ upper_ limbs.

[31] YANG C，SHARON D，DE PANNE M V. Sketch-based modeling of
parameterized objects［C］. ACM SIGGRAPH 2005 Sketches，SIG-
GRAPH，2005,89.

[32] KONDO K. Interactive geometric modeling using freehand sketches[J].
Journal for Geometry and Graphics，2009，13(2):195-207.

[33] GRIEVES M. Origins of the digital twin concept［EB/OL］. ［2016-12-
23］. https://www. researchgate. net/publication/307509727_Origins_of
_the_Digital_Twin_Concept.

[34] NASA. Virtual iron bird［EB/OL］. ［2019-12-12］. https://www. nasa.
gov/vision/earth/technologies/Virtual_Iron_Bird_jb. html.

[35] GLAESSGEN E H，STARGEL D S. The digital twin paradigm for fu-
ture NASA and US air force vehicles[DB/OL]. ［2019-10-21］. https://
ntrs. nasa. gov/archive/nasa/casi. ntrs. nasa. gov/20120008178. pdf.

[36] GE. GE Digital twin：analytic engine for the digital power plant［R］.
Boston：General Electric company，2016.

[37] Siemens. The digital twin［EB/OL］. ［2018-11-21］. https://new. sie-
mens. com/global/en/company/stories/industry/the-digital-twin. html.

[38] AMMERMANN D. Digital twin implementation[EB/OL]. ［2019-09-
16］. https://blogs. sap. com/2017/09/09/digital-twin-implementation.

[39] Ansys Company. Ansys digital twin framework［EB/OL］. ［2017-02-
14］. https://www. ansys. com/-/media/Ansys/corporate/resourceli-
brary/article/ansys-advantage-digital-twin-aa-v11-i1. pdf.

[40] Microsoft. The promise of a digital twin strategy［EB/OL］. ［2019-08-
14］. https://info. microsoft. com/rs/157-GQE-382/images/Microsoft%

27s％20Digital％20Twin％20％27How-To％27％20Whitepaper. pdf.

［41］Oracle. Developing Applications with Oracle Internet of Things Cloud Service［EB/OL］.［2019-04-14］. https：//docs. oracle. com/en/cloud/paas/iot-cloud/iotgs/iot-digital-twin-framework. html.

［42］ZHAO J，CHEVALIER F，COLLINS C，et al. Facilitating discourse analysis with interactive visualization［J］. IEEE Transactions on Visualization and Computer Graphics 2012，18（12）：2639-2648.

［43］XU P P，MEI H H，REN L，et al. ViDX：Visual diagnostics of assembly line performance in smart factories［J］. IEEE Transactions on Visualization and Computer Graphics，2017，23（1）：291-300.

［44］UHLEMANN T H J，LEHMANN C，STEINHILPER R. The digital twin：realizing the cyber-physical production system for industry 4. 0［J］. Procedia CIRP，2017，61：335-340.

［45］Capgemini Digital Transformation Institute. Augmented and Virtual Reality in Operations：A guide for investment［R］. Paris：Capgemini consulting，2018.

［46］LI Z，WANG W M，LIU G，et al. Toward open manufacturing：A cross-enterprises knowledge and services exchange framework based on blockchain and edge computing［J］. Industrial Management & Data Systems，2018，118（9）：303-320.

［47］SAILER C. Digital Twin，Smart Factory und Predictive Maintenance：Axians baut auf Mixed Reality［EB/OL］.［2019-09-15］. http：//news. microsoft. com/de-de/digital-twin-axians/.

［48］任磊，杜一，马帅，等. 大数据可视化分析综述［J］. 软件学报，2014，25（9）：1909-1936.

［49］数据观. 清华大学数据科学研究院王建民：大数据与智能制造［EB/OL］.（2016-03-02）［2019-09-15］. http：//www. cbdio. com/BigData/2016-03/02/content_4672995. html.

［50］CARD S K，MACKINLAY J. The structure of the information visualization design space［DB/OL］.［2019-12-21］. https：//www. mat. ucsb.

edu/～g. legrady/academic/courses/07f200a/infovis_lecture/card_survey _evaluation. pdf.

[51] GOVE R. 6 ways to visualize graphs [EB/OL]. [2017-08-15]. https:// www. twosixlabs. com/6-ways-visualize-graphs.

[52] ZHAO J, COLLINS C, CHEVALIER F, et al. Interactive exploration of implicit and explicit relations in faceted datasets[J]. IEEE Transactions on Visualization and Computer Graphics, 2013,19(12):2080-2089.

[53] POST T, ILSEN R, BERND H, et al. User-guided visual analysis of Cyber-Physical Production Systems[J]. Comput Inf Sci Eng, 2017, 17 (2):021005.

[54] FERNANDEZ I. Multiview support lands in Servo: architecture and ptimizations[EB/OL]. [2019-10-11]. https://blog. lmozvr. com/multiview-servo-architecture.

[55] ABI Research, Qualcomm. Augmented and virtual reality: the first wave of 5G killer apps[R/OL]. [2019-10-25]. https://www. docin. com/p-1883496943. html.

[56] 华为公司. 5G 时代十大应用场景白皮书[R/OL]. [2019-10-25]. http:// www. sohu. com/a/241041042_483389.

[57] DOUKAKIS E, KURT D, HARVEY C, et al. Audiovisual resource allocation for bimodal virtual environments. Computer Graphics Forum, 2018, 37(1):172-183.

[58] Hitachi Group. DFKI and Hitachi jointly develop AI technology for human activity recognition of workers using wearable devices[EB/OL]. https://www. hitachi. com/New/cnews/month/2017/03/170308. html.

[59] BROLL W, LINDT I, OHLENBURG J, et al. An infrastructure for realizing custom-tailored augmented reality user interfaces[J]. IEEE Transactions On Visualization And Computer Graphics, 2005,11(6):722-733.

[60] BADÍAS A, ALFAROA I. GONZÁLEZ D, et al. ,Reduced order modeling for physically-based augmented reality[J]. Computer Methods in Applied Mechanics and Engineering,2018, 341: 53-70.

［61］BARTHEL R,KRÖNER A,HAUPERT J. Mobile interactions with digital object memories［J］. Pervasive and Mobile Computing,2013,9(2）:281-294.

［62］YAO S Y，HSU T M H，ZHU J Y，et al. 3D-aware scene manipulation via inverse graphics［DB/OL］. ［2019-10-18］. http://papers. nips. cc/paper/7459-3d-aware-scene-manipulation-via-inverse-graphics. pdf.

［63］SUN Z B，WANG C H，ZHANG L，et al. Free hand-drawn sketch segmentation［DB/OL］. ［2019-09-20］. https://link. springer. com/content/pdf/10. 1007/978-3-642-33718-5_45. pdf.